住房城乡建设部土建类学科专业“十三五”规划教材
“十二五”普通高等教育本科国家级规划教材

高等学校土木工程专业指导委员会规划推荐教材
（经典精品系列教材）

建筑结构试验

（第五版）

湖南大学　易伟建　张望喜　编著

中国建筑工业出版社

图书在版编目(CIP)数据

建筑结构试验/易伟建，张望喜编著．—5版．—北京：中国建筑工业出版社，2020.8（2025.2重印）
住房城乡建设部土建类学科专业“十三五”规划教材 “十二五”普通高等教育本科国家级规划教材 高等学校土木工程专业指导委员会规划推荐教材．经典精品系列教材

ISBN 978-7-112-25282-4

Ⅰ．①建… Ⅱ．①易… ②张… Ⅲ．①建筑结构-结构试验-高等学校-教材 Ⅳ．①TU317

中国版本图书馆 CIP 数据核字(2020)第 112324 号

住房城乡建设部土建类学科专业“十三五”规划教材
“十二五”普通高等教育本科国家级规划教材
高等学校土木工程专业指导委员会规划推荐教材
（经典精品系列教材）
建筑结构试验
（第五版）

湖南大学 易伟建 张望喜 编著

*

中国建筑工业出版社出版、发行（北京海淀三里河路9号）
各地新华书店、建筑书店经销
北京红光制版公司制版
建工社（河北）印刷有限公司印刷

*

开本：787×1092 毫米 1/16 印张：18½ 字数：391 千字
2020 年 9 月第五版 2025 年 2 月第三十五次印刷
定价：**49.00** 元（赠教师课件）
ISBN 978-7-112-25282-4
（35925）

本书根据土木工程专业教学要求编写，以结构试验的基本理论和基础知识为重点，注重理论与实际相结合。本书内容包括绪论、结构试验设计原理、结构静载试验、结构动载试验、结构非破损检测与鉴定、结构模型试验、试验数据的处理和分析等，本次修订还增加了许多结构试验案例。

本书可作为大学本科土木工程专业的专业课教材，也可供从事土木工程专业的技术人员参考。

*　　　*　　　*

责任编辑：聂　伟　王　跃　牛　松
责任校对：党　蕾

为了更好地支持相应课程的教学，我们向采用本书作为教材的教师提供课件，有需要者可与出版社联系。

建工书院：http://edu.cabplink.com
邮箱：jckj@cabp.com.cn，2917266507@qq.com
电话：(010)58337285

出版说明

为规范我国土木工程专业教学，指导各学校土木工程专业人才培养，高等学校土木工程学科专业指导委员会组织我国土木工程专业教育领域的优秀专家编写了《高等学校土木工程专业指导委员会规划推荐教材》。本系列教材自 2002 年起陆续出版，共 40 余册，十余年来多次修订，在土木工程专业教学中起到了积极的指导作用。

本系列教材从宽口径、大土木的概念出发，根据教育部有关高等教育土木工程专业课程设置的教学要求编写，经过多年的建设和发展，逐步形成了自己的特色。本系列教材曾被教育部评为面向 21 世纪课程教材，其中大多数曾被评为普通高等教育“十一五”国家级规划教材和普通高等教育土建学科专业“十五”“十一五”“十二五”规划教材，并有 11 种入选教育部普通高等教育精品教材。2012 年，本系列教材全部入选第一批“十二五”普通高等教育本科国家级规划教材。

2011 年，高等学校土木工程学科专业指导委员会根据国家教育行政主管部门的要求以及我国土木工程专业教学现状，编制了《高等学校土木工程本科指导性专业规范》。在此基础上，高等学校土木工程学科专业指导委员会及时规划出版了高等学校土木工程本科指导性专业规范配套教材。为区分两套教材，特在原系列教材丛书名《高等学校土木工程专业指导委员会规划推荐教材》后加上经典精品系列教材。2016 年，本套教材整体被评为《住房城乡建设部土建类学科专业“十三五”规划教材》，请各位主编及有关单位根据《住房城乡建设部关于印发高等教育 职业教育土建类学科专业“十三五”规划教材选题的通知》要求，高度重视土建类学科专业教材建设工作，做好规划教材的编写、出版和使用，为提高土建类高等教育教学质量和人才培养质量做出贡献。

高等学校土木工程学科专业指导委员会

中国建筑工业出版社

第五版前言

“建筑结构试验”作为土木工程专业的一门专业课，近二十年来其定位在不断调整。作者和参与这门课程教学的教师也在不断交流，我们希望同学们通过这门课程的学习达成什么样的目的？核心知识点在哪里？毕竟大多数土木工程专业毕业的本科生，包括研究生，在他们的职业生涯中很少有机会直接运用结构试验的方法解决工程中的问题，尽管理论上“试验分析方法”也是写入设计规范的结构分析方法之一。基于这些思考和广泛的调研，本书作者重新调整思路，撰写了本书的第五版。

结构试验是指有目的地运用仪器设备等手段，在受控条件下，观察、研究、检验结构或构件力学性能及其规律的实践活动，是获取结构性能数据、发现结构破坏机理、检验理论假说的重要途径。本课程核心知识是结构试验与结构设计理论和方法的关系以及结构试验基本原理和方法，不求全面掌握而是以认识理解为主。因此，第五版主要增加了结构试验案例，希望通过案例展现结构试验的理论性、综合性、技巧性、实践性的特点。

作为“十二五”普通高等教育本科国家级规划教材，新版（第五版）更加注意到土木工程结构试验领域的新发展和相关规范规程的更新，对国内外近年来在结构试验方面新的研究成果和相对成熟的先进技术及仪器设备也作了介绍；将规范规程等技术标准的最新成果与要求融入教材的对应章节。本书在内容的编排上，既注重全书的系统性，又考虑到每一章节的相对独立性，以便于读者学习。

本书章节安排，大体与前一版相同。除增加了很多案例外，内容的主要修订是删减了部分理论推演和公式，有些基础理论知识没有进入土木工程专业的教学内容，自然也不大可能在本课程中系统阐述，能够理解结构试验的基本概念就可以了。相关知识可以参考更专业的教科书。即使这样，本书中还是有部分内容超出本科教学大纲的要求，可供研究生教学和科研及工程实践参考。

在本书的编写过程中，参考了近年来国内各高校编写的结构试验教材和专著，引用了学术论文中与结构试验方法相关的内容，特此表示感谢。

由于编者的水平与实践经验有限，书中有不当和遗漏之处，敬请读者批评指正。

第四版前言

自第三版付梓启，经近十余年的使用和发展，建筑结构试验的相关知识又有了长足发展，新的要求和需求不断出现。本书根据《高等学校土木工程本科指导性专业规范》（2011 年版）和土木工程专业教学要求编写而成，以结构试验的基本理论和基础知识为重点，注重理论与实践相结合，能使读者全面地掌握结构试验的基本方法与技能，以适应土木工程结构设计、施工、检测鉴定和科学研究工作的需要。

作为“十五”“十一五”和“十二五”普通高等教育本科国家级规划教材，新版（第四版）更加注意到土木工程结构试验领域的新发展和相关规范规程的更新，对我国近年来在结构试验方面新的研究成果与先进技术、仪器设备也作了介绍；规范规程等技术标准的最新成果与要求融入教材的对应章节。本书在内容的编排上，既注重全书的系统性，又考虑到每一章节的相对独立性，以便于读者学习。

本书章节的安排，大体与前版相同。考虑到现代振动测试技术的要求，在第 4 章中，根据教学需要与渐进特点对动载试验、振动理论基本知识等内容进行较大调整，并与相应的测试与分析方法衔接，更加强调动手能力与土木实践。此外，本书中的部分内容超出本科教学大纲的要求，可供研究生教学和科研及工程实践参考。

在本书的编写过程中，参考了近年来国内各高校出版的结构试验的教材和专著，引用了学术论文中与结构试验方法相关的内容，特此表示感谢。本书前版由同济大学姚振纲教授审稿，也在此表示深深的谢意。

由于编者的水平与实践经验有限，书中有不当和遗漏之处，敬请读者批评指正。

第三版前言

结构试验既是一门科学又是一种技术，是研究和发展土木工程新结构、新材料、新工艺以及检验结构分析和设计理论的重要手段，在结构工程科学研究和技术创新等方面起着重要作用。 目前，结构试验已成为土木工程专业学生必修的一门专业课程。 本书根据土木工程专业教学要求编写，以结构试验的基本理论和基础知识为重点，注重理论与实践相结合，能使读者全面地掌握结构试验的基本方法与技能，以适应土木工程结构设计、施工、检测鉴定和科学研究工作的需要。

湖南大学早在 20 世纪 70 年代就开始编写建筑结构试验的教材，在本书编写过程中参考了湖南大学王济川教授主编的《建筑结构试验》(第二版)，注意到土木工程结构试验领域的新发展，对我国近年来在结构试验方面新的研究成果与先进技术、仪器设备也作了介绍。 本书在内容的编排上，既注重全书的系统性，又考虑到每一章节的相对独立性，以便于读者学习。

本书章节的安排，大体与王济川教授主编的《建筑结构试验》(第二版)相同。 考虑到现代振动测试技术的要求，在第 4 章中，增加了振动理论基本知识的内容，以便和相应的测试与分析方法衔接。 此外，本书中的部分内容超出本科教学大纲的要求，可供研究生教学和科研及工程实践参考。

在本书的编写过程中，参考了近年来国内各高校出版的结构试验的教材和专著，引用了学术论文中与结构试验方法相关的内容，特此表示感谢。 本书由同济大学姚振纲教授审稿，也在此表示深深的谢意。

由于编者的水平与实践经验有限，书中有不当和遗漏之处，敬请读者批评指正。

目录

第1章
绪 论

传统的结构工程科学由建筑材料、结构力学和结构试验组成。现代结构工程科学中结构设计理论和结构计算技术的发展，使结构工程科学成为一门相对完整的工程科学。结构试验是结构工程科学的一个重要组成部分。百余年来，结构试验一直是推动结构理论发展的主要手段。

最早的结构试验，是意大利科学家伽利略在17世纪完成的（图1-1）。人们对材料力学进行系统的研究也是从伽利略的时代开始的。

18世纪，荷兰穆申布罗克完成了一个非常有意义的试验。如图1-2所示，穆申布罗克进行压杆稳定试验，发现受压木杆的破坏表现为侧向弯曲破坏。这是最早的压杆试验。这一时期，欧洲物理学家进行了很多试验，奠定了材料力学计算理论的基础。19世纪到20世纪初期，近代的大型工程结构的建造，大多都直接或间接地依赖于结构试验的结果。

图1-1 伽利略的悬臂梁试验

现代计算机技术和计算力学的发展，以及长期以来结构试验所积累的成果，使结构试验不再是研究和发展结构理论的唯一途径。结构工程师也有能力利用计算机处理大型复杂结构的设计问题。但结构试验仍是结构工程科学的主要支柱之一。例如，钢筋混凝土结构、砌体结构的设计理论主要建立在试验研究的基础之上。

结构试验是结构工程科学发展的基础，反过来，结构工程科学发展的要求又推动结构试验技术不断进步。高层建筑、大跨径桥梁、大型海洋平台、核反应堆安全壳等大型复杂结构的出现，对结构整体工作性能、结构动力反应以及结构在极端灾害性环境下的力学行为提出更高要求。与此同时，计算机技术和其他现代工业技术的发展，也为结构试验技术的发展提

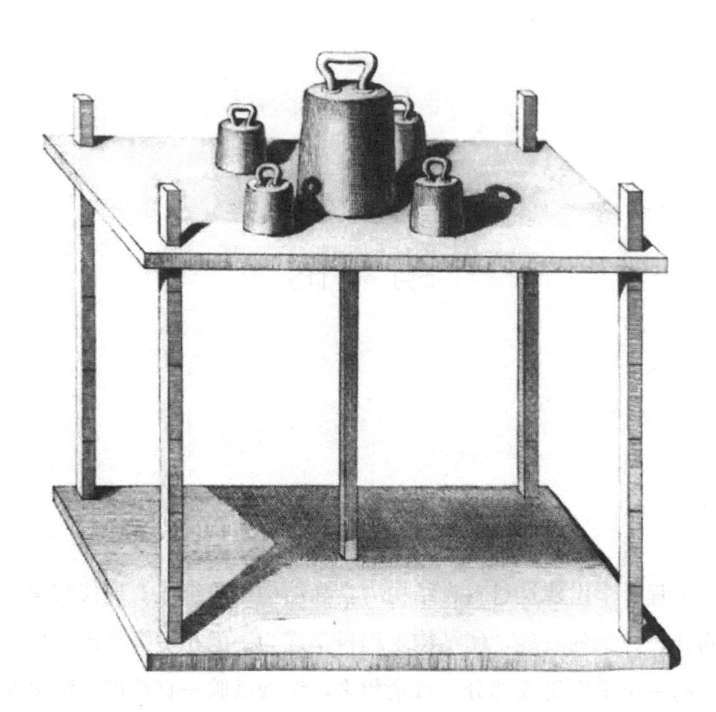

图 1-2　穆申布罗克的压杆稳定试验

供了广阔的空间。

“建筑结构试验”是土木工程专业的一门专业课。这门课程主要介绍结构试验的理论和方法。通过这门课程的学习，掌握结构试验的基本原理，了解结构试验的仪器、仪表和试验设备，在结构试验中，进一步认识结构性能并培养进行结构试验的能力。

结构试验的任务是基于结构基本原理，使用各种仪器仪表和试验设备，对结构物受作用后的性能进行观测，通过量测的数据，如变形、应变、温度、振幅、频率、裂缝宽度等，了解并掌握结构的力学性能，对结构或构件的承载能力和使用性能做出评估，为验证和发展结构理论提供试验依据。

结构试验以实证的方式反映结构的实际性能，它为工程实践和结构理论提供的依据是其他方法所不能取代的。

1.1 结构试验的目的

根据不同的试验目的，结构试验一般分为研究性试验和鉴定性试验。

研究性试验通常用来解决下面两方面的问题：

(1) 通过结构试验，验证结构计算理论或通过结构试验创立新的结构理论。随着科学技术的进步，新方法、新材料、新结构、新工艺不断涌现。例如，高性能混凝土结构的工程应用，高温高压工作环境下的核反应堆安全壳，新的结构抗震设计方法，全焊接钢结构节点的热应力影响区等。一种新的结构体系、新的设计方法都必须经过试验的检验，结构计算中的基本假设需要试验验证，结构试验也是新的发现的源泉。结构工程科学的进步离不开结构试验。我们称结构工程为一门实验科学，就是强调结构试验在推动结构工程技术发展中所起的作用。

如图 1-3 所示，试验研究得到框架结构和剪力墙结构的性能曲线，根据这些性能曲线，制定不同的设计目标。从图 1-3 可以看出，框架结构的变形能力优于剪力墙结构。抗震设计时，容许框架产生较大的变形。但剪力墙结构具有更大的承载能力和侧向刚度，能够承担地震产生的剪力。

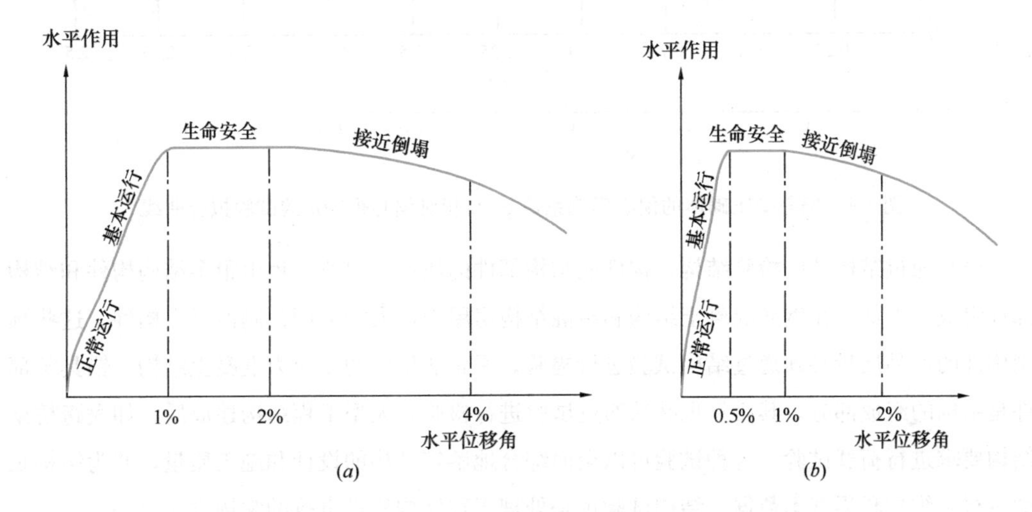

图 1-3　结构抗震设计中的框架结构和剪力墙结构的性能曲线

(*a*) 框架结构；(*b*) 剪力墙结构

(2) 通过结构试验，制定工程技术标准。由于工程结构关系到公共安全和国家经济发展，建筑结构的设计、施工、维护必须有章可循。这些规章就是结构设计规范和标准、施工验收规范和标准以及其他技术规程。我国在制定现行的各种结构设计和施工规范时，除了总结已有的工程经验和结构理论外，还进行了大量的混凝土结构、砌体结构、钢结构的梁、柱、板、框架、墙体、节点等构件和结构试验。系统的结构试验和研究为结构的安全性、使用性、耐久性提供了可靠的保证。

图 1-4 为砌体偏心受压试验结果的拟合曲线，试验表明，按照材料力学方法计算砌体的偏心受压承载力偏于保守，因此，砌体结构设计规范采用试验结果给出砌体受压的偏心影响系数。

鉴定性试验通常有直接的生产性目的和具体的工程对象，这类试验主要用于解决以下三方面的问题：

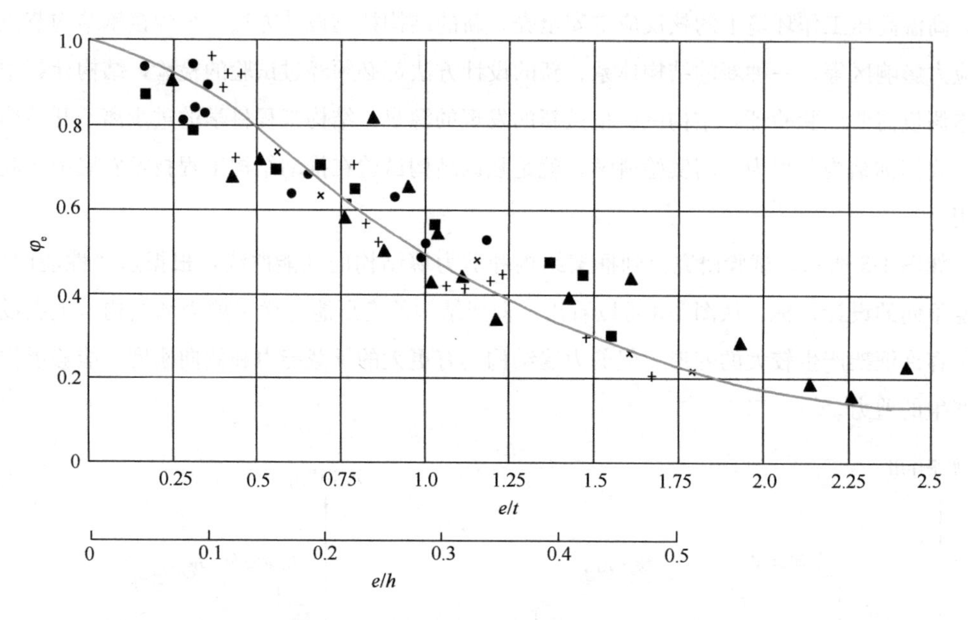

图 1-4　偏心受压砌体的偏心影响系数 φ_e 与相对偏心距 e/h 的试验拟合曲线

（1）通过结构试验检验结构、构件或结构部件的质量。建筑工程由很多结构构件和结构部件组成。例如，在钢筋混凝土结构和砖混结构房屋中，大量采用预制混凝土构件。这些预制构件的产品质量必须通过结构试验进行检验。后张法生产的预应力混凝土结构、锚具等部件是结构的组成部分，其质量也必须通过试验进行检验。大型工程结构建成后，如大跨桥梁结构要求进行荷载试验，这种试验可以全面综合地鉴定结构的设计和施工质量，并为结构长期运行和维护积累基本数据。结构试验也是处理工程结构质量事故的常用方法之一。

（2）通过结构试验确定已建结构的承载能力。结构设计规范规定，已建结构不得随意改变结构用途。当结构用途需要改变，而单凭结构计算又不足以完全确定结构的承载能力时，就必须通过结构试验来确定结构的承载能力。已建结构随着使用年限的增加，其安全度逐渐降低，结构可靠性鉴定的主要任务就是确定结构的剩余承载能力。结构遭遇极端灾害性作用后，如火灾、地震灾害，结构发生破损，在对结构进行维护加固前，也要求通过试验对结构的剩余承载能力做出鉴定。

（3）通过结构试验验证结构设计的安全度。这类试验大多在实际结构开始施工前进行。设计规范称之为“结构试验分析方法”。结构试验的主要目的是由试验确定实际结构的设计参数，验证结构施工方案的可行性和结构的安全度。试验对象多为实际结构的缩小比例模型。例如，大跨度体育场馆屋盖结构和高耸结构的风洞试验（图 1-5），前者通过试验确定结构的风压设计参数，后者通过试验确定结构的风振特性；又如，在地震区建造体形复杂的高层建筑，通常要进行地震模拟振动台试验，试验结果和计算结果相互验证，以确保结构的安全。

图 1-5　高层建筑“中国尊”的模型风洞试验

1.2 结构试验的分类

根据结构试验的不同目的，结构试验可分为研究性试验和鉴定性试验。我们知道，结构试验本质上是通过试验了解结构的性能，其中，最重要的因素就是在结构试验中模拟实际结构所处的环境。这里所说的环境，包括温度、湿度、地基、荷载、地震、火灾等各种因素。根据这些因素，可以对结构试验做出不同的分类。

1.2.1 原型及模型结构和构件试验

这是根据试验对象做出的分类。在这类结构试验中，试验对象的尺寸与实际结构尺寸相同或接近，因而可以不考虑结构尺寸效应的影响。完全足尺的原型结构试验一般用于鉴定性试验，大多在工程结构现场进行。我国最早进行的大型结构原型试验项目之一是 1957 年武汉长江大桥的静动载试验。原型结构的现场试验大多为非破坏性试验，而在实验室内进行的结构构件试验，则以破坏性试验为主。由于结构构件的性能有可能与结构尺寸的大小有关，例如，钢筋混凝土受弯构件的裂缝宽度，与钢筋直径、混凝土保护层厚度等因素有关，在研究采用粗钢筋配筋的混凝土受弯构件的裂缝性能时，构件的尺寸就应接近实际结构构件的尺寸。

虽然结构可以分解为梁、柱、板、墙体、节点等基本构件，但是近年来，结构工程师和研究人员越来越重视结构整体作用。因此，也有不少用于研究的足尺结构试验。我国自 20 世纪 70 年代以来，先后进行了装配整体式框架结构、钢筋混凝土框架轻板结构、配筋砌体混合房屋结构的足尺结构试验。这类大型结构试验，不受尺寸效应影响，能够更全面地反映结构构造和结构各部分之间的相互作用，有着构件试验或模型试验不可取代的研究意义。进入 21 世纪，国内不少高等院校和研究机构开始着手大型结构实验室的建设，大型足尺结构试验在实验室内进行，能够将试验进行到破坏阶段，从而掌握足尺结构的全过程性能。同时能减少环境因素的影响，得到更精确的试验数据。

原型结构试验的投资大，试验周期长，加载设备复杂，不论是鉴定性试验还是研究性试验都受到许多限制。有些大型结构不可能进行足尺结构的破坏性试验，在实际结构上进行试验，只能得到结构使用阶段的性能。因此，在实验室进行的大量结构试验均为模型试验。所谓模型结构试验，是指被试验的结构或构件与原型结构在几何形状上基本相似，各部分结构或构件的尺寸按比例缩小，模型结构有原型结构的主要特征。例如，为研究风对结构的作用而进行的结构风洞试验，模型结构尺寸与原型结构尺寸之比可以达到 1∶100。结构的地震模拟振动台试验也常采用大比例缩尺模型。

与原型结构试验相比，模型结构试验的关键之一是模型结构的设计与制作。模型必须根据相似理论设计，模型所受的荷载也应符合相似关系，这使得模型的力学性能与原型相似。这样，就可以从模型试验的结果推断原型结构的性能。模型试验常用于验证原型结构设计的设计参数或结构设计的安全度，也广泛应用于结构工程科学研究。对于混凝土结构和砌体结构，模型试验的另一关键是缩小尺寸的模型存在尺寸效应，对这类模型试验的结果必须经过校正以消除尺寸效应的影响。

1.2.2 结构静载试验

根据结构试验中被试验的结构或构件所承受的荷载对结构试验做出分类，可分为静载试验和动载试验两大类。

静载试验是建筑结构最常见的试验。所谓“静力”一般是指试验过程中结构本身运动的加速度效应即惯性力效应可以忽略不计。根据试验性质的不同，静载试验可分为单调静力荷载试验、低周反复荷载试验和拟动力试验。

在单调静力荷载试验中，试验加载过程从零开始，在几分钟到几小时的时间内，试验荷载逐渐单调增加到结构破坏或预定的状态目标。钢筋混凝土结构、砌体结构、钢结构的设计理论和方法就是通过这类试验而建立起来的。

低周反复荷载试验属于结构抗震试验方法中的一种。房屋结构在遭遇地震灾害时，强烈的地面运动使结构承受反复作用的惯性力。在低周反复荷载试验中，利用加载系统使结构受到逐渐增大的反复作用荷载或交替变化的位移，直到结构破坏。在这种试验中，结构或构件受力的历程有结构在地震作用下的受力历程的基本特点，但加载速度远低于实际结构在地震作用下所经历的变形速度，为区别于单调静力荷载试验，有时又称这种试验为伪静力试验。

结构拟动力试验也是一种结构抗震试验方法。结构拟动力试验的目的是模拟结构在地震作用下的行为。在结构拟动力试验中，将试验过程中量测的力、位移等数据输入到计算机中，计算机根据结构的当前状态信息和输入的地震波，控制加载系统使结构产生计算确定的位移，由此形成一个递推过程。这样，计算机和试验机联机试验，得到结构在地震作用下的时程响应曲线。

静载试验所需的加载设备较为简单，有些试验可以直接采用重物加载。由于试验进行的速度很低，可以在试验过程中仔细记录各种试验数据，对试验对象的行为进行仔细观察，得到直观的破坏形态。例如，在钢筋混凝土梁的受弯试验中，需要观测并记录截面的应变分布、沿梁长度方向的挠度分布、荷载一挠度曲线、裂缝间距和裂缝宽度、破坏形态等，这些数据和信息都通过静载试验获取。

按荷载作用的时间长短，结构静载试验又可分为短期荷载试验和长期荷载试验。建筑材料具有一定的黏弹性特性，例如，混凝土的徐变和预应力钢筋的松弛。此外，影响建筑结构耐久性的因素往往是长期的，例如，混凝土的碳化和钢筋的锈蚀。在短期静力荷载试验中，忽略了这些因素的影响。当这些因素成为试验研究的主要对象时，就必须进行长期静力荷载试验。长期荷载试验的持续时间为几个月到几年不等，在试验过程中，观测结构的变形和刚度变化，从而掌握时间因素对结构构件性能的影响。在实验室条件下进行的长期荷载试验，通常对试验环境有较严格的控制，如恒温、恒湿、隔振等，突出荷载作用这个因素，消除其他因素的影响。除在实验室进行长期荷载试验外，在实际工程中，对结构的内力和变形进行长期观测，也属长期荷载试验。这时，结构所承受的荷载为结构的自重和使用荷载。近年来，工程师和研究人员较为关心的“结构健康监控”，就是基于长期荷载试验所获取的观测数据，对结构的运行状态和可能出现的损伤进行监控。

1.2.3 结构动载试验

实际工程结构大多受到动力荷载作用，如铁路或公路桥梁、工业厂房中的吊车梁，风对大跨结构和高耸结构的作用，地震对结构的作用也是一种强烈的动力作用。结构动载试验利用各类动载试验设备使结构受到动力作用，并观测结构的动力响应，进而了解、掌握结构的动力性能。

1. 疲劳试验

当结构处于动态环境，其材料承受波动的应力作用时，结构内某一点或某一部分发生局部的、永久性的组织变化（损伤）的一种递增过程称为疲劳。经过足够多次应力或应变循环后，材料损伤累积导致裂纹生成并扩展，最后发生结构疲劳破坏。结构或构件的疲劳试验就是利用疲劳试验机，使构件受到重复作用的荷载，通过试验确定重复作用荷载的大小和次数对结构承载力的影响。对于混凝土结构，常规的疲劳试验按每分钟400次到500次、总次数为200万次进行。疲劳试验多在单个构件上进行，有为鉴定构件性能而进行的疲劳试验，也有以科学研究为目的的疲劳试验。

2. 动力特性试验

结构动力特性是指结构物在振动过程中所表现的固有性质，包括固有频率（自振频率）、振型和阻尼系数。结构的抗震设计、抗风设计与结构动力特性参数密切相关。在结构分析中，采用振型分解法求得结构的自振频率和振型，称为模态分析。用试验的方法获得这些模态参数的方法称为试验模态分析方法。测定结构动力特性参数时，要使结构处在动力环境下(振动状态)。通常，采用人工激励法或环境随机激励法使结构产生振动，同时量测并记录结构的速度响应或加速度响应，再通过信号分析得到结构的动力特性参数。动力特性试验的对象以整体结构为主，可以在现场测试原型结构的动力特性，也可以在实验室对模型结构进行动力特性试验。

3. 地震模拟振动台试验

地震时强烈的地面运动使结构受到惯性力作用，结构因此倒塌破坏。地震模拟振动台是一种专用的结构动载试验设备，它能真实的模拟地震时的地面运动。试验时，在振动台上安装结构模型，然后控制振动台按预先选择的地震波运动，量测记录结构的动位移、动应变等数据，观察结构的破坏过程和破坏形态，研究结构的抗震性能。地震模拟振动台试验的时间很短，通常在几秒到十几秒内完成一次试验，对振动台控制系统和动态数据采集系统都有很高的要求。地震模拟振动台是结构抗震试验的关键设备之一，大型复杂结构在地震作用下表现出非线性非弹性性质，目前的分析方法还不能完全解决结构非线性地震响应的计算，振动台试验常常称为必要的“结构试验分析方法”。

4. 风洞试验

工程结构风洞试验装置是一种能够产生和控制气流以模拟建筑或桥梁等结构物周围的空气流动，并可量测气流对结构的作用，以及观察有关物理现象的一种管状空气动力学试验设备。在多层房屋和工业厂房结构设计中，房屋的风载体型系数就是风洞试验的结果。结构风洞试验模型可分为钝体模型和气弹模型两种。其中，钝体模型主要用于研究风荷载作用下，结构表面各个位置的风压，气弹模型则主要用于研究风致振动以及相关的空气动力学现象。超大跨径桥梁、大跨径屋盖结构和超高层建筑等新型结构体系常用风洞试验确定与风荷载有关的设计参数。

除上述几种典型的结构动载试验外，在工程实践和科学研究中，根据结构所处的动力学环境，还有强迫振动试验、等幅周期荷载抗震试验、冲击碰撞试验等结构动载试验方法。

1.2.4 结构非破损检测

结构非破损检测是以不损伤结构和不影响结构功能为前提，在建筑结构现场，根据结构材料的物理性能和结构体系的受力性能对结构材料和结构受力状态进行检测的方法。

现场检测混凝土强度的有回弹法、超声—回弹综合法、拔出法，还有使结构受到轻微破损的钻芯法等方法。检测混凝土内部缺陷的有超声法、脉冲回波法、X射线法和雷达法等方法。还可以用非破损的方法检测混凝土中钢筋的直径和保护层厚度。

检测砂浆和块体强度可用回弹法、贯入法等方法。检测砌体抗压强度有冲击法、推出法、液压扁顶法等方法。

检测钢结构焊缝缺陷有超声法、磁粉探伤法、X射线法等方法。

对原型结构进行使用荷载试验，检验结构的内力分布、变形性能和刚度特征，试验荷载不会导致结构出现损伤，这类荷载试验属于非破损检测方法。

采用动力特性试验方法进行结构损伤诊断和健康监控，也是非破损检测中的一种重要方法。

除上述分类外，由于结构试验涉及结构工程设计、施工、使用、维护的各个方面，在工程应用方面，可分为结构工程质量检测验收、已建结构评估鉴定及耐久性评估；在发展结构理论的科学研究中，结构试验按目的可分为验证、修正理论公式或计算分析模型和为发展、推广新结构、新材料、新工艺提供实证依据；根据试验对象的特点，可分为构件（包括节点）试验、子结构试验、整体结构试验，工程材料的力学性能试验有时也纳入结构试验；还可分为破坏性试验和非破损（或微破损）试验；整体结构试验可在实验室进行，也可在工程现场进行。

1.3　结构试验技术的发展

现代科学技术的不断发展，为结构试验技术水平的提高创造了物质条件。同样，高水平的结构试验技术又促进结构工程学科不断发展和创新。现代结构试验技术和相关的理论及方法在以下几个方面发展迅速。

1.3.1　先进的大型和超大型试验装备

在现代制造技术的支持下，大型结构试验设备不断投入使用，使加载设备模拟结构实际受力条件的能力越来越强。例如，电液伺服压力试验机的最大加载能力达到50000kN，可以完成实际结构尺寸的高强度混凝土柱或钢柱的破坏性试验。计划建设的地震模拟振动台阵列，由多个独立振动台组成，当振动台排成一列时，可用来模拟桥梁结构遭遇地震作用，若排列成一个方阵，可用来模拟建筑结构遭遇地震作用。复杂多向加载系统可以使结构同时受到轴向压力、两个方向的水平推力和不同方向的扭矩，而且这类系统可以在动力条件下对试验结构反复加载。以再现极端灾害条件为目的，大型风洞、大型离心机、大型火灾模拟结构试验系统等试验装备相继投入运行，使研究人员和工程师能够通过结构试验更准确地掌握结构性能，改善结构防灾抗灾能力，发展结构设计理论。

1.3.2 基于网络的远程协同结构试验技术

互联网和计算技术的飞速发展，为我们展现了一个崭新的世界。当外科手术专家通过互联网进行远程外科手术时，基于网络的远程结构试验体系也已形成。20 世纪末，美国国家科学基金会投入巨资建设“远程地震模拟网络”，通过远程网络将各个结构实验室联系起来，利用网络传输试验数据和试验控制信息，网络上各站点（结构实验室）在统一协调下进行联机结构试验，共享设备资源和信息资源，实现所谓“无墙实验室”。美国人完成了 3 个台站的多跨桥梁协同混合试验和土-结构相互作用的远程协同试验，国内也在这一领域开展研究工作，建立混合试验平台并进行网络联机结构抗震试验。基于网络的远程协同结构试验集合结构工程、地震工程、计算机科学、信息技术和网络技术于一体，充分体现了现代科学技术渗透、交叉、融合的特点。

1.3.3 现代测试技术

现代测试技术的发展以新型高性能传感器和数据采集技术为主要方向。传感器是信号检测的工具，理想的传感器具有精度高、灵敏度高、抗干扰能力强、测量范围大、体积小、性能可靠等特点。新材料，特别是新型半导体材料的研究与开发，促进了很多对于力、应变、位移、速度、加速度、温度等物理量敏感的器件的发展。利用微电子技术，使传感器具有一定的信号处理能力，形成所谓的“智能传感器”。新型光纤传感器可以在上千米范围内以毫米级的精度确定混凝土结构裂缝的位置。大量程高精度位移传感器可以在 1000mm 测量范围内，达到±0.01mm的精度，即 0.001%的精度。基于无线通信的智能传感器网络已开始应用于大型工程结构健康监控。基于数字图像相关技术，可以非接触地获得结构表面的应变分布，精度可以达到 10 微应变。另一方面，测试仪器的性能也得到极大改进，特别是与计算机技术相结合，数据采集技术发展迅速。高速数据采集器的采样速度达到 500M/s，可以清楚地记录结构经受爆炸或高速冲击时响应信号前沿的瞬态特征。利用计算机存储技术，长时间大容量数据采集已不存在困难。

1.3.4 计算机与结构试验

毫无疑问，计算机已渗透到我们日常生活中，甚至成为我们生活的一部分。计算机同样成为结构试验必不可少的一部分。安装在传感器中的微处理器，数字信号处理器（DSP），数据存储和输出，数字信号分析和处理，试验数据的转换和表达等，都与计算机密切相关。离开了计算机，现代结构试验技术不复存在。特别值得一提的是大型试验设备的计算机控制技术和结构性能的计算机仿真技术。多功能高精度的大型试验设备（以电液伺服系统为代表）的控制系统于20世纪末告别了传统的模拟控制技术，普遍采用计算机控制技术，使试验设备能够完成复杂、快速的试验任务。以大型有限元分析软件为标志的结构分析技术也极大地促进了结构试验的发展，在结构试验前，通过计算分析预测结构性能，制定试验方案。完成结构试验后，通过计算机仿真，结合试验数据，对结构性能做出完整的描述。现代试验设备和高速计算技术结合，形成所谓抗震混合试验技术，复杂的非线性分析和快速加载及数据采集结合，极大地提高了结构抗震试验的水平。在结构抗震、抗风、抗火等研究方向和工程领域，计算机仿真技术和结构试验的结合越来越紧密。

1.4 结构试验课程的特点

结构试验是土木工程专业的一门专业课，这门课程与其他课程有很密切的关系。首先，它以建筑结构的专业知识为基础。设计一个结构试验，在试验中准确地量测数据、观察试验现象，必须有完整的结构概念，能够对结构性能做出正确的计算。因此，材料力学、结构力学、弹性力学、混凝土结构、砌体结构、钢结构等结构类课程形成本课程的基础，掌握本课程的理论和方法，也将对结构性能和结构理论有更深刻的理解。其次，结构试验依靠试验加载设备和仪器仪表来进行，了解这些设备和仪器的基本原理和使用方法是本课程一个很重要的环节。掌握机械、液压、电工学、电子学、化学、物理学等方面的知识，对理解结构试验方法是很有好处的。此外，电子计算机是现代结构试验技术的核心，结构试验中，运用计算机进行试验控制、数据采集、信号分析和误差处理，结构试验技术还涉及自动控制、信号分析、数理统计等课程。总之，结构试验是一门综合性很强的课程，结构试验常常以直观的方式给出结构性能，但必须综合运用各方面的知识，全面掌握结构试验技术，才能准确理解结构受力的本质，提高结构理论水平。

在对结构进行鉴定性试验和研究性试验时，试验方法必须遵守一定的规则才能保证试验数据准确和试验结果具有可比性。近年来，我国先后颁布了《混凝土结构试验方法标准》GB/T 50152—2012、《建筑抗震试验规程》JGJ/T 101—2015及检测、评估、鉴定等专门技术标准。对不同类型的结构，也用技术标准的形式规定了检测方法。这些与结构试验有关的技术标准或在技术标准中与结构试验有关的规定，有确保试验数据准确、结构安全可靠、统一评价尺度的功能，其作用与结构设计规范相同，在进行结构试验时必须遵守。随着技术进步，这些标准和规范也在不断发展和完善。《混凝土结构试验方法标准》GB/T 50152—2012于2012年10月正式执行。《建筑抗震试验规程》JGJ/T 101—2015于2015年10月1日正式执行。20世纪50年代的苏联人，曾用带钢球的手锤敲击混凝土表面（图1-6），甚至用手枪射击混凝土表面，通过测量敲击深度或弹痕深度推断混凝土强度。用锤击法测定混凝土强度

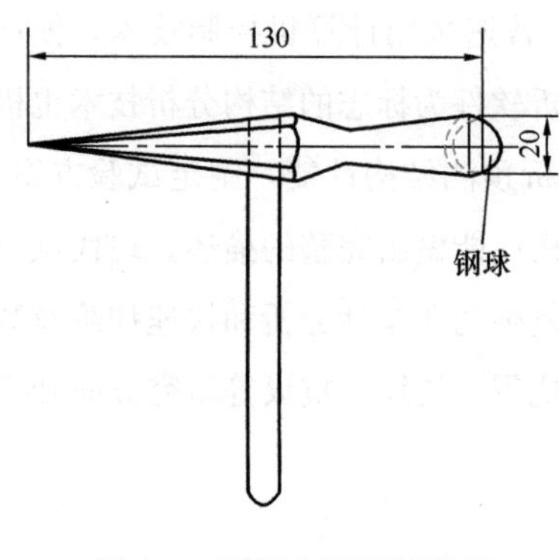

图 1-6　混凝土强度测定锤

时，要求锤重 250g，由经验丰富的检测人员挥动肘部敲击混凝土表面。这种操作方式虽然简单，但显然难以精确地制定测试标准，现在已经有更为先进和更加准确的试验方法用于测试混凝土的强度，并有对应的技术规范进行控制，如《回弹法检测混凝土抗压强度技术规程》JGJ/T 23—2011、《钻芯法检测混凝土强度技术规程》CECS 03—2007、《超声回弹综合法检测混凝土强度技术规程》CECS 02—2005 和《高强混凝土强度检测技术规程》JGJ/T 294—2013。

结构试验强调动手能力的训练和培养，是一门实践性很强的课程。学习这门课程，必须完成相关的结构和构件试验，熟悉仪器、仪表操作。除掌握常规测试技术外，很多知识是在具体试验中掌握的，要在试验操作中注意体会。

第2章

结构试验设计原理

2.1 概述

结构试验一般可分为试验规划与设计、试验技术准备、试验实施过程、试验数据分析与总结等四个阶段。

1. 试验规划与设计

结构试验是一项细致而复杂的工作，试验前应当认真规划，编制试验大纲。结构试验大纲的内容包括：试验任务分析，试件设计，试验装置与加载方案设计，观测方案设计，试验中止条件和安全措施。

2. 试验技术装备

一个试验能否达到预期目的，很大程度上取决于试验技术准备。这一阶段的工作包括：试件制作，预埋传感元件，安装试验装置及试件，安装测量元件，调试标定仪器设备，相关材料性能测试等。

3. 试验实施过程

试验实施过程主要是操作仪器设备，对试件的反应进行观测。这一阶段的工作包括：记录试件初始状态，采集并记录试验数据，观察并记录试件特征反应（如裂缝、破坏形态、声音、热特征、环境特征和其他信息）。

4. 试验数据分析与总结

试验结束后，及时整理试验数据，撰写试验报告。这一阶段的工作包括：整理试验结果，判断异常数据，绘制试验曲线图表，分析试验误差，分析并总结试验现象。

结构试验的以上四个环节，环环相扣，任何疏忽大意都将影响试验结果。但是，最重要的还是试验的设计，如果试验设计本身就不能准确有效的实现试验目的，试验结果自然不会令人满意。以前有一个笑话，老板问伙计，买来的火柴是不是划得燃，伙计说去试试，一会儿跑来告诉老板，只有两根划不燃。老板说，你怎么知道，伙计答，我已经都试过了。这伙计显然不是做的抽样试验，虽然得到了准确的试验结果，但这个结果却不是老板所需要的。

本章主要讨论结构试验设计的基本原理及试验设计与规划。

2.2 结构试验设计的基本原则

按照控制论，可以将建筑结构视为一个系统，所谓“试验”，是对该系统给定输入，并让系统在规定的环境条件下运行，考察系统的输出，确定系统的模型和参数的全过程。对建筑结构系统进行试验，输入主要是指对结构施加的荷载、冲击、强迫位移、动态激励等，输出则包括加速度、速度、位移、转角、应变、裂缝、破坏或失稳形态等。根据这一定义，可以归纳结构试验设计的基本原则。

1. 真实模拟结构所处的环境和结构所受到的作用

建筑结构在其使用寿命的全过程中，受到各种作用，并以荷载作用为主。要根据不同的结构试验的目的设计试验环境和试验荷载。例如，地震模拟振动台试验再现地震时的地面强烈运动，而风洞则再现了结构所处的风环境。为了考察混凝土结构遭遇火灾时的性能，试验要在特殊的高温装置中进行。在鉴定性结构试验中，可按照有关技术标准或试验目的确定试验荷载的基本特征。而在研究性结构试验中，试验荷载完全由研究目的所决定。

【实例分析 2-1】混凝土双向受力条件下的强度和变形性能试验

按照我国的工程习惯和设计规范，混凝土有两个抗压强度，一个是立方体抗压强度，一个是轴心抗压强度。两者的差别在于混凝土试件的高度不同，轴心抗压是通过混凝土棱柱体的受压试验得到的，混凝土轴心抗压强度低于混凝土立方体抗压强度。为什么混凝土轴心抗压强度会低于立方体抗压强度呢？因为混凝土受压时，试件产生横向变形，试件端部的横向变形因试件与试验机压板之间的摩擦而受到约束，称为“端部环箍效应”。从如图 2-1(*a*) 所示的立方体试件的破坏照片可以看出，整个试件高度上混凝土的应力状态都受到立方体试件端部的环箍效应的影响，受力状态的改变使其抗压强度提高。圆柱体试件的端部同样存在环箍

(*a*)

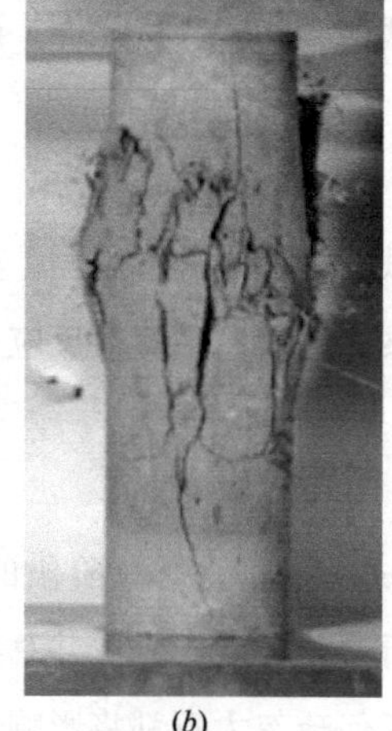
(*b*)

图 2-1 混凝土试块的破坏形态

(*a*) 立方体试块的破坏；(*b*) 圆柱体试件的破坏

效应（图 2-1*b*），但试件的中部基本不受端部环箍效应的影响而接近轴心受压状态，因此，轴心抗压强度低于立方体抗压强度。

混凝土双轴受力试验的关键之一就是保证混凝土的应力状态不受边界条件的影响，使其接近结构中混凝土的实际双轴受力状态。

混凝土双向受压或一个方向受压一个方向受拉的试验怎样处理试件端部条件呢？发现混凝土受压的端部环箍效应后，有人曾尝试在立方体端部涂上润滑油脂消除端部摩擦，得到的抗压强度低于没有消除摩擦的抗压强度，但由于消除摩擦的试验方法各不相同，难以形成统一的试验标准。混凝土双向应力状态试验一般不采用这种方法。由于两个方向都要施加荷载，也不能通过改变试件的尺寸或形状来获得相对均匀的应力状态的区域。

20 世纪 60 年代，德国人 Kupfer 创造性地采用钢板刷对混凝土试块施加荷载，成功地获得混凝土双向受力的强度和变形性能。钢板刷如图 2-2 所示，由一簇平行小钢棒组成，其外形与混凝土试件端部的形状相同，每根钢棒的截面尺寸为 3mm×5mm，长度 140～150mm。钢棒之间的距离约 1.0mm。小钢棒可以承受很大的轴向压力，而侧向刚度很小。采用钢刷可以有效地对强度等级不超过 C80 的混凝土进行抗压强度试验，而对混凝土试块端部约束很小。为了证明钢刷承压板的有效性，Kupfer 从两方面给出证明：首先，采用钢刷承压板进行混凝土立方体单轴受压试验，所得强度与混凝土棱柱体抗压强度相同，说明钢刷可以消除混凝土试块的端部摩擦。然后，测量混凝土试块的应变分布，如果端部存在明显的摩擦作用，则端部混凝土的横向应变将小于沿试块高度中部的横向应变。测试结果表明，采用钢刷加载，试块端部的横向应变和试块中部的横向应变保持一致。对混凝土施加轴向受拉荷载时，采用环氧树胶将钢刷黏结在混凝土试块上，环氧树胶和混凝土的黏结强度远大于混凝土的抗拉强度，可以可靠的施加轴向拉力。

Kupfer 得到的混凝土双轴强度曲线（图 2-3）得到公认，不但被作为经典写进教科书，而且至今仍广泛应用于工程设计和计算分析。

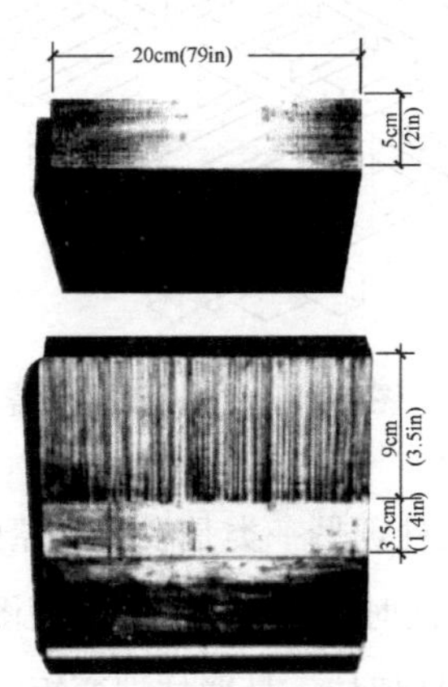

图 2-2 Kupfer 设计的钢板刷

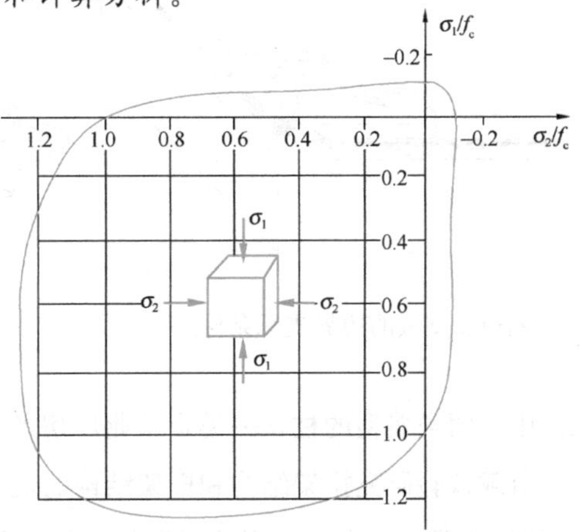

图 2-3 混凝土双轴受力的强度包络线

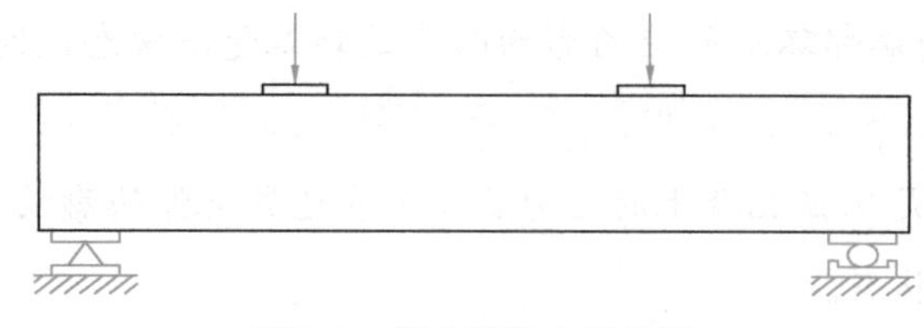

图 2-4 简支梁的支承条件

除实际原型结构的现场试验外，在实验室内进行结构或构件试验时，试验装置的设计要注意边界条件的模拟。如图 2-4 所示的梁，通常称之为简支梁，根据弹性力学中的圣维南原理，我们知道，只要梁的两端没有转动约束，按初等梁理论，这就是与我们计算简图相符的简支梁。但是，图 2-4 的梁不是铰接在梁端的中性轴，而是铰接在梁底部。这种边界条件对梁的单调静力荷载试验的影响很小。但在梁的动力特性试验中（即梁的自振频率和振型的测试），如果梁的跨高比不是很大，这种边界条件在很大程度上改变了梁的动力特性。因为梁支座的有限刚度以及支承点到中性轴的距离使试验梁与理想简支梁的动力特性有较大的差别。

图 2-5 为四边简支板的边界支承条件，在进行静力荷载试验时，如果板角没有向上的位移约束，在竖向荷载作用下，板中部向下变形，而板角发生向上的位移，靠近板角区域，板与支承脱离。如果约束板角向上的位移，则简支板的板角区域出现负弯矩。在结构试验设计时，根据试验目的决定板角向上的位移是否受到约束。砌体结构房屋中，双向板的板角向上的位移受到上部墙体的约束，为了模拟这种受力状态，试验中可以采用螺栓限制板角向上的位移。

图 2-6 为一现浇钢筋混凝土肋形楼盖结构的主梁和次梁。研究梁的受剪性能时，常用如图 2-4 所示简支梁加载图式，称为直接加载。但图 2-6 表明，次梁在主梁侧面与主梁相交，即次梁传递给主梁的荷载不是施加在主梁梁顶，而是施加在主梁侧面。由混凝土结构基本理论我们知道，施加在梁顶面的直接压力作用将明显提高梁的受剪承载能力。较为不利且更接近主梁受力实际情况的是间接加载方式，如图 2-7 所示。

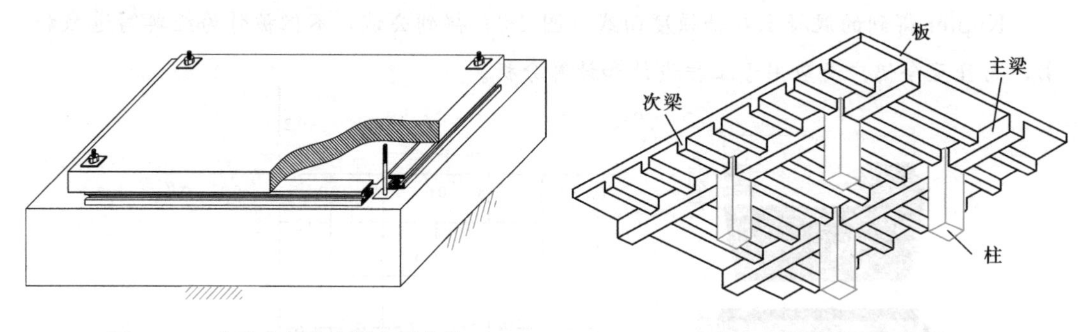

图 2-5 四边简支板的边界支承条件

图 2-6 单向板肋梁楼盖

建筑工程中有两类典型的柱，一类是工业厂房的排架柱，另一类是多层房屋的框架柱。通过低周反复荷载试验研究排架结构和框架结构的抗震性能时，可取两种计算简图进行结构试验设计，如图 2-8 所示。其中一种为悬臂柱，另一种为框架柱。悬臂柱端弯矩为零，框架柱中点弯矩也为零。但框架柱的等效高度只有悬臂柱的一半，这种试验方案常用来直接模拟楼层间框架柱的受力性能，特别是钢筋混凝土框架柱的剪切破坏。

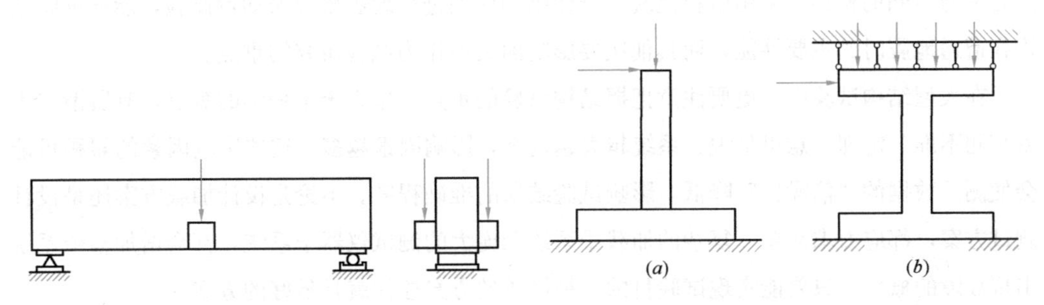

图 2-7　主梁试验的间接加载方式

图 2-8　悬臂柱和框架柱试验方案

(a) 悬臂柱；(b) 框架柱

2. 突出主要因素，消除次要因素影响

影响结构受力性能的因素有很多，一次试验很难同时确定各因素的影响程度。此外，各影响因素中，有的是主要因素，有的是次要因素。通常，试验目的中明确包含了需要研究或需要验证的主要因素。试验设计时，应进行仔细分析，消除次要因素的影响。

例如，试验目的是研究徐变对钢筋混凝土受弯构件的长期刚度的影响，为此，进行钢筋混凝土受弯构件的长期荷载试验。但影响受弯构件长期挠度的因素有很多，除混凝土的徐变外，还有混凝土的收缩。因此，为尽可能消除混凝土收缩的影响，试验宜在恒温恒湿条件下进行。

按照混凝土结构设计理论，钢筋混凝土梁可能发生两种类型的破坏，一种是弯曲破坏，另一种是剪切破坏。梁的剪切试验和弯曲试验均以对称加载的简支梁为试验对象。当以梁的受弯性能为主要试验目的时，观测的重点为梁的纯弯区段，包括梁的正截面受弯破坏和梁的抗弯刚度及裂缝分布，因此在梁的剪弯区段配置足够的箍筋以防剪切破坏影响试验结果。反过来，当以梁的受剪性能为主要试验目的时，则加大纵向受拉钢筋的配筋率，避免梁在发生剪切破坏之前出现以纵向受拉钢筋屈服为标志的弯曲破坏。应当指出，纵向受拉钢筋配筋率对梁的剪切破坏有一定的影响，但在试验研究中，以混凝土强度、剪跨比和配箍率为主要因素，而将纵筋配筋率视为次要因素。因此，大多数钢筋混凝土梁受剪性能的试验中，都采用高配筋率的梁试件。

在结构模型试验中，模型的材料，各部分尺寸以及细部构造，都可能和原型结构不尽相同，但主要因素要在模型中得到体现。例如，采用模型试验的方法研究钢筋混凝土梁的受弯性能，如果模型采用的钢筋直径按比例缩小，则钢筋面积就不会按同一比例缩小。例如，在地震模拟振动台试验中，由于房屋建筑的尺寸远远大于地震模拟振动台的尺寸，只能采用大比例缩尺模型进行混凝土结构的抗震试验。原型结构采用普通混凝土，最大骨料粒径可以达到 20mm 或更大。如果采用 1∶40 的比例制作结构模型，只能选用最大骨料粒径3～5mm的微粒混凝土。从材料性能我们知道，微粒混凝土和普通混凝土尽管性能有相近之处，但这仍然是两种不同的材料。采用微粒混凝土制作结构模型进行地震模拟振动台试验，能够反映结构在遭遇地震时的主要性能，而其他次要影响因素不作为试验研究的重点。

在大型结构试验中，更要注意把握结构试验的重点。按系统工程学的观点，有所谓“大系统测不准”定理。意思是说，系统越大越复杂，影响因素越多，这些影响因素的累积可能会使测试数据的“信噪比”降低，影响试验结果的准确程度。不论是设计加载方案还是设计测试方案，都应力求简单。复杂的加载子系统和庞大的测试仪器子系统，都会增加整个系统出现故障的概率。只要能实现试验目的，最简单的方案往往就是最好的方案。

【实例分析 2-2】薄壁构件稳定性能试验

钢结构薄壁杆件可能同时出现弯扭失稳和翼缘局部失稳（压曲），两种因素相互影响，严格区分存在困难。但可以通过精细的试验设计展示出来。如图 2-9(*a*) 所示，当薄壁 C 形截面试件的长细比较大时，试件发生弯扭失稳，而试件长细比较小时，发生翼

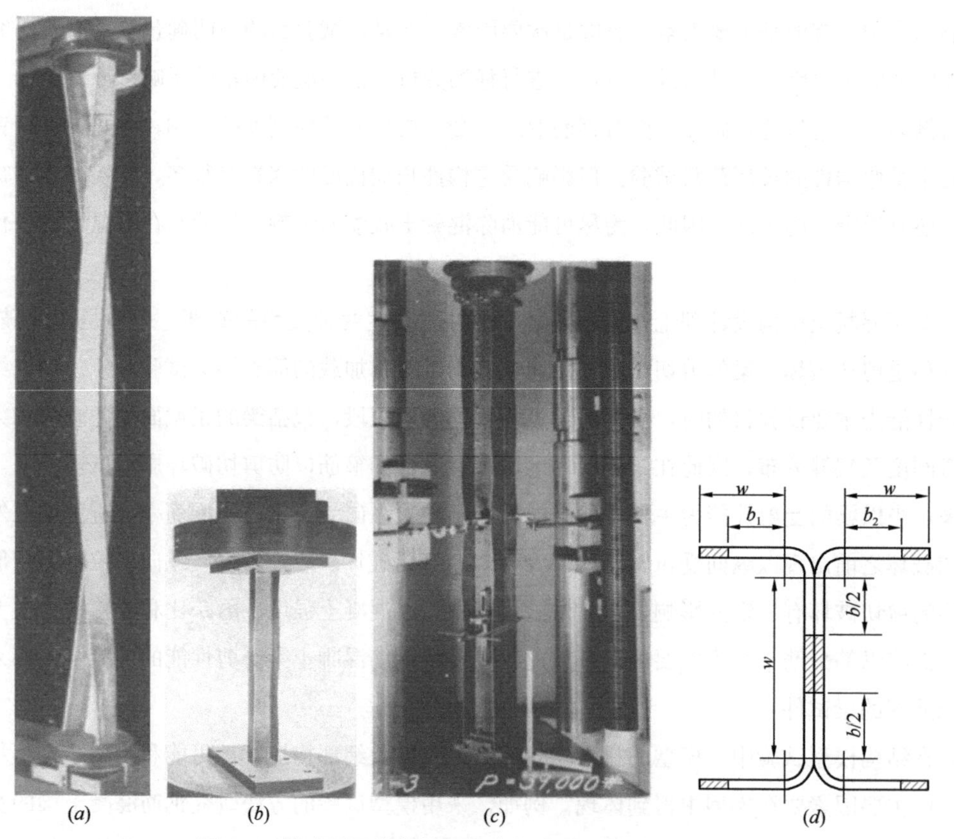

(*a*) (*b*) (*c*) (*d*)

图 2-9　薄壁受压构件的整体弯扭失稳和翼缘局部失稳

(*a*) C 形截面试件整体弯扭失稳；(*b*) C 形截面试件受压翼缘失稳；

(*c*) Ⅰ形截面试件受压翼缘失稳；(*d*) Ⅰ形试件截面

缘局部失稳（图 2.9*b*）。

这个试验通过改变试件的长细比，使不同的影响因素分别得以消除，得到我们所需要的结果。很多试验设计都会采用类似的设计思想。也可以换一个思路，加大试件的整体弯扭刚度，图 2-9(*c*) 中的试件采用工形截面（图 2.9*d*），可以看到翼缘出现较规则的受压失稳形态。

3. 将结构反应视为随机变量

从结构设计的可靠度理论我们知道，结构抗力和作用效应都是随机变量。但在进行结构试验时，我们希望所有影响因素都在我们控制之下。对于建筑工程产品的鉴定性试验，有这种想法是正常的，因为大多数产品都是符合技术标准的合格产品。对于结构工程科学的研究性试验，我们常常也期望试验结果能证实我们的猜想和假设。但如果在试验完成以前，就已经知道试验结果，那试验也就没有什么意义了。因此，在设计和规划结构试验时，宜将结构的反应视为随机变量。特别要强调指出的是，结构试验不同于材料试验，在常规的材料强度试验中，用平均值和标准差表示试验结果的统计特征，这是众所周知的处理方法。而在试验之前，结构试验的结果不但具有随机性，而且具有模糊性。这就是说，结构的力学模型是不确定的。以梁的受力性能为例，根据材料力学我们可以预测钢梁弹性阶段的性能。但是，对于一种采用新材料制作的梁，例如，新型胶合木材制成的梁，其承载能力模型显然与试验结果有极大的关系，只有根据试验结果才能建立准确的承载能力剪模型，这也是试验的主要目的之一。常规的试验研究方法是根据试验结果建立结构的力学模型，再通过试验数据分析确定模型的参数。

图 2-10 给出钢筋混凝土简支梁受剪承载力的试验结果，由图可知，试验结果十分离散。我们知道，影响梁的抗剪承载能力的因素有很多，梁的抗剪模型也有很多种。从 20 世纪初开始，国内外耗费人力物力进行了大量的钢筋混凝土简支梁的受剪性能试验。试验结果为我们积累“经验”，根据试验结果，我们可以偏于安全地建立如图 2-10 中实线或虚线所示的经验公式。显然，合理的试验设计和规划对试验结果的分布规律有决定性的影响。

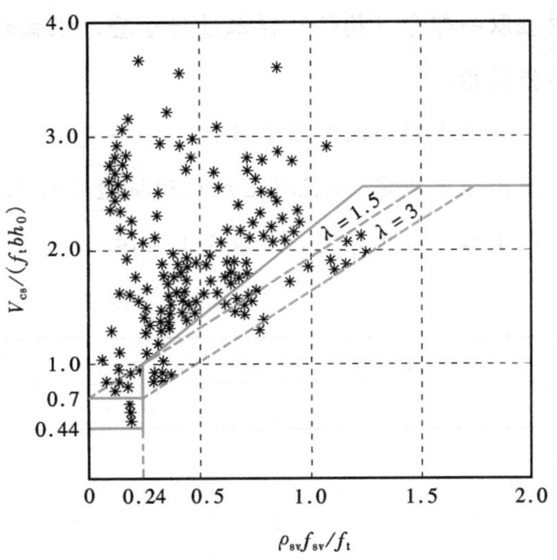

图 2-10　有腹筋梁受剪承载力试验结果

V_{cs}—只配箍筋钢筋混凝土梁的抗剪承载力；b—截面宽度；h_0—截面有效高度；f_t—混凝土抗拉强度；λ—剪跨比；f_{sv}—箍筋抗拉强度；ρ_{sv}—配箍率

将结构反应或试验结果视为随机变量，这一观点使得我们在结构试验设计时，必须运用统计学的方法设计试件的数量，排列影响因素。例如，基于数理统计的正交试验法就被用于试件数量设计。而在考虑加载设备、测试仪器时，必须留有充分的余地。有时，在进行新型结构体系或新材料结构的试验时，由于信息不充分，很难对试件制作、加载方案、观测方案等环节全面考虑，这时应先进行预备性试验，也就是为制定试验方案而进行的试验。通过预备性试验初步了解结构的性能，再以此为基础制定详尽的试验方案。

在常见的钢、混凝土、砌体和木结构中，由于材料来源以及加工制作工艺不同，钢结构和构件的试验结果离散性最小，木结构和砌体结构的离散性较大。木结构离散性大是因为天然木材的种类以及木材本身的性能差异较大，现代工艺制作的胶合木材的性能提升，离散性明显减小。而砌体结构试件的制作大多由人工完成，灰缝的质量及其砂浆饱满度有可能因人而异。材料性能的离散性直接导致构件试验结果的离散性，为了获得具有统计意义的试验结果，对离散性大的材料制作的构件，通常要重复构件试验，即对相同参数的构件进行重复试验。

【实例分析 2-3】鉴定性试验中抽样方法

某工程的混凝土施工出现质量事故，认为留置的混凝土试块的强度不能代表结构构件的实际强度，需要采用非破损方法现场检测混凝土强度，判定其是否达到设计要求，即是否合格。因该工程有数量很大的结构构件，对所有构件的混凝土构件都进行检测将耗费大量人力物力，因此采用抽样检验的方法来判定混凝土强度是否合格。

现场检测中，一般采用简单随机抽样。简单随机抽样是指原混凝土强度设计值相同的每个构件，被抽到的可能性（概率）相同。本质上，抽样检验就是从一批被检验构件中抽取一部分（构件）样本进行检验，根据抽取样本的强度指标推定这一批被检验构件的强度指标。

这里有两个问题需要确定，一个是抽取样本的数量，一个是怎样根据样本的检测结果做出强度推定。《混凝土结构现场检测技术标准》GB/T 50784—2013 对计数抽样检验批最小容量做出规定，如表 2-1 所示。

检验批最小样本容量　　表 2-1

检验批的容量	检测类别和样本最小容量			检验批的容量	检测类别和样本最小容量		
	A	B	C		A	B	C
2～8	2	2	3	90～150	8	20	32
9～15	2	3	5	151～280	13	32	50
16～25	3	5	8	281～500	20	50	80
26～50	5	8	13	501～1200	32	80	125
51～90	5	13	20	—	—	—	—

注：1. 检测类别 A 适用于施工质量的检测，检测类别 B 适用于结构质量或性能的检测，检测类别 C 适用于结构质量或性能的严格检测或复检；

2. 无特别说明时，样本单位为构件。

表中检验批是指需要检验的所有构件。从表中可以看到，检验批容量越大，抽检样本越多；要求越高时抽检样本越多。

另一方面，对于检验结果，《混凝土结构现场检测技术标准》GB/T 50784—2013 给出了判定标准，如表 2-2 和表 2-3 所示。表中合格判定数和不合格判定数都是指检测结果不能达到设计要求的数目。例如，样本容量为 20 时，如果只有 2 个或 2 个以下的样本不合格，该检验批判定为合格；如果有 3 个或 3 个以上的样本不合格，该检验批判定为不合格。

对比表 2-2 和表 2-3 可知，主控项目的要求更高。本例中结构构件的混凝土强度属主控项目。

主控项目的判定 表 2-2

样本容量	合格判定数	不合格判定数	样本容量	合格判定数	不合格判定数
2～5	0	1	50	5	6
8～13	1	2	80	7	8
20	2	3	125	10	11
32	3	4	—	—	—

一般项目的判定 表 2-3

样本容量	合格判定数	不合格判定数	样本容量	合格判定数	不合格判定数
2～5	1	2	32	7	8
8	2	3	50	10	11
13	3	4	80	14	15
20	5	6	125	21	22

上述抽样方法又称为计数抽样检验，根据样本容量以及样本合格的数量来判定整批构件是否合格。《混凝土结构现场检测技术标准》GB/T 50784—2013 还给出一种称为计量抽样检验的方法，这种方法是通过被检验样本中产品质量特性的具体数值并与标准进行比较，进而推断整批产品的接受与否。

例如，某建筑因用途发生变化，需要对结构进行改造，这要求对结构进行再设计。与新建结构不同，已有建筑结构的再设计必须以当前结构状态为基础。因此需要采用非破损方法现场测定混凝土的强度。这时，我们需要的结果不是简单的合格或不合格，而是要根据样本构件混凝土强度的平均值和标准差来推定整批构件混凝土强度的分布规律。计量抽样中"量"是指质量，显然，计量抽样需要更大的样本容量。

《混凝土结构现场检测技术标准》GB/T 50784—2013 还提到分层随机抽样。按产品的某些特征把整批划分成若干小批，这种小批称为层。同一层内的产品质量尽可能均匀一致，各层间特征界限应明显。在各层内分别随机抽取一定数量的单位产品，然后合在一起组成一个样本，这种抽样法称为分层随机抽样。如果按各层在整批中所占的比例，分别在各层内按比例抽取单位产品，合在一起组成一个样本，这叫分层按比例随机抽样。在本例涉及的混凝土强度现场检测中，一般不采用分层随机抽样，而是根据被检验构件的不同特点直接分成不同的检验批。例如，梁、板、柱因浇灌、振捣、养护条件不同，分成不同检验批进行评定。

由以上的讨论可知，不论是研究型试验还是鉴定型试验，由于各种随机因素的影响，试验结果都具有不确定性，试验方案的制定应该充分考虑随机因素的影响。

4. 合理选择试验参数

在结构试验中，试验方案涉及很多参数，这些参数决定了试验结构的性能。一般而言，试验参数可以分为两类，一类与试验加载系统有关，另一类与试验结构的具体性能有关。例如，约束钢筋混凝土柱的抗震性能试验，试验加载系统的能力决定柱的基本尺寸，试验参数中取柱的截面尺寸为300mm×300mm，最大轴压比为0.7，C40级混凝土，试验中施加的轴压荷载约为1700kN，这要求试验系统具有2000kN以上的轴向荷载能力。试件尺寸是一个非常重要的试验参数，它涉及试验结构与原型结构的关系，即所谓尺寸效应和相似关系。尺寸效应是指材料相同、几何形状相似的结构构件，其极限强度与构件尺寸相关。对于混凝土结构，小尺寸试件得到的强度高于大尺寸试件的强度。钢筋直径、保护层厚度、箍筋间距等参数按比例缩小时可能导致试验结构性能变化，构件的承载能力与钢筋面积相关，而裂缝宽度与钢筋直径有关，只能根据试验主要目的做出舍取。实验室条件下一般很难进行1∶1的原型尺寸的结构构件试验，合理选择试件尺寸十分重要。对于钢结构，缩小比例的模型结构主要涉及连接构造与原型结构是否一致，如螺栓连接怎样按比例缩小，焊接钢结构的热应力影响等，都应在试验设计时仔细考虑。

试验结构的参数应在实际工程结构的可能取值范围内。钢筋混凝土结构常见的试验参数包括混凝土强度等级、配筋率、配筋方式、截面形式、荷载形式及位置参数等，砌体结构常见的试验参数有块体和砂浆强度等级，钢结构试验常以构件长细比、截面形式、节点构造方式等为主要变量。有时，出于试验目的的需要，将某些参数取到极限值，以考察结构性能的变化。例如，钢筋混凝土受弯构件的界限破坏给出其承载力计算公式的适用范围，在试验中，梁试件的配筋率必须达到发生超筋破坏的范围，才能通过试验确定超筋破坏和适筋破坏的分界点。

在设计、制作试件时，对试验参数应进行必要的控制。如上所述，我们可以将试验得到的测试数据视为随机变量，用数理统计的方法寻找其统计规律。但试验参数分布应具有代表性并覆盖一定范围。例如，钢筋混凝土构件的试验，取混凝土强度等级为一个试验参数，若按C20、C25、C30三个水平考虑进行试件设计，可能发生的情况是，由于混凝土强度变异以及时间等因素，试验时试件的混凝土强度等级偏离设计值，三个水平无法区分，导致混凝土强度这一因素在试验结果中体现不充分。

5. 统一测试方法和评价标准

在鉴定性结构试验中，试验对象和试验方法大多已事先规定。例如，预应力混凝土空心板的试验，应符合《混凝土结构工程施工质量验收规范》GB 50204—2015 的规定。采用回弹法、超声法等方法在原型结构现场进行混凝土非破损检测，钢结构的焊缝检验，预应力锚具的试验等，都必须符合有关技术标准的规定。

在研究性结构试验中，情况有所不同。结构试验是结构工程科学创新的源泉，很多新的发现来源于新的试验方法，我们不可能用技术标准的形式来规定科学创新的方法。但我们又需要对试验方法有所规定，这主要是为信息交换、建立共同的评价标准。

例如，关于混凝土受拉开裂的定义。在 800 倍显微镜下，可以看到不受力的混凝土也存在裂缝（图 2-11，裂缝宽度小于 0.001mm）。一般情况下，这种裂缝显然不构成我们对混凝土结构受力状态的评价。在 100 倍放大镜下，可以看到宽度小于 0.005mm 的裂缝，而肉眼可以分辨的裂缝约为 0.03～0.05mm。但在常规的混凝土结构试验中，我们使用放大倍数 20～40 倍的裂缝观测镜，对裂缝的分辨率大约为 0.01mm。如果裂缝宽度小于观测的分辨率，我们认为混凝土没有开裂。这就是研究人员在结构试验中认可的开裂定义，它不由技术标准来规定，而是历史沿革和一种约定。在设计观测方案时，可以根据这个定义来考虑裂缝观测方案。

图 2-11　显微镜下混凝土的裂缝

又例如，地震作用下，框架结构中的柱称为压弯构件，即同时承受压力和弯矩的构件，由于混凝土受力特性与其应变速率相关（图 2-12），在钢筋混凝土或型钢压弯构件的反复荷载试验中，加载速度也成为试验中需要控制的参数之一。压弯构件的反复荷载试验属结构抗震试验，加载速度越快，越接近实际结构在经历地震时的受力条件。受材料性能的影响，反复荷载作用下的压弯构件性能与加载速度有关，不同的加载速度，所得试验结果不同。选择压弯构件的试验加载速度，首先要考虑加载设备能力、数据采集和记录能力等试验基本条件。而从信息交换、统一评价标准的角度来看，还必须考虑已有压弯构件试验研究结果的试验方法和其他研究人员进行压弯构件试验时采用的试验方法，以便对试验结果进行比较和评价。所有的科学研究都必须利用已有的成果，结构试验获取的新的信息

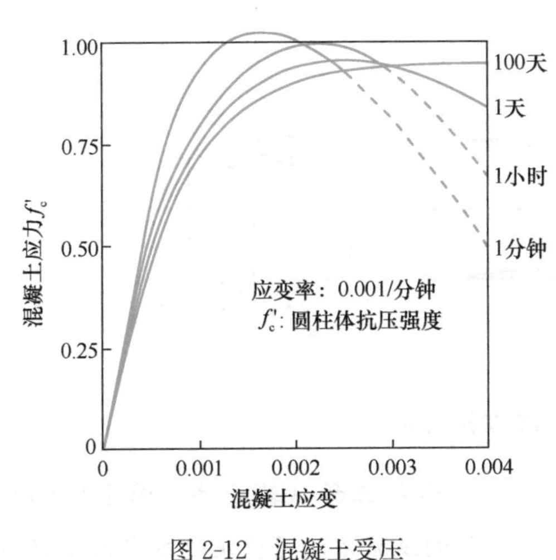

图 2-12　混凝土受压应力-应变曲线随加载时间变化

必须经过交流、比较、评价，才能形成新的成果。因此，结构试验要遵循学科领域中认可的标准或约定。

【实例分析 2-4】不同试验方法导致试验结果不同

混凝土结构设计要用到混凝土抗拉强度指标。我国规范规定的是轴心抗拉强度，试验时应保证混凝土试件截面处于均匀受拉应力状态，采用的试件和受力状态如图 2-13 所示。

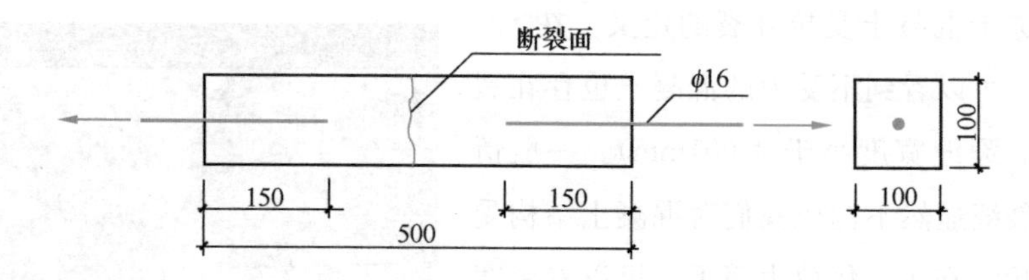

图 2-13　混凝土轴心受拉试件及受力状态

制作试件时，将直径 16mm 的钢筋埋置在试件的中心位置。试验时轴向拉力通过钢筋传递到混凝土，希望在试件中间部位的横截面上均匀断裂。实际操作时对中困难，尽管通过专用模具埋设钢筋，仍难以保证混凝土均匀受拉，导致试验结果十分离散。替换的试验方法是劈裂受拉试验方法。如图 2-14(*a*) 所示，劈裂荷载使试件从中间劈开，应力分析表明截面大部分区域处于均匀受拉应力状态，但上下受力部位为压应力状态，沿整个截面高度并不是均匀受拉。因此，劈裂受拉的试验结果不同于轴心受拉试验结果。在我国工程实践中，以混凝土立方体抗压强度为基准，轴心抗压强度和轴心抗拉强度都可以通过立方体抗压强度换算得到。轴心抗拉强度与立方体抗压强度的换算公式为 $f_t = 0.395 f_{cu}^{0.55}$，一般就不做混凝土抗拉强度试验。工程确有需要时，可以做劈裂抗拉试验，但所得结果不能认为是轴心抗拉强度。

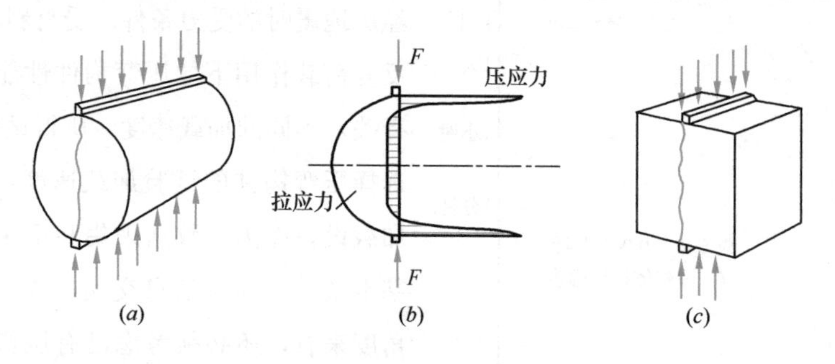

图 2-14　混凝土劈裂受拉试验

例如，砌体抗剪强度试验可以采用如图 2-15 所示的三种试验方法。图 2-15(*a*)、(*b*) 的方法都属于所谓单剪试验方法，但图 2-15(*a*) 的试验方法可使灰缝水平面上只有均匀正应力和剪应力，而图 2-15(*b*) 的试验方法难以完全消除水平力在灰缝面上产生的弯矩。图 2-15(c) 的试验方法称为双剪试验方法，试验时有两个灰缝面受剪，所得抗剪强度取决于较弱的抗剪面。按三个不同的方法得到的试验结果不同。我国《砌体基本力学性能试验方法标准》GB/T 50129—2011 规定砌体沿通缝的抗剪强度试验采用双剪试验方法。

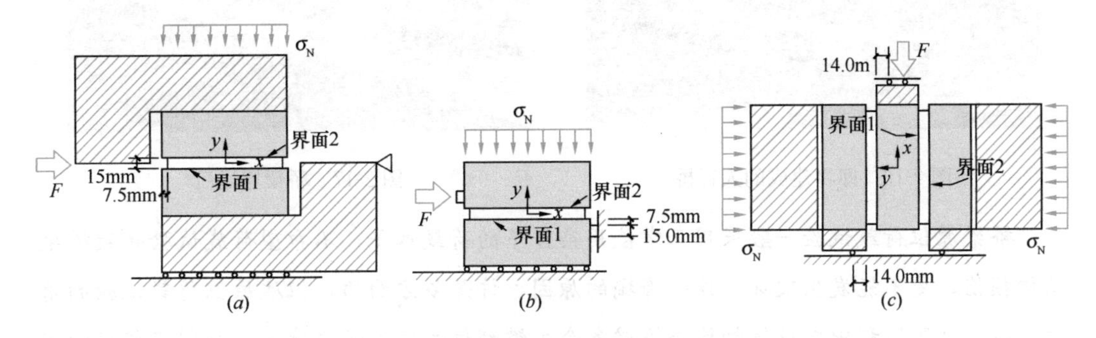

图 2-15 砌体沿通缝的抗剪强度试验方法

6. 降低成本、提高效率、安全第一

在结构试验中，试验成本由试件加工制作、预埋传感器、试验装置加工、试验用消耗材料、水电费用、设备仪器折旧、试验人工费用和有关管理费等组成。在试验方案设计时，应根据试验目的选择有关试验参数和试验用仪器设备，以达到降低试验成本的目的。一般而言，在试验装置和测试消耗材料方面，尽可能重复利用以降低试验成本，如配有标准接头的应变计或传感器的导线，由标准件组装的试验装置等。

测试的精度要求对试验成本和试验效率也有一定的影响，盲目追求高精度只会增加试验成本，降低试验效率。例如，钢筋混凝土梁的动载试验中，要求连续测量并记录挠度和荷载，挠度的测试精度为 0.05～0.1mm 即可满足一般要求。但如要求挠度测试精度达到 0.01mm，则传感器、放大器和记录仪都必须采用高精度高性能仪器仪表。这样，仪器设备费用增加，仪器的调试时间也会增加，对试验环境的要求也更加严格。

结构试验方案设计时，应仔细考虑安全因素，制定安全操作规程。在实验室条件下进行的结构试验，要注意避免试件破坏或变形过大时，伤及试验人员，损坏仪器、仪表和设备。结构现场试验时，除上述因素外，还应特别注意人员操作安全和因试验荷载过大引起的结构破坏。

【实例分析 2-5】某桥梁进行原位荷载试验时倒塌

2006 年，设计单位对一座新建成的悬索桥进行原位荷载试验时桥梁垮塌。该桥为人行桥，桥长 120m，宽 5m，桥面为钢箱梁结构（图 2-16)。原位荷载试验计划采用 12 台载重车（每台质量约 10t）作为静力荷载施加在桥上，实际施加 10 台载重车时桥梁垮塌，车辆随桥掉落河中，3 名驾驶员受伤（图 2-17)。

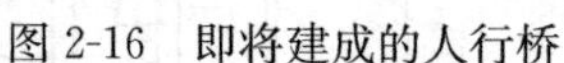

图 2-16 即将建成的人行桥

图 2-17 桥梁垮塌后

桥梁原位荷载试验一般采用正常使用条件下的荷载水平，不希望荷载试验导致桥梁结构损伤，更不能发生破坏。该桥垮塌的原因也许是多方面的，但从原位荷载试验的角度来看，试验过程中应该仔细检查桥梁各个关键部位的实际受力情况，并制定相应的安全措施，防止桥梁倒塌破坏。该桥的主要受力为缆索、塔架等部件，试验前应仔细检查关键受力部位的实际状态，从开始加载的全过程中对关键受力部位进行监控，发现异常随时终止试验。

2.3 测试技术基本原理

测试技术的关键之一是传感器技术。广义的说，传感器是一种转换器件，它能把物理量或化学量转换为可以观测、记录并加以利用的信号，在结构试验中，被转换的量一般为物理量，如力、位移、速度、加速度等。国际电工技术委员会对传感器的定义为：传感器是测量系统的一种前置部件，它将输入变量转换为可供测量的信号。

结构试验就是在规定的试验环境下，通过各种传感器将结构在不同受力阶段的反应转换为可以观测和记录的信息。

为确定试验结构的反应量值而进行的试验过程称为测量。测量最基本的方式是比较，即将被测的未知物理量和预定的标准进行比较而确定物理量的量值。由测量所得到的被测物理量的量值表示为数值和计量单位的乘积。

测量可分为直接测量和间接测量。直接测量是指无需经过函数关系的计算，直接通过测量仪器得到被测量值。例如，用钢尺测量构件的截面尺寸，通过与钢尺标示的长度直接比较就可得到构件的截面尺寸。这种测量方法是直接将被测物理量和标准量进行比较。而采用百分表测量构件的变形则属于直接测量方式中的间接比较，因为百分表这个机械装置将待测物理量转换为百分表指针的旋转运动，百分表杆的直线运动和指针的旋转运动存在着固定的函数关系，这样，构件的变形与百分表指针的旋转就形成所谓间接比较。在结构试验中用得最多的测量方式是间接比较，大多数传感器也是基于间接比较方法设计的。

间接测量是在直接测量的基础上，根据已知的函数关系，通过计算得到被测物理量的量值。例如，为了确定混凝土的弹性模量，可以采用超声波方法。先利用非金属超声检测仪测量混凝土的声速，由仪器直接测量的是超声波在给定距离上的传播时间，称为声时。声波传播的距离和时间可看作直接测量的信号，通过距离和时间计算出声速。由物理学原理可知，纵波在混凝土中传播的速度与混凝土的弹性模量和密度有关，测定混凝土的密度之后，就可根据公式计算混凝土的弹性模量。可见声速值和弹性模量都是间接测量的结果。大型建筑结构的现场荷载试验，常采用水作为试验荷载，我们并不需要测量水的重量，只需要测量水的容积，就可以计算出水的重量，这种测量荷载的方式也属于间接测量。

使用各种传感器对物理量进行测量时，一个十分重要的环节就是传感器和测量系统的标定或校准。如上所述直接测量中的间接比较方法，将被测物理量进行转换后再与标准物理量进行比较，得到被测物理量的量值。其中，作为比较标准的传感器和测量仪器必须经过标定或校准。采用已知的标准物理量校正仪器或测量系统的过程称为标定，具体来说，标定就是将原始基准器件，或比被标定仪器或测量系统精度高的各类传感器作用于测量系统，通过对测量系统的输入-输出关系分析，得到传感器或测量系统的精度的试验操作。从测试原理来看，传感器和测量系统的标定类似于直接测量中的直接比较或间接比较，就是将被标定的传感器和测量系统的输出值直接与“标准”输出值比较，确定传感器和测量系统的精度。再将经过标定的传感器和测量系统用于结构试验中的物理量测量，这时，传感器和测量系统就可作为比较测量的“标准”使用了。

物理量的测量不能离开标准。我国采用国际单位制作为测量标准。国际单位制有7个基本单位，它们是米，长度单位（m）；千克，质量单位（kg）；秒，时间单位（s）；安培，电流强度单位（A）；开尔文，热力学温度单位（K）；坎德拉，发光强度单位（cd）；摩尔，物质的量单位（mol）。由基本单位的组合可以得到各种导出单位，例如，速度（m/s），加速度（m/s^2），力（$kg \cdot m/s^2$）等。结构试验中，主要涉及长度、质量、时间、温度等基本物理量。从实际工程应用来看，结构试验主要获取包括力、转角、应变、位移、速度、加速度等表征结构力学性能的测试数据。

现代测试技术的一个突出特点是采用电测法，即电测非电物理量，采用电测法，就是将输入物理量转换为电量。在整个测试环节中，最重要的环节之一就是传感器。传感器将试验对象的物理反应量，转换为电信号，然后通过转换、放大、调节、运算等环节，最后将测量结果输出。现代测量技术的另一个特点是采用计算机作为测量系统信息处理的关键器件，利用高速电子计算机完成数据采集、信号处理、运算放大、存储显示和打印输出等功能。

为了准确认识结构的受力特性，我们采用各种测试技术方法和手段来表达所需要的信息，这种对信息的表达形式称为信号。结构试验是从被试验的结构或构件在试验条件下的反应获取有关信息的技术过程，而信号就是有关信息的载体。因此，测试系统的功能就是通过测试信号的检测来获取结构信息。使用测试系统进行某一参量测试的整个过程都是信号的流程，它包括信号采集、处理、显示或记录等方面。在结构振动试验、抗震试验、抗冲击试验等动载试验中，测试系统获得结构动态响应信号，信号处理构成结构试验的一个重要环节。

第3章

结构静载试验

结构静载试验是最常规的试验之一。静载试验中使用的仪器、仪表和设备可分为加载设备、测试元件和仪表、放大仪和记录仪等。试验中观测的物理量为力、位移、应变、温度、裂缝宽度与分布、破坏或失稳形态等。

3.1 静载试验加载设备

静载试验又称为静力荷载试验，是指对结构施加静力荷载并考察结构在静力荷载下的力学性能的试验。因此，合理设计试验加载方案，正确使用加载设备完成试验，是结构静载试验中的一个基本环节。一般而言，所谓“静力”是指试验过程中试验结构的反应不包含任何惯性作用和加速度的影响。加载设备和利用加载设备所施加的试验荷载必须满足下列基本要求：

（1）试验荷载的作用方式必须使被试验结构或构件产生预期的内力和变形方式。例如，在梁的弯曲试验中，试验研究的主要目的是确定弯矩和剪力对梁受力性能的影响，加载设备在梁体平面内的偏心导致的扭矩不是试验所期望的内力，应尽量消除。

（2）加载设备产生的荷载应能够以足够的精度进行控制和测量。在试验过程中，加载设备对试件所施加的荷载应能够保持稳定，不产生振动和冲击，不受环境温度、湿度等因素的影响，加载设备的性能也不随加载时间而变化。对于破坏性试验，要做到完全的荷载控制很难，特别是被试验结构临近破坏时，加载系统的突然能量释放可能导致冲击而影响被试验结构的破坏形态。

（3）加载设备或装置不应参与被试验结构的受力，即不改变结构或构件的受力状态。结构试验时，加载设备和被试验结构或构件形成一个试验结构系统，在这个系统中，加载设备子系统和被试验结构子系统之间的关系应十分明确。

（4）加载设备本身应有足够的强度和刚度。加载设备各部件的连接应安全可靠，并不随被试验结构或构件的状态变化而改变，以保证整个试验过程的安全。

一般有两类方法对结构施加静力荷载。一类方法是利用重力加载，另一类方法是利用液压或机械装置加载。

3.1.1 重力加载

重力加载可分为如下两类：

（1）直接重力加载。这种加载方式常用于构件的检验性试验。如图 3-1 所示，预应力混凝土空心板的检验试验，多采用直接重力加载。这类试验可在实验室进行，也可在建筑工地进行。通常，当试件的数目较少，试验荷载较小，并且试件有足够的空间放置重物时可以采用这种方式加载。当试件的平面尺寸较小时，可以采用吊篮-重物加载，也可以用水箱加载。图 3-1 中，试件上堆放的重物留有间隙，是为了防止试件变形后各垛重物相互挤压，导致试件实际受力状态发生变化。

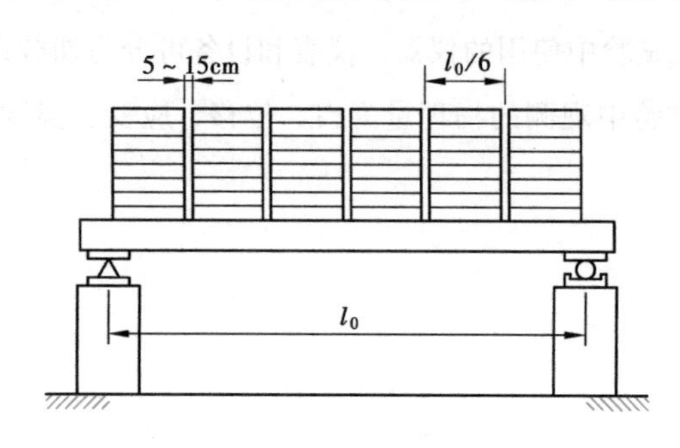

图 3-1　直接重物加载方式

如图 3-2 所示的屋架静载试验，在吊篮中放置重物加载，重力荷载直接作用在屋架上弦杆。对大型实际结构进行静力荷载试验时，常采用水作为重物加载，也可以用水箱加载。在房屋建筑中，楼面活荷载被认为是一种均匀作用荷载，在试验对象区域周边，用砖砌矮墙，形成一个蓄水池，静载试验时，向蓄水池放水即可实现重力加载。当水池池壁较高时，应设置壁柱或支撑（图 3-3）。楼面结构的静载试验也可以采用砂包或砖块作为重力荷载。

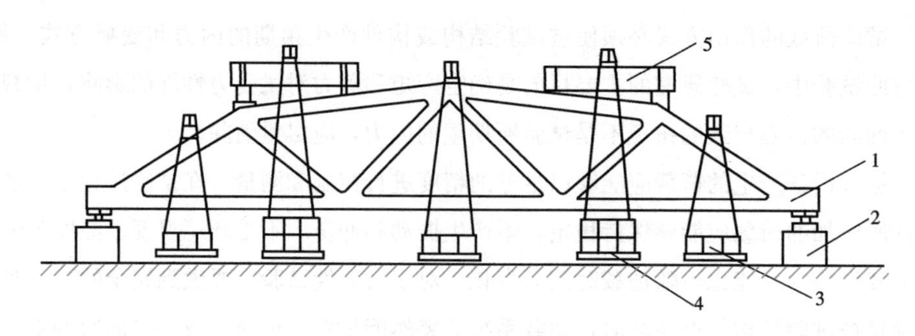

图 3-2　屋架静载试验加载装置

1—屋架试件；2—支墩；3—砝码；4—吊篮；5—分配梁

已建或新建桥梁结构的静力荷载试验，大多采用载重汽车作为重物加载，也可以用水箱加载。

（2）杠杆重力加载。利用杠杆设计重力放大装置，以满足静力荷载试验对所加荷载大小的要求。杠杆重力加载装置需要一个锚固点承受向上的反力。如图 3-4(*a*) 所示，杠杆的支点

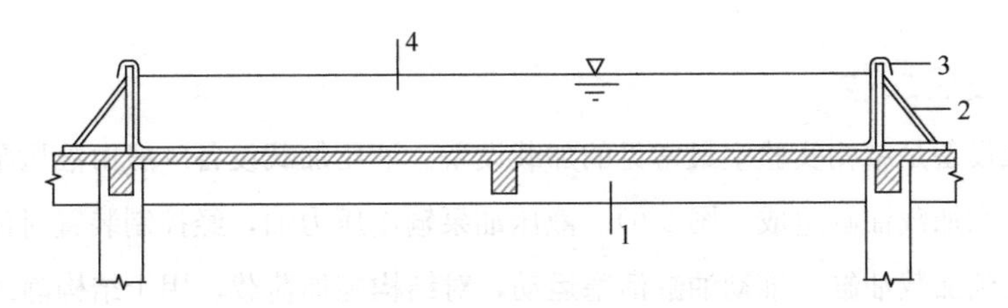

图 3-3 用水作均布加载的试验装置

1—楼盖试件；2—侧向支撑；3—防水胶布或塑料布；4—水

向试件施加向下的荷载。图 3-4(*b*) 中，杠杆支点承受向下的压力，而杠杆的一端对试件施加水平荷载。杠杆重力加载方法常用于实验室中的长期荷载试验，其主要优点是无须测力装置，不用调整就可以保持荷载长期不变。在结构现场试验中，利用现场各种条件，有时也采用杠杆重力加载，一般可根据现场的条件选择锚固点。图 3-5 给出部分杠杆重力加载的试验装置示意图。

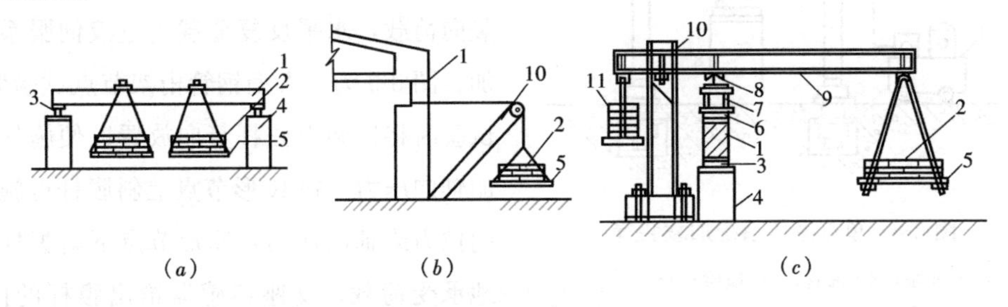

图 3-4 重物加集中荷载

(*a*) 简支梁直接悬挂荷载；(*b*) 排架柱试验；(*c*) 利用杠杆-重物加载

1—试件；2—重物；3—支座；4—支墩；5—荷载盘；6—分配梁支座；7—分配梁；8—加载支点；9—杠杆；10—荷载支架；11—杠杆平衡重

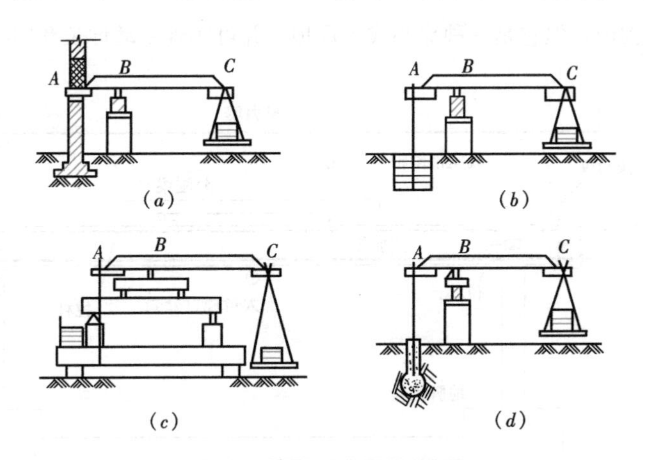

图 3-5 现场试验杠杆加载的支承方法

(*a*) 墙洞支承；(*b*) 重物支承；(*c*) 反弯梁支承；(*d*) 桩支承

3.1.2 液压加载

液压加载设备是结构实验室最常见的加载设备。液压加载设备一般由液压泵源、液压管路、控制装置和加载油缸组成（图 3-6）。液压油泵输出压力油，经控制装置对油的压力、流量调节后输送到加载油缸，推动油缸活塞运动，对结构施加荷载。用于结构静载试验的液压加载设备一般有以下几种。

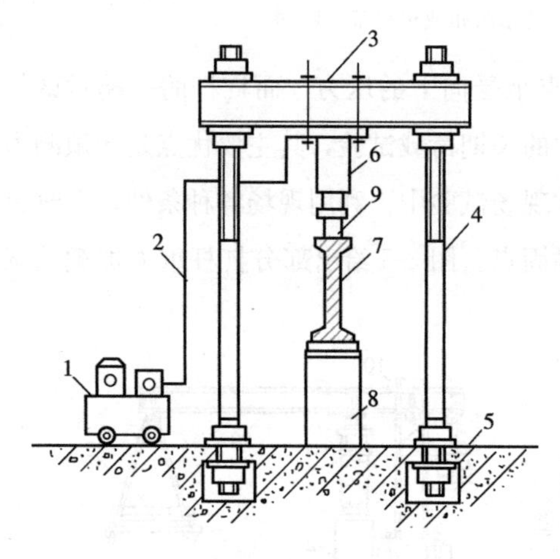

图 3-6　单点液压系统加载装置

1—油泵；2—油管；3—横梁；4—立柱；5—台座；6—加载器；7—试件；8—支墩；9—测力计

1. 同步液压加载装置

液压加载设备可以将多个加载油缸灵活地安装在试验装置的各个部位。在如图 3-7 所示的框架结构试验中，同步液压加载设备的加载油缸安装在试验刚架上（加载油缸的构造如图 3-8 所示），向框架柱和框架梁施加竖向荷载，水平反复荷载由电液伺服系统施加。图 3-9 为一大型钢管桁架节点试验装置，试验时将桁架上弦杆竖向放置以便施加较大的轴向压力，在 K 形节点上斜腹杆可施加轴向拉力或轴向压力，K 形节点下斜腹杆被动地承受荷载，支座传感器给出腹杆的内力。采用两个加载油缸分别施加竖向压力和水平压力，斜杆的支座反力为拉力。同步液压加载设备通过调压装置和稳压装置，可使多个加载油缸同步施加不同的压力。

在预应力混凝土结构施工中，用于张拉预应力钢筋的液压装置叫作张拉千斤顶，与上述同步液压加载装置类似，但它是一种穿心式千斤顶，并可实现主动伸长和回缩。如图 3-10(*a*)

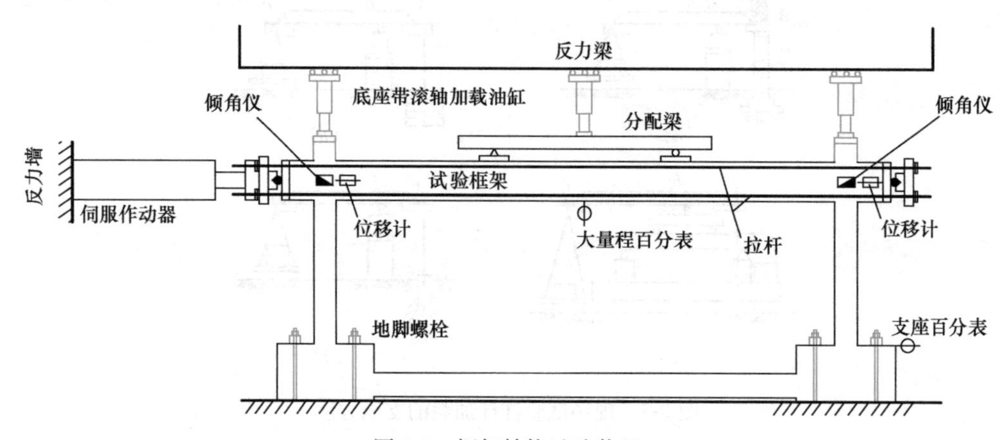

图 3-7　框架结构试验装置

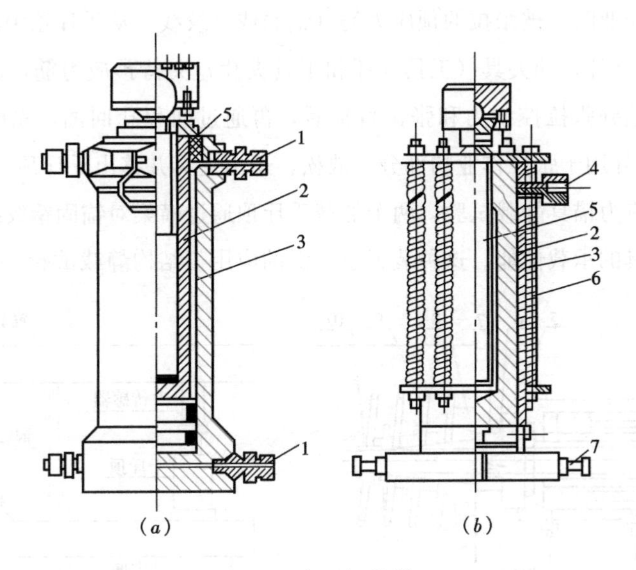

图 3-8　液压加载器

(a) 双油路加载器；(b) 间隙密封加载器

1—回程油管接头；2—活塞；3—油缸；4—高压油管接头；

5—丝杆；6—复位弹簧；7—吊杆

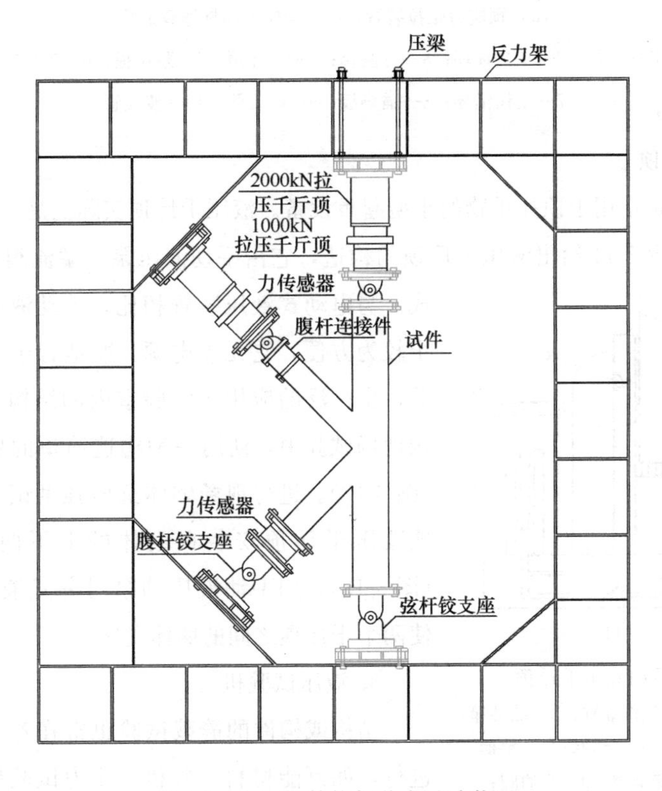

图 3-9　大型钢管桁架节点试验装置

所示，进行张拉作业时，被张拉的预应力筋（钢筋或钢绞线）从千斤顶中间穿过，借助锚具（工作锚环和工作夹片）和夹具（工具锚环和工具夹片）夹持预应力筋，通过张拉孔给油进行预应力张拉，达到张拉控制力和张拉目标后，再通过回程孔回油，完成预应力筋工作段（伸出混凝土构件外用于张拉作业的部分）放松，退出夹具并移出千斤顶，完成预应力张拉。图 3-10(*b*) 为预应力锚具静载试验，两个加载千斤顶通过横梁对锚固钢绞线上的锚具进行加载，用以检验锚具的承载性能。这种装置也广泛的应用于结构静载试验。

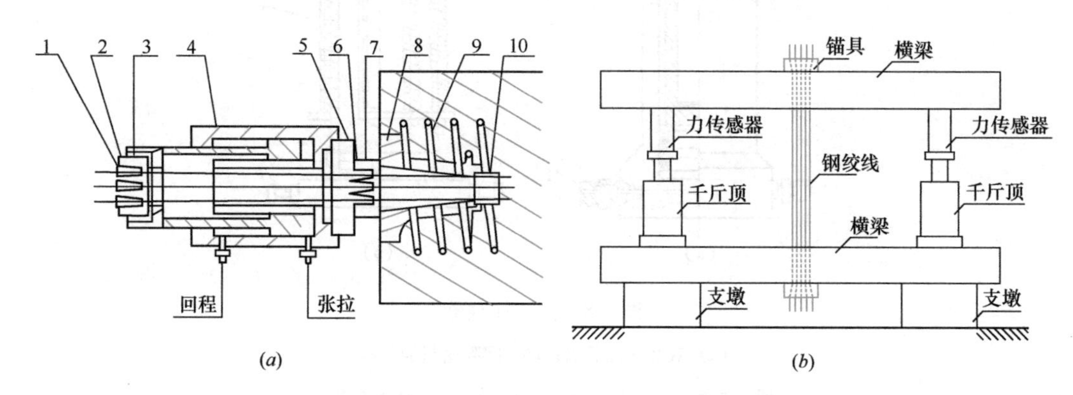

图 3-10　预应力张拉装置和预应力锚具静载试验

(*a*) 预应力张拉装置；(*b*) 预应力锚具静载试验

1—工具夹片；2—工具锚环；3—过渡套；4—千斤顶；5—限位板；6—工作夹片；7—工作锚环；8—锚垫板；9—螺旋筋；10—波纹管

2. 液压千斤顶

千斤顶一般是指用于顶托重物的小型起重设备。液压千斤顶实际上是一个小型集成化的液压加载系统。图 3-11 给出液压千斤顶的构造，它由手动液压泵、溢流阀、活塞和缸体组成。与电动式液压装置相比，手动液压千斤顶在使用中较为方便，它无需电源，既适合于现场结构静载试验，也广泛的应用于实验室内的结构试验。在砌体结构现场试验中，使用一种构造简单的扁式液压千斤顶（图 3-12）。进行现场砌体抗压强度试验时，将两个扁式液压千斤顶安装在砌体的上下两条水平灰缝中（图 3-13），用手动液压油泵对扁式液压千斤顶供油，使两个千斤顶之间的墙体受压。

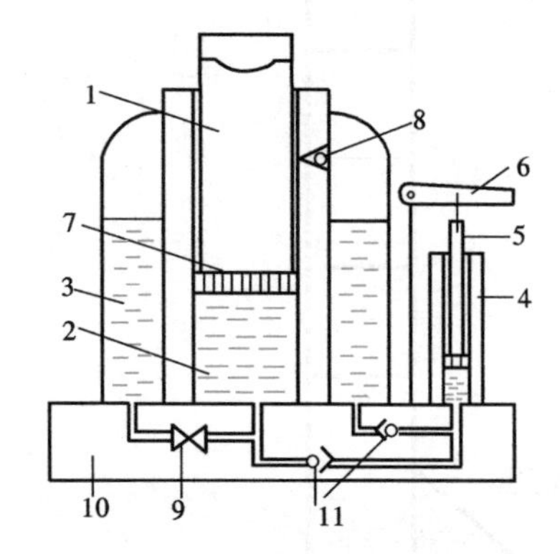

图 3-11　手动液压千斤顶

1—工作活塞；2—工作油缸；3—储油箱；4—油泵油缸；5—油泵活塞；6—手柄；7—油封；8—安全阀；9—泄油阀；10—底座；11—单向阀

3. 液压试验机

结构或构件的静载试验也常在各种液压试验机上进行，如万能材料试验机、压力试验机、长柱试验机等。有些尺寸较小的构件试验可直接在通用的液压试验

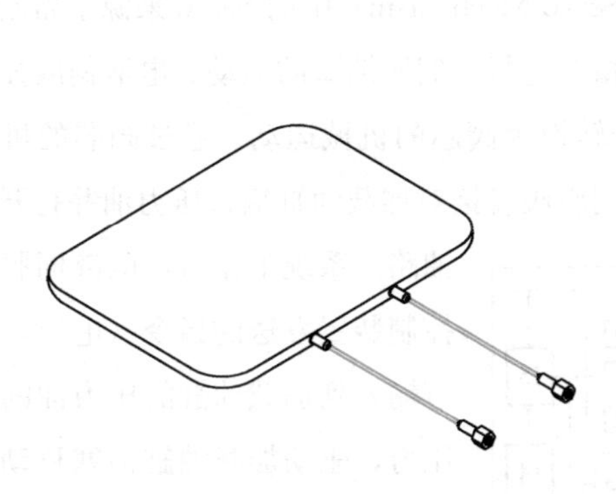

图 3-12 扁式液压千斤顶

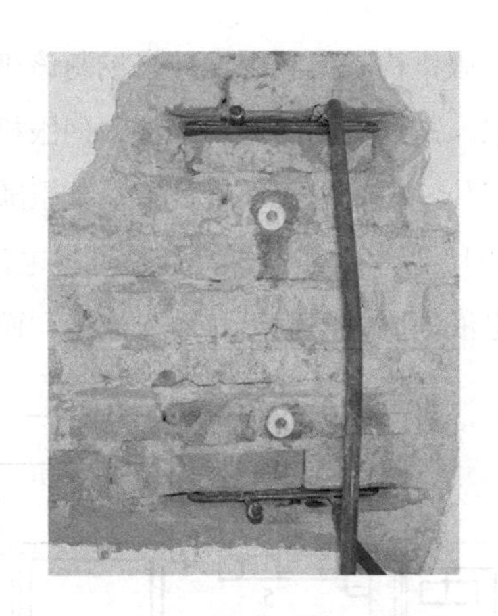

图 3-13 现场砌体抗压强度试验

机上完成。还有些液压试验机专门为结构构件试验而设计，如长柱试验机（图 3-14）可用来完成柱、墙板、梁等构件试验。这类试验机的精度较高，刚度大，很适合于完成对象比较固定而受力条件相对简单的结构或构件试验。国内生产的长柱试验机，加载能力为 2000kN、5000kN、10000kN，柱类试件的最大高度可达到 10m。试验机可由计算机程序控制，试验数据采集和处理也可由计算机完成。

4. 电液伺服液压试验系统

电液伺服液压试验系统也是由液压泵源、液压管路、控制装置和加载油缸组成。与常规液压加载设备相比，最大的差别是在它的液压控制装置中采用了电液伺服阀（图 3-15）。通

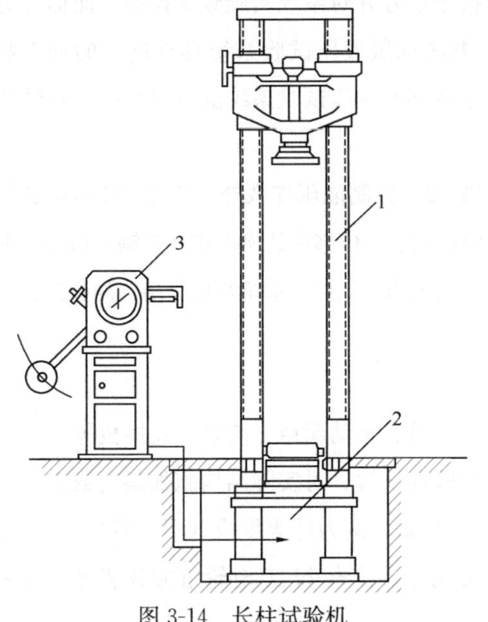

图 3-14 长柱试验机

1—试验机架；2—液压加载器；

3—液压操纵台

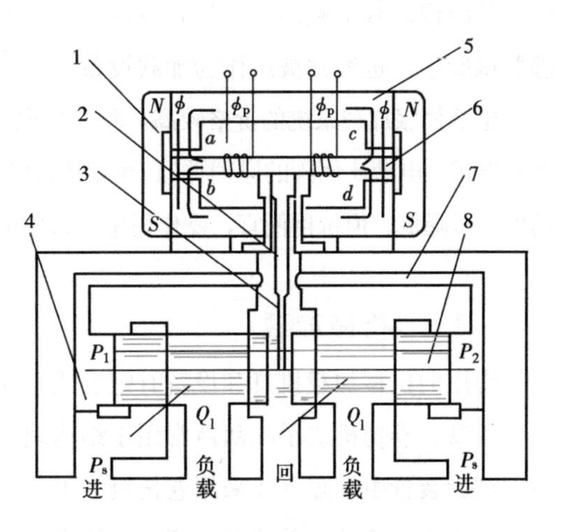

图 3-15 电液伺服阀的结构示意图

1—磁钢；2—弹簧管；3—反馈杆；

4—节流孔；5—导磁体；6—铁芯；

7—喷嘴；8—滑阀

常，伺服机构是指利用反馈来控制该机构中运动部件的位置或运动状态的一种闭环系统，而反馈输入来自机构的运动部件。伺服机构（Servo Mechanism）中的Servo来源于希腊语，意思是奴仆，顾名思义，就是指系统跟随外部指令进行人们所期望的运动。电液伺服控制原理如图3-16所示，其主要特点是可将电流信号转换为阀芯的机械运动，通过阀芯的机械运动调节电液伺服阀的输出和输入流量，而电液伺服阀直接对加载油缸输入压力油并打开回路的油路。系统工作时，电液伺服阀根据控制装置发送的指令（电流）信号调节输入到加载油缸的压力油的流量和压力，驱动加载油缸活塞移动，安装在加载油缸活塞上的力传感器和位移传感器，负责检测加载油缸活塞所受到的压力和当前的位置，并将检测结果（反馈信号）传送至控制装置，控制装置将指令信号和反馈信号进行比较，根据两者之差产生调节指令信号，再发送到电液伺服阀，调节加载油缸活塞的位置和压力，如此循环，直到指令信号和反馈信号之差满足控制精度要求。在电液伺服液压试验系统中，控制装置由计算机和信号处理单元组成，其中，计算机产生指令信号并对系统实施数字控制，而信号处理单元则对信号进行转换、调节、放大。通常，电液伺服液压试验系统具有良好的动态特性，是结构动载试验的主要加载设备之一。由于电液伺服液压试验系统的良好性能，在结构静载试验中，也经常被用作为加载设备。

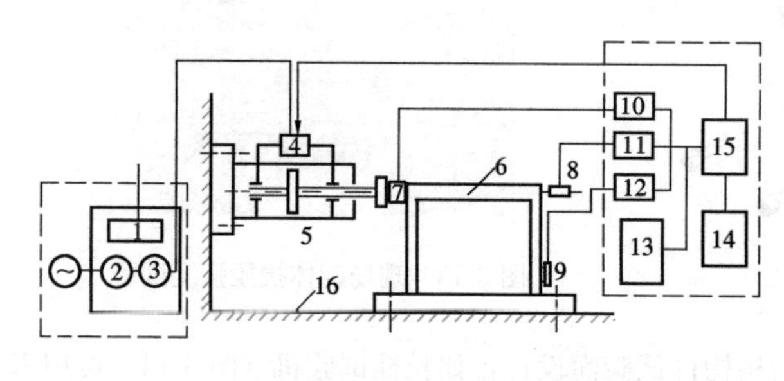

图3-16　电液伺服液压系统工作原理

1—冷却器；2—电动机；3—高压油泵；4—电液伺服阀；5—液压加载器；6—试验结构；7—荷重传感器；8—位移传感器；9—应变传感器；10—荷载传感器；11—位移调节器；12—应变放大器；13—记录及显示装置；14—指令发生器；15—伺服控制器；16—刚性地面

电液伺服加载系统的价格较高，除采用电液伺服方式控制液压加载外，还可采用电液比例控制方式。电液比例阀的原理类似于电液伺服阀，但其阀芯的位移由比例电磁铁控制，虽然控制精度有所降低，但价格便宜，操作简单。采用电液比例阀的液压加载系统常用于结构静载试验。

3.1.3 机械加载

常用的机械加载机具和设备有螺旋式千斤顶、弹簧、手动葫芦、绞盘、卷扬机等。

绞盘、卷扬机或手动葫芦常用于结构现场的检验性试验，对实际结构施加斜向或水平荷载。试验装置由绞盘（或采用卷扬机、手动葫芦）、拉索、测力计等组成（图3-17），为了提高加载能力，调整加载速度，还可在拉索中安装滑轮组。拉索-绞盘-滑轮组加载装置还有一个特点，它可以在变形很大的条件下连续加载。

螺旋千斤顶采用蜗轮-蜗杆传动机构，设备简单，试验方便，可用于各种结构静载试验。

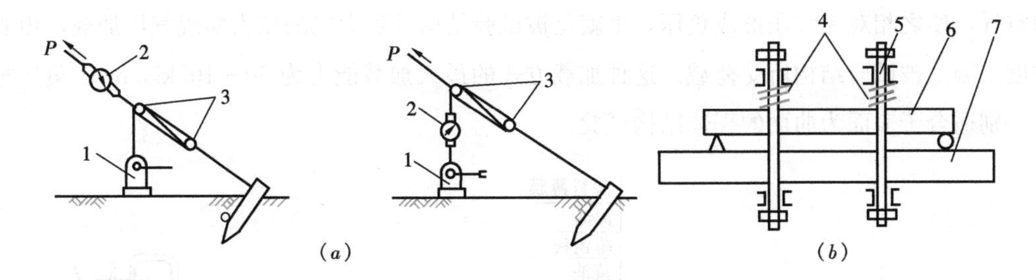

图 3-17　机械机具加载示意

(a) 绞车或卷扬机加载；(b) 弹簧加载

1—绞车或卷扬机；2—测力计；3—滑轮；4—弹簧；5—螺杆；6—试件；7—台座或反弯梁

螺旋千斤顶本身没有测力元件，需要和测力计配合使用。

螺杆-弹簧装置主要用于长期荷载试验（图 3-18）。由于混凝土的徐变，梁的变形持续增长，弹簧的压力松弛，试验过程中，要适时调整螺杆。

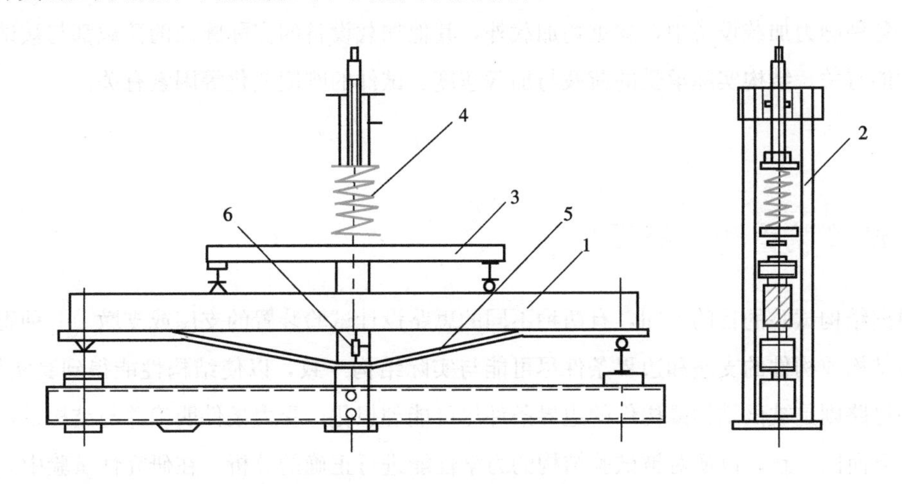

图 3-18　用弹簧施加荷载的持久试验装置

1—试件；2—荷载支撑架；3—分配梁；4—加载弹簧；5—仪表架；6—挠度计

3.1.4 气压加载

气压加载适合于对板壳结构施加均布荷载。有两种方式实现气压加载。一种是正压加载，如图 3-19 所示，在平板试件和试验台座之间安装气囊，由空气压缩机对气囊充气实现均匀加载，通过气压表测量所加的荷载。最大加载能力与气囊的结构和气囊的受力状态有关，一般可达到200kN/m^2。还有一种方法实现气压加载，如图 3-20 所示，将被试验结构或构件与试验台座之间形成一个封闭的气密空间，用真空泵抽出该空间

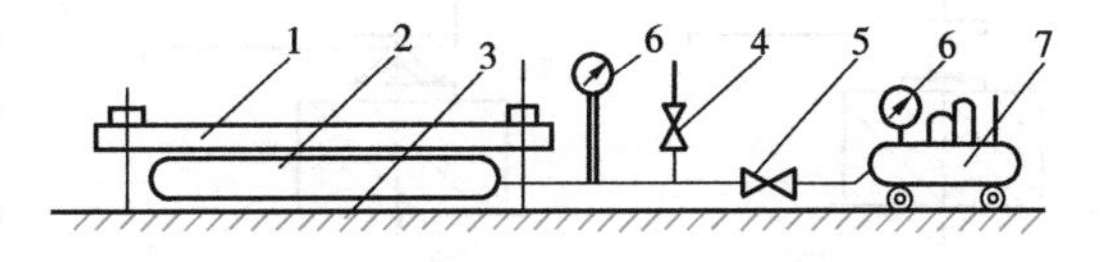

图 3-19　压缩空气加载示意图

1—试件；2—气包；3—台座；4—泄气针阀；5—进气针阀；6—压力表；7—空气压缩机

的空气，使之相对大气压形成负压，也就是被试验结构受到大气的压力实现气压加载，由真空度来测量被试验结构所受荷载。这种加载方式的最大加载能力为 50～100kN/m²。负压加载特别适合于表面为曲面的壳体结构试验。

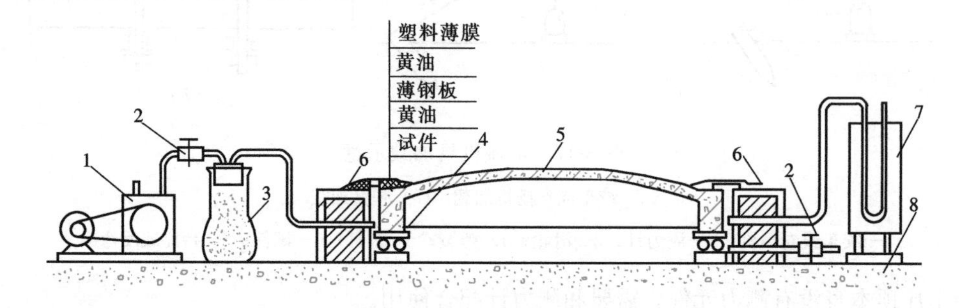

图 3-20　大气压差加载

1—真空泵；2—阀门；3—过滤瓶；4—铰支座；5—试件；6—台座侧壁；7—真空计；8—混凝土地坪

在各种静力加载设备中，除重物加载外，其他加载设备的实际施加的荷载都与被试验构件的性能有关。结构实际承受的荷载与加载速度、试件的刚度变化等因素有关。

3.2　试验装置和支座设计

根据结构试验的目的不同，有两种不同的思路设计试验装置的支座或支墩。一种思路是被试验结构或构件的支座和边界条件尽可能与实际结构一致，以使结构性能得到真实模拟。另一种思路则是被试结构或构件的边界条件尽可能理想化，受力条件明确并与结构设计所采用的计算简图一致，以便对被试验结构的力学性能进行正确的分析。在研究性试验中，支座一般按后一思路设计。

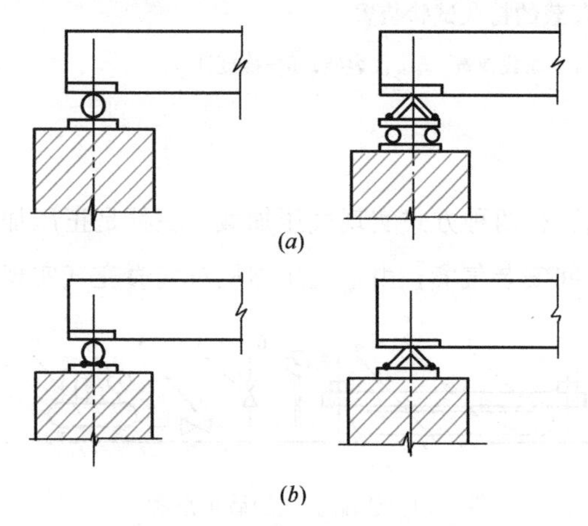

图 3-21　铰支座的形式和构造

(*a*) 活动铰支座；(*b*) 固定铰支座

3.2.1　结构试验的铰支座

在结构设计中，常见的支座或边界条件为简支边界或固定边界。在结构试验中，简支边界条件采用铰支座实现，铰支座有如下几种类型：

1. 活动铰支座

活动铰支座容许架设在支座上的构件自由转动和在一个方向上移动。它提供一个竖向的支座反力，不能传递弯矩，也不能传递水平力。铰支座如图 3-21 所示，其中，图 3-21(*a*)

右侧比图 3-21(*a*) 左侧的支座更加精确，因为简单滚轴支座在水平方向滚动时，它与试件的接触位置发生变化，这导致试件的支承位置变化，即支座反力作用点发生变化。

2. 固定铰支座

固定铰支座容许架设在支座上的构件自由转动但不能移动，如图 3-22 中的左支座。在理论上，固定铰支座应能承受水平力，但在梁类构件的试验中，只要一个支座为活动铰支座，另一支座的水平力通常很小而可以忽略不计。在连续梁的静载试验中，只有一个支座为固定铰支座，其余支座均为活动铰支座，为了避免试件制作误差和支座安装误差引起支座初始沉降，连续梁的铰支座高度还应可调。

图 3-22　固定铰（左）支座上的构件

3. 柱式试件的铰支座

柱或墙体的试验所采用的支座也属于固定铰支座。在柱的受压试验中，对压力作用点有比较高的定位要求。如图 3-23 所示，在长柱试验机上进行偏心受压柱的静载试验，偏心距是试验中的一个主要控制因素。试验机的压板采用大曲率半径的圆弧支座，不能满足柱式试件的定位精度要求，因此在试验机的压板上还要安装铰支座。

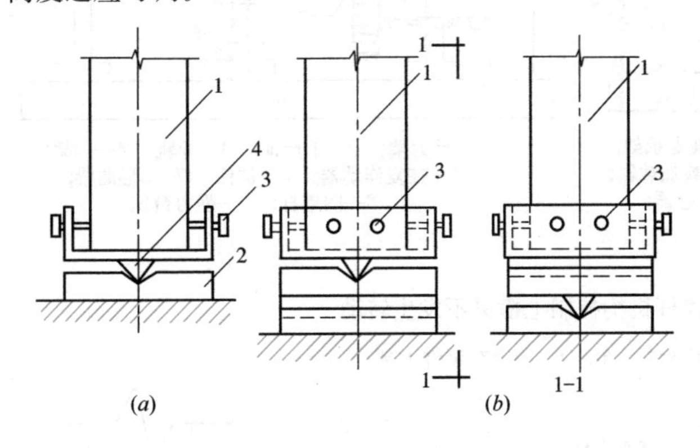

图 3-23　柱和墙板压屈试验的铰支座

(*a*) 单向铰支座；(*b*) 双向铰支座

1—试件；2—铰支座；3—调整螺栓；4—刀口

液压加载油缸的前后两端通常安装铰支座，它使加载油缸与被试验对象之间没有弯矩传递，见图 3-24。

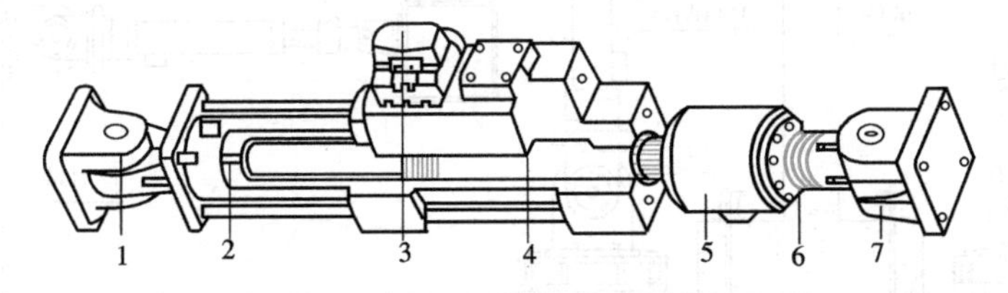

图 3-24　液压加载器构造示意图

1—铰支基座；2—位移传感器；3—电液伺服阀；4—活塞杆；

5—荷载传感器；6—螺旋垫圈；7—铰支接头

3.2.2　固定边界条件的实现

在结构设计计算中，固定边界条件是指构件的端部不发生转动和移动，可以传递弯矩、剪力和轴力。如图 3-25 所示的压弯构件试验，下端用螺杆固定在试验台座上，上端固定在四连杆机构的横梁上，四连杆机构的运动特性决定了上横梁不能转动，但对于水平位移和竖向位移均没有约束。压弯构件试验也可采用加载油缸控制试件上端的转动（图 3-26），试验中，控制加载油缸的位移量，使试件上横梁始终保持为水平，两个加载油缸施加荷载的合力为试件所受的轴向力，两个加载油缸荷载之差则形成约束转动的约束弯矩。

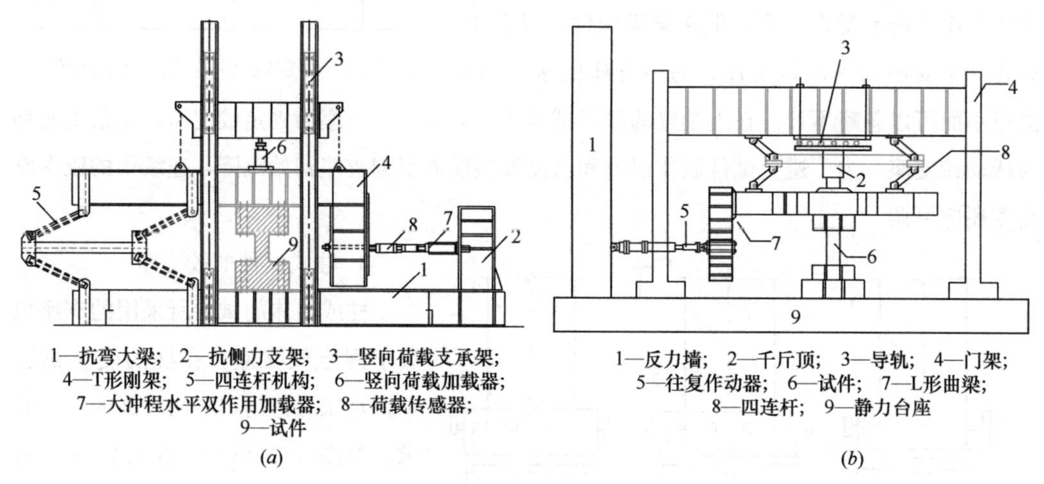

图 3-25　四连杆机构控制上横梁不发生转动

（a）固定在试件下部；（b）固定在试件上部

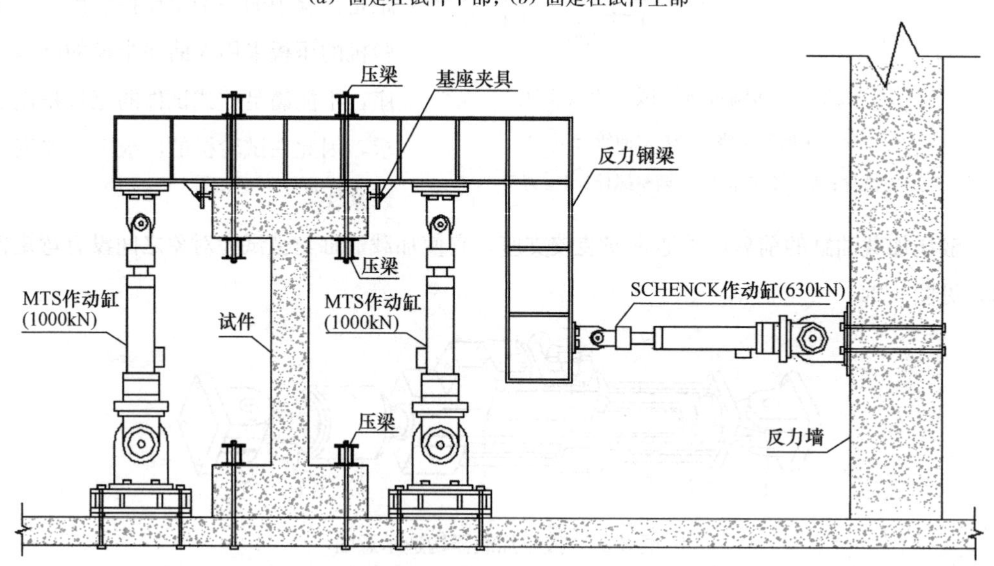

图 3-26　伺服加载油缸控制上横梁不发生转动

图 3-27(a) 给出四连杆机构的另外一种使用方法，在墙体水平荷载试验中，四连杆机构可使墙体上端不发生转动，而图 3-27(b) 的试验装置可使墙体上端转动，但保持竖向力不变。在结构试验中，通过螺栓连接等措施使构件实现固定边界条件时，应注意试件在固定边

界处所受的力。如图3-27所示的墙体试验，随着水平荷载加大，墙体试件底梁在地脚螺栓处受到很大的弯矩和剪力，因此，底梁必须有足够的承载力和刚度。

(a)

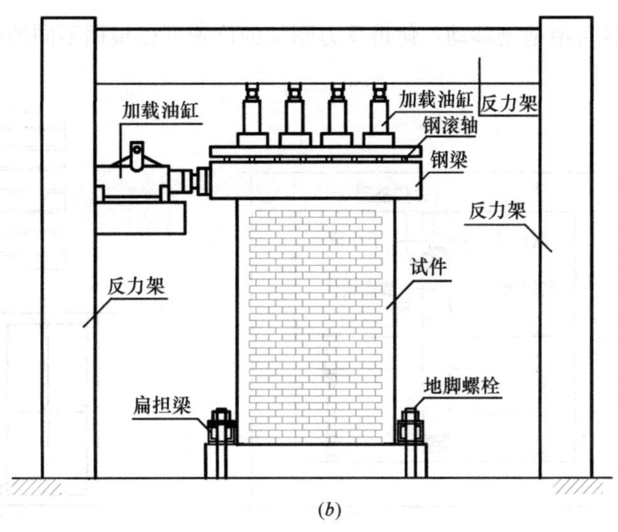

(b)

图3-27　墙体试验

(a) 四连杆机构控制墙体上端转动；(b) 墙体上端施加轴向压力

3.2.3　试验台座和反力刚架

除直接重物加载和采用试验机加载以外，利用千斤顶和液压油缸对被试验结构或构件施加荷载，都必须由加载装置承受所施加荷载的反作用力。结构实验室的试验台座和反力刚架一般按结构试验的通用性要求设计，以满足不同的结构试验要求。

图3-28为一自平衡式的梁式构件试验台座。该试验台座下部的钢梁与加载架上部的横梁形成自平衡体系，加载千斤顶的反力通过加载刚架的拉杆传至下部钢梁，使钢梁受到向上作用的力，另一方面，试验梁的支座对钢梁施加向下的力，形成平衡力系。这种试验台座常用于混凝土预制构件厂和小型结构实验室。

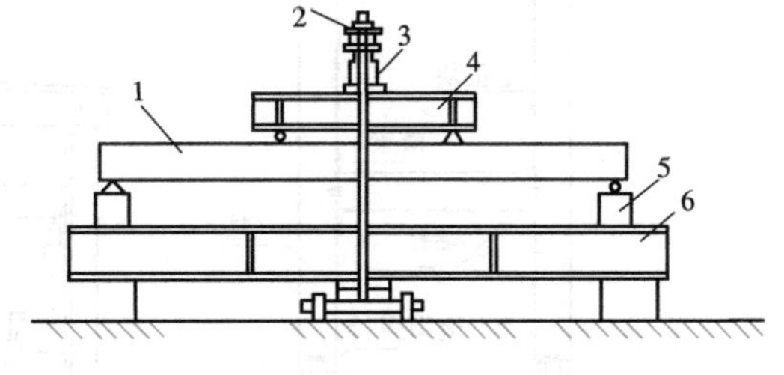

图3-28　非台座支承方式

1—试件；2—承力架；3—加载器；4—分配梁；5—支墩；6—反弯梁

图3-29为一平面节点试验装置。该试验台座由一个封闭的钢框架组成。在试验台座的立柱和横梁上安装铰支座和加载油缸，可进行不同形式的构件试验。钢框架也形成一个自平衡体系。

结构实验室常采用地槽式反力台座和螺孔式反力台座。

地槽式反力台座又称为板式台座。将结构试验的场地设计成一块整体现浇的钢筋混凝土厚板，在厚板上留设纵向槽道，称为地槽。纵向槽道上窄下宽，横断面为一倒T形，上部预埋型钢，如图 3-30 所示。在槽道内放置地脚螺栓，固定加载反力刚架（图 3-31）。地脚螺栓可沿地槽移动，使得反力刚架的位置可以根据不同的试验调整。

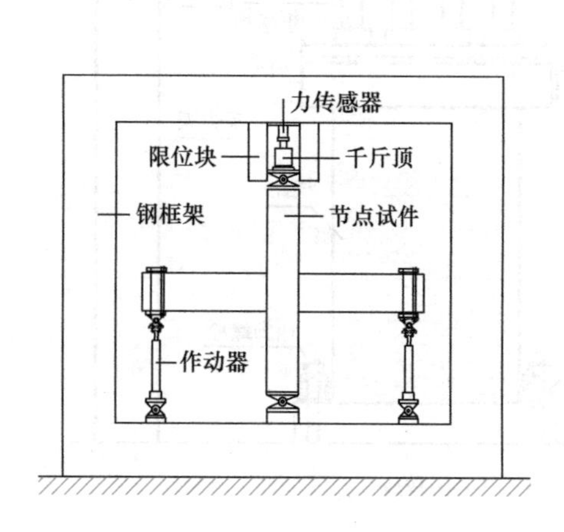

图 3-29　平面节点试验装置

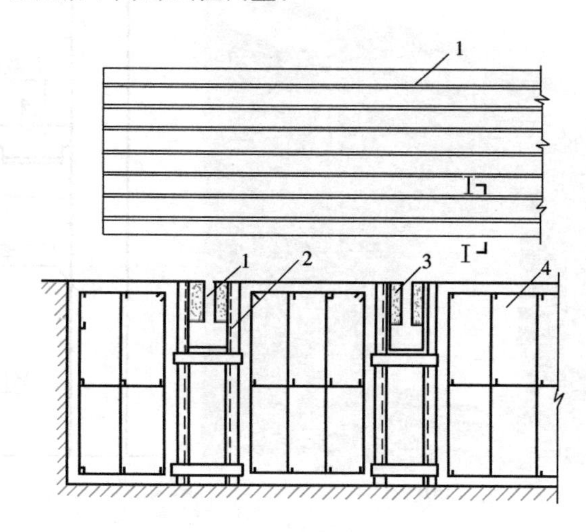

图 3-30　槽式试验台座

1—槽轨；2—型钢骨架；3—高强度混凝土；4—混凝土

螺孔式反力台座又称为箱式台座。这种箱式台座类似于建筑结构的箱形基础，整个台座由较厚的钢筋混凝土板构成箱形结构。箱式台座的顶板上沿纵横两个方向预留孔洞，用于固定加载反力刚架的立柱（图 3-32）。这种箱式台座本身形成实验室的地下室，可用来放置油泵、管线或专用的仪器设备，钢筋混凝土结构的长期荷载试验也可在地下室进行。

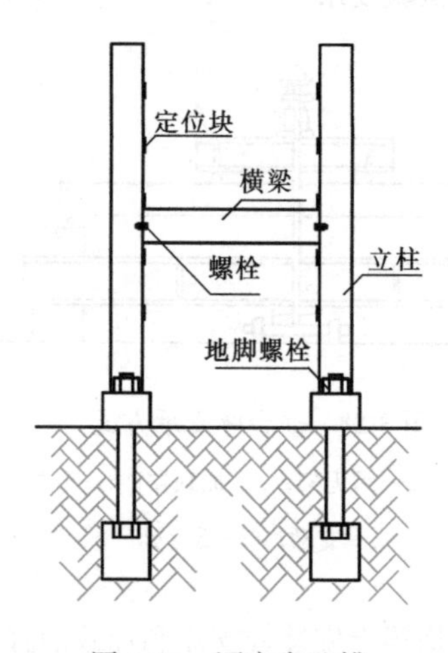

图 3-31　固定在地槽上的反力刚架

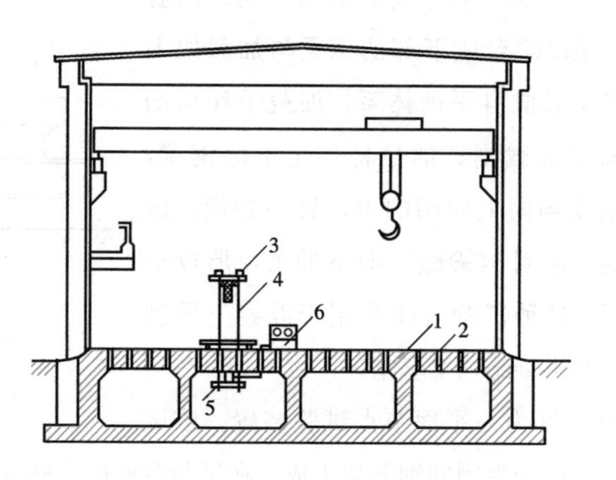

图 3-32　箱式结构试验台座

1—箱形台座；2—顶板上的孔洞；3—试件；4—加载架；5—液压加载器；6—液压操纵台

反力刚架如图 3-31 所示，由立柱和横梁组成。箱式台座上的立柱多为螺杆形式，通过螺母调节横梁高度。板式台座上的立柱采用工形截面，其腹板沿地槽方向，横梁与腹板连接。为避免立柱承受过大的弯矩，立柱和横梁的连接常设计为铰接。

为了便于对结构施加较大的水平荷载，实验室还可建造水平反力台座，一般称为反力墙。反力墙通常设置在板式台座或箱式台座的端部，并与台座连成整体，如图 3-33 所示。在反力墙上布设孔洞，螺栓穿过孔洞固定连接板。试验时，将加载油缸或加载千斤顶水平安装在反力墙的连接板上，对试验结构施加水平力，如图 3-34 所示。

试验台座、反力刚架和反力墙的设计不但要满足承载力要求，还应满足刚度要求以及承受反复荷载时的疲劳强度要求。

图 3-33 美国伊利诺伊大学结构实验室的 L 形反力墙（14.6m×7.6m×8.5m）

图 3-34 通过反力墙对试验结构施加水平力

3.3 应变测试技术

在结构试验中，我们希望测量结构的应力分布及其变化，但是应力是很难直接测量的，在结构试验中，只有测量应变，再通过材料的应力-应变关系，由测量的应变得到应力。因此，结构试验的应变测量是一个十分关键的测试内容。

应变测量的本质是长度变化量的测量。应变测试方法分为机测和电测两种。机测方法的原理是利用机械式仪表，测量试验结构上两点之间的相对线位移，然后再转换为应变值（图 3-35）。实际上，利用位移传感器测量两点之间的位移，均可将其转换为应变。图 3-36 为手持式应变仪的构造示意图，原理与图 3-35 相同。

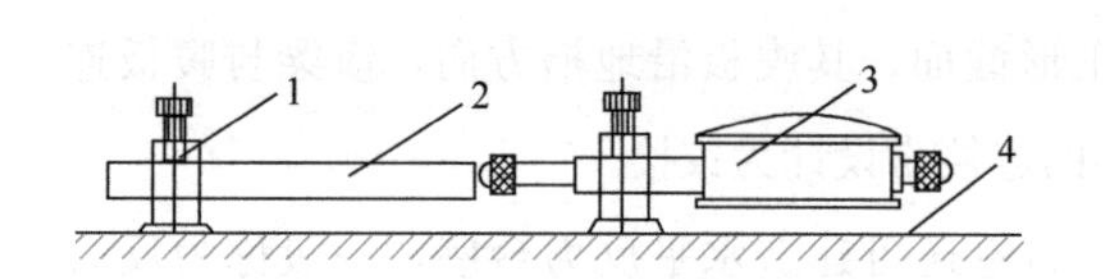

图 3-35 利用千分表测量应变

1—脚标；2—钢杆；3—千分表；4—被检测构件表面

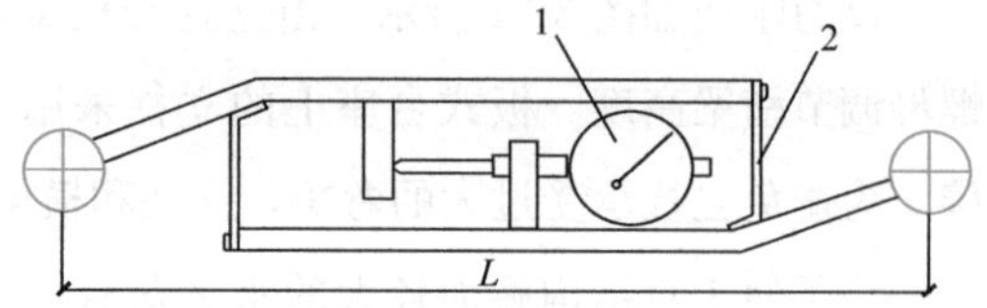

图 3-36 手持式应变仪

1—百分表；2—簧片

在结构试验中，采用机测方法的优点是试验操作简单，数据可靠，不受电磁等因素干扰。但机测方法受到如下限制：

(1) 机测方法要求测点之间有一定的距离，只能测得测点之间的平均应变，一般不适合应变变化较大区域内的应变测量。

(2) 机测方法一般不能自动记录数据，数据测读的时间较长，应变测试部位较多时，测点布置时常发生困难。

(3) 在受到温度影响时，机测方法的温度补偿方案不太容易实现。

应变测试的电测方法有很多种。例如，利用弦的张力与其振动频率的关系，由弦的振动频率变化来反映应变变化的振动弦式应变传感器，利用光纤中光波波长变化与应变变化的关系，调制光信号的光纤光栅应变传感器，可安装在结构表面或埋置在混凝土内测量应变。采用碳纤维束作为预应力筋时，可以利用碳纤维导电率的变化测量碳纤维的应变变化。最常用的应变电测方法是电阻应变片方法，很多不同类型的传感器也利用了电阻应变测试技术。本节主要讨论电阻应变测试方法。

【实例分析 3-1】手持式应变仪测量钢筋混凝土简支梁斜裂缝相对位移

钢筋混凝土受弯构件发生斜截面剪切破坏时，斜裂缝面上存在骨料咬合力。通常认为骨料咬合力的大小与斜裂缝宽度、骨料粒径和种类等因素有关。而从计算的角度看，骨料咬合力 τ 与斜裂缝两侧的混凝土相对运动有关（图 3-37a）。图 3-37(b) 给出试验观察的斜裂缝的局部照片，做了标记的位置裂缝张开 4mm，错动 5mm（图 3-37c）。为了完整获得斜裂缝发展全过程的相对位移数据，采用手持式应变仪对位移场进行测试。

试件及位移场测点布置如图 3-38 所示。测点按等腰三角形布置，相邻点之间的距离相等，均为 120mm。图 3-39 给出试验中采用手持式应变仪实测的照片。图 3-40 给出位移场计算模型，图 3-40 为实测裂缝照片，根据六边形测点测量的相对位移（图 3-40）可以确定裂缝上各个点的相对运动。图 3-41 为一根梁的测试结果，从第 5 级荷载 (No. 5) 开始，图中线条表示裂缝相对位移的方向和大小，这根梁的测试结果表明，裂缝面的相对位移大体垂直于裂缝，整体骨料咬合作用不明显。

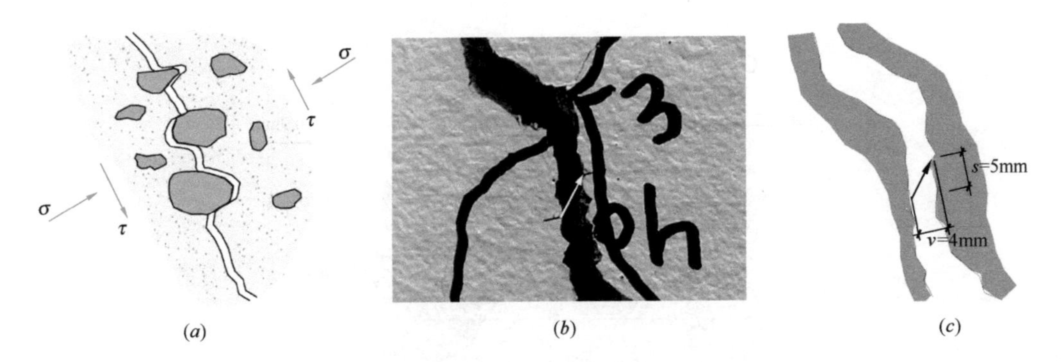

图 3-37　骨料咬合力和斜裂缝两侧的相对位移

(a) 骨料咬合力模型；(b) 斜裂缝局部照片；(c) 斜裂缝相对位移

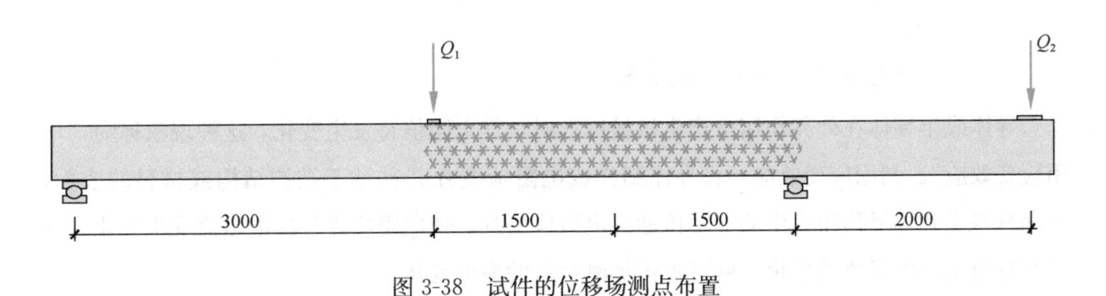

图 3-38　试件的位移场测点布置

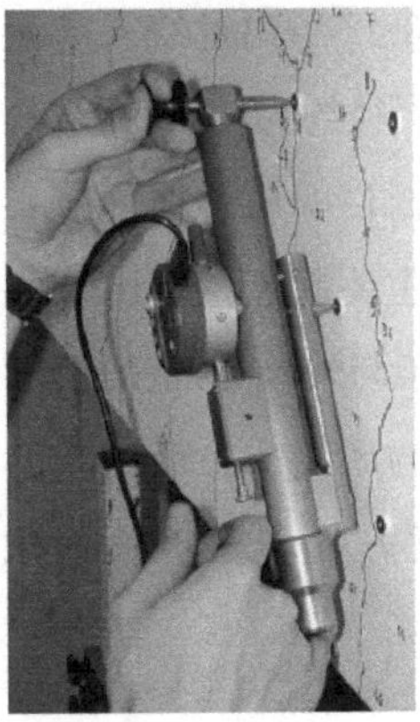

图 3-39　手持式应变仪测量位移

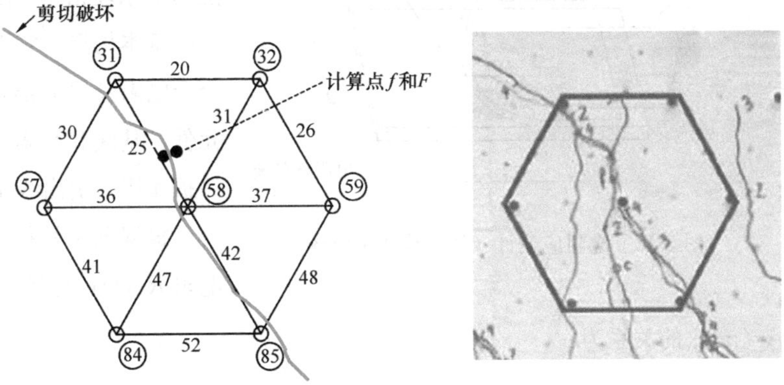

图 3-40　局部裂缝和测点

本实例主要介绍了利用手持式应变仪测量位移场。实际上，两个测点间的相对位移除以标距长度120mm，就得到两测点之间的平均应变。但本实例中主要关心斜裂面的相对位移。

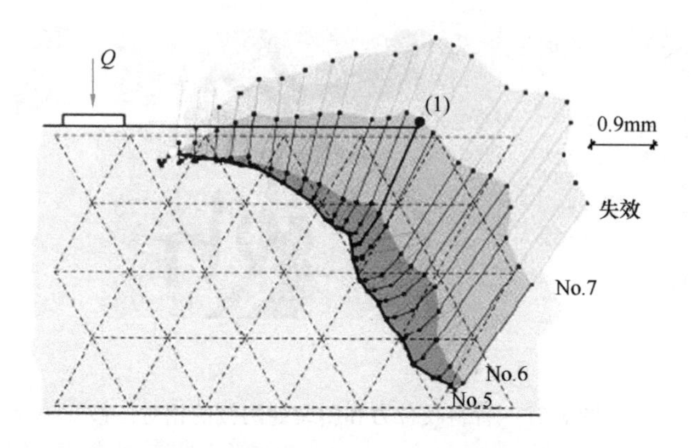

图 3-41　根据实测位移场计算得到的斜裂面相对位移分布

3.3.1 电阻应变片的工作原理

导体或半导体在外界作用下产生机械变形时，其电阻值将发生变化，这种现象称为“电阻应变效应”。利用应变效应，将导体制作成电阻应变片并粘贴于被测结构或材料的表面，被测材料受到外界作用产生的变形传递到电阻应变片，使电阻应变片的电阻值发生变化。通过测量应变片电阻值的变化，就可得到被测材料的应变变化。

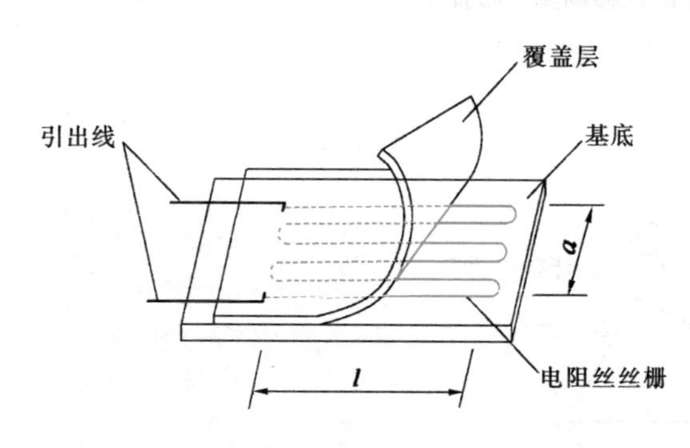

图 3-42　电阻应变计（片）构造示意图

电阻应变片又称为电阻应变计，简称为应变片。应变片种类繁多，形式各异，但基本原理相同。图 3-42 给出丝绕式应变片的基本构造。它以直径约为 0.025mm 的合金电阻丝绕成形如栅栏的敏感栅为核心元件，基底和覆盖层主要起连接、绝缘和保护作用，引出线用于与外接导线相连。

根据金属材料的物理性质，金属丝的电阻 R（Ω）与其长度 l（m）和截面面积 A（m^2）的关系为：

$$R=\rho\frac{l}{A} \tag{3-1}$$

式中，ρ 为金属材料的电阻率（$\Omega\cdot m^2/m$）。当金属丝受到拉伸时，其长度伸长，截面积减小，电阻值加大。而受压时正好相反。电阻值的变化可通过全微分表示为：

$$\mathrm{d}R=\frac{\partial R}{\partial l}\mathrm{d}l+\frac{\partial R}{\partial A}\mathrm{d}A+\frac{\partial R}{\partial \rho}\mathrm{d}\rho=\left(\frac{\rho}{A}\right)\mathrm{d}l-\left(\frac{\rho l}{A^2}\right)\mathrm{d}A+\left(\frac{l}{A}\right)\mathrm{d}\rho$$

对上式两端同除以 R，并利用式（3-1），整理后得到：

$$\frac{\mathrm{d}R}{R}=\frac{\mathrm{d}l}{l}-\frac{\mathrm{d}A}{A}+\frac{\mathrm{d}\rho}{\rho} \tag{3-2}$$

式中，$\varepsilon=\mathrm{d}l/l$，为金属丝长度的变化，与应变的定义完全相符；假设金属丝截面形状为圆形，可得面积变化 $\mathrm{d}A/A=-2\nu\varepsilon$，$\nu$ 为金属丝的泊松比；上式可重写为：

$$\frac{\mathrm{d}R}{R}=(1+2\nu)\varepsilon+\frac{\mathrm{d}\rho}{\rho}=K\varepsilon \tag{3-3}$$

$$K=(1+2\nu)+\frac{\mathrm{d}\rho/\rho}{\varepsilon}$$

式中，K 为金属丝的灵敏系数，表示单位应变引起的相对电阻变化。由上式可知，金属丝的灵敏系数 K 应与其电阻率的变化和应变大小有关，但实验测定表明，在弹性范围内，电阻应变片的灵敏系数为一常数。如果金属丝的电阻率不发生变化，式（3-2）中的 $\mathrm{d}\rho=0$，电阻应变效应主要由电阻丝的长度变化和与泊松比有关的截面积变化所引起。这也是灵敏系数 K 为一常数的原因。式（3-3）构成利用金属电阻丝的电阻变化测量应变变化的物理学基础。一般而言，K 值越大，表示单位应变变化引起的电阻变化越大，也就是金属丝的电阻值对其长度的变化越灵敏。

3.3.2 电阻应变的测量原理

按照式（3-3），当金属丝的长度发生变化时，其电阻值发生变化，只要我们能够准确的测量电阻值及其变化，就可以通过式（3-3）的转换得到应变变化值。在结构试验中，测试对象的应变可能很小，相应的电阻变化也很小，因此，需要专门测试装置来检测微小电阻的变化。

电阻应变仪的测量原理是通过惠斯登电桥，将微小电阻变化转换为电压或电流的变化。惠斯登电桥由四个电阻 R_1、R_2、R_3、R_4 组成，如图 3-43 所示，四个电阻构成电桥的四个桥臂。根据电工学原理，在电桥 B、D 端输出电压 U_{out} 与电桥 A、C 端输入电压 U_{in} 关系为：

$$U_{\mathrm{out}}=U_{\mathrm{in}}\frac{R_1R_3-R_2R_4}{(R_1+R_3)(R_2+R_4)} \tag{3-4}$$

当四个桥臂的电阻满足：

$$\frac{R_1}{R_2}=\frac{R_4}{R_3} \tag{3-5}$$

电桥的输出电压 U_{out} 为零。这种状态称为平衡状态。假设初始状态为平衡状态，如果桥臂电阻产生变化 ΔR，输出电压也将相应变化 ΔU_{out}：

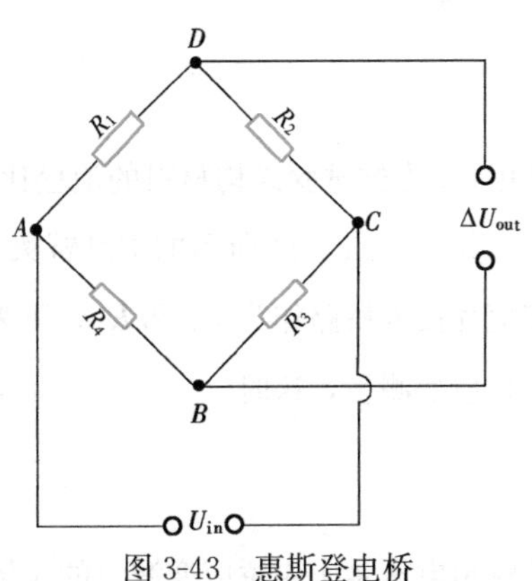

图 3-43　惠斯登电桥

$$\Delta U_{\text{out}}=U_{\text{in}}\left[\frac{R_1R_2}{(R_1+R_2)^2}\left(\frac{\mathrm{d}R_1}{R_1}-\frac{\mathrm{d}R_2}{R_2}\right)+\frac{R_3R_4}{(R_3+R_4)^2}\left(\frac{\mathrm{d}R_3}{R_3}-\frac{\mathrm{d}R_4}{R_4}\right)\right] \tag{3-6}$$

对于等臂电桥，即 $R_1=R_2=R_3=R_4$，由式（3-3），上式简化为：

$$\Delta U_{\text{out}}=\frac{U_{\text{in}}}{4}K(\varepsilon_1-\varepsilon_2+\varepsilon_3-\varepsilon_4) \tag{3-7}$$

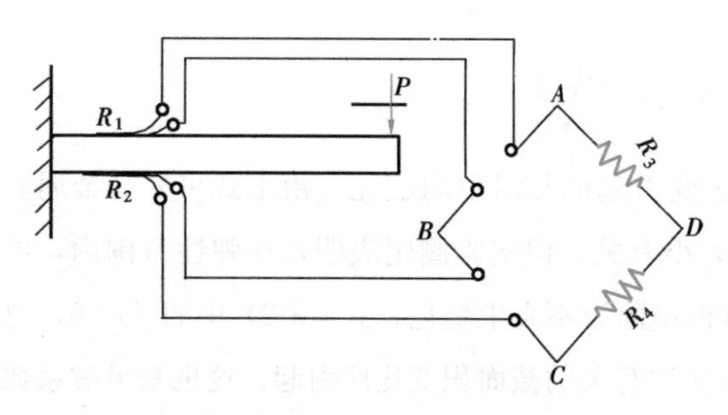

图 3-44　钢梁弯曲试验的应变测量方案

通过放大电路将输出电压 ΔU_{out} 放大，就可得到由应变转换的电压值。

在式（3-6）中，如果只有一个电阻应变片（R_1）粘贴在试件上测量应变，桥臂上的其他三个电阻不因试验对象的应变变化而改变，称为 1/4 桥应变测量，其他三个电阻为安装在电阻应变仪内的标准电阻或用其他方式连接在桥臂上的标准电阻。

对图 3-44 的钢梁弯曲试验，可在钢梁的上、下表面各安装一个电阻应变片，接入桥路作为 R_1 和 R_2，因钢梁上、下表面的应变大小相同，符号相反，由式（3-7）可知，当其他两个桥臂为不受应变变化影响的标准电阻时，输出电压的变化为：

$$\Delta U_{\text{out}}=\frac{U_{\text{in}}}{2}K\varepsilon_1 \tag{3-8}$$

这样使得测量的应变信号放大了一倍。这种方式称为 1/2 桥或半桥应变测量。

对于单向应力状态，如单向拉伸或单向压缩，在已知材料泊松比的情况下，可采用“T”形电阻应变片安装方式，如图 3-45 所示。根据横向应变的特点，由式（3-7），可得：

$$\Delta U_{\text{out}}=\frac{U_{\text{in}}}{4}K\varepsilon_1(1+\nu) \tag{3-9}$$

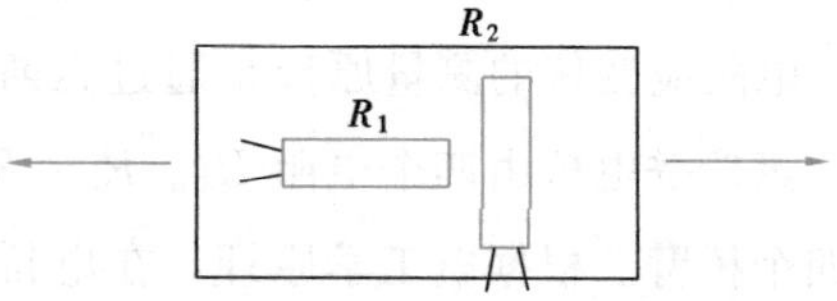

图 3-45　采用“T”形电阻应变片安装方式

式中，ν 为被试验结构材料的泊松比。这也是一种半桥测量方式。

如果在图 3-44 所示的钢悬臂梁上、下表面各安装两个电阻应变片，上表面的两个电阻应变片接入桥路作为 R_1 和 R_4，下表面的两个电阻应变片接入桥路作为 R_2 和 R_3，形成所谓全桥应变测量，这时

$$\Delta U_{\text{out}}=U_{\text{in}}K\varepsilon_1 \tag{3-10}$$

其输出电压是 1/4 桥应变测量的 4 倍。

3.3.3 电阻应变测试中的温度补偿

在实际试验中进行应变测量时，还应考虑温度的影响。当温度变化时，安装在试验对象上的电阻应变片也受到温度影响而使其电阻变化，即应变片的电阻率随温度变化，表示为$\rho=\rho_0(1+\alpha t)$，其中ρ_0为电阻丝在基准温度下的电阻率，α为电阻温度系数，t为测试环境温度与基准温度的差值。另外，结构试验中进行应变测量，主要是为了得到外加荷载作用下试件产生的应变。但温度变化使试件发生变形，与这种变形相应的应变也反映在电阻应变片的电阻值变化中。荷载产生的试件应变和温度产生的应变常常具有相同的数量级，有时在温度变化较大的室外环境中，温度产生的电阻变化还可能大于试件受力产生的电阻变化。因此，必须采取措施消除温度的影响，保证应变测试精度。温度变化导致的附加应变与环境温度变化和电阻应变片本身的温度特性相关，从理论上分析温度附加应变的大小是很困难的，必须在应变测试过程中予以消除。

如图3-46(a)所示为受荷载作用的两端固定梁，在梁上粘贴电阻应变片。当温度均匀变化时，因梁的长度不变，电阻应变片中的电阻丝长度也不发生变化。此时应变片的电阻变化来自于电阻丝的温度电阻效应（一般康铜电阻丝的电阻温度系数为15～20$\mu\varepsilon$/℃）。如果在相同环境下相同尺寸的悬臂梁上同样粘贴电阻应变片（图3-46b），由于悬臂梁可以自由伸长，电阻应变片测量的数据就包含了温度电阻效应产生的应变和悬臂梁伸长产生的应变。两端固定梁与悬臂梁所测应变数据之差，就是温度导致试件伸长所产生的应变，将这个应变乘以试件材料的弹性模量，得到两端固定梁的温度应力。

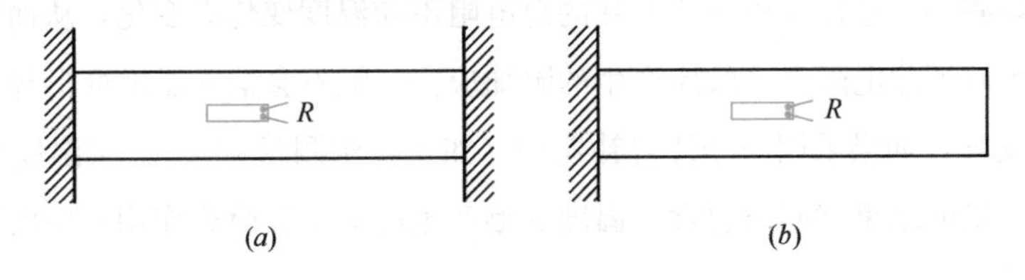

图3-46　温度作用导致的应力和应变

(a)两端固定梁；(b)悬臂梁

消除温度影响的方法称为温度补偿方法，有桥路补偿和应变片自补偿两种方法。

桥路补偿法也称为补偿片法。如图3-47(a)所示，电阻应变片R_1称为工作片，安装在试验对象上测量应变，电阻应变片R_2称为补偿片，安装在与R_1温度环境相同但不产生应变的试件上。当环境温度变化时，电阻应变片R_1和R_2发生同样的电阻变化，满足式（3-5）的条件，桥臂的电压输出为零。因此，只有试验对象的应变变化才会使桥路产生电压变化。这样，就消除了温度变化对应变测试结果的影响。注意图3-45和图3-46的应变测量方式，因为电阻应变片R_1和R_2（R_3和R_4）处在相同的温度环境，不需要另外的温度补偿片，称为自补偿半桥测量方式。同样还可以采用自补偿全桥应变测量方式。桥路补偿法的优点是简单方便，在常温下补偿效果好。缺点是环境温度变化较大时，不容易使工作片和补偿片处在完全一致的温度条件中，影响补偿效果。

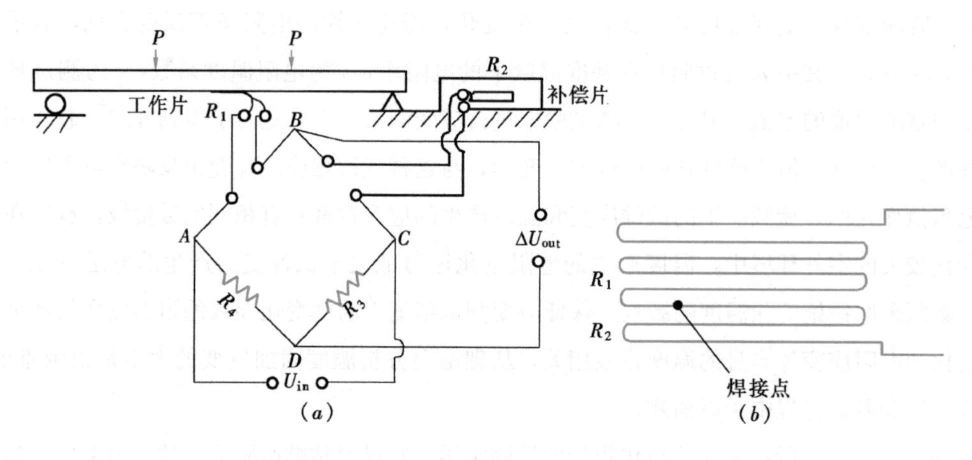

图 3-47　温度补偿应变计法桥路连接示意图和双金属丝栅法

(*a*) 温度补偿应变计法桥路连接示意图；(*b*) 双金属丝栅法

应变片自补偿法是采用一种特殊的应变片，当温度变化时，电阻温度效应产生的附加应变在应变片内相互抵消而为零。这种特殊的应变片称为温度自补偿应变片。图 3-47(*b*) 给出双金属敏感栅自补偿应变片的示意图，这种应变片利用两种电阻丝材料的电阻温度系数不同的特性，将二者串联绕制成应变片敏感栅，当温度变化时，一段敏感栅的电阻增加，而另一段敏感栅的电阻减小，这样就可使应变片的总电阻不随温度变化而变化，从而实现温度自补偿。这种方法可以消除电阻温度效应产生的附加应变，但不会消除温度变形导致的应变。图 3-47 所示的简支梁，如果采用应变片自补偿法（如 1/4 桥测量方式），当温度和荷载同时变化时，应变片测量的结果就同时包含了温度变形产生的应变和荷载作用产生的应变。

3.3.4　电阻应变片和电阻应变仪的构造和种类

电阻应变片的典型构造已在图 3-42 中给出。一般将金属电阻丝制作成栅状，称为箔式应变片，也有直接由金属电阻丝绕制而成的丝绕式应变片。基底层和覆盖层均采用绝缘性能良好的薄层材料，经密封处理，使金属电阻丝与外部完全绝缘。箔式应变片的细丝部分称为敏感栅，其长度为电阻应变片的有效长度。敏感栅两端加宽是为了减小横向应变的影响。电阻应变片的主要性能指标如下：

(1) 敏感栅长度；

(2) 基底尺寸；

(3) 应变片电阻值，最常见的应变片电阻值为 120Ω，对敏感栅较长的应变片，电阻值常用 350Ω；

(4) 使用温度；

(5) 灵敏系数 K，一般 $K=2.0$，K 也可以不等于 2.0，通过调节电阻应变仪的灵敏系数与电阻应变片的灵敏系数相匹配；

(6) 应变极限，这是指在电阻应变片的指示应变和真实应变之差不超过某一规定范围的条件下，电阻应变片的最大工作量程。

除上述指标外，电阻应变片还有机械滞后、蠕变、疲劳寿命、零点漂移、横向灵敏系数、绝缘电阻等指标，可根据试验要求选择。根据电阻应变片的性能指标，电阻应变片被分为 A、B、C、D 等级。A 级为最高等级，常用于制作应变式传感器。结构试验中，可选用 C 或 B 级电阻应变片。

图 3-48 给出了不同类型的电阻应变片。图 3-48(*a*) 为用于测量金属杆件扭转的电阻应变片，其敏感栅的方向为 45°方向；图 3-48(*b*) 为 45°/90°三向应变花，用于测量金属结构平面应力状态下的应变；图 3-48(*c*) 为泊松比应变片，两个应变片敏感栅的方向相互垂直；图 3-48(*d*) 为 120°三向应变花，也是用于测量金属结构的应变。图 3-48 中的应变花可同时测量三个方向的应变，根据材料力学公式，可以得到应变分布的主方向和相应的主应变。

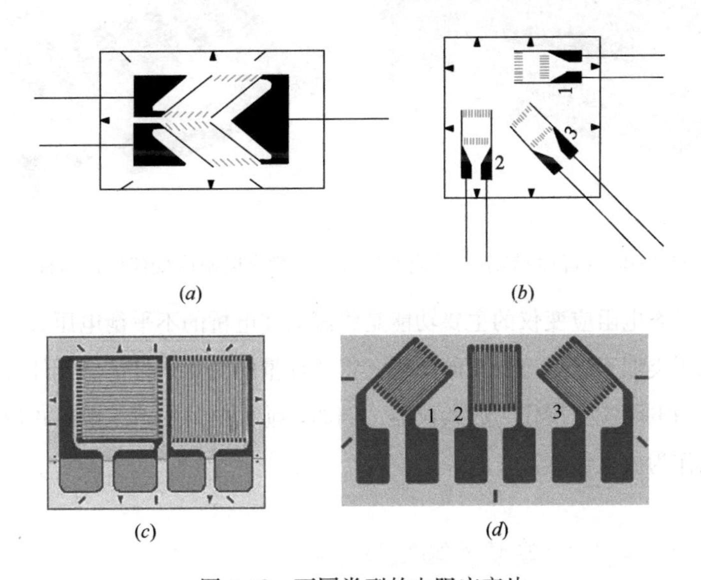

图 3-48　不同类型的电阻应变片

(*a*) 剪切应变片；(*b*) 45°/90°三向应变花；(*c*) 泊松比应变片；(*d*) 120°应变花

以往的静态电阻应变仪多采用“调零读数法”进行测量。当测量桥路由于应变变化而发生电阻变化时，电桥失去平衡，输出端产生电流。电阻应变仪在桥臂中配置了可调电阻（精密电位器），调节可调电阻，使输出电流为零，电桥恢复平衡。电阻的调节量与桥臂电阻因应变变化而产生的应变量成正比，由此可测量静态应变。采用这种方式测量电阻应变片的应变变化，放大电路设计简单，仪器工作可靠。主要缺点是读数时间较长，不能自动记录数据，使用不太方便。

目前，常用的静态电阻应变仪已不再采用“调零读数”方式，而是直接放大测量电桥的不平衡电压，并将放大后的不平衡电压转换为数字量，通过发光数码管或液晶显示器给出应变变化的数字结果。

静态电阻应变仪一般只配置了一套应变放大电路，进行多点测量时，将多点接线箱与应变仪相连，通过切换开关将需要测量的应变测点与放大电路相连。为了适应不同灵敏系数的电阻应变片，仪器还设计了灵敏系数调节或标定装置。

先进的静态电阻应变仪采用计算机技术和大规模集成电路芯片，可以自动对多个应变测点完成初值记录、测量和数据存储。

图 3-49 给出了两种静态电阻应变仪的操作面板。

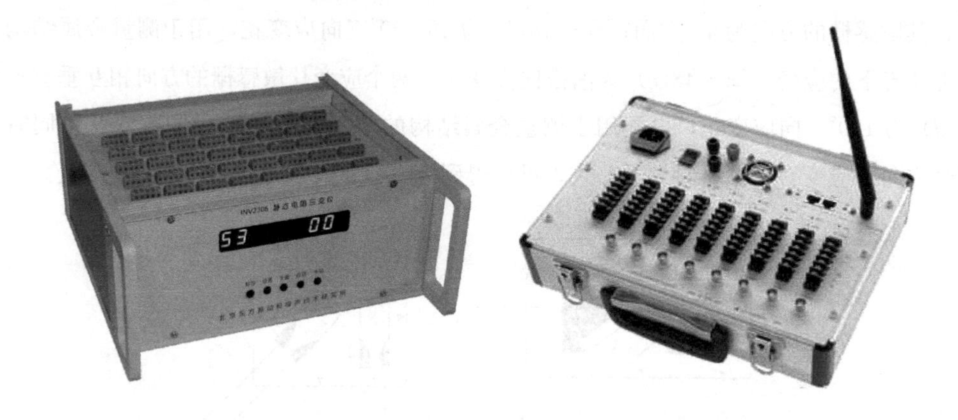

图 3-49 （普通）静态电阻应变仪和无线静态电阻应变仪操作面板

还应指出，静态电阻应变仪的主要功能是将惠斯登电桥的不平衡电压放大，有的传感器或传感元件也采用类似于电阻应变片的原理，将物理量的变化通过传感元件转换为电阻的变化，因此也可采用电阻应变仪作为放大仪器。例如，前面提到的滑线电阻式位移传感器，就可用电阻应变仪作为放大仪器。

3.3.5 电阻应变片的安装及测试技术要点

工程结构试验中的电阻应变片测试技术，包括以下主要环节：

(1) 根据结构试验的要求正确地选用电阻应变片的类型和规格尺寸。粘贴在混凝土表面的电阻应变片，由于材料的不均匀性以及粗骨料的影响，一般选用标距较长应变片，测量的应变值是标距长度范围内的平均值。在钢结构表面，则可选用标距较短的应变片，以便能够更准确地测量局部应变的变化。胶基箔式应变片的绝缘性能较好，性能稳定；纸基应变片多为丝绕式，价格便宜。

(2) 正确地选用粘贴电阻应变片的胶粘剂。胶粘剂的作用是将电阻应变片与试验结构的测量部位牢固地结合在一起。常用的应变片胶粘剂有氰基丙烯酸酯（俗称502胶）、环氧树脂、酚醛树脂等。树脂类和其他聚酯类胶粘剂多为双组分，使用时根据胶粘剂的要求将两种组分搅拌在一起。氰基丙烯酸酯胶粘剂属于快干型胶粘剂，固化时间不超过1分钟，一般只适合于在常温条件下（−15～55℃）使用，胶粘剂呈液体状，要求粘贴部位较平整，一般用于短期结构试验。树脂类胶粘剂的固化时间较长，1～8h不等，耐受环境温度及湿度变化的性能优于氰基丙烯酸酯胶粘剂，电阻应变片与试验结构之间的胶粘剂涂层具有较好的绝缘性能，可用于粘贴长期结构试验中电阻应变片。

(3) 粘贴应变片的工艺步骤一般为：测点部位打磨并干燥处理、定位画线、涂抹底胶、用胶粘剂粘贴应变片及接线端子、焊接引出线、应变片表面的防潮及防护处理。其中，涂抹底胶工艺主要在混凝土表面粘贴电阻应变片时使用，因混凝土表面可能不平整，不能直接采用快干型胶水粘贴应变片。应变片粘贴工艺中，两个最重要的技术指标是粘结强度和绝缘电阻。必须要有足够的粘结强度，保证电阻应变片的测量不出现滞后。电阻应变片靠其电阻值的微小变化来反映被测物体的应变变化，如果应变片敏感栅没有足够的环境绝缘电阻，测量工作将不稳定。

(4) 用导线连接电阻应变片和电阻应变仪。一般而言，电阻应变片不适合长距离测量，因为桥臂的电阻值随导线长度增加而增加，桥臂电阻的增加将影响电阻应变片的灵敏系数。另一方面，桥臂的绝缘电阻下降，与电阻应变片相连的导线在桥路电压作用下，将产生电容和电感，这种桥臂上的电容和电感又将以不稳定的形式影响其电阻值变化，使得桥路对环境电场、磁场，甚至温度、湿度的变化非常敏感，在应变测试中，表现为测量应变的无规律漂移。

(5) 设计应变计温度补偿方案。如前所述，当环境温度变化时，电阻应变片的敏感栅将会随温度变化伸长或缩短，其电阻值相应变化。应变计的这种电阻值变化不是由于应变测点的应变变化所引起，因此，必须正确设计温度补偿方案，消除温度对应变测试的影响。采用静态电阻应变仪测量应变时，对于相同温度环境的应变测点，可采用多测点共补偿方案，即多个应变测点共用一个温度补偿应变片，静态电阻应变仪在转换测点时，转换开关将不同测点的应变片接入测量电桥，即图3-43所示惠斯登电桥中的R_1，而温度补偿应变片在电桥中的位置不变（图3-43中的R_2）。这样，在共补偿的测点范围内。不论转换开关将哪一个应变测点接入测量电桥，R_2为同一个温度补偿应变计。

【实例分析3-2】自制力传感器

利用电阻应变片还可以设计制作出各类传感器，如力传感器和位移传感器等。利用电阻应变片制作力传感器，在一金属弹性薄壁圆筒上（图3-50），四边对称地贴上8片电阻应变片，其中R_1-R_4沿受力方向（轴向）粘贴，而R_5-R_8则垂直于受力方向粘贴。

未受力时由于电阻丝片初始阻值相等，电桥无输出。当电阻值变化时，桥路按下式输出电压信号：

$$\Delta U_{out}=\frac{U_{in}}{4}K\left(\frac{\Delta R_1+\Delta R_2}{R_1+R_2}-\frac{\Delta R_5+\Delta R_6}{R_5+R_6}+\frac{\Delta R_3+\Delta R_4}{R_3+R_4}-\frac{\Delta R_7+\Delta R_8}{R_7+R_8}\right)\quad(3\text{-}11)$$

（1）传感器单向均匀受拉时，R_1-R_4阻值增大，而R_5-R_8阻值减小：

$$\Delta U_{out}=\frac{U_{in}}{2}K(1+\nu)\varepsilon\quad(3\text{-}12)$$

式中，ν为传感器材料的泊松比。

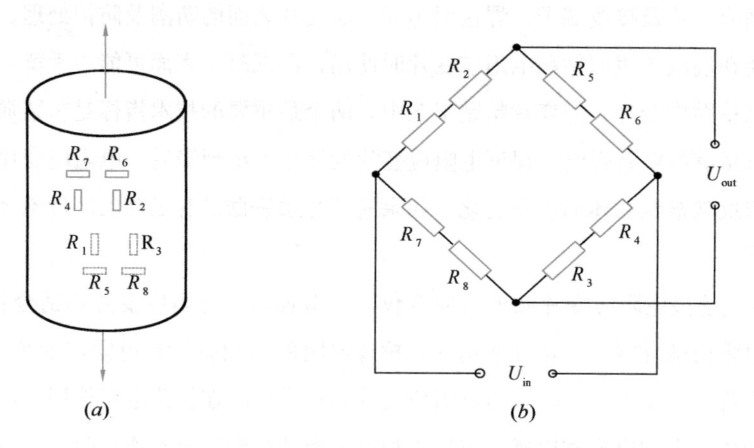

图 3-50　力传感器的应变片布置和桥路设计

(a) 力传感器；(b) 桥路

（2）传感器受力不均匀时，外加荷载使传感器同时受到轴向拉伸和弯曲。例如，R_1和R_3一侧的拉应变大于R_2和R_4一侧的拉应变。记应变片电阻增量为$\Delta R_A+\Delta R_F$，其中ΔR_A与轴向拉伸对应，ΔR_F与弯曲作用对应。由于应变片R_1、R_3在弯曲作用下的电阻增量与应变片R_2、R_4的电阻增量大小相等，但符号相反，由式（3-11）和电阻串联的特性可知，弯曲作用产生的电阻变化不会导致桥路有电压信号输出。桥路输出的电压信号仍可表达为式（3-12）。因此，传感器的桥路设计消除了偶然偏心对测试结果的影响。

（3）温度变化时，各电阻应变片的电阻温度影响系数相同，桥路不因温度导致的电阻变化产生信号输出。进一步假设温度使传感器在各个方向上产生相同温度变形，桥路也没有信号输出。桥路设计实现传感器的温度自补偿。

如果传感器仅保留应变片R_1、R_5、R_4、R_7，仍可实现上述功能，只是消除弯曲作用的桥路机理有所区别。

3.4 静载试验用仪器仪表

结构静载试验的目的是通过试验了解结构的静力性能。静力性能主要是指结构在静力荷载作用下内力和变形的变化规律，而反映结构性能变化的是定量的数据。只有取得可靠的数据，才能准确掌握结构的性能。

结构静载试验中需要测量的数据由两方面组成，一方面是施加到结构上的作用，如荷载、支座反力；另一方面是结构在荷载作用下的反应，如位移、应变、裂缝等。有时还包括环境因素，如温度、湿度等。试验数据通过测量取得。这里，“测量”可以广义地理解为试验人员对试验现象认识的量化过程。测量技术一般包括：（1）测量方法；（2）测量仪器仪表；（3）测量误差分析。现代科学技术的飞速发展，特别是计算机技术的发展，推动测量技术不断进步。各学科相互渗透，新的测量仪器不断涌现。从最简单的逐个测读、手工记录的仪表到应用电子计算机快速采集和处理的复杂系统，种类繁多，功能各异。试验人员必须对试验所用的仪器仪表的基本原理和功能有所了解，才能正确地使用仪器仪表，在结构试验中准确地获取试验数据。

3.4.1 测量仪表的基本概念

测量系统基本上由以下几个部分组成（图 3-51）：

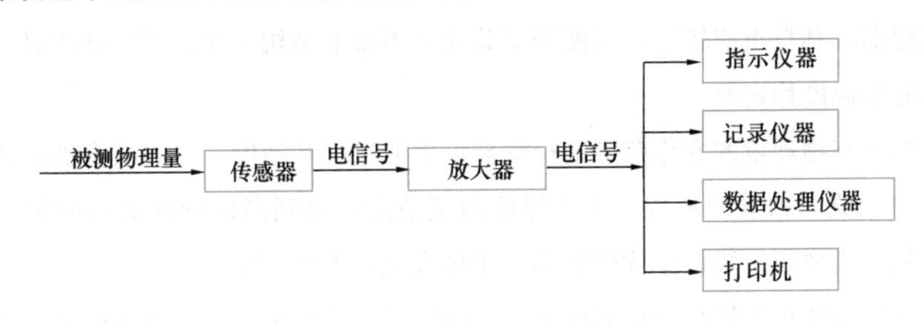

图 3-51　测量系统的组成

传感部分、放大部分、显示部分。

传感部分由传感元件或传感器组成，它从试验对象的测点感受信号并传送给放大部分。放大部分也称为放大器，它通过各种方式将传感器传来的信号放大并传送至显示部分。显示部分将经过放大的机械或电信号通过指针、电子数码管、显示屏等显示，有的测量系统的显示部分与记录装置相连，通过纸介、磁带或磁盘记录。现代数字式测试仪器大多采用计算机作为显示和记录装置。机械式仪表的三部分常组装成一体，电测仪器的放大器和存储显示大多集成为一体。

在结构试验中，使用一种仪器或仪表对物理量进行测量，首先要了解仪器仪表的主要功能、适用范围和适用条件，还要了解仪器仪表的基本参数。仪器仪表的基本参数包括主要性能指标，仪器仪表运行环境的相关参数（如工作电压、温度、湿度等）。

仪器仪表的主要性能指标如下：

(1) 量程：仪器仪表所能测量的物理量的范围，有时称为测量范围。

(2) 灵敏度：仪器仪表的输出量的变化 Δy 与相应输入量的变化 Δx 的比值。

(3) 分辨率：仪器仪表的显示装置所显示的最小变化量的测量值。

(4) 准确度：有时称为精确度或精度，仪器仪表的显示值或记录值与被测物理量真实值的符合程度，常用满量程的相对误差来表示。

(5) 线性度：测量系统的实际输入输出特性曲线相对于理想线性输入输出特性的接近程度。

(6) 漂移量：测量系统的输入不变时，系统的输出量随时间变化的最大值，有时又称为测量系统的不稳定度。

3.4.2 结构试验中仪器仪表的选用原则

在结构试验中，测量系统的任务就是将结构反应的物理量通过仪器仪表转换为试验数据。结构静载试验对测量仪器的基本要求是：

(1) 根据被测量的物理性质选择仪器仪表的基本功能。仪器仪表的种类繁多，功能不一。结构试验首先要保证测量用的仪器仪表的功能能够满足基本要求。例如，安装在结构上的仪表或传感器，其自重应较轻，以便于安装而又不影响结构工作；野外试验时，要求仪器仪表具有较好的温度稳定性。

(2) 预估被测物理量的变化范围选择仪器仪表的量程和精度。一般根据被测物理量最大值的 60%～70%选择仪表的量程。为了保证测试精度，得到高信噪比的试验数据，仪器仪表应有足够的分辨率，一般最小读数值不大于最大被测值的 5%。

(3) 选用可靠性程度较高的仪器仪表。在结构静载试验中，测量数据的可靠性是最基本的要求。但可靠性往往又与精度之间存在矛盾。选用仪器仪表时，应对这两方面的因素综合考虑。一般而言，测量数据的可靠性在很大程度上取决于仪器仪表的使用，精度越高、反应越灵敏的仪器仪表，在操作使用上越复杂，对使用环境也越敏感。

3.4.3 位移测试仪表

在结构试验中，位移包括线位移、角位移、裂缝张开的相对位移和变形引起的相对位移（应变）等。线位移测试大多为相对位移测试，即结构上一点的空间位置相对于基准点的空间位置的移动。基准点可以选择在结构物以外的某一固定点，这时，位移测试仪表所测为结构上的一点相对于该固定点的位移，如梁的挠度。基准点也可选择结构上的另一点，这时位移测试仪表所测为结构上两点之间的相对位移，如裂缝的张开位移。

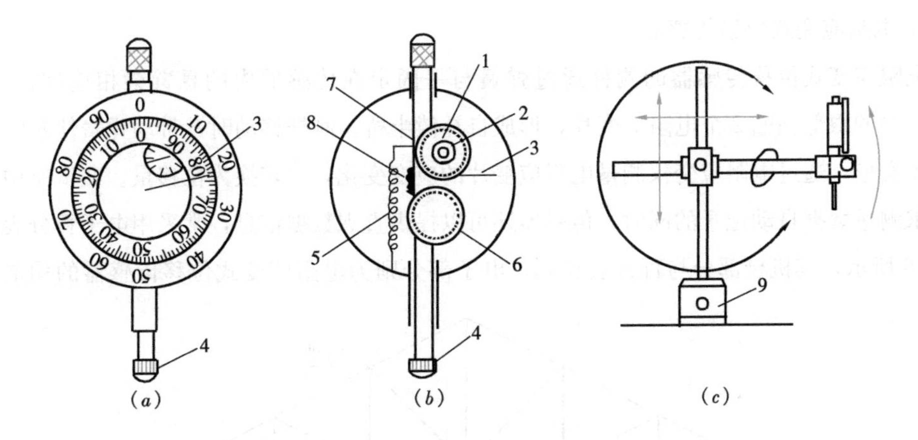

图 3-52　机械式百分表

(a) 外形；(b) 构造；(c) 磁性表座

1—短针；2—齿轮弹簧；3—长针；4—测杆；5—测杆弹簧；6、7、8—齿轮；9—表座

1. 机械式百分表和千分表

机械式百分表外观如图 3-52(a) 所示，其内部结构如图 3-52(b) 所示。当滑动的测杆跟随被测物体运动时，带动百分表内部的精密齿轮转动，精密齿轮机构将微小的直线运动放大为齿轮的转动，从百分表的表盘就可读出线位移量。百分表的表盘按 0.01mm 刻度，读数精度可以达到 0.005mm。百分表的量程一般为 10mm、30mm、50mm。百分表通过百分表座安装，安装时应保证百分表测杆运动方向平行，被测物体表面一般应与百分表测杆垂直。千分表的构造与百分表基本相同，但精密齿轮的放大倍数不同，其测量精度可达到 0.001mm 或 0.002mm，量程一般不超过 2mm。

2. 张线式位移传感器

如图 3-53 所示，张线式位移传感器通过钢丝与被测物体相连，钢丝缠绕在张线式位移传感器的转轴上，钢丝的另一端则悬挂一重锤。当被测物体发生位移时，重锤牵引缠绕钢丝推动传感器指针旋转，然后从传感器的表盘读数。这种位移传感器最大的优点是量程几乎不受限制，可以用于大变形条件下的位移测试。传感器表盘的读数精度为 0.1mm。为提高测量精度，在位移较小时，采用百分表测量重锤的位移（图 3-54）。在野外条件下采用张线式位移传感器时，应注意温度影响钢丝长度变化，从而影响测量精度。

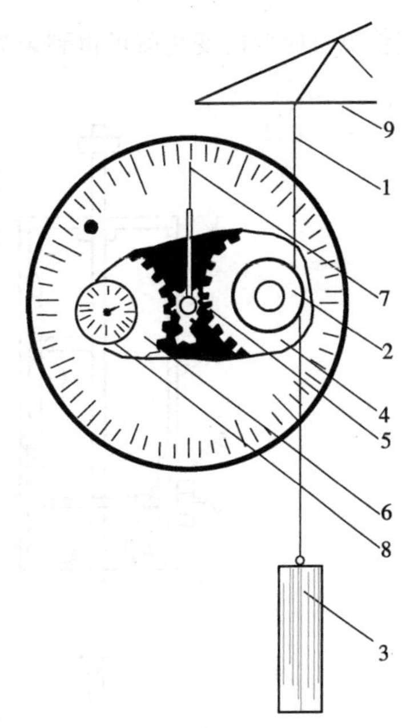

图 3-53　张线式位移传感器

1—钢丝；2—摩擦滚动；3—重物；4—主动齿轮；5—中心齿轮；6—被动齿轮；7—大指针；8—小指针；9—测点

3. 电阻应变式位移传感器

电阻应变式位移传感器的测杆通过弹簧与一固定在传感器内的悬臂梁相连(图 3-55)，在悬臂梁的根部粘贴 2 个电阻应变片，形成自补偿半桥。测杆移动时，带动弹簧使悬臂梁受力产生变形，通过电阻应变仪测量电阻应变片的应变变化，再转换为位移量。在试验中，如果要求测量数据自动记录的同时，传感器还可以提供直观数据信息，常采用电子百分表，如图 3-56 所示，其机械部分与百分表相同，电子部分则为电阻应变式位移传感器的构造。还

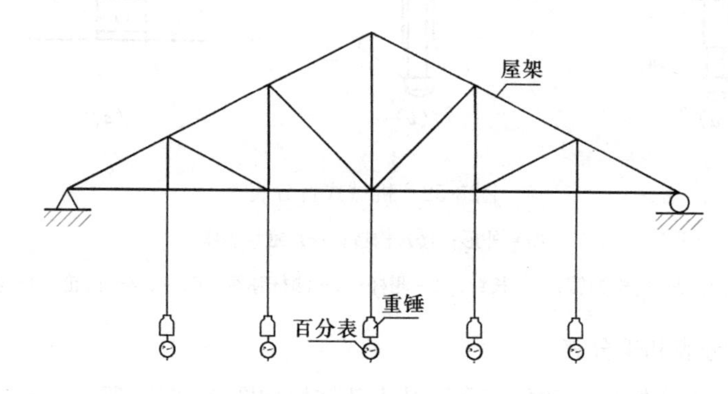

图 3-54　百分表测量重锤的位移

有一种弓形应变式位移传感器，常用于测量裂缝宽度的变化，如图 3-57 所示。电阻应变片粘贴在圆弧顶部，当裂缝加宽时，圆弧的曲率半径变化，电阻应变片产生应变，通过电阻应变仪测量应变的变化就可得到裂缝宽度的变化值。

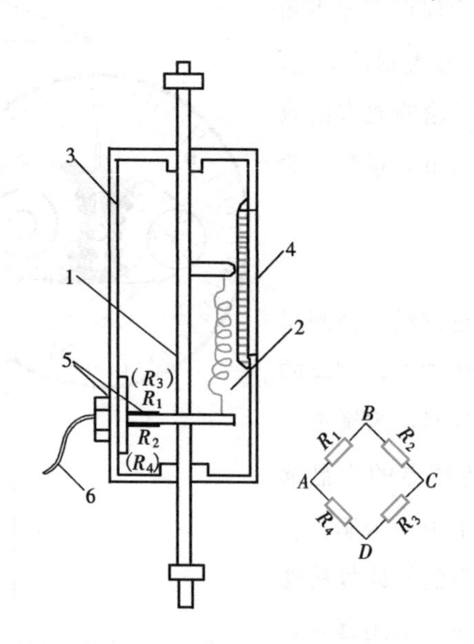

图 3-55　电阻应变式位移传感器

1—测杆；2—弹簧；3—外壳；

4—刻度；5—电阻应变计；6—电缆

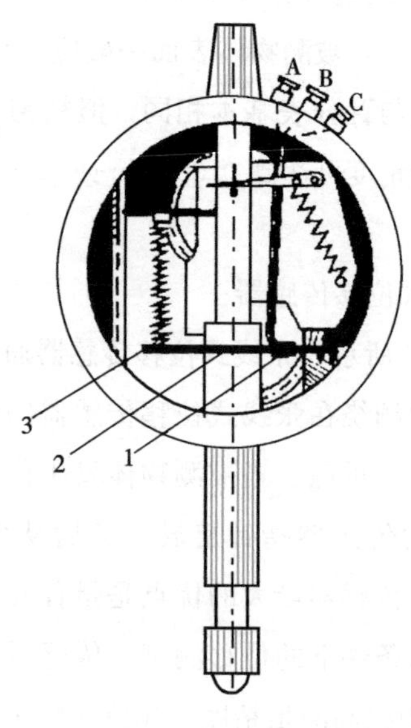

图 3-56　电子百分表

1—应变片；2—弹性悬臂梁；

3—弹簧

电阻应变式位移传感器虽然可以很方便地将位移量转换为电量，但它必须提供在反复变形条件下残余变形很小的变形元件，通过电阻应变片感受变形，再转换为位移量。因此，对变形元件（如弹簧、悬臂梁、应变片等）有较高的要求。

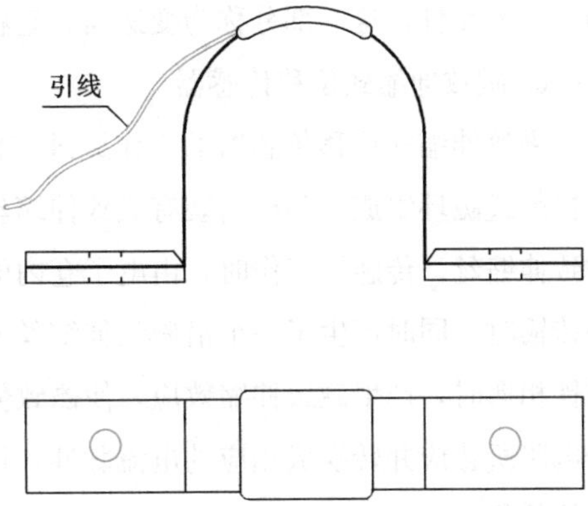

引线

图 3-57　弓形应变式位移传感器

4. 滑动电阻式位移传感器

滑动电阻式位移传感器的基本原理是将线位移的变化转换为传感器输出电阻的变化，如图 3-58 所示。与被测物体相连的簧片在滑动电阻上移动，使电阻 R_1 的输出电压值发生变化，通过与 R_2 的参考电压值比较，即可得到 R_1 输出电压的改变量。另外一种滑动电阻式位移传感器是通过电阻应变仪直接测量电阻的变化。滑动电阻式位移传感器的簧片与电阻线圈直接接触，反复运动产生磨损，比较而言，使用寿命较低。

5. 线性差动电感式位移传感器

线性差动电感式位移传感器，英文为 Linear Variable Differential Transformer，简称为 LVDT，其构造如图 3-59 所示。LVDT 的工作原理是通过高频振荡器产生一参考电磁场，当与被测物体相连的铁芯在两组感应线圈之间移动时，由于铁芯切割磁力线，改变了电磁场强度，感应线圈的输出电压随即发生变化。通过标定，可确定感应电压的变化与位移量变化的关系。LVDT 通常由两部分组成，一部分是由感应线圈和铁芯组成的传感元件，另一部分是

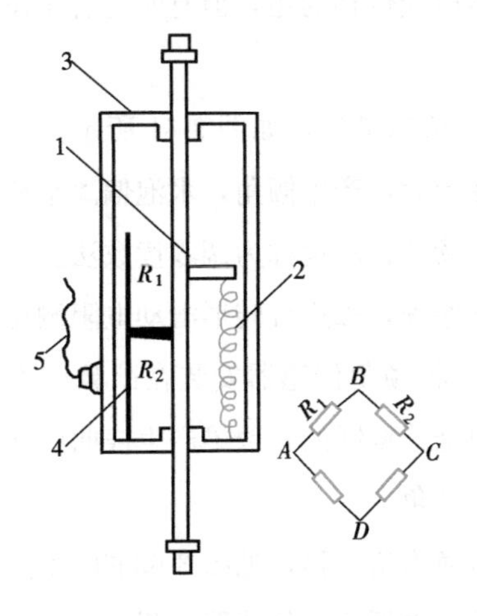

图 3-58　滑动电阻式位移传感器

1—测杆；2—弹簧；3—外壳；

4—电阻丝；5—电缆

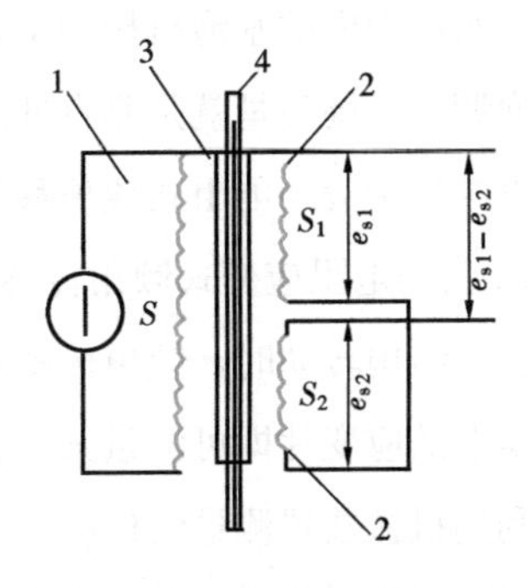

图 3-59　差动电感式位移传感器

1—初级线圈；2—次级线圈；

3—圆形筒；4—铁芯

测量放大元件，这一部分称为变送器，它将感应电压放大并传送给显示记录装置。

6. 磁致伸缩式位移传感器

磁致伸缩式位移传感器的工作原理如图 3-60 所示，它由测杆、电子仓和套在测杆上的非接触式磁环组成。测杆内装有磁致伸缩丝，测杆由不导磁的不锈钢制成，它能可靠地保护磁致伸缩丝。传感器工作时，由电子仓内的电子电路产生一初始脉冲，该脉冲在磁致伸缩丝中传输时，同时产生了一个沿磁致伸缩丝方向前进的旋转磁场，当这个磁场与磁环中的永久磁铁相遇时，产生磁致伸缩效应，使磁致伸缩丝发生偏转。这一偏转被安装在电子仓内的电子电路所感应并转换成相应的电流脉冲，计算初始脉冲和偏转脉冲的时间差，即可得到被测物体的位移。

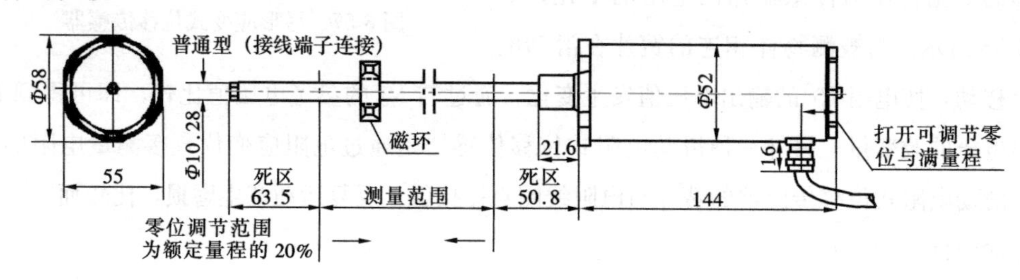

图 3-60　磁致伸缩式位移传感器的工作原理

磁致伸缩式位移传感器具有精度高、量程大、重复性好、寿命长、抗干扰等特点。常用于测量加载油缸的位移或对大范围位移测量有较高精度要求的场合。

3.4.4 转角测量仪表

在结构静载试验中，结构变形反应的测量大多以线位移为主，但有时也有角位移检测的要求。

属于机械式仪表的转角测量仪器是水准管式倾角测量仪，如图 3-61 所示。试验时，先将倾角仪上水准管内的水泡机械调平，试件受荷变形后，产生倾角，水泡偏离平衡位置，这时再将水泡调平，调整量就是测点处的转角。这种读数方法也称为调零读数法。

也可以类似于滑动电阻式线位移传感器的基本原理，采用旋转形滑动电阻测量转角。

图 3-62 为一电阻应变式倾角传感器的示意图，将倾角传感器安装在试验结构需要测量转角的部位，结构转动时，倾角传感器内的重锤使悬挂重锤的悬臂梁产生挠曲应变，利用粘贴在悬臂梁上的应变片即可测量其变化，再转换为倾角。

也可利用机械装置测量线位移，再将线位移转换为角位移，见图 3-63 的示例。

除上述位移传感器外，还有利用光纤技术制成的光纤位移传感器，利用电容效应的容差式位移传感器，利用材料压电效应或压阻效应的位移传感器等。比较而言，在土木工程结构试验中，最常用的还是机械式百分表、电阻应变式位移传感器、滑动电阻式位移传感器和

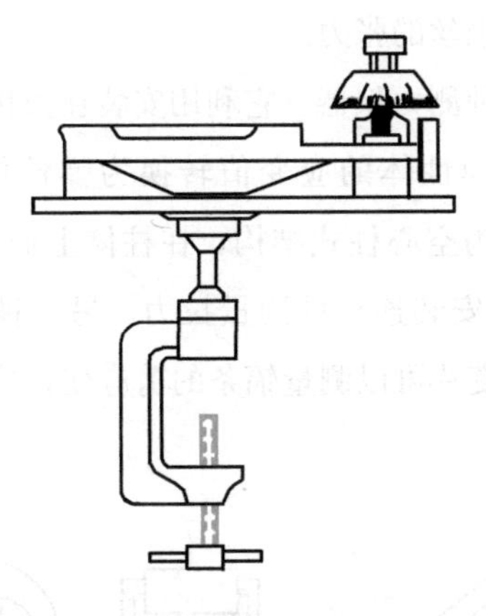

图 3-61 水准管式倾角测量仪

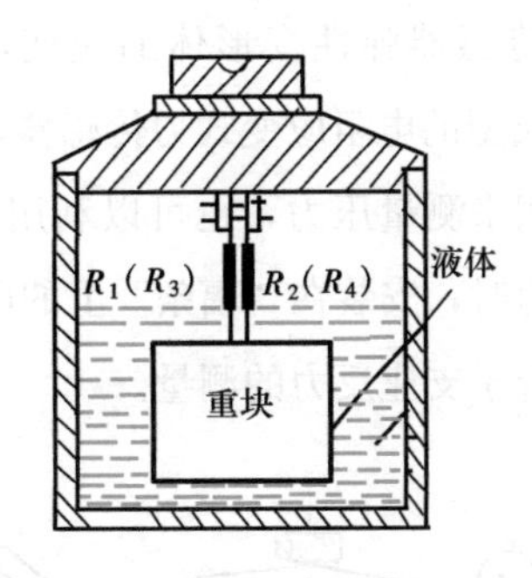

图 3-62 电阻应变式倾角传感器

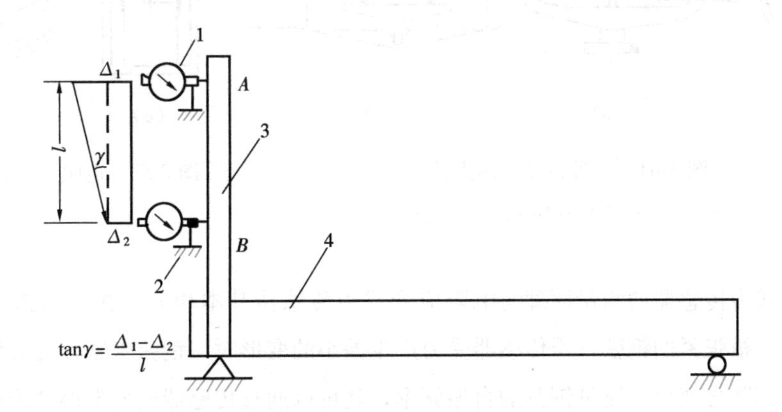

图 3-63 角位移间接测量

1—位移计；2—固定支座；3—机械竖杆；4—梁试件

LVDT 等。其中，LVDT 和电阻应变式位移传感器不但可用于测量静态位移，也可用于动态位移测量。

3.4.5 力的测量仪器

结构试验中，力的测量是非常重要的。最常见的力测量是静载试验中荷载的测量。对于超静定结构的静载试验，例如，连续梁的静载试验，还要求测量支座反力。无黏结预应力混凝土受弯构件的荷载试验中，在锚具部位安装力传感器，测量试验过程中无黏结预应力筋的应力变化。力传感器可分为机械式、电阻应变式、振动弦式等不同类型。

机械式力传感器的种类很多，其基本原理是利用机械式仪表测量弹性元件的变形，再将变形转换为弹性元件所受的力。图 3-64 给出三种机械式测力仪器。图 3-64(*a*) 为一钢环式测力计，当钢环受力时产生变形，由百分表测量钢环的变形，再转换为钢环所受的力；图 3-64(*b*) 所示的压力计通过一杠杆机械装置来测量钢环的变形；图 3-64(*c*) 为钢丝测力计，它利用测量张紧钢丝的微小挠曲变形，得到钢丝的张力。

电阻应变式力传感器是目前应用最广泛的一种测力仪器。它利用安装在力传感器上的电阻应变片测量传感器弹性变形体的应变，再将弹性体的应变值转换为弹性体所受的力。图 3-65为两种典型的电阻应变式力传感器，一种为空心柱式结构，在柱体上加工了内螺纹，传感器既可以用来测量压力，也可以利用内螺纹安装连接件测量拉力。另一种为轮辐式结构，传感器受力时，安装在“辐条”上的电阻应变片可以测量辐条的剪应变，这种传感器的高度较小，适合于支座反力的测量。

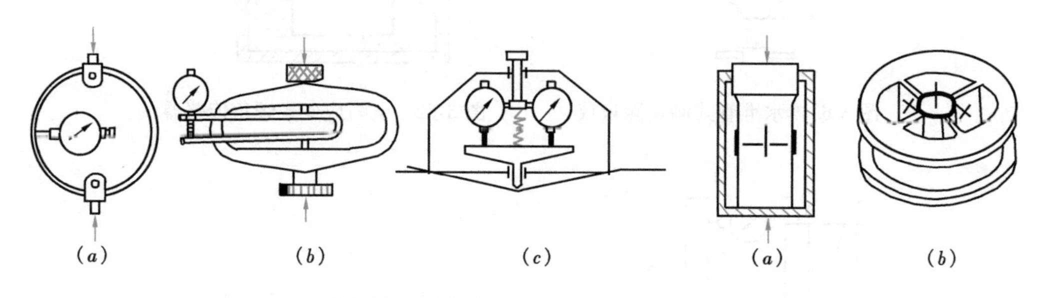

图 3-64　三种机械式测力计

(*a*) 钢环式；(*b*) 钢环-杠杆式；(*c*) 三点变形式

图 3-65　电阻应变式力传感器

振动弦式力传感器的测量原理与电阻应变式力传感器基本相同。在振动弦式力传感器中，安装了一根张紧的钢弦，当传感器受力产生微小的变形时，钢弦张紧程度发生变化，使得其自振频率随之变化，测量钢弦的自振频率，就可以通过传感器的变形得到传感器所受到的力。

比较而言，机械式力传感器不需要放大仪器，通过百分表直接读数，使用简便，传感器的性能稳定，但不能实现自动记录，精度约为测量范围的1%～2%。电阻应变式力传感器要与电阻应变仪配套使用，测量精度可以达到 0.1%～0.2%，测试数据可以自动记录，是在实验室内进行结构试验时最常用的力传感器。

采用液压系统加载时，还可以采用间接测量测力方法，例如，采用压力传感器测量液压系统的工作压力，将测量的工作压力乘以加载油缸的活塞有效面积，就可以得到加载油缸对试验结构所施加的力。

3.4.6　裂缝测量仪器

对于混凝土结构和砌体结构，裂缝的发生和发展是结构受力的重要特征。对于钢结构，常见的断裂发生在应力集中的部位和焊缝部位。在结构试验中，需要进行裂缝宽度测量的主要是钢筋混凝土结构和预应力混凝土结构。

可以采用以下方法观测裂缝出现：

（1）最常用的方法是借助放大镜用肉眼观察裂缝出现；

（2）利用粘贴在混凝土受拉区的电阻应变片，当混凝土开裂时，如果裂缝贯穿电阻应变片，该应变片的读数突变，从而可以判断开裂部位；

（3）基于声发射原理，采用声传感器捕捉材料开裂时发射声能所形成的应力波，经信号转换后，识别裂缝出现的部位；

（4）在试件表面涂刷脆性涂料或脆性油漆，当混凝土开裂时，裂缝处脆性涂层断裂，指示出开裂部位。要求涂层的开裂应变大于混凝土开裂应变，否则，涂层开裂先于混凝土开裂，就不能正确指示裂缝部位。

裂缝宽度的测量常用读数放大镜，如图3-66所示，它由光学放大部分和机械读数部分组成。测量裂缝宽度时，先调整目镜，清楚看到裂缝后，再调节微调鼓轮，将目镜中的刻度分划线从裂缝的一侧移动到另一侧，微调鼓轮的转动量与裂缝宽度相对应，转动一小格为0.01mm。还有一种读数放大镜采用直接读数法，在放大镜中固定了刻度，一般为0.02mm，在放大镜中看清楚裂缝后，可以直接从放大镜中的刻度上读取裂缝宽度。

还可以采用简便的直接比较方法，如图3-67所示，将不同的裂缝宽度印在纸制的卡片上，使用时直接比较得到裂缝宽度。

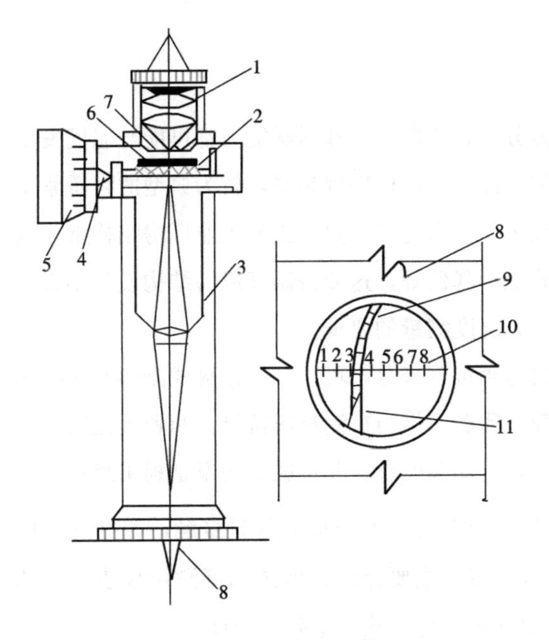

图3-66　读数放大镜

1—目镜组；2—分划板弹簧；3—物镜；4—微调螺栓；5—微调鼓轮；6—可动下分划板；7—上分划板；8—裂缝；9—放大后的裂缝；10—上下分划板刻度线；11—下分划板刻度长线

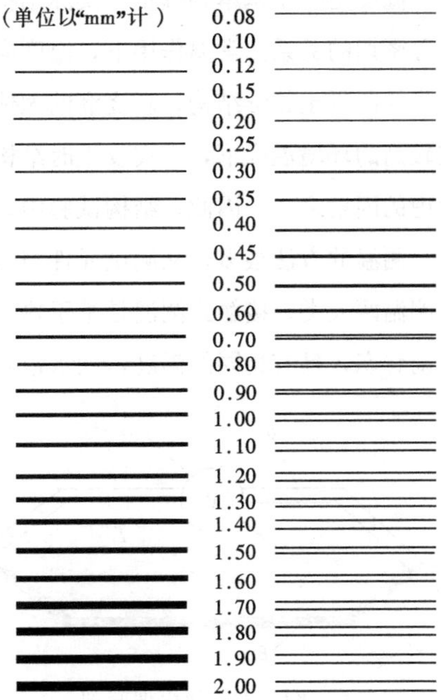

（单位以“mm”计）

0.08
0.10
0.12
0.15
0.20
0.25
0.30
0.35
0.40
0.45
0.50
0.60
0.70
0.80
0.90
1.00
1.10
1.20
1.30
1.40
1.50
1.60
1.70
1.80
1.90
2.00

图3-67　裂缝宽度卡片

为了简化裂缝宽度的读数过程，裂缝出现后，可以跨越裂缝安装位移计测量裂缝宽度的变化（图 3-68）。

图 3-69 为国外生产的一种电阻应变片，它主要用于检测金属结构裂缝扩展的深度（位置）和裂缝扩展速度。

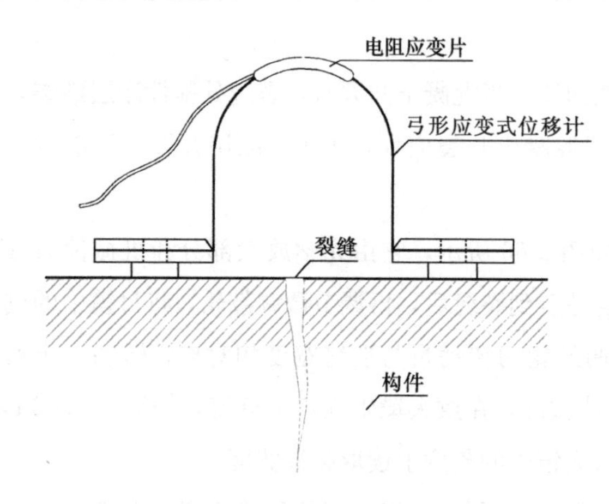

图 3-68　跨越裂缝安装位移计测量裂缝宽度变化

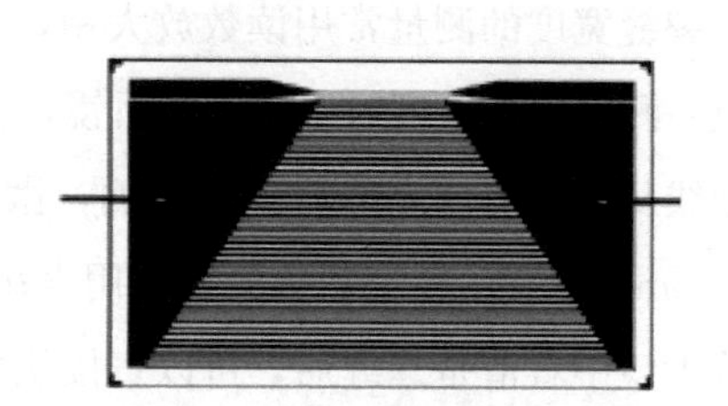

图 3-69　检测裂缝深度和扩展速度的专用电阻应变片

3.4.7　温度测量仪器

温度是一个基本物理量。实际结构的应力分布、变形性能和承载能力都可能与温度发生十分密切的关系。常温作用下，温度应力常常使混凝土结构出现裂缝，较为典型的是桥梁工程中的混凝土箱形结构。新浇灌的大体积混凝土产生水化热，热加工的工业厂房结构常年处在较高的环境温度下，火灾发生时结构的承载能力降低等，这使得温度成为结构设计中必须考虑的因素之一。因此，结构试验中，有时也有温度测量的要求。

测温的方法很多，从测试元件与被测材料是否接触来分，可以分为接触式测温和非接触式测温两大类。接触式测温是基于热平衡原理，测温元件与被测材料接触，两者处在同一热平衡状态，具有相同的温度，如水银温度计，热电偶温度计。非接触式测温是利用热辐射原理，测温元件不与被测材料接触，如红外温度计。以下主要介绍接触式温度测量仪表中的热电偶温度计和热敏电阻温度计。

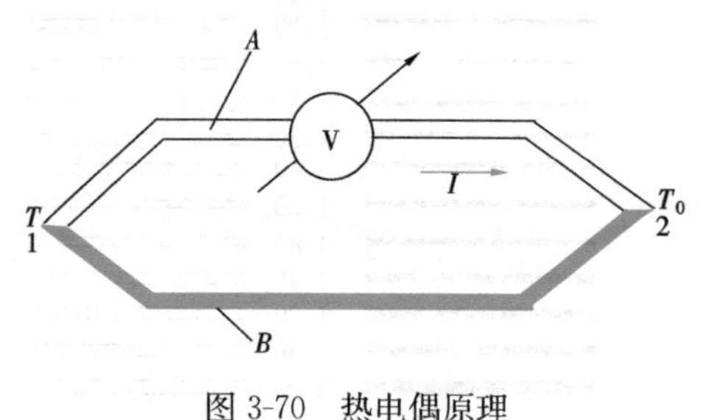

图 3-70　热电偶原理

A、B—导体；1、2—节点

热电偶的基本原理如图 3-70 所示，它由两种不同材料的金属导体 A 和 B 组成一个闭合回路，当节点 1 的温度 T 不同于节点 2 的温度 T_0 时，闭合回路中产生电流或电压，其大小可由图中的电压表测量。试验表明，测得的电压随温度 T 的升高而升高。由于回路中的电压与两节点的温度 T 和 T_0 有关，故将其称为热电势。一般说来，在任意两种不同材料导体首尾相接构成的回路中，当回路的两接触点温度不同时，在回路中就会产生热电势，这种现象称为热电效应。由于热电势是以两节点存在温差为前提，因而也称为温差电势，这两种不同导体的组合就称为热电偶，A 和 B 称为热电极。在混凝土结构内部进行温度测试时，常用直径较小的铠装热电偶。实用热电偶测温电路一般由热电极、补偿导线、热电势检测仪表三部分组成。

热电偶温度计一般适用于500℃以上的较高温度，在结构防火抗火试验中常用热电偶温度计。对于中、低温环境，使用热电偶测温不一定合适，因为温度较低时，热电偶输出的热电势很小，影响测量精度，参考端（冷端）也很容易受环境影响而导致补偿困难。

当温度较低时，可采用金属丝热电阻或热敏电阻温度计，其原理为金属的电阻温度效应。常用的金属测温电阻有铂热电阻和铜热电阻，这种电阻可以将温度的变化转换为电阻的变化，因此温度的测量转化为电阻的测量。类似于应变的测量转化为电阻应变片的电阻测量，可以采用电阻应变仪测量热电阻的微小电阻变化。热敏电阻是金属氧化物粉末烧结而成的一种半导体，与金属丝热电阻相同，其电阻值也随温度而变化，一般热敏电阻的温度系数为负值，即温度上升时电阻值下降。热敏电阻的灵敏度很高，可以测量0.001～0.0005℃的微小温度变化，此外，它还有体积小，动态响应速度快，常温下稳定性较好，价格便宜等优点。也可以采用电阻应变仪测量热敏电阻的微小电阻变化。热敏电阻的主要缺点是电阻值较分散，测温的重复性较差，老化快。

3.4.8 数字图像相关测量技术

数字图像相关的英文为 Digit Image Correlation，因此又称为DIC技术，是利用试件变形前后两幅数字图像中的痕迹，通过计算获取目标区域的变形信息。其中痕迹称为散斑，“计算”则是采用图像处理技术中的数字相关算法。其基本方法是对变形前的图像进行区域划分，假设变形使每个子区域作刚性运动。针对变形前的每个子区域，按照数字相关算法进行相关计算，在变形后图像中寻找与该子区域的相关系数最大的区域，即该子区域在变形后的位置，进而获得该子区域的位移。这个过程实际上就是确定变形前的“痕迹”在变形后的位置。对全部子区域进行计算，即可获得全场的变形信息。由于该方法对试验环境要求较为宽松，并且具有全场测量、抗干扰能力强、测量精度高等优点。

【实例分析3-3】数字图像相关技术识别混凝土简支梁裂缝发展

图3-71为应用DIC技术测量位移-应变的基本装置示意图。主要装备实际就是一台数码相机和数字图像采集卡。DIC技术在结构试验中有很多用途，它能在现场测量桥梁变形，也能测量试件关键区域的应变分布。与传统的电阻应变片或引伸仪等测量方法相比，DIC可以

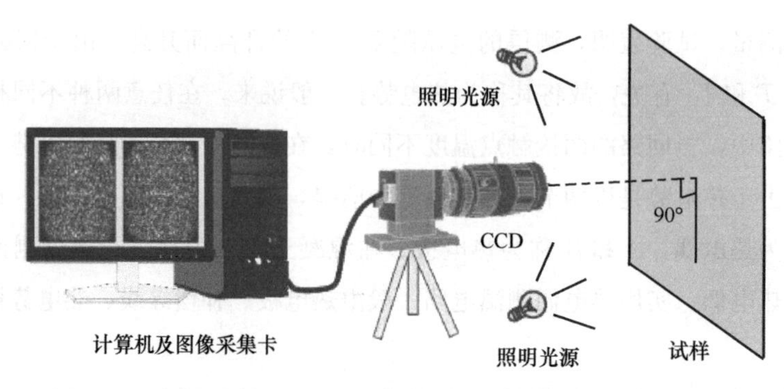

图 3-71　DIC 技术基本装置示意图

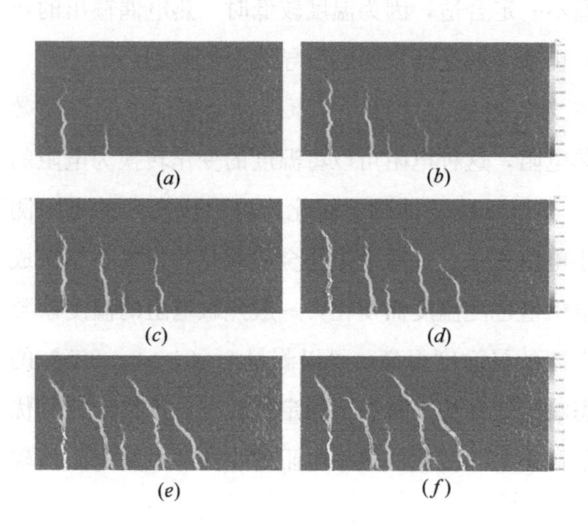

图 3-72　无腹筋梁剪跨内的主应变云图随荷载的变化
(a) $F=0.44F_{max}$；(b) $F=0.55F_{max}$；(c) $F=0.62F_{max}$；(d) $F=0.73F_{max}$；(e) $F=0.90F_{max}$；(f) $F=0.99F_{max}$

提供试件在整个试验过程中全场的位移，并掌握试件破坏过程的特点。图 3-72 给出无腹筋混凝土简支梁在加载过程中的主应变云图，当外加荷载达到极限荷载的 44%时，出现弯曲裂缝，随着荷载增加，裂缝数量和裂缝高度不断增加；当外加荷载达到极限荷载的 73%时，裂缝倾斜发展；最后破坏由靠近支座的裂缝控制（右侧）。

目前，DIC 技术被广泛用于混凝土构件的受剪性能试验研究中，用于表征整个加载过程中全场的裂缝发展，包括剪切裂缝的形状、张开和滑移以及剪跨内的应变云图，从而评估各剪力传递机理的抗剪贡献。

3.5　试验准备与实施

3.5.1　结构静载试验大纲

结构静力荷载试验的目的是通过对试验结构或构件直接施加荷载作用，采集试验数据，认识并掌握结构的力学性能。编制试验方案和试验大纲是结构试验的一个关键环节。试验大纲是控制整个试验进程的纲领性文件，而试验方案则是在试验大纲指导下具体实施结构试验的设计文件。试验大纲的内容一般包括：

(1) 概述　简要介绍为确定试验目的和内容所进行的调查研究，文献综述和已有的试验研究成果，提出试验的目的和意义，试验采用的标准和依据，试验的基本要求等。

(2) 试件设计及制作工艺　说明主要试验参数，列表给出试件的规格和数量，绘制试件制作施工图，给出预埋传感元件技术要求，提出对材料性能的基本力学性能指标，说明关键制作及安装工艺要求。

(3) 加载方案与设备　包括荷载种类及数量，加载设备装置，荷载图式及加载制度等。

(4) 测试方案和内容　本项目也称为观测设计，主要说明观测项目，测点布置，测量所用的仪器仪表的性能指标，数据采集和记录，传感器的标定，测量仪表的补偿措施等。

(5) 安全技术措施　包括人身和设备、仪器仪表等方面的安全防护措施。

(6) 试验组织管理　包括试验进度计划，人员组织分工，指挥调度程序，相关技术资料管理等。

(7) 试验报告　描述试验现象及现场照片，记录主要试验结果、环境条件及仪器设备标定参数，试验数据整理归档等。

(8) 附录　包括所需器材、仪表、设备及原材料总量清单，观测记录表格，以及必要的辅助试验说明等。

3.5.2 试件设计

结构试验的试件可以是整体结构或结构的一部分，或结构中的构件。一般可以将结构试验的对象统称为试件。当不能采用与实际结构相同的尺寸制作试件时，可以采用缩小比例的模型。本节讨论的试件设计，主要是指在结构实验室内进行试验的试件。

试件设计包括试件形状及构造设计、试验参数的分布、试件尺寸及数量的确定。

1. 试件形状

试件形状设计的基本要求是在规定的荷载条件下，试件的受力特征可以反映实际结构的受力特征，实现试验目的。根据试件的受力特征，可分为基本构件和结构两类。基本构件试件是指结构体系中的梁、柱、板、杆等，结构试件包括单一结构，如双向板、剪力墙、壳体等和由基本构件组合而成的结构。

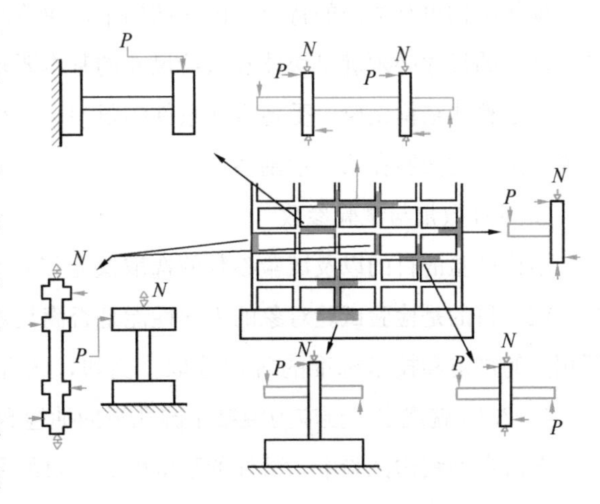

图3-73　框架结构中的梁、柱和节点试件

图3-73给出一个规则框架结构单元及构件的分解。在水平荷载和竖向荷载共同作用下，框架结构可以拆分为不同

的试验单元。

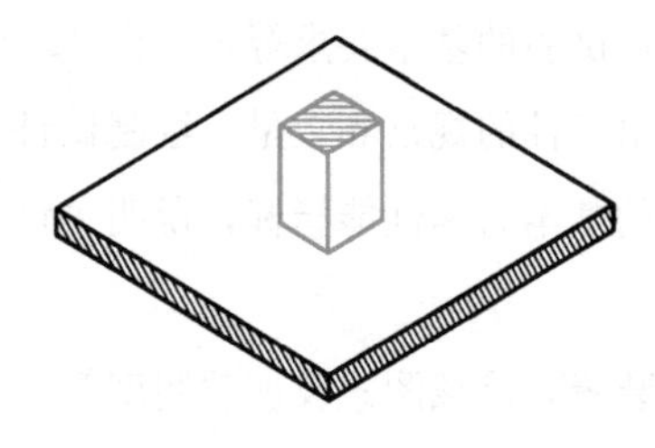

图 3-74　无梁楼盖板柱节点试件

对无梁平板结构中的板柱节点，其试件可取图 3-74 所示的形状，板的两个方向的长度根据相应方向上的反弯点位置来确定。通常只在板的一侧保留柱头，这对板柱节点的冲切破坏没有任何影响，但试件制作工艺大大简化。

2. 试件尺寸

试件尺寸的选取主要考虑试验成本、试验设备能力、试件尺寸对试件性能的影响等因素。试件尺寸与实际结构尺寸相同时，称为真型试件或足尺试件，试件尺寸明显小于实际结构尺寸时，称为模型试件。

以研究构件或截面力学性能为主要目的时，预应力混凝土和钢筋混凝土试件的尺寸由材料特性所要求的最小尺寸控制。如果采用与实际结构相同的材料，试件尺寸应满足粗骨料最大粒径、钢筋直径、预应力孔道直径等因素所要求的最小尺寸。例如，在钢筋混凝土受弯构件的裂缝宽度试验研究中，在诸多影响裂缝宽度的因素中，涉及试件尺寸的主要有钢筋直径及间距、保护层厚度等。按照《混凝土结构设计规范》GB 50010—2010（2015 年版），钢筋混凝土梁的保护层厚度取为 25mm，相应的截面高度一般应不小于 300mm，使截面高度与截面有效高度的比值（h/h_0）与实际尺寸构件大致接近。钢筋混凝土框架节点因梁柱交接，钢筋较密，节点试件的尺寸应保证节点的构造特点与实际结构相同。由于尺寸效应的影响，不同尺寸的试件可能得到不同的试验结果，试件设计时必须加以注意。

钢结构节点的构造和连接有其自身的特点，采用高强度螺栓连接或焊接连接的节点，其性能与高强度螺栓尺寸或焊接热应力影响区大小有关，为消除尺寸效应的影响，通常尽可能选用与实际结构相同或相近的尺寸。

砌体结构也有类似的特点。砌体结构中，块体和灰缝的尺寸都是相对固定不变的，砌体结构试件的尺寸必须满足块体和灰缝尺寸的基本要求。

对于整体结构试验，受各方面条件的限制，往往只能采用缩尺比例较大的模型试件。结构模型试验的内容在第 7 章阐述。

3. 试件数量与试验参数

结构试验的目的以及试验参数的选取决定了试件的数量。在生产性和鉴定性结构试验中，试验目的是检验试验对象的力学性能是否满足规范要求和设计要求，试件的数量可以按照相关的规范和技术标准的规定选取。例如，《混凝土结构工程施工质量验收规范》GB 50204—2015 就规定了预应力混凝土圆孔板的抽检数量。

在研究型结构试验中，试件的数量由试验目的所规定的试验参数决定。例如，在钢筋混凝土梁的抗剪性能试验研究中，剪跨比、配箍率、混凝土强度、纵筋配筋率、截面高宽比、配筋方式、加载方式、截面尺寸等因素对梁的抗剪性能都有不同程度的影响，这些因素可能相互独立，也可能相互影响。在通过试验了解梁的性能以前，我们不能得到这些影响因素的量化信息。最简单的方法是所谓全组合方法。将试验参数的数目称为因子数，每个因子可能取值的数目称为水平数。例如，在上述梁的抗剪试验中，只考虑剪跨比、配箍率、混凝土强度、纵筋配筋率4个因子，每个因子考虑3个不同的取值（水平数为3）。如果每个因子的每个水平都进行组合，一共需要 $3^4=81$ 个试件。显然试件数目太多，耗费过多财力物力，以致试验项目难以进行。如果这4个因子确实两两之间存在相互影响，例如，如果混凝土强度对梁的抗剪强度的影响与剪跨比、配箍率、纵筋配筋率之间存在确定性关系，为量化的确定这些相互关系，只能采用全组合方法。但在制定试验大纲时，根据调查研究和理论分析，可以对有些影响因子做出相互独立的假定，采用正交试验法进行结构试验。

正交试验法采用正交表设计试件数量。而正交表是根据组合理论，按照一定的规律构造的表格。以正交表为工具安排试验方案和进行结果分析的试验称为正交试验，它适用于多因素、多指标的试验研究项目。正交表的符号为 $L_a(b^c)$，其中，L 表示正交表，下标a为正交表的行数，即试件总数；上标c为正交表的列数，表示影响因子的数目；b 表示每个因子的水平数。例如，$L_9(3^4)$ 表示正交表有9行，即试件数目为9个，考虑4个影响因子，每个影响因子取3个不同的值。对比全组合方法，可知试件数目从81个减少到9个。表3-1给出钢筋混凝土梁抗剪性能试验研究的影响因子和取值水平，查正交表，可以得到试件设计方案如表3-2所示。

钢筋混凝土梁抗剪性能影响因子和取值　　表3-1

影响因子		水平1	水平2	水平3
A	剪跨比 λ	1.0	3.0	5.0
B	配箍率 ρ_v（%）	0.1	0.25	0.4
C	混凝土强度等级	C20	C30	C40
D	纵筋配筋率 ρ（%）	1.4	1.8	2.2
E	截面尺寸	跨度 L=3000mm，$b\times h$=200mm×400mm		

钢筋混凝土梁抗剪性能试验研究试件设计方案　　表3-2

试件编号	A	B	C	D
	剪跨比 λ	配箍率 ρ_v（%）	混凝土强度等级	纵筋配筋率 ρ（%）
1	A_1：1.5	B_1：0.10	C_1：C30	D_1：1.4
2	A_1：1.5	B_2：0.25	C_2：C45	D_2：1.8
3	A_1：1.5	B_3：0.40	C_3：C60	D_3：2.2
4	A_2：2.2	B_1：0.10	C_2：C45	D_3：2.2
5	A_2：2.2	B_2：0.25	C_3：C60	D_1：1.4
6	A_2：2.2	B_3：0.40	C_1：C30	D_2：1.8
7	A_3：3.0	B_1：0.10	C_3：C60	D_2：1.8
8	A_3：3.0	B_2：0.25	C_1：C30	D_3：2.2
9	A_3：3.0	B_3：0.40	C_2：C45	D_1：1.4

应当指出，按表 3-2 设计试件及影响因子，假设了影响因子相互独立，如果认为某些因子之间存在相互影响，可在正交表中加入交互列，考虑这些因子的相互作用。

4. 试件构造设计

在研究型试验中，由于荷载条件、边界条件的变化以及测试方面的要求，结构试验的试件不同于实际结构或构件。为满足加载及测量要求，试件设计和制作应注意以下几方面的构造措施：

（1）对于钢筋混凝土和预应力混凝土试件，在集中荷载作用点和支座部位预埋钢板，防止局部破坏。图 3-75 为梁、柱、框架和桁架试件局部加强的示例。在钢筋混凝土框架结构的角节点、可能发生剪切破坏的简支梁支座截面等部位，钢筋的细部构造应满足力的传递和锚固要求。

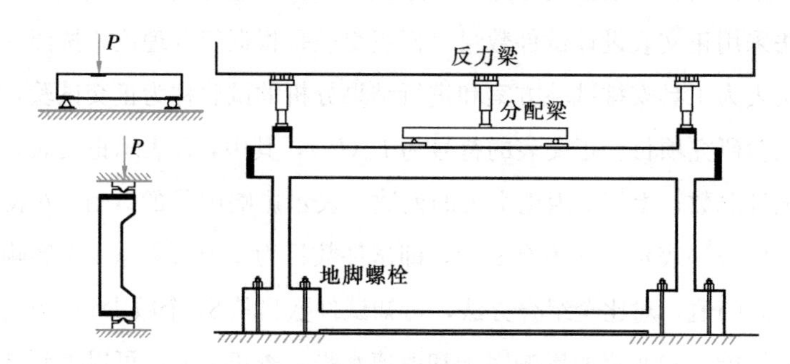

图 3-75　梁、柱、框架和桁架试件局部加强示例

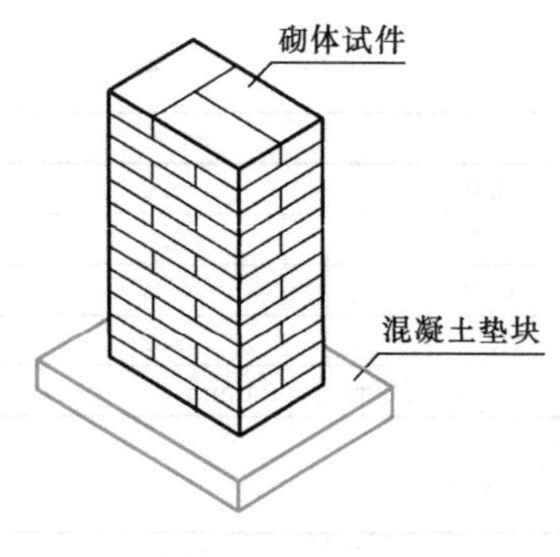

图 3-76　预制钢筋混凝土垫块上的砌体

（2）对于砌体受压试件，上下表面的平整度都不能满足直接承压的要求，一般将砌体砌筑在预制的钢筋混凝土垫块上，上表面采用坐浆的方法安装承受荷载作用的垫块，使作用力均匀传到砌体上（图 3-76）。

（3）钢结构试件由热轧型钢、焊接型钢或其他薄壁杆件组成。一般在杆件的端部应焊接钢板以便传力，在钢结构节点试验中，还应在杆件端部焊接铰链（图 3-77）。

（4）为测量混凝土内部应变、钢筋应变或温度，需要在浇灌混凝土之前预埋应变传感器或温度传感器，这些传感器应有可靠的防护措施，避免浇灌混凝土时被损坏。

由于结构试验的目的不同，试件的构造要求和技术措施可能各不相同。应结合试验加载方案和观测方案，仔细考虑试件的细部构造，确保试验顺利进行。

3.5.3　加载和观测方案

结构静载试验可分为短期荷载试验和长期荷载试验。在短期荷载试验中，又可分为单调

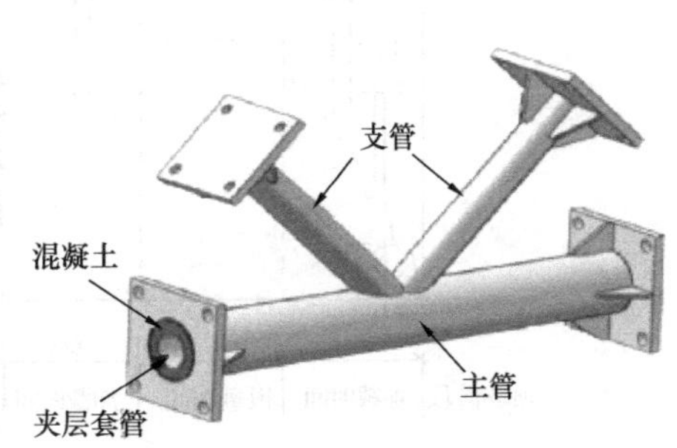

图 3-77 钢结构节点试验

加载静载试验和反复加载静载试验。反复加载静载试验常用来近似模拟地震对结构的反复作用，因此，将其归入结构抗震试验的内容。本节主要讨论单调加载静载试验。

单调加载静载试验主要用于模拟结构承受静荷载作用下，观测和研究结构及构件的强度、刚度、裂缝、稳定性等基本性能和破坏机制。对于超静定结构，还研究复杂受力部位的应力分布规律、结构构件之间的传力机理、塑性内力重分布等方面的结构性能。

1. 静载试验的加载制度

试验加载制度是指试验实施过程中荷载施加程序或步骤，从试验实施的进程来看，加载制度也可以认为是施加的荷载与时间的关系。

加载制度的设计与试验观测的要求有关，同时受到试验采用的加载设备和仪器仪表限制。结构试验过程中需要观测记录各种数据，有些试验数据必须使试件保持在某一个受力状态时才能有效采集。例如，钢筋混凝土结构或构件的试验中，需要观测截面开裂的荷载及开裂部位，裂缝宽度及裂缝的分布等。这些观测信息大多靠人工采集。理论上讲，可以采用连续加载的设备和连续自动采集所有观测数据的测量仪器，或者说，我们可以采用连续动力加载的方法来进行结构静载试验。但这样对试验设备的要求大大提高，增加试验成本，特别是与空间形态有关的信息只能依靠高分辨率的图像采集设备来获取，目前一般不采用这种方式进行静载试验。

图 3-78 给出一个典型的试验加载方案。试验采用分级加载制度，先分级加载到试验大纲规定的试验荷载值，满载状态停留一段时间，观测变形的发展，然后分级卸载。空载状态停留一段时间，再分级加载至破坏。也可以将图 3-78 的前一段加载程序作为预加载试验程序，主要为了考察加载装置、仪器仪表等是否工作正常，这一阶段施加的荷载通常不应使结构受到损伤。第二段加载程序为主要试验程序，即正式试验是从零开始，分级加载直到破坏。

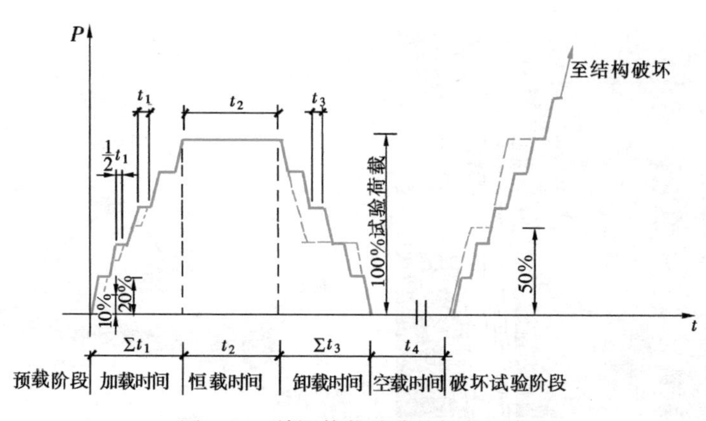

图 3-78 单调静载试验的加载程序

在分级加载制度中，每一级荷载增量的大小和分级的数量，应根据试验目的和试件类型来确定。对于混凝土结构，试验荷载应按下列规定分级加载和卸载：

（1）根据试件的受力特点和要求，计算试件的使用状态短期试验荷载值（以下简称为“短期荷载值”）。在达到短期荷载值以前，每级加载值不宜大于短期荷载值的 20%，超过短期荷载值后，每级荷载值不宜大于短期荷载值的 10%。

（2）为了较准确地捕捉开裂荷载，对于研究性试验，加载到达开裂荷载计算值的 90%后，每级加载值不宜大于短期荷载值的 5%；对于检验性试验，荷载接近抗裂检验荷载时，每级荷载不宜大于该荷载值的 5%；裂缝出现后，仍按第（1）条的要求加载。

（3）对于研究性试验，加载到达承载力试验荷载计算值的 90%以后，每级加载值不宜大于短期荷载值的 5%；对于检验性试验，加载接近承载力检验荷载时，每级荷载不宜大于承载力检验荷载设计值的 5%。

（4）每级卸载值可取为短期荷载值的 20%～30%；每级卸载后在构件上的剩余值宜与加载时的某一荷载值对应，以便在同一荷载值下进行测试数据的比较。

砌体结构的试验荷载分级可参照混凝土结构的试验荷载分级制定加载程序。钢结构相对简单一些，因为在常规的静力荷载试验中，钢结构没有开裂和裂缝观测的内容。

在混凝土结构的分级加载制度中，应按统一的标准来选取每级加载或卸载的荷载持续时间，因为在荷载持续时间内，结构或构件的变形和裂缝可能持续变化。因此，应在测量数据相对稳定后才能施加下一级荷载。具体操作可按下列规定执行：

（1）每级荷载加载或卸载后的持续时间不少于 10min，且宜相等；

（2）如果试验要求得到结构或构件的正常使用极限状态的性能指标，如变形和裂缝宽度，在使用状态短期试验荷载作用下的持续时间不少于 30min；

（3）对于预应力混凝土结构或构件，在开裂试验荷载计算值作用下的持续时间宜适当延长。

(4) 在现场对混凝土结构进行试验时，对新型结构或构件、大跨结构或其他重要结构，在使用状态短期荷载作用下的持续时间不宜少于 12h。

结构构件受荷载作用后的残余变形是揭示结构受力性能的重要指标之一，因此在结构试验中还应观测结构卸载后的残余变形，得到结构变形恢复能力的数据。全部荷载卸除后，应经历一段空载时间，在这段时间内，测量结构变形恢复的数据。空载时间的长度一般为上述使用状态短期试验荷载持续时间的 1.5 倍。

当结构上有多个荷载作用时，加载程序应规定加载顺序。例如图 3-79 所示的 2 层框架结构静载试验，先施加作用在框架梁和柱上的竖向荷载，再按比例施加作用在框架节点的水平荷载。根据试验目的和要求，1 层和 2 层水平荷载之间的比例可按实际结构承受风荷载作用或水平地震作用的情况计算。应当指出，这里所说的比例有两层意思，其一是两个荷载值之间的比例，其二是加载或卸载的过程也应保持这个比例。

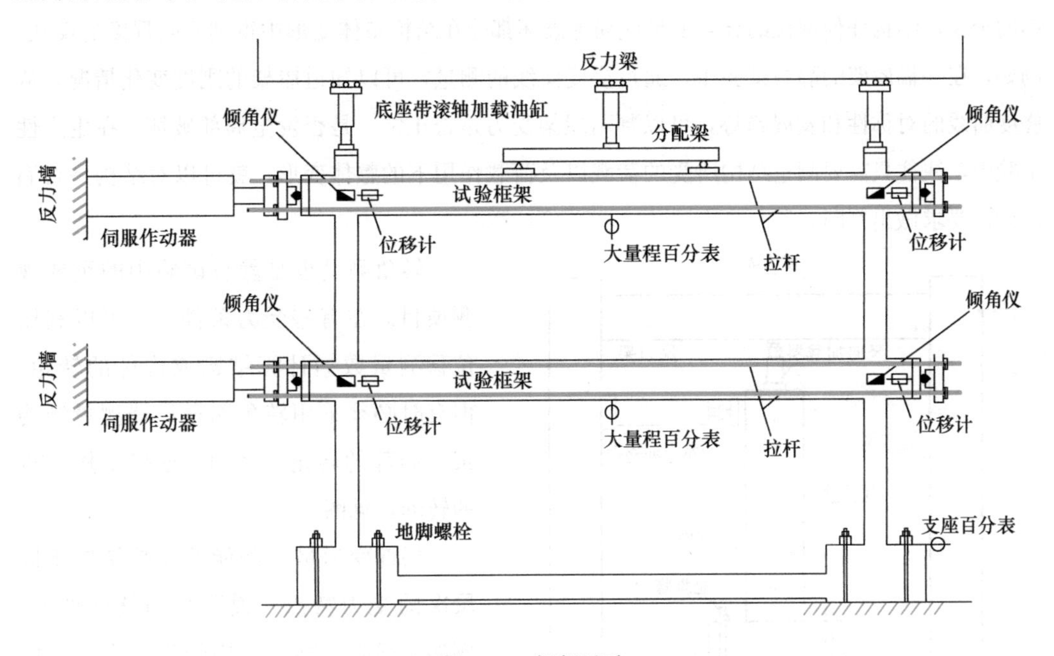

图 3-79 框架试验

在正式进行荷载试验前，为确保试验达到预期的目的，可以先进行预载试验。预载试验的目的首先是使结构进入正常的工作状态，特别是对尚未投入使用的新结构或构件，如木结构在制造时其结合部位可能存在缝隙，经过预载可使缝隙密实。混凝土结构经过预载后，可在一定程度上消除初始的非弹性变形。此外，在预载实施过程中，可以对试验加载设备及装置、测量仪器仪表、试验组织安排等进行全面检查，及时发现存在的问题，使正式试验得以可靠完成。

预载试验所用的荷载一般是分级荷载的 1～2 级。由于混凝土结构构件抗裂试验的结果离散性较大，因此预载值应严格控制不使结构开裂。预载时的加载值不宜超过该试件开裂试验荷载计算值的 70%。

在确定使用状态短期试验荷载值时应考虑结构自重和加载辅助装置重量，将结构自重和加载辅助装置重量在第一级荷载中扣除。此外，还应控制加载辅助装置的重量不超过短期荷载值的 20%。

2. 试验观测方案设计

按照试验的目的和要求，试验观测方案应包括以下内容：

(1) 确定观测项目

在结构静力荷载试验中，测量的项目包括荷载（力）、位移、转角、应变、裂缝分布与裂缝宽度。在考虑温度影响的静载试验中，还应考虑温度的测量。

在确定试验的观测项目时，首先应该考虑整体变形，因为结构的整体变形最能反映其工作的全貌，结构任何部位的异常变形或局部破坏都能在结构整体变形中得到不同程度的反映。例如，在一榀屋架的静载试验中，通过挠度曲线的测量，可以知道屋架的刚度变化情况，从挠度曲线的对称性和发展趋势，可以判断屋架受力是否正常，是否发生局部破坏。在生产性试验中，往往只需要测量结构所受的荷载以及荷载作用下的整体变形，就可以对结构是否满足设计要求做出判断。

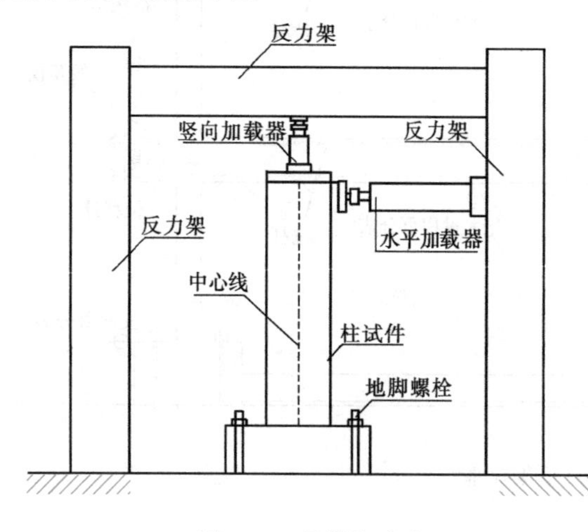

图 3-80 悬臂柱试验

转角测量也是静载试验中的重要观测项目。在有些受力条件下，可以利用位移测量数据计算结构或构件的转角，但有时必须采用转角测量仪器测量结构某一局部的转角。例如，框架结构节点的转动，见图 3-80。

局部变形量观测能够反映结构不同层次的受力特点，说明结构整体性能，例如，钢筋混凝土结构的裂缝直接说明其抗裂性能，通过控制截面上的应变测量说明结构的工作状态，通过钢结构的应变测试可以判断结构失稳破坏是弹性失稳还是非弹性失稳，利用挠曲构件各个部位的曲率分布可以推算结构整体挠曲变形等。

(2) 选择测量范围，布置测点位置

测点的选择必须具有代表性。也就是说，在所选测点得到的数据能够说明结构的受力性能。通常，选择结构受力最大的部位布置局部变形测点。简单构件往往只有一个受力最大的部位，如简支梁的跨中部位和悬臂梁的支座部位。超静定结构、多个杆件组成的静定结构、多跨结构有多个控制截面，如桁架结构的支座部位、上下弦杆、直腹杆和斜腹杆等。

测点的数量和范围应根据具体情况确定。一般而言，在满足试验目的的前提下，测点宜少不宜多，以便突出测试重点。但是另一方面，结构静载试验多为破坏性试验，大型结构试验的试件制作、加载设备的安装、试验的组织等方面可能花费大量的人力物力，当然我们又希望在试验中多布置一些测点，尽可能多的获取试验数据。

为了保证测试数据的可靠性，应布置一定数量的校核性测点，防止偶然因素导致测点数据失效。如条件容许，宜在已知参数的部位布置校核性测点，以便校核测点数据和测试系统的工作状态。

(3) 选择测量仪器仪表

试验中选用的仪器仪表必须能够满足观测所需的精度与量程要求。测量数据的精度可以与结构设计和分析的数据精度大体上保持在同一水准，不必盲目追求高精度的测试手段。因为精密的测量仪器对使用条件和环境一般有更高的要求，增加了测试的复杂程度。测试仪器应有足够的量程，尽量避免因仪器仪表量程不足在试验过程中重新安装调整。

现场或室外试验时，由于仪器所处条件和环境复杂，影响因素较多，电测方法的适应性不如机测方法。但测点较多时，电测方法的处理能力更强。在现场试验或实验室内进行结构试验时，可优先考虑采用先进的测试仪器，现代测试仪器具有自动采集、存贮测试数据的功能，可加快试验进程，减少测试过程中的人为错误。

为了消除试验观测误差，可以选择控制测点或校核测点，采用两种不同的测试方法进行对比测试。

3. 试验前技术准备工作

试验前准备工作包括以下几部分：

(1) 材料力学性能测定

试件材料性能直接影响试件的性能。在结构试验前，应对试件可能承受的最大荷载做出估算，以便正确的选择试验加载设备，设计制作安全可靠的加载装置。这种估算以现有的计算理论和材料性能为基础。对于钢筋混凝土结构和预应力混凝土的静载试验，除最大荷载外，开裂荷载也是十分重要的试验控制指标，而开裂荷载的计算要用到混凝土的抗拉强度。因此，在钢筋混凝土结构静载试验前，应先得到试件混凝土的强度等级、混凝土轴心抗压强度、钢筋的屈服强度和抗拉强度。根据试验要求的不同，还可以进行混凝土轴心抗拉强度的试验和混凝土弹性模量的试验。钢结构的材料性能试验主要是钢材性能试验，其中，最重要的指标是钢材的屈服强度。如果试验有可能进行到较大变形的状态，最好能预先测定钢材的应力-应变曲线，以便准确把握钢结构在弹塑性大变形阶段的力学性能。砌体结构的材料性能试验主要是块体和砂浆的强度性能试验。以实测的块体强度和砂浆强度为基础，按照砌体结构理论的有关公式，计算得到砌体的抗压强度、抗剪强度、弹性模量等指标。

（2）试件安装就位

对于现场试验，在试验之前必须对试验现场进行清理，检查电、水、交通等试验必备条件，架设临时试验设施，检查现场试验时的临时支墩，设置安全警示标志。现场清理后，对结构试验区域进行测量画线，标明加载区域或位置，进行测点布置。

按照试验大纲的规定和试件设计要求，在各项准备工作就绪后即可将试件安装就位。保证试件在试验全过程都能按预定的受力条件工作，避免因安装错误而产生附加应力或出现安全事故。

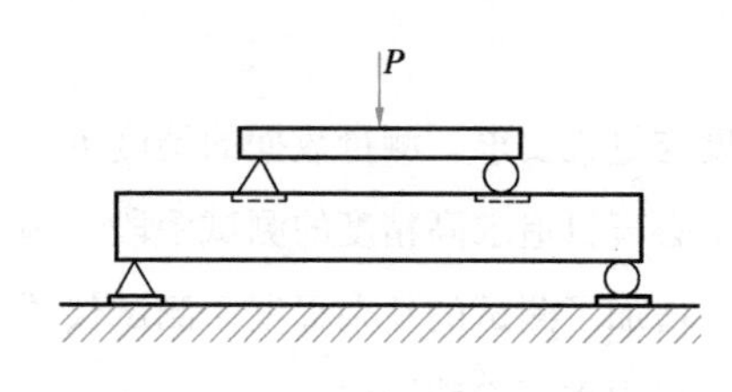

图 3-81　简支梁的静载试验的加载方式

简支结构的两个支点应在同一水平面上，高差宜控制在不大于试件跨度的 1/100 的范围内。试件、支座、支墩或台座之间应紧密接触，尽量避免出现缝隙而导致试件受力不均匀。悬臂柱试件的底梁应与实验室地面紧密结合，并保证悬臂柱在两个方向均处于垂直状态（图 3-81），避免轴向荷载因初始缺陷产生附加弯矩。有时为保证各部位结合良好，常采用水泥砂浆坐浆或铺垫湿砂的方法处理接合面。

（3）安装加载设备和测试仪表

加载设备安装一般分为两种情况。施加垂直荷载的加载设备和装置包括加载设备、测力传感器和荷载分配系统；而施加水平荷载时，还应考虑加载设备与试件之间的连接装置，加载设备及传感元件的支撑装置。

大型结构试验时，应架设相互独立的仪表架和观测架。测量仪表安装在仪表架上，测量人员对仪表读数或对试件进行观察时使用观测架。

加载设备及传感器必须有独立的安装连接装置。当试件发生破坏时，加载体系自身应能够维持平衡状态，避免发生安全事故，造成人员和设备损失。

对平面结构进行静载试验时，必须设置平面外的支撑体系，防止试件发生平面外破坏。

按试验观测方案确定测试仪表和测试元件的安装位置。可在试件上画线，标明各测点位置及编号。混凝土试件一般还应刷白，以便试验时观察裂缝。测试元件安装后应及时将仪表编号、测点编号、测点位置以及对应测量仪器上的测量通道编号一并记入记录表或计算机数据文件并做好备份。

测量仪表和传感器也应有安全保护措施，避免试验中损坏。

3.6 结构静载试验示例

结构静载试验的对象多种多样，按结构基本单元可以划分为梁、板、柱、墙、节点等。按结构体系可以分为框架、桁架、网架、壳结构、墙体结构和高层结构等。按试件尺寸的比例可以分为足尺比例、小比例和模型结构。通常认为，试件的截面特性或关键部位的局部特性与实际结构相同或相近时，属足尺比例或小比例尺寸的结构试验，本节的示例主要是这一类结构的静载试验。结构模型试验的方法将在第6章叙述。

3.6.1 钢筋混凝土简支梁板静载试验

鉴定性试验中，为检验受弯构件性能，常进行混凝土预制构件的静载试验，例如预应力混凝土空心板的静载试验。研究性试验中，钢筋混凝土、预应力混凝土以及钢-混凝土组合梁板常是试验研究的对象。

简支的梁或单向板，试验时一端采用固定铰支座，另一端采用滚动铰支座。安装时两个铰支座的轴线应平行且与试件的纵轴线垂直。两个铰支座轴线之间的距离为试件的计算跨度。多跨连续梁试件在一端采用固定铰支座，其余支座均为滚动支座。

鉴定性试验中，单向板的试验多采用均匀分布的重物堆放在板面模拟均布荷载。当板的挠度较大时，应注意避免重物之间相互挤压形成拱作用，导致荷载分布不均匀。

简支梁的静载试验最常见的加载方式为两点加载。如图3-81所示，为便于控制试验荷载，多采用一简支分配梁，将加载油缸或千斤顶的力通过分配梁传至两个荷载作用点，两个荷载作用点之间的弯矩保持不变，为纯弯区段；荷载作用点与支座之间的剪力保持不变，为剪弯区段。图3-82给出简支梁上不同集中荷载数目的弯矩图和剪力图。根据结构力学知识可以知道，随着集中荷载数目增加，最大弯矩截面的弯矩与剪力的比值发生变化。在研究钢筋混凝土梁的抗剪性能时，为了通过试验来分析影响梁的抗剪性能的各种因素，常改变荷载作用方式。混凝土结构或构件的静载试验一般为破坏性试验，对于一个试件，由于混凝土开裂、非弹性变形等特征，静载试验的进程通常是不可逆的。因此，不宜在试验过程中改变荷载作用方式。

钢筋混凝土简支梁静载试验的目的是了解梁的承载能力和变形性能，要求通过试验得到梁的荷载-挠度曲线。同时，为了研究钢筋混凝土受弯构件的截面性能，还要求通过试验得到构件的弯矩-曲率关系。如图3-83（*b*）所示，布置5个位移传感器或百分表。其中，安装在支座的位移传感器用于测量支座的垂直位移，其位移测量值记为f_1和f_5，梁跨中点位移传感器的测量值记为f_3，则梁的中点挠度实测值为$f_c=f_3-(f_1+f_5)/2$。

按图3-81的加载方案，梁跨中间部分为纯弯区段，如果忽略混凝土受拉区开裂导致的不均匀，纯弯区段的曲率应保持不变，在荷载作用下，这段梁体弯曲成一段圆弧。安装在梁

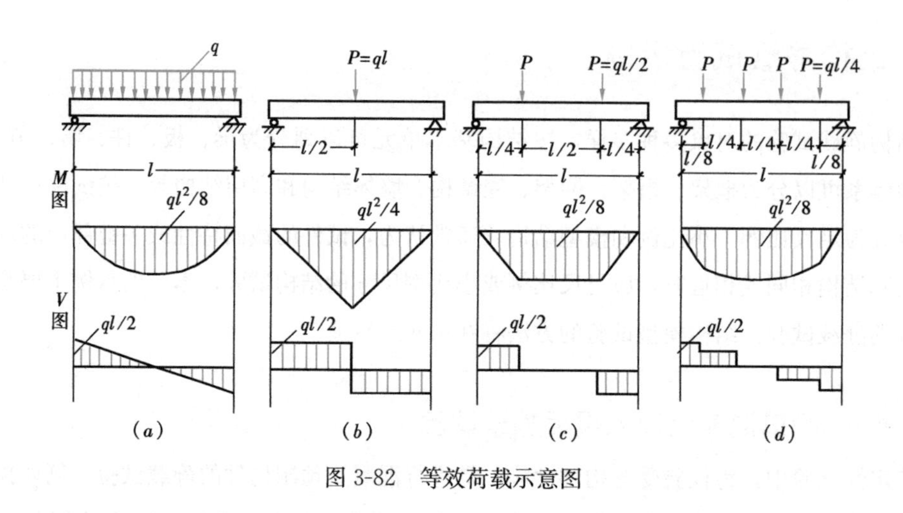

图 3-82　等效荷载示意图

跨的三个位移传感器测量值可以用来确定圆弧的半径，也就是梁弯曲后的曲率半径。

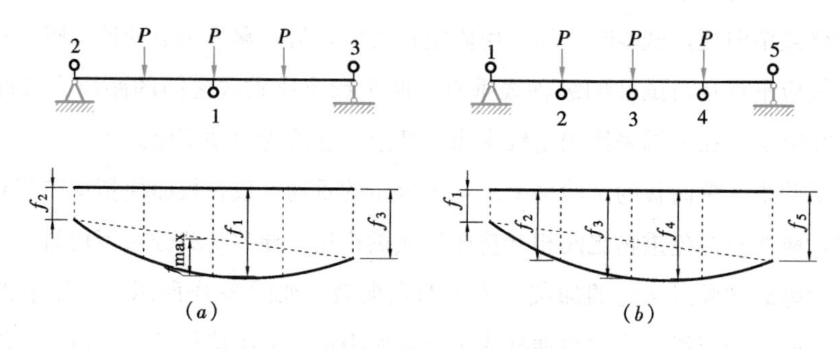

图 3-83　钢筋混凝土简支梁静载试验

梁板试件的应变分布规律也是静载试验的一个重要测量项目。该项目主要观测受压区混凝土最大压应变、纵向受拉钢筋应变、抗剪试验中箍筋和弯起钢筋的应变、沿截面高度的应变变化（图 3-84）、T 形截面梁沿翼缘宽度的应变变化、混凝土受拉开裂时的应变等。混凝土表面的应变可以采用电阻应变片进行测量，也可以采用表面安装式的应变式传感器，如光纤式应变传感器、振动弦式应变传感器、弓形应变计等。表面安装式应变传感器的测量数据准确，使用方便，但其量程一般都有所限制（如 3000$\mu\varepsilon$ 左右），常用于非破坏性的静载试验和现场结构试验。在实验室内进行的钢筋混凝土梁板试验，多采用粘贴电阻应变片的方法测量混凝土的应变。对于钢筋的应变，通常采用预埋方式，在绑扎钢筋骨架前将电阻应变片粘贴在钢筋表面并做好防护处理，引出导线。也可在浇灌混凝土时在钢筋应变测点处预留孔洞，粘贴应变片或焊接脚标（图 3-85）。更为细致的做法是将钢筋切开并开槽，粘贴应变片后，再将两半钢筋黏合在一起（图 3-86）。这样处理的主要优点是粘贴的电阻应变片不改变钢筋与混凝土的黏结状态。

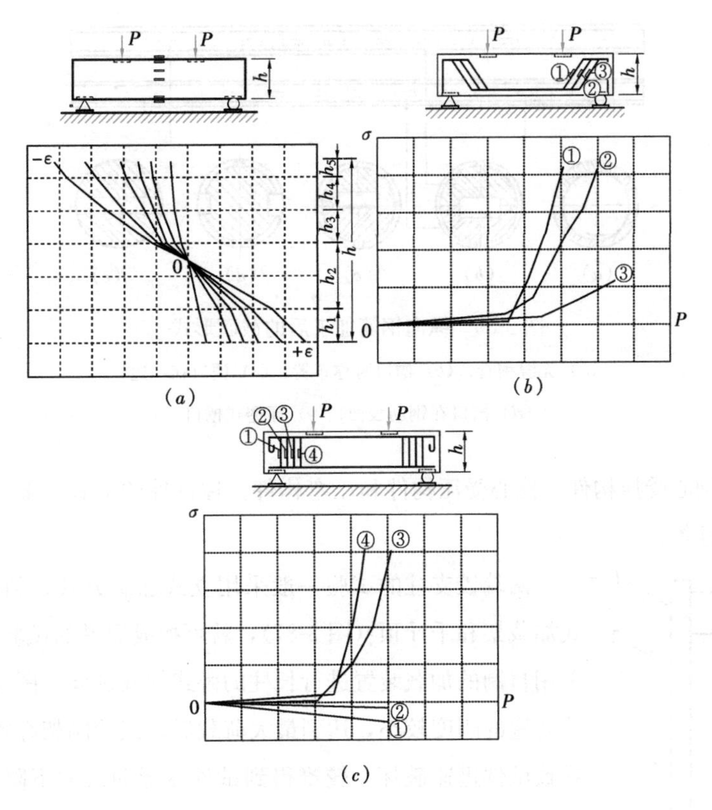

图 3-84 测量应变的仪表在混凝土梁上的布置

(a) 混凝土表面应变测点布置和量测；(b) 弯起钢筋应变测点布置和量测；(c) 箍筋应变测点布置和量测

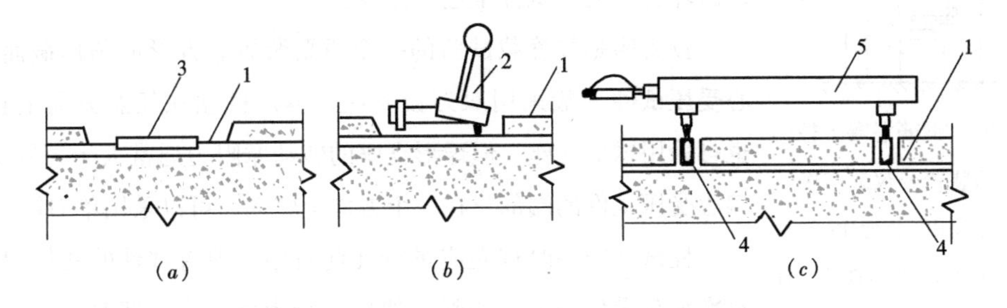

图 3-85 测量钢筋混凝土构件内钢筋应变的方法

(a) 开槽粘贴电阻应变计；(b) 开槽安双杠杆式应变仪；(c) 在钢筋上焊脚标以使用手持应变仪

1—钢筋；2—双杠杆式应变计；3—电阻应变计；4—手持式应变仪脚标；5—手持式应变仪

3.6.2 钢筋混凝土偏心受压柱静载试验

柱是建筑结构中的竖向承重构件。较为常见的是框架结构和排架结构中的柱。按受力性

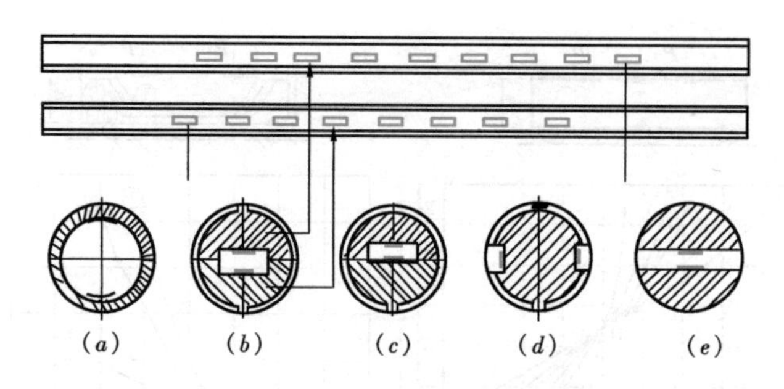

图 3-86　纵向钢筋加工后的截面形式

(*a*) 无缝钢管；(*b*) 槽口对称布置；(*c*) 槽口在一边；

(*d*) 槽口在钢筋表面；(*e*) 穿透式槽口

能，柱可分为轴心受压构件、偏心受压构件和压弯构件。柱试件的形式一般为两端铰支柱、悬臂柱和框架柱等。

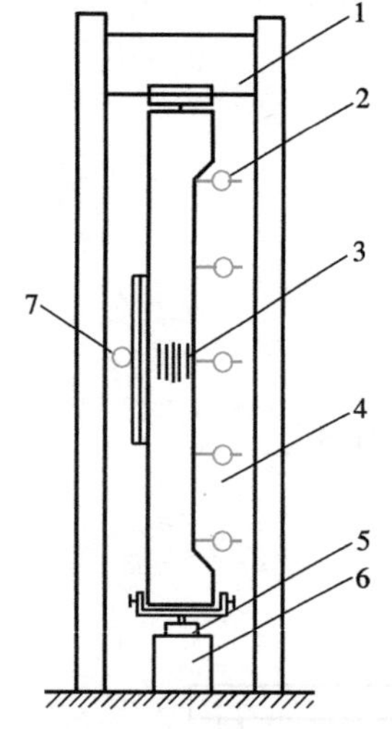

图 3-87　钢筋混凝土柱的试验装置及仪表布置

1—支承架；2—挠度计；3—电阻应变计；4—柱试件；5—测力计；6—加载油缸；7—曲率仪

两端铰支柱的试验一般采用立式加载方式。利用实验室的门式加载架和千斤顶（图 3-87），就可构成简易的试验装置。也可以采用自制的加载装置进行长柱的卧式加载试验（图 3-88）。简易试验装置的刚度较小，达到最大荷载后，试验刚架存贮的能量释放，导致试件迅速破坏，较难得到试件变形曲线的下降段。长柱试验机的刚度较大，可以完成高度达到 8～10m 的柱的静载试验。采用刚性试验机架和电液伺服加载油缸构成的刚性试验机系统，可以控制试件达到最大荷载时试验系统释放的能量，从而得到具有脆性破坏特征的柱试件全过程曲线。

铰支座是柱静载试验的一个重要装置。方形或圆形截面的轴心受压试件一般采用双刀铰支座，容许柱端在任意方向上转动。也可采用球形支座，但球形支座的转动摩阻力通常大于刀铰支座。偏心受压试件的端部只在一个方向上转动，可以采用单刀铰支座。

柱试件安装时首先应进行几何对中，即将试件的几何中轴线对准加载设备的力作用线。然后进行力学对中，即对试件施加一较小的荷载（一般不超过计算破坏荷载的 20%），测量试件侧表面上的应变，根据实测应变的大小，判断试件受力是否均匀对称，据此对试件或刀铰支座进行必要调整。对于钢筋混凝土试件，由于材料力学性能在截面上分布不均匀，试件又比较笨重，精确的力学对中往往是一件较困难的任务。实际试验中一般只是保证试件安装的几何对中。

钢筋混凝土柱静载试验的观测项目有各级荷载下试件的侧向位移、混凝土应变和钢筋应变、裂缝的发生与发展、试件的破坏形态等内容。如前所述，最重要的试验成果是试件的破坏荷载、破坏特征和变形曲线。

从结构试验的基本原理可以知道，在静载试验中，结构内力是通过间接测量方法得到的。在简支梁的试验中，测量了荷载的大小，通过平衡条件得到梁的弯矩和剪力。而在图3-88的加载方案中，钢筋混凝土两端铰支柱中间截面的弯矩值与荷载大小、柱端的荷载偏心距以及柱的侧向位移有关。在试验中，必须测量柱的侧向挠度才能得到最大弯矩。一般沿柱高度方向布置5个水平位移测点。由5个测点的侧向位移数据，可以近似得到柱的侧向挠曲形状。在钢筋混凝土偏心受压柱承载能力计算中，偏心距增大系数的推导，就利用了柱的侧向挠曲形状测试结果：试验表明，柱的侧向挠曲形状与正弦曲线十分吻合。

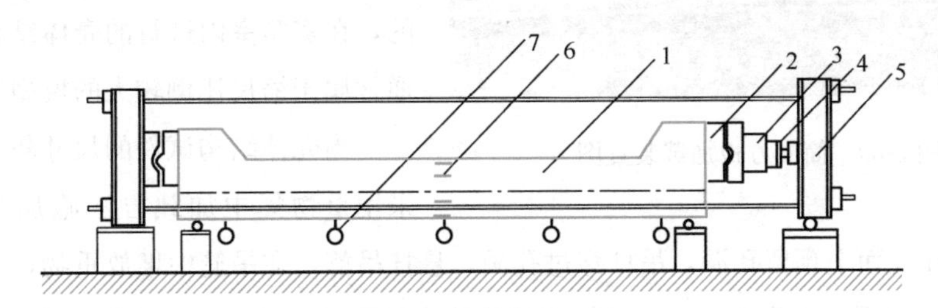

图3-88 偏心受压柱的卧位试验

1—试件；2—铰支座；3—千斤顶；4—荷载传感器；5—荷载支承架；6—电阻应变计；7—挠度计

达到最大荷载后，钢筋混凝土柱的轴向荷载-侧向位移曲线进入下降段，这时试件已处在不稳定破坏状态，一般只能采用连续加载方法，人工读数很难胜任。因此，如果试验大纲要求得到较为完整的变形曲线，试验采用的仪器仪表应具有自动连续采集并记录的功能。

钢筋混凝土偏心受压构件的正截面破坏与受弯构件的正截面破坏有相似之处，应变测试可以参照钢筋混凝土梁的应变测试要求。柱试验的特点是试件较高，荷载大，对中就位困难，进入下降段后的变形较难控制和测量，立式加载的试件破坏时可能倒塌。这些特点均应予以足够的重视。悬臂柱和框架柱的试件形式多用于结构抗震试验，相关的加载装置和试验方法在第4章中叙述。钢柱的静载试验与钢筋混凝土柱相似，但钢柱破坏大多表现为失稳破坏，对应变的测试有更高的要求。

3.6.3 钢筋混凝土板壳结构静载试验

建筑结构中的钢筋混凝土双向板以承受均布荷载为主。现场试验时，大多采用重物或水加载模拟均布荷载。在实验室内进行研究性试验时，采用气囊或多点集中荷载模拟均布荷载。气囊加载需要专门设备，一般常用多点集中荷载方案。

图3-89为一简支方板的加载装置图。采用4层分配梁，将一个加载油缸的荷载传递到

图 3-89 简支方板加载装置图

16 个作用点。计算分析表明，16 个集中荷载在简支方板中产生的弯矩与均布荷载产生的弯矩比较接近。

壳体结构类型很多，如筒壳、圆壳、马鞍形壳、双曲抛物面曲等。壳体结构在壳面内的弯矩较小，轴向力在壳体结构传力机理上发挥了重要的作用。壳体多用于屋盖结构，一般承受自重和不上人屋面的检修荷载。如果以结构检验或鉴定为目的，在实验室内进行的壳体结构静载试验通常属于缩尺比例较大的模型试验。

当壳体结构试件的尺寸较大时，可以采用重物集中加载方法施加荷载。如图 3-90 所示，在壳面上预留孔洞，吊杆穿过孔洞，悬挂吊篮，在吊篮中堆放重物，通过吊杆传递到分配梁，实现多点集中荷载。当静载试验的荷载值较大时，类似于双向板的试验，也可以采用液压加载油缸，通过分配梁系统，将加载油缸的推力传到各个荷载作用点（图 3-91）。但壳体结构表面倾斜，应注意分配梁系的稳定性。

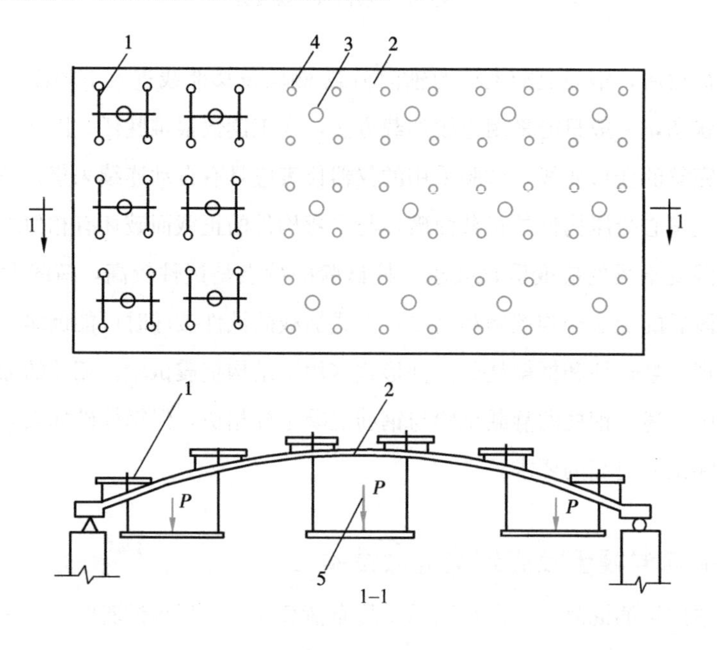

图 3-90 壳体结构的均布加载方法

1—分配梁；2—试验扁壳；3—预留孔；4—荷载作用点；5—千斤顶加载点

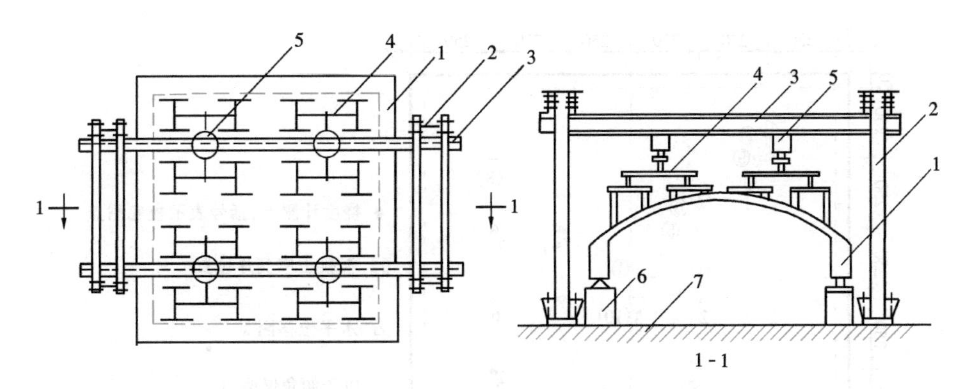

图 3-91 用液压加载器进行壳体结构加载试验

1—试件；2—荷载支承架立柱；3—横梁；4—分配梁系统；5—液压加载器；6—支座；7—试验台座

壳体结构试件大多采用简支方式，壳面内的推力由试件本身予以平衡，例如，筒壳的横隔板、圆壳的环梁等。双向板的边界支承条件有简支、嵌固和自由三种形式，最常见的是简支边界。考虑结构受力的对称性，周边支承的板壳结构一般采用滚动铰支座。对于建筑结构中的楼板，忽略板边的转动约束作用时，可以按周边简支的双向板计算，但板角不能产生向上的位移。试验时可用螺栓拉杆将板角锚固（图 3-92），并在拉杆上粘贴电阻应变片，由拉杆的应变推算板角的集中反力。

图 3-92 板角锚固螺栓

板壳结构的静载试验中，挠度是必须测量的项目。对于平面为矩形的板壳结构，如果试验对象为一个对称结构，可以选择板壳结构的 1/4 区域布置主要挠度测点，在板壳的其他区域布置校核测点（图 3-93）。由于板壳结构的内力对其边缘构件的水平位移十分敏感，在板壳结构边缘布置水平位移测点，主要目的是通过边缘构件的水平位移来说明板壳内力的变化。图 3-94 给出简支方板的板边水平位移测试结果。从图中可以看出，在受力的初始阶段，

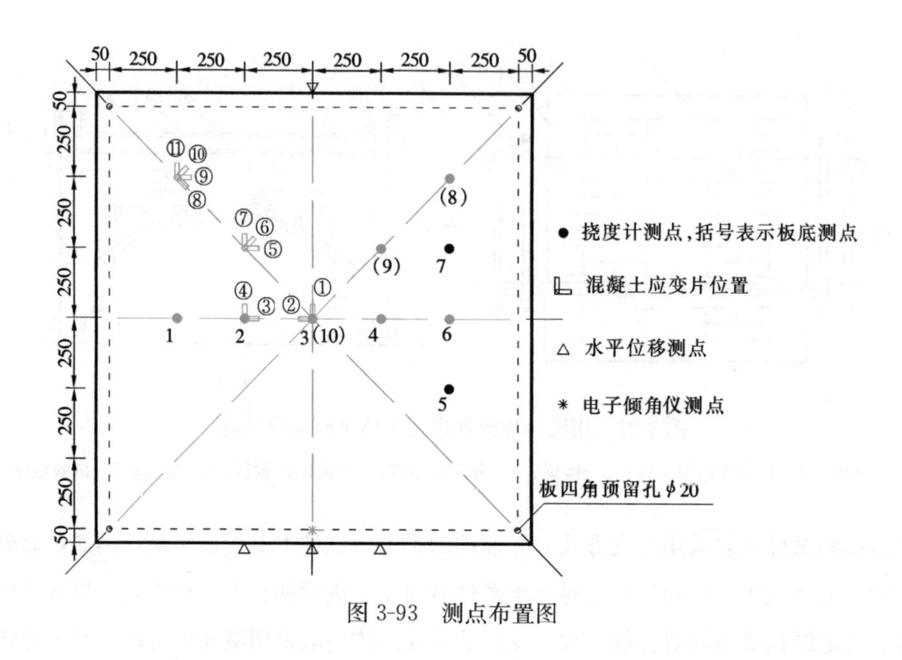

图 3-93　测点布置图

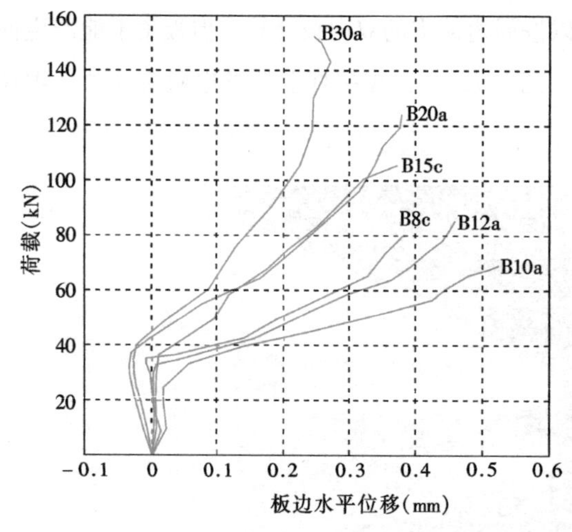

图 3-94　荷载-板边水平位移曲线

板边水平位移很小，在板底出现裂缝后，板边向外发生水平位移。受拉钢筋屈服后，板的挠度加大，板边开始向内位移。这一测试结果说明，如果板边水平位移受到约束，双向板在受力初期，将产生中面压力，而随着挠度加大，中面压力又将转化为中面拉力。

板壳结构为超静定结构，不能通过实测的荷载和支座反力来计算板壳的内力。因此，混凝土和钢筋的应变测试对试验现象的分析就有较为重要的作用。由于板壳结构具有双向受力的特点，粘贴在试件表面的电阻应变片应按应变花排列，即每个应变测点布置 3 个电阻应变片，其中两个应变片分别沿板壳的长边和短边方向，第 3 个应变片沿 45°方向。在试件的跨中截面和支座截面，已知应变主方向，可以不在 45°方向上粘贴应变片。对于壳体结构，如果试图利用应变测试结果得到弹性阶段壳体结构的弯曲和中面内力，一般还应在试件同一测点的两个表面粘贴相同的应变片，通过数据分析，得到壳结构的弯曲应变和中面应变。

3.6.4　桁架结构静载试验

桁架是建筑结构中常见的结构形式之一，主要承受节点荷载。其特点是只能在其自身平面内承受荷载，平面外的刚度很小。在工程结构中，通过支撑体系将桁架相互连接形成空间结构。

桁架试验一般采用正位加载方案。在对单榀桁架进行试验时，应设置可靠的侧向支撑，防止桁架结构平面外失稳，但同时又不能限制桁架在平面内的变形。在施工现场进行桁架的非破坏性试验时，可采用两榀桁架同时做正位试验的方法，在两榀桁架之间设置支撑，使之成为稳定体系，然后用堆放屋面板等重物的方法加载。

桁架试验时的支座与梁试验的支座基本相同，但桁架端节点支承轴线的位置对桁架节点局部应力分布影响较大，安装时应保证支座反力中心线对准桁架端节点各杆件轴线的交汇点。此外，桁架的跨度大，受力变形后端节点滚动支座的水平位移量较大，因此支承台座应当留有充分余地。图 3-95 给出滚动支座的一种常用构造方式。

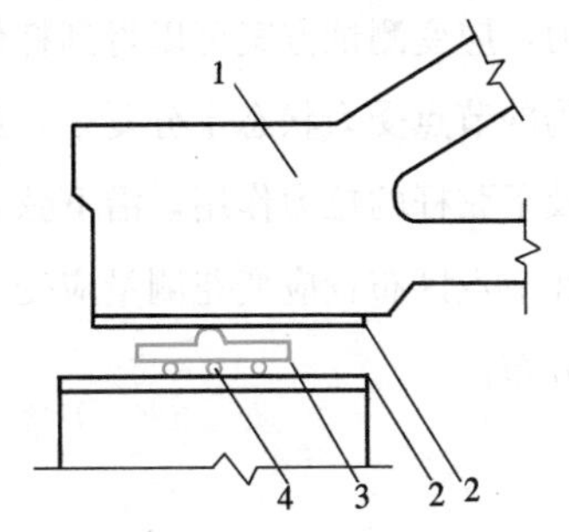

图 3-95　桁架滚动支座构造形式

1—桁架端部节点；2—上下钢垫板；3—半圆形支承板；4—圆钢

桁架静载试验可采用重物加载或多个液压油缸同步加载。

以预应力混凝土桁架为例，说明桁架静载试验的观测项目：

（1）桁架的承载能力；

（2）桁架上下弦的竖向挠度；

（3）桁架上弦的开裂荷载，桁架下弦和其他杆件的开裂荷载与裂缝分布；

（4）主要构件控制截面应力（应变）；

（5）端节点和其他关键节点的应变分布；

（6）预应力钢筋的应力变化，非节点荷载产生的次应力等。

桁架静载试验的挠度测试与常规的挠度测试方法基本相同，图 3-96 给出一个屋架试验的位移测点布置方案。一般宜搭设独立的仪表支架，以便将位移计（百分表）安装在合适的位置上。

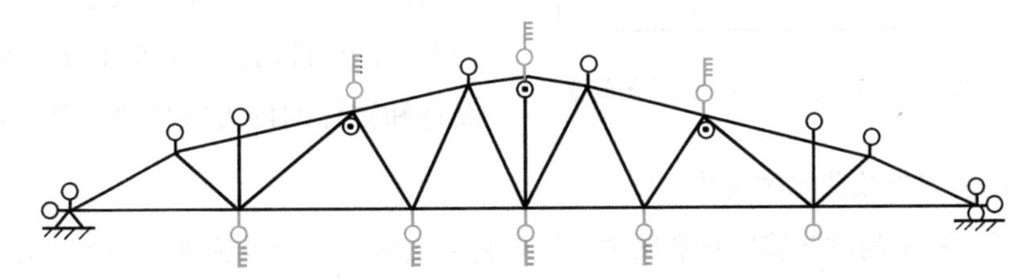

○ —测量屋架上下弦节点挠度及端节点水平位移的百分表或挠度计；

⊙ —测量屋架上弦杆出平面水平位移的百分表或挠度计；

E —钢尺或米厘纸尺，当挠度或变位较大以及拆除挠度计后用以量测挠度。

图 3-96　屋架试验挠度测点布置图

桁架的应变测试主要分为两部分，一部分是复杂应力状态的节点应变测试，另一部分是构件的应变测试。在设计计算中，屋架结构的内力按各杆件均为铰接计算，而上弦杆还要按连续梁计算其次内力。因此，如图 3-97 所示的应变测点布置，上弦杆和腹杆的应变测点多于下弦杆件，这是考虑整体浇灌的混凝土节点发生转动时，在上弦杆和腹杆中产生的次应力，应变测试方案可以得到杆件的轴向应变和弯曲应变，而下弦杆以轴向应变为主。桁架结构的节点受力状态十分复杂，如预应力混凝土屋架的端节点，它受到上弦杆和支座的压力以及下弦杆的拉力作用，沿下弦杆还有预应力的作用，图 3-98 为桁架端节点的应变测点布置，在节点区布置应变花测量应变主方向及大小，在杆件拐角处连续粘贴应变片，测量局部应变分布。

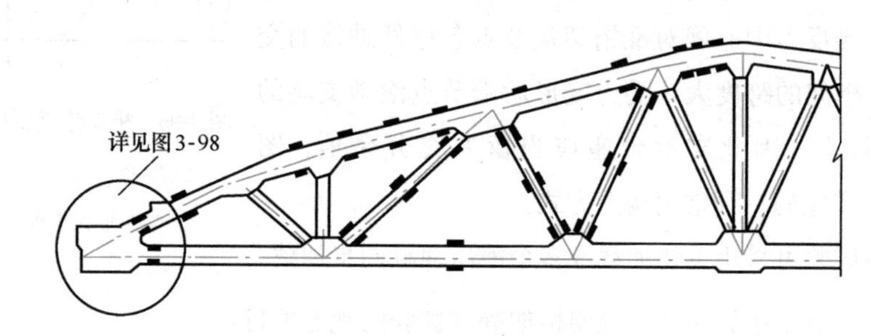

图 3-97　屋架试验应变测点布置图

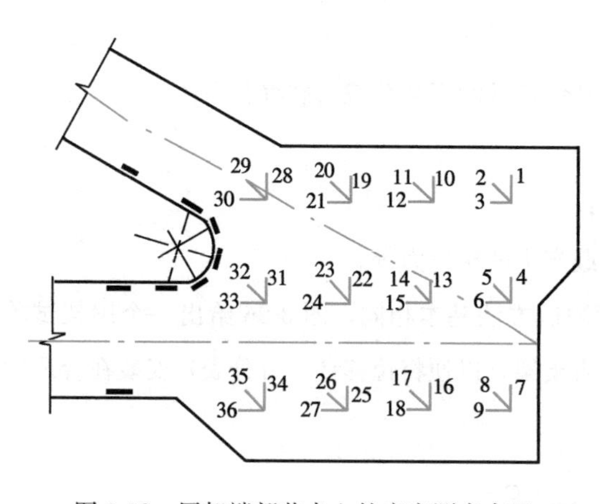

图 3-98　屋架端部节点上的应变测点布置

对桁架结构的中间节点进行试验时，试验装置相对要复杂一些。如图 3-9 所示钢管桁架上弦的焊接 K 节点，上弦杆的两端承受轴向压力，与上弦杆焊接的两根腹杆中，一根受压，一根受拉。试验的目的是分析节点局部应力状态，检验焊接节点是否具有足够的承载能力，并要求尽可能真实地模拟节点的受力状态。考虑弹性受力状态的杆件内力，如果不计自重的影响，弦杆和腹杆的内力按比例增加，静载试验时，各杆件的内力也按此比例变化。

在如图 3-9 所示的试验装置示意图中，试验荷载由两个千斤顶施加，一个千斤顶施加上弦杆的轴向压力，另一个千斤顶施加腹杆的轴向压力。而与节点相连的另外两根杆件采用固定铰支座与试验刚架相连。加载装置的难点是确保各杆件内不产生弯曲应力，但斜向作用的千斤顶施加的推力使节点向上产生位移，如果水平作用的千斤顶不能随之移动，节点区上弦杆件内可能产生弯曲应力。为了使施加上弦杆轴向荷载的千斤顶能够在垂直于上弦杆轴线方向上自由的移动，将实际试验装置旋转90°，节点试件的上弦杆与地面垂直（见图3-9），这样，就可在千斤顶的底座上安装滚轴，保证水平方向的自由移动。

制定加载方案时，首先根据桁架线性分析的结果，确定两个千斤顶之间的加载比例，然后确定荷载分级。由于大吨位千斤顶不能自动控制，在每级荷载下，通过两台油泵分别施加竖向千斤顶和斜向千斤顶的荷载。

3.6.5 砌体结构静载试验

砌体结构试验主要分为两类，一类为柱和墙体的受压试验，另一类为墙体的受剪试验。砌体短柱的受压试验可以在压力试验机上完成，类似于钢筋混凝土短柱的受压试验。但砌体长柱不便于吊装，通常在实验室砌筑试件，利用加载刚架，将加载油缸安装在刚架横梁上进行砌体长柱静载试验。完成一个试件的试验后，移动加载刚架至下一个试件的位置再进行试验。

砌体墙片试验的目的是检验或研究墙体的抗剪强度。墙片试件的上部和下部均应设置钢筋混凝土梁。墙片承受的竖向压力和水平推力均通过墙片上部的压顶梁传递。制作墙片试件时，应确保钢筋混凝土梁与试验墙片之间结合可靠。竖向压力较小或墙片试件的高宽比较大时，避免钢筋混凝土梁与墙片的结合面上发生剪切破坏。

砌体试件的制作质量宜以《砌体结构工程施工质量验收规范》GB 50203—2011的技术要求为基本条件，如砌体的组砌方式，错缝搭接，水平灰缝和竖向灰缝的饱满度等。过于饱满的灰缝与实际砌体工程不符，使得实验室的试验结果偏高。试验结束后，可对灰缝饱满度进行检查，并将检查结果写入试验报告。在制作砌体试件时，应同时制作砌体抗压强度和抗剪强度试件，并留置块体和砂浆试件，在进行砌体试验前完成材料性能试验。

砌体试件的测试项目主要为砌体的水平位移和应变。砌体柱试件的水平位移测试方法可参照钢筋混凝土柱静载试验的位移测试方法。砌体试件的应变一般通过测量位移来间接得到。

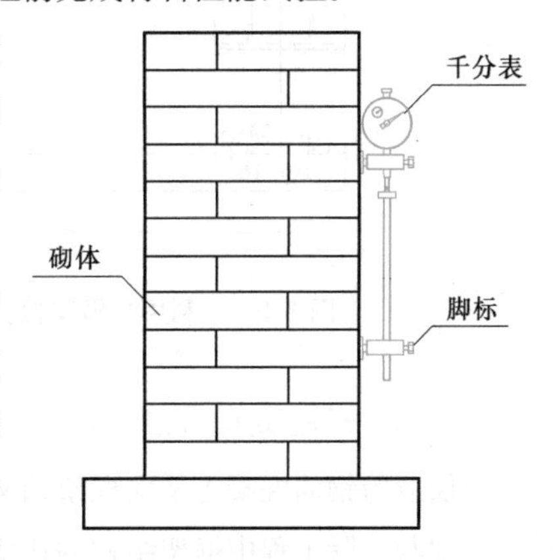

图3-99　砌体平均应变的测量

由砌体本身的特点所决定，受压砌体的应变分布沿砌体高度是不均匀的。试验中，只能在一定高度范围内测量砌体的平均应变。如图3-99所示，采用位移传感器或千分表测量两个脚标之间的相对位移，然后根据测量的相对位移计算砌体的应变。如果两个脚标之间的距离为250mm，位移传感器（千分表）的测量精度为0.001mm，则应变的测量精度为0.001mm/250mm＝0.000004＝$4\mu\varepsilon$。

3.6.6 钢框架荷载试验

钢结构框架的试验包括框架子结构试验、节点试验和连接试验等。装配式建筑体系具有设计制造周期短、设计生产一体化、工人劳动强度低、生产效率高、节能环保、综合经济效益好等优点，日渐成为重要的住宅建筑形式之一。

常规的利用悬臂梁段拼接耗能的钢框架子结构试验如图 3-100 所示，采用 1.5 层单跨钢框架子结构，拼接部位采用高强度螺栓方法，按三种方式设计：(1) 按与框架梁等强度进行拼接设计；(2) 按实际受力进行拼接设计；(3) 对拼接处按实际受力折减后进行设计。试件装置也采用传统的反力墙和压顶加载梁来完成（图 3-101）。

如图 3-102 和图 3-103 所示为三种设计方式对应的试件最终的整体变形和拼接部位局部变形照片，充分反映出了三种设计方式下拼接部位和整体框架的性能差异。

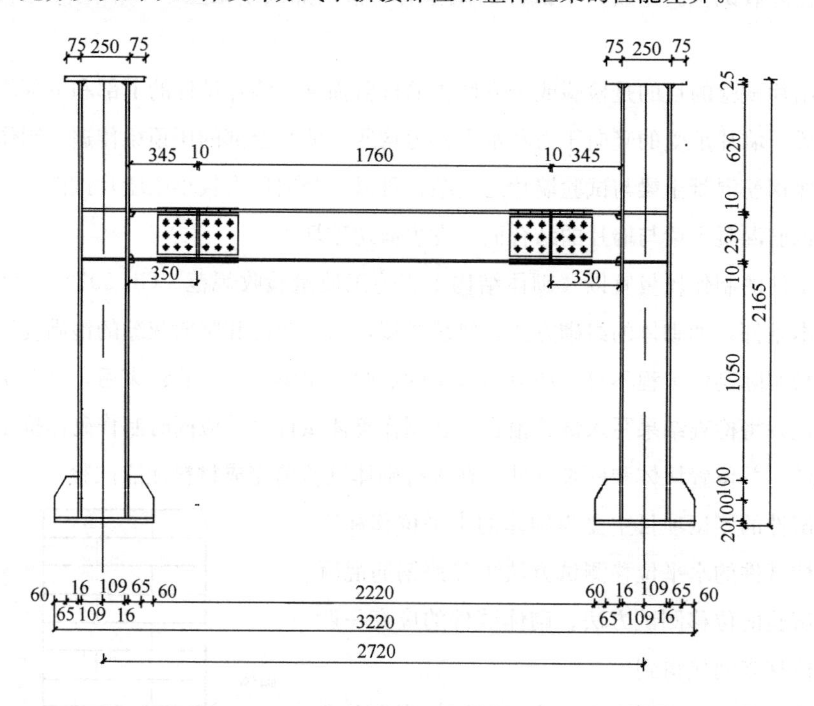

图 3-100　利用悬臂梁段拼接耗能的钢框架子结构试件（单位：mm）

3.6.7 利用支座反力传感器测量钢筋混凝土框架结构内力分布

单层双跨钢筋混凝土平面框架结构如图 3-104 所示。综合加载设备能力等方面的因素，试件尺寸与实际工程中框架结构的比例约为 1∶2。试验研究的主要目的是认识钢筋混凝土框架结构的变形和内力分布随水平荷载变化的规律。采用图 3-105 所示的加载方案，首先施加竖向荷载并保持不变，然后施加水平荷载直到结构破坏。

常规试验中，通过安装的传感器、应变片等可直接获取的测试数据包括施加的荷载、各

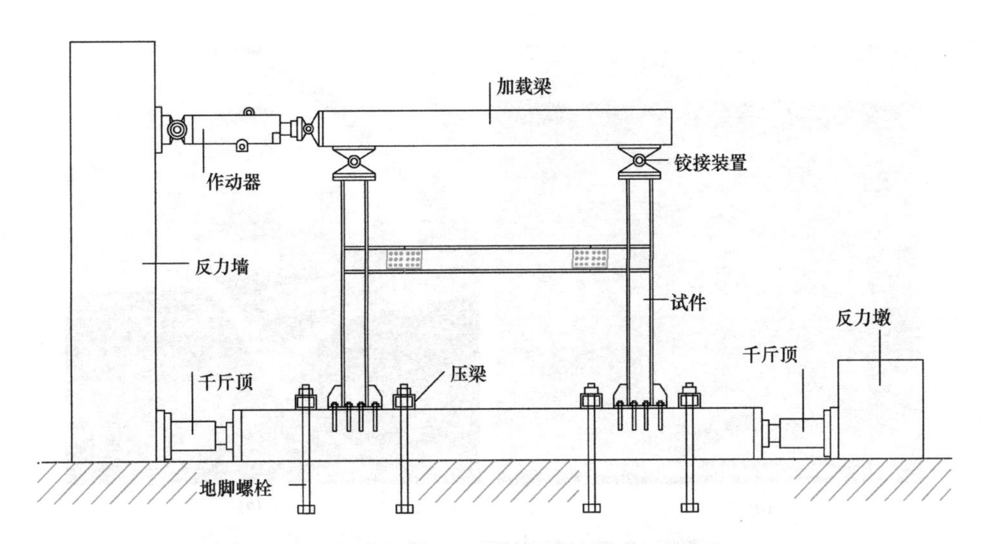

图 3-101　利用悬臂梁段拼接耗能的钢框架子结构试验装置图

图 3-102　试件最终的整体变形照片

(a) 方式一；(b) 方式二；(c) 方式三

图 3-103　试件拼接部位局部变形照片

(*a*) 方式一；(*b*) 方式二；(*c*) 方式三

个位置的位移、转角和应变，还可以观察到裂缝发展以及裂缝宽度。但试验对象为超静定结构，考虑轴向变形的超静定次数为 6。随着水平荷载的增加，混凝土受力偏离弹性并出现裂缝，结构发生内力重分布。也就是说，混凝土开裂后，框架结构的梁、柱的刚度发生变化，内力分布规律随之变化。而试验的主要目的就是认识并掌握框架结构的内力变化规律，因此内力的测量就成为试验的关键。

按照结构力学知识，我们可以用力法求解超静定框架结构，取柱的支座反力作为赘余力。试验中如果可以测量柱的支座反力，就可以得到框架任意位置的内力。为此，设计支座反力传感器，如图 3-106 所示。

传感器共有 6 个测力杆，每个测力杆粘贴 4 个电阻应变片传感元件。2 个水平测力杆用于测量支座水平剪力，4 个垂直测力杆测量轴向力和弯矩。2 根短柱用于提供水平刚度，另外 2 根短柱用于限制侧向位移。框架柱底部预埋钢板，与支座反力传感器的荷载板连接，传

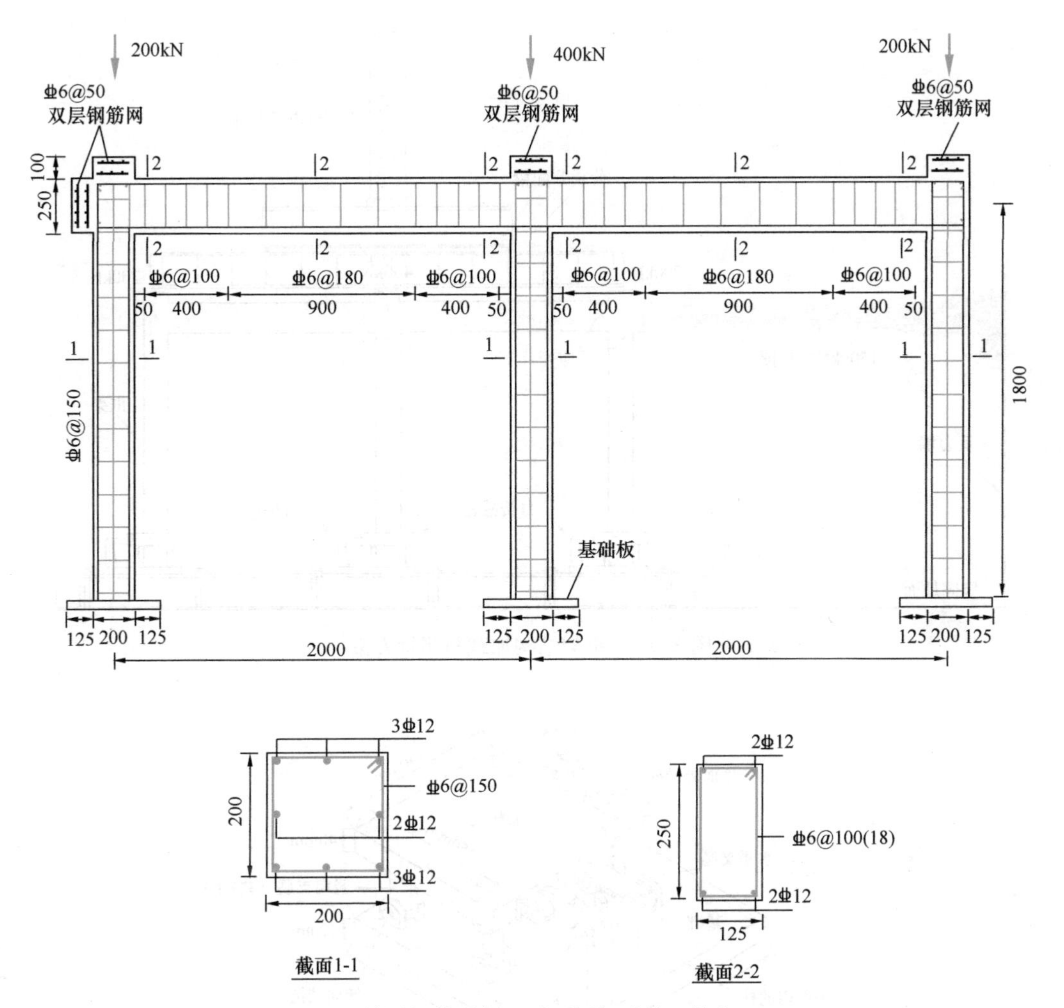

图 3-104　单层钢筋混凝土平面框架试件（单位：mm）

感器底座钢板固定在实验室底板上。

在框架结构试验前，先对传感器分别施加轴向力、偏心轴力和剪力进行传感器标定，确定传感器输出的应变值与轴力、弯矩、剪力的关系。

图 3-107 中方形点曲线表示安装在作动器上的力传感器实测的水平荷载与实测位移的曲线，圆形点曲线表示支座反力传感器测量的水平力与实测位移的曲线。两条曲线非常接近，说明支座传感器测量的内力可以准确地反映框架结构的实际内力。

3.6.8 利用应变测试确定组合框架结构内力

采用力传感器测量荷载或支座反力是结构试验中常用的方法，也可以直接测量构件截面的应变，通过应力-应变关系，由应变确定应力，进而计算截面的轴力和弯矩。

多层规则组合框架结构如图 3-108 所示，在水平荷载作用下，假设柱的反弯点位于柱高

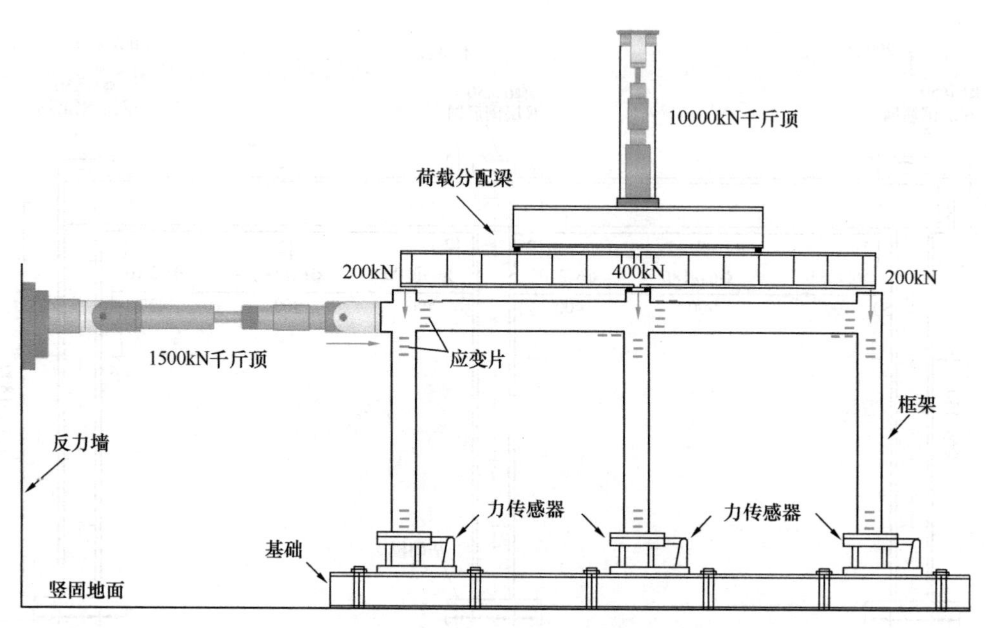

图 3-105　框架结构加载与测量方案

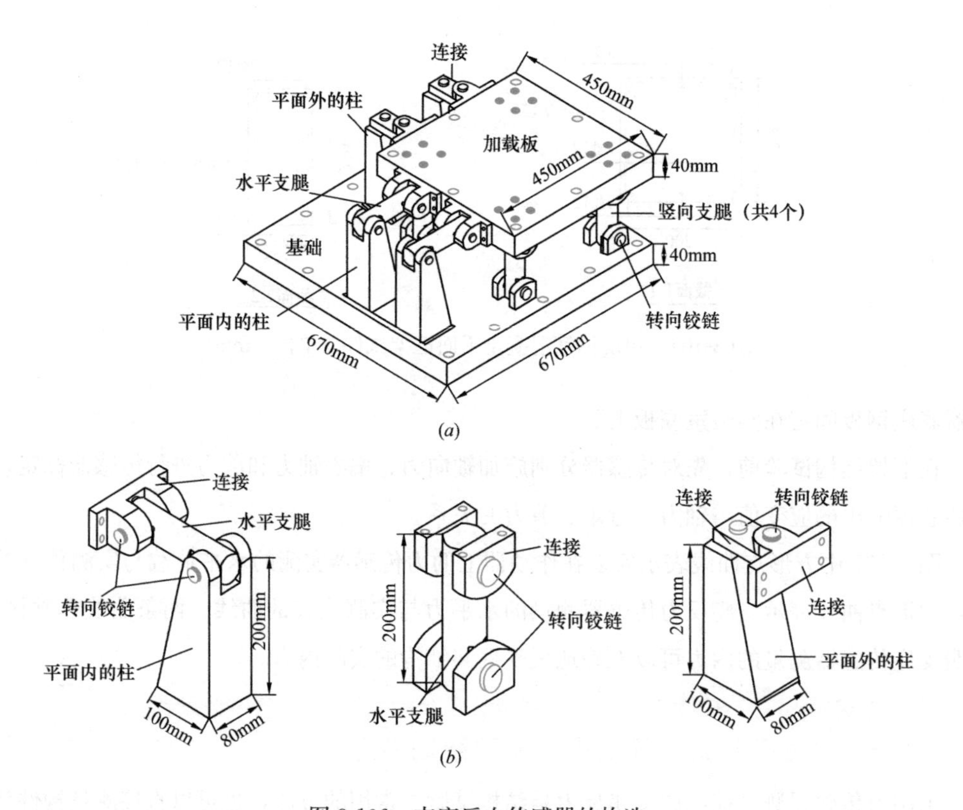

图 3-106　支座反力传感器的构造

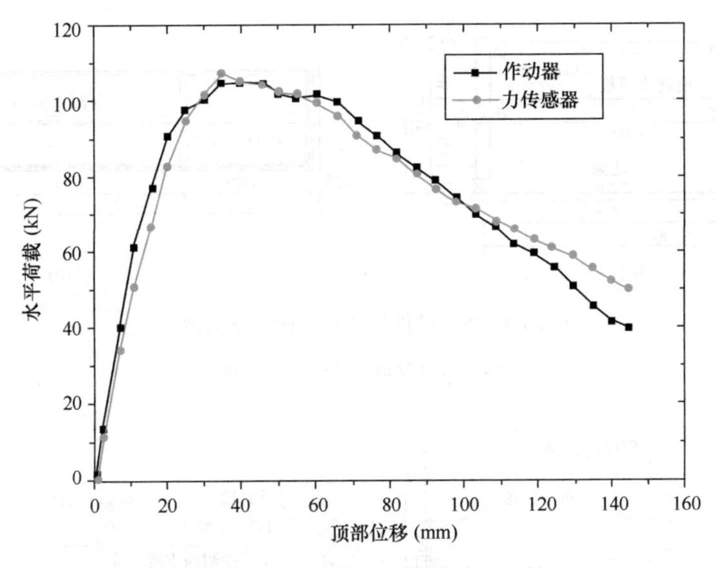

图 3-107　水平荷载-位移曲线的比较

的中部，且各柱的侧向刚度相同，可在整体结构中取上下层反弯点之间的单层结构分析。再利用对称性，得到试验结构模型，该模型又称为子结构模型。

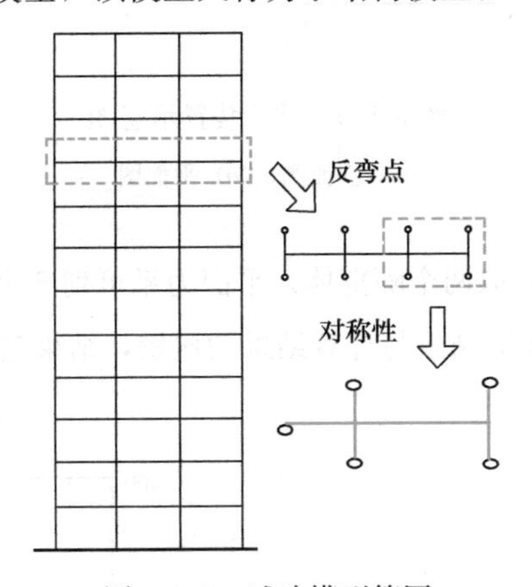

图 3-108　试验模型简图

试验框架为钢管混凝土柱-组合梁框架，即框架柱为方钢管混凝土柱，框架梁为钢-混凝土组合梁。试验框架与实际框架结构的尺寸比例 1∶1，如图 3-109 所示。图 3-109 中，LG1 表示刚性杆，保证 C1 柱和 C2 柱的水平位移相同。LG2 也是一刚性杆，保证梁端不产生竖向位移。

加载装置如图 3-110 所示。试验时，首先施加柱上的竖向荷载，然后施加反复水平荷载。

在试验结构中，通过粘贴在 LG1 和 LG2 杆上的电阻应变片，可以得到这两根连杆的轴力。但结构为一次超静定结构，只利用平衡条件无法确定柱 C1 和柱 C2 的轴力和剪力。必须补充一个条件。试验中采用的办法是通过应变测试结果确定梁的反弯点位置，反弯点位置的确定，相当于消去一个未知量。如图 3-111 所示，图中的 4 个支座反力未知，跨中反弯点

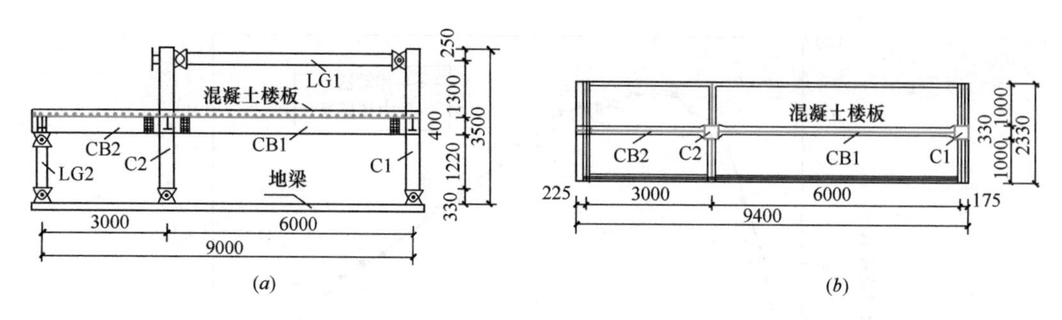

(a)　　(b)

图 3-109　试件尺寸及平面和立面图

(a) CF-1 立面；(b) CF-1 平面

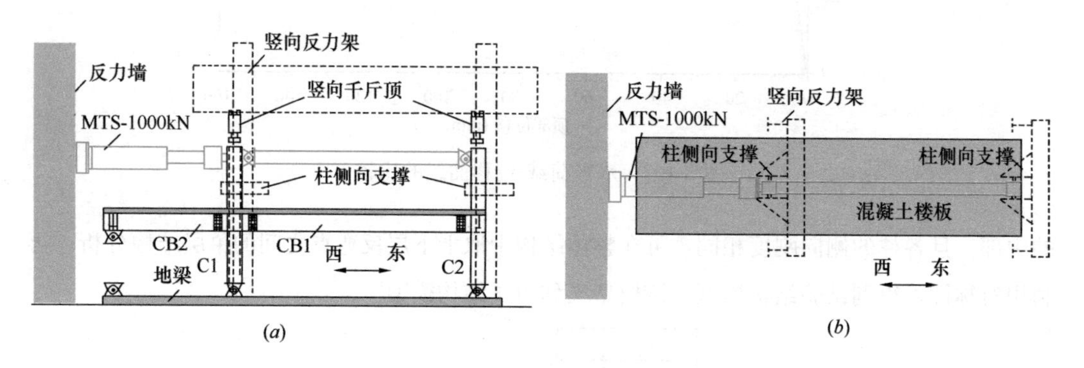

(a)　　(b)

图 3-110　试验装置示意图

(a) 立面图；(b) 平面图

位置的未知力为剪力和轴力，取两个隔离体，平面力系可列 6 个平衡方程，正好求解 6 个未知量。图 3-112 给出了试验实测结果与计算结果的比较，结果基本吻合，因此可以利用测试数据来估算试验结构的内力。

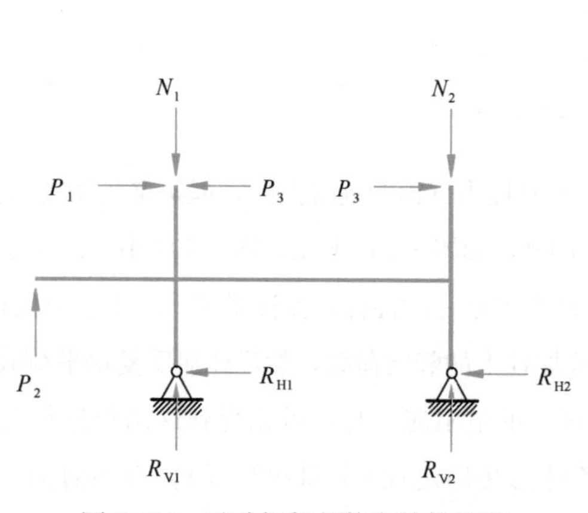

图 3-111　试验框架的静定计算简图

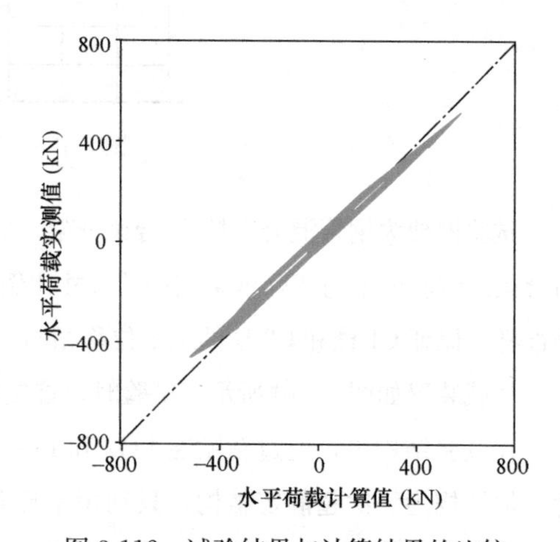

图 3-112　试验结果与计算结果的比较

第4章
结 构 动 载 试 验

4.1 概述

各种类型的工程结构都可能受到动力荷载的作用。例如，地震使结构产生惯性力，风使结构产生振动。工业厂房中的吊车，行驶在公路或铁路桥梁上的汽车、火车，都是典型的动力荷载。结构动载试验可根据荷载作用的时间和反复作用的次数做出如下分类：

(1) 爆炸或冲击荷载试验

国防工程建设需要考虑工程结构抗爆性能，研究如何抵抗爆炸引起的冲击波对结构的影响。高速公路上高速行驶的车辆双跨线桥或航道上低速航行的船舶也可能对桥梁结构造成冲击。爆炸或冲击荷载试验的目的就是模拟实际工程结构所经受的爆炸或冲击荷载作用以及结构的受力性能。在这类试验中，荷载持续时间短，从千分之几秒到几秒；荷载的强度大，作用次数少，往往是一次荷载作用就可以使结构进入破坏甚至倒塌状态。结构抗爆试验大多直接利用炸药产生的爆轰波作用于试验结构，而抗冲击试验的主要加载设备为落锤试验机。

(2) 结构抗震试验——地震模拟振动台试验

地震是迄今为止对人类生活环境造成最大危害的自然灾害之一。地震中生命财产的损失主要来源于工程结构的破坏。结构抗震试验的目的就是通过试验掌握结构的抗震性能，进而提高结构的抗震能力。地震模拟振动台试验是结构抗震试验的一种主要类型。在地震模拟振动台试验中，安放在振动台上的试验结构受到类似于地震的加速度作用而产生惯性力。振动台试验中，地震作用时间从数秒到数十秒，反复次数一般为几百次到上千次。模拟地震的强度范围可以从使结构产生弹性反应的小震到使结构破坏的大震。

(3) 抗连续倒塌试验

近年来，结构的连续倒塌破坏引起人们关注。所谓连续倒塌，是指结构的局部破坏导致结构整体倒塌。典型的实例是2001年9月11日，美国纽约世界贸易中心的两栋超高层建筑因恐怖袭击而导致连续倒塌。结构抗连续倒塌试验的主要目的不在于引起结构连续倒塌的局部破坏，而是结构发生局部破坏后的结构整体性能。例如，多层框架结构的某一根柱破坏后，结构的内力分布变化规律以及变形性能。由于结构发生局部破坏多具有突然性，相应地结构整体性能应从动载试验中考察。因此，结构抗连续倒塌试验属于动载试验。

（4）结构疲劳试验

在工业厂房中，吊车梁受到吊车的重复荷载作用。公路或铁路桥梁受到车辆重力的重复作用。这种重复作用可能使结构构件产生内部损伤并疲劳破坏，缩短结构使用寿命。疲劳试验按一定的规则模拟结构在整个使用期内可能遭遇的重复荷载作用，对于钢筋混凝土和预应力混凝土结构，疲劳试验的重复作用次数一般为200万次；对于钢结构，重复荷载作用次数可以达到500万次或更多。疲劳试验中，重复荷载作用的频率一般不大于10Hz，最大试验荷载通常小于结构静力破坏荷载的70％。

（5）结构振动试验

使结构产生振动的原因大体可分为两类。一类是包括工业生产过程产生的振动，如大型机械设备（锻锤、冲压机、发电机等）的运转，吊车的水平制动力，车辆在桥梁结构上行驶。另一类是自然环境因素使结构产生振动，如高层建筑和高耸结构在强风下的振动。结构振动的危害表现在几个方面：影响精密仪器或设备的运行，引起人的不舒服的感觉，强度较大的振动加速结构的疲劳破坏等。结构振动试验的主要目的是为了获取结构的动力特性参数，如自振频率、振型和阻尼比等。为了评价结构的振动环境，还常常进行实际结构的现场振动测试。为了研究结构的动力性能，土-结构相互作用，有时还采用强迫激振或其他激振方法使结构产生振动。

一般而言，结构动载试验区别于静载试验的标准是：在结构试验中，惯性力这一影响因素是否可以忽略不计。如果惯性力影响很小，则为静载试验，否则为动载试验。此外，也可以根据试验中加载的速率来区分动载试验和静载试验。

在结构抗震试验中，还有两种试验也常常被归入动载试验：

（1）低周反复荷载试验

结构在遭遇强烈地震时，反复作用的惯性力使结构进入非弹性状态。地震模拟振动台试验的结构尺寸较小，侧重于结构的宏观反应。而在低周反复荷载试验中，加载速率较低，但可以对足尺或接近足尺的结构施加较大的反复荷载，研究结构构件在反复荷载作用下的承载能力和变形性能。这种类型的结构试验在一个方面反映了结构在地震作用下的性能。反复荷载的次数一般不超过100次，加载速率从每周期数秒到数分钟不等。

（2）结构拟动力试验

结构拟动力试验采用计算机和试验机联机进行结构试验，以较低的加载速率使结构经历地震作用，控制试验进程的为数字化输入的地震波，利用计算机进行结构地震反应分析，将结构在地震中受到的惯性力通过计算转换为静力作用施加到结构上，模拟结构的实际地震反应。结构受到反复荷载作用的次数与地震模拟振动台试验的次数相当。

上述两种结构试验方法都采用较低的加载速率，但试验荷载都具有反复作用的特征，试验研究的目的也都是为了解结构在遭遇地震时的结构抗震性能，有十分明确的动力学意义，因此，也可认为它们属于动载试验。

结构动载试验与静载试验相比较，有下列不同之处：

(1) 在动载试验中，施加在结构上的荷载随时间连续变化。这种变化不仅仅是大小的变化，还包括了方向的变化。随时间变化的反复作用荷载对试验装置和测量仪器都有不同于静载试验的要求。动载试验获取的数据量远大于静载试验。

(2) 结构在动荷载作用下的反应与结构自身的动力特性密切相关。例如，在地震模拟振动台试验中，试验模型受到的惯性力与模型本身的刚度和质量有关。在疲劳试验中，试验结构或构件的运动也产生惯性力。因此，加速度、速度、时间等动力学参量成为结构动载试验中的主要参量。

(3) 动力条件下，结构的承载能力和使用性能的要求发生变化。例如，在钢筋混凝土结构的抗震试验中，一般不以裂缝宽度作为控制试验进程的标准，最大试验荷载也不能单独作为衡量结构抗震性能的指标；通过振动试验获取的结构动力特性参数，往往不用来评价结构的安全性能，而是与人的舒适度感觉相联系。

(4) 冲击和爆炸作用下，结构在很短的时间内达到其极限承载能力。钢材、混凝土等工程材料的力学性能随加载速度而变化。这类结构试验中，试验技术、加载设备和试验方法与静载试验有着很大的差别。

结构动载试验的种类很多，对不同的试验目的采用不同的试验方法，因而得到不同的试验结果。在这个意义上，静载试验可看作动载试验的一个特例。

虽然结构试验已有几百年的历史，但真正意义上的结构动载试验到20世纪中后期才逐渐完善。这主要是结构动载试验对加载装置、数据采集等方面的要求远高于结构静载试验，结构动载试验的水平与工业技术的发展水平密切相关。近年来，由于微电子技术和计算机技术的飞速发展，以工程结构抗震防灾为背景，结构动载试验的技术和装备水平有明显的进步。

本章主要介绍结构动载试验的加载设备、仪器仪表，结构振动试验方法、结构抗震试验方法和结构疲劳试验方法。

4.2 结构动载试验的仪器仪表

4.2.1 引言

在结构动载试验中，结构反应的基本变量为动位移、速度、加速度和动应变。其中，动位移和动应变与静位移和静应变的差别主要在于被测信号的变化速度不同。静载试验中，在基本静态的条件下量测位移和应变，可以采用机械式仪表人工测读并记录，例如采用百分表量测位移，采用手持式应变仪量测应变。当位移或应变连续变化时，显然无法再采用这种方式获取数据。速度的量测和位移有密切的关系，速度传感器通常包含运动部件，传感器将运动部件的速度转换为电信号。加速度传感器往往不是直接量测速度的变化，而是利用质量、加速度和力的关系，通过已知的传感元件力特性和已知的质量，得到所需要的加速度。

4.2.2 动态信号测试的基本概念

量测动态信号的基本原理与量测静态信号的基本原理有相同之处。如图 4-1 所示，动态信号传感器感受信号后，放大器将信号放大，再传送给记录设备或显示仪表。这一过程与静态测试在概念上并无明显差别，其中最主要的差别反映在记录设备不同。静态测试的数据量一般都不是很大，对记录设备的要求不高，甚至人工读数记录都可满足要求。而动态测试中，每一个信号都在连续变化，因而需要连续记录。早期的动态信号测试系统中，多用纸介记录设备，如笔式记录仪，光线示波器，X-Y 函数记录仪等。20 世纪 70～80 年代，磁带记录仪成为主要记录设备。20 世纪 90 年代后，普遍采用电子计算机对动态信号进行数字化存贮。传统的显示仪表如示波器也有被计算机取代的趋势。由于信号连续变化，动态测试仪器要为每一个传感器提供一个放大器。而在静态测试中，可以采用转换开关的方式，利用一个放大器，对多个测点进行放大量测。

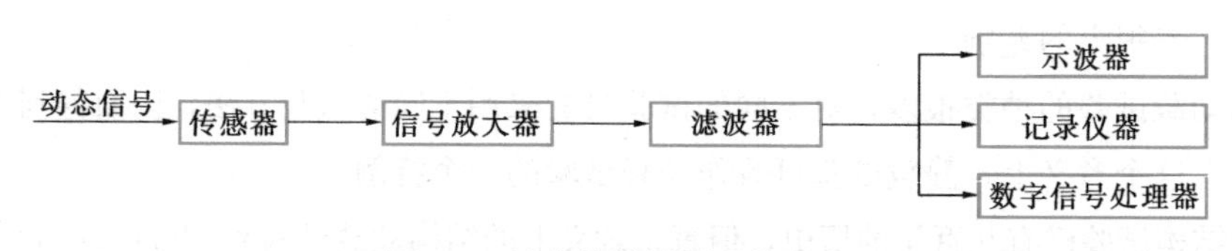

图 4-1　动态信号量测系统组成

动态信号测试系统的评价指标和性能参数与静态测试系统有很大的差别，主要反映在以下几个方面：

（1）与频率相关的特性

频率是描述动态信号变化速度的主要变量，其单位为赫兹（Hz），即信号每秒反复的次数。当信号很快的反复变化时，我们称为频率高，当信号缓慢变化时，我们称为频率低。信号的变化频率为零时，称为静态信号。当动态信号与静态信号叠加在一起时，称静态信号为直流分量。在动态测试中，经常用频率响应来表征系统的动态性能。动态性能良好的动测仪器和仪表，能够在很宽的频率范围内准确地感受、放大需要检测的结构动力反应。土木工程结构动力反应的典型频率范围一般在 100Hz 以内，对动测仪器仪表的低频动态特性有较高的要求。而高速运转的机械设备，例如汽车发动机，频率范围可以达到 5000Hz 或更高，要求测试仪器有良好的高频性能。动测仪器或传感器都是在一定的频率范围内工作，结构动载试验时应根据试验结构的频率响应特性选择动测仪器。

(2) 信号的滤波和衰减

所谓滤波，就是滤除动态信号中的某些成分。信号在传输时受到抑制的现象称为信号的衰减。采用电器元件的滤波器最简单的形式是一种具有选择性的四端网络（两端为输入，两端为输出），其选择性是指滤波器能够从输入信号的全部频率分量中，分离出某一频率范围内所需要的信号。为了获得良好的选择性，希望滤波器能够以最小的衰减传输该频率范围内的信号，这一频率范围称为通频带；对通频带以外的信号，给以最大衰减，称为阻频带。通频带与阻频带之间的界限称为截止频率。根据通频带，滤波器可分为：

1) 低通滤波器——传输截止频率以下的频率范围内的信号；

2) 高通滤波器——传输截止频率以上的频率范围内的信号；

3) 带通滤波器——传输上下两个截止频率之间的频率范围内的信号；

4) 带阻滤波器——抑制上下两个截止频率之间的频率范围内的信号。

采用电器元件做成的滤波器称为模拟滤波器，采用计算程序对数字信号进行滤波的称为数字滤波器。安装在动测仪器（例如放大器）上的滤波器一般为模拟滤波器，利用计算机进行数据采集的设备通常采用数字滤波器。

(3) 信号放大和衰减的表示方法

在动力测试和分析中，采用“dB”这个单位表示信号的放大或衰减。最早，dB值是电话发明人贝尔为了表示通信线路损失所取的度量单位，是英文 deci Bel 的缩写，中文称为分贝，其中 deci 表示 1/10。在分析电路的功率时，其原始定义为：$G(\mathrm{dB})=10\lg(W/W_0)$，其中 G 表示采用 dB 为单位的功率变化，lg 表示以 10 为底的对数，W_0 表示基准功率。因为功率与电流或电压的平方成正比，又有：$G(\mathrm{dB})=20\lg(I/I_0)$ 或 $G(\mathrm{dB})=20\lg(V/V_0)$。更一般的，以“dB”为单位，用 x 表示我们所关心的位移、速度或加速度，信号的放大或衰减可以表示为：

$$G(\mathrm{dB})=20\lg(x/x_0) \tag{4-1}$$

例如，当信号放大 10 倍时，$G=20\mathrm{dB}$；信号放大 10000 倍时，$G=80\mathrm{dB}$。反过来，当信号衰减到只有基准信号的 10%时，$G=-20\mathrm{dB}$。通过简单的计算可以得到常用的 dB 值如表 4-1 所示。

dB 值与信号比值（x/x_0）的关系 表 4-1

dB值	80	40	20	10	6	3	−3	−10	−20
信号比值	10000	100	10	3	2	1.414	0.707	0.333	0.1

在评价动测仪器仪表性能时，还经常用到 dB/oct 这个单位。dB/oct 是频率特性的单位，

oct（octave）原来是 2 倍的意思。例如，－6dB/oct 是表示频率变化 2 倍时，信号衰减 6dB，即 50％。

（4）动测仪器的输入输出和阻抗匹配

阻抗匹配是仪器仪表和无线电技术中常见的一种工作状态，它反映了输入电路与输出电路之间的功率传输关系。当电路实现阻抗匹配时，将获得最大的功率传输。反之，当电路阻抗失配时，不但得不到最大的功率传输，还可能对电路产生损害。电工学中曾讨论这样一个问题：把一个电阻为 R 的用电器，接在一个电动势为 E、内阻为 r 的电池组上（见图 4-2），在什么条件下电源输出的功率最大呢？负载在开路及短路状态都不能获得最大功率。只有当外电阻等于内电阻时，电源对外电路输出的功率最大，这就是纯电阻电路的功率匹配。电抗电路中除了电阻外还有电容和电感元件，在低频或高频交流电路中起作用。在交流电路中，电阻、电容和电感对交流电的阻碍作用叫阻抗。输入电路和输出电路的阻抗接近或相等时，称为阻抗匹配。

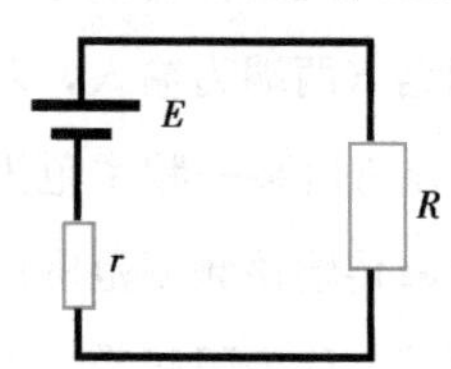

图 4-2　阻抗匹配示意

在动测仪器仪表中，阻抗匹配主要用于传感器和放大器以及放大器与记录设备之间。因为动测仪器仪表的电子电路中传输信号功率本身较弱，利用阻抗匹配技术可以提高输出功率。在动测仪器的说明书上，一般都标明输入和输出电阻，就是为了便于实现阻抗匹配。

（5）绝对振动测量和相对振动测量的概念

在第 3 章讨论的结构静载试验中，采用位移传感器测量结构的位移时，要为位移传感器选择安装基点，安装基点一般与被试验的结构完全分开，量测的位移为安装基点和量测对象之间的相对位移。如果安装基点为绝对不动点，这种相对位移也被看作为绝对位移。在动载试验中量测位移、速度和加速度，相对振动量和绝对振动量的测试有更明确的区分。当振动传感器直接安装在试验结构上时，传感器的运动与试验结构的运动完全相同，这时传感器感受的速度或加速度为绝对速度或绝对加速度。有一点例外，如果采用积分电路，由量测的振动绝对速度得到的位移，这一类位移为相对位移，它是相对于振动平衡位置的位移。如果采用和静载试验相同的方法，在试验结构以外另外建立安装基点量测位移，测得的振动位移仍为相对位移，即试验结构相对安装基点的振动位移。在结构动载试验中，量测速度和加速度的传感器大多为绝对量传感器。

（6）测量仪器的分辨率

分辨率是指测量仪器有效辨别的最小示值差。这一性能指标一般反映在显示装置上，例如，俗称“4 位半”的数字电压表所能显示的最大数字为 19999，第一位只能显示“1”，当用它来测量一个 10V 的信号时，其最大分辨率为 10V/19999＝0.5mV。另一方面，当传感器感受到信号产生输出时，噪声也使传感器产生输出，同时，放大器也会产生噪声。因此分辨率与信号电压和噪声电压的比值有关。有的传感器还给出信噪比指标。例如，信噪比大于 5dB，表明最低可测有效信号的下限值。噪声同样也影响静态测量仪器，但一般从静态漂移的角度分析噪声的影响。

除上述几个方面外，动测仪器仪表的诸多性能参数和表示方式也随仪器仪表的用途以及基本原理不同而变化，应根据它们各自的特点熟悉并掌握仪器仪表的使用。

4.2.3　惯性式传感器的基本原理

惯性式振动传感器实际上可以看作为一个典型的单自由度质量-弹簧-阻尼体系。如图4-3所示，m、k、c 分别为测振传感器的质量、弹簧刚度和阻尼，x_r 为质量 m 相对传感器外壳的位移，x_A 为被测结构的位移。测振传感器的功能是检测振动结构的位移、速度或加速度。单自由度的传感器固有圆频率 $\omega_0 =$（k/m）$^{-1/2}$，假设被测结构的振动圆频率为 ω_A。

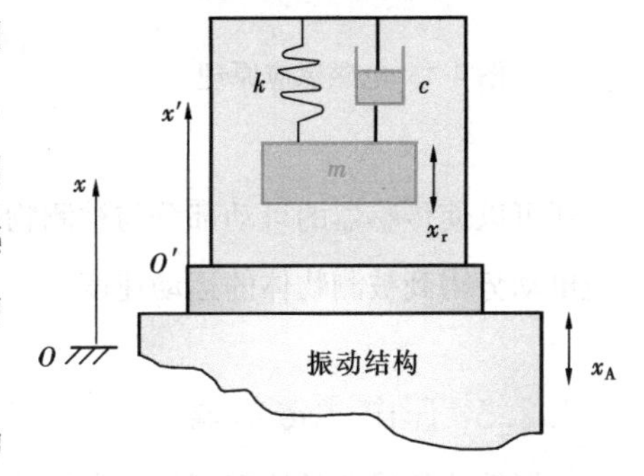

图 4-3　惯性式传感器的接收原理

当传感器的自振频率远小于被测结构的振动频率时，如果阻尼比很小，传感器振子的位移与被测结构的位移很接近，可用传感器测量被测结构的振动位移。这种情况相当于传感器内的弹簧较软，不能及时把结构的快速振动传递到传感器的质量块，质量块获得的惯性较小。

当传感器自振频率比被测结构的振动频率大很多时，传感器振子的位移与被测结构的加速度成正比，已知传感器的固有频率，可用传感器测量被测结构的加速度。这种情况传感器的弹簧刚度大，质量块获得的惯性大，惯性力使质量块产生位移。

当两者频率接近时，且阻尼比足够大时，传感器振子的位移与被测结构的速度成正比，已知传感器的固有频率和阻尼比，可用传感器测量被测结构的速度。

实际应用中的惯性式振动传感器除质量-弹簧-阻尼体系外，一般还配备了将振动产生的机械运动转化为电信号的元件，振动测量放大仪器和记录设备处理的信号多采用电压信号。

4.2.4　电动式传感器

当导体在磁场中切割磁力线时，导体两端输出感应电动势，根据这一原理（图 4-4）设计的传感器称为电动式传感器。

图 4-5 给出一种电动式传感器的示意图，传感器外壳与被测物体固定连接，连杆-线圈（质量）和片状弹簧构成质量弹簧体系，阻尼由阻尼环提供。通常，这类传感器的可动质量较大而弹簧刚度较小，在原理上相当于位移传感器。但传感器输出的感应电动势与线圈切割磁力线的速度成正比，所以这类传感器实际上是速度传感器。

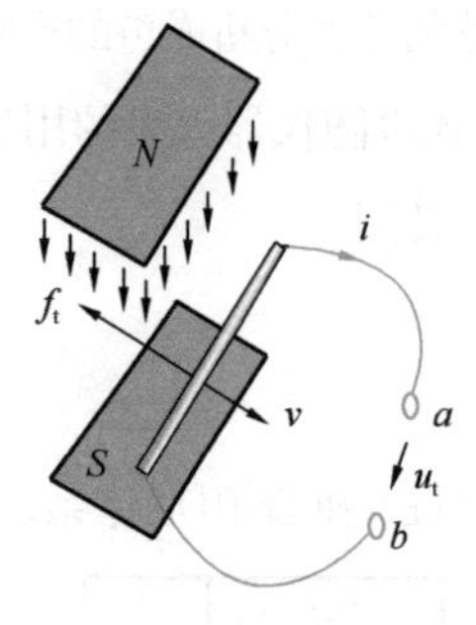

图 4-4　电磁感应原理

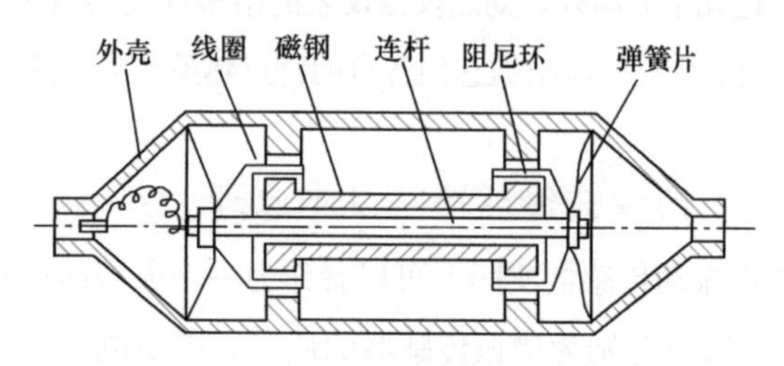

图 4-5　绝对电动式传感器

还可以使传感器的可动部分与被测物体连接，把传感器设计成相对式传感器，同样利用感应电动势得到被测物体的运动速度。

4.2.5 压电式传感器

由惯性式传感器的原理可知，利用传感元件感知到质量块的运动，并将感知的运动转化为电信号，就可以根据测量的电信号得到被测结构的运动状态。加速度传感器的原理也是惯性定理。根据牛顿定律，A（加速度）$=F$（惯性力）$/M$（质量）。如果能够测量 F，就能够由已知的质量得到加速度。按照这种思路，我们不需要直接测量质量块 M 的运动状态，只要测量惯性力 F 产生的电信号就可以了。通过试验标定电信号对应的惯性力，就得到被测结构的加速度。当然中间环节还包括信号传输、转换、放大等。测量惯性力的思路使得大多数加速度传感器利用压电效应的原理来设计。

1. 压电式加速度传感器

某些晶体，如石英、压电陶瓷、酒石酸钾钠、钛酸钡等材料，当沿着一定方向受到外力作用时，在材料的某两个表面上产生大小相等符号相反的电荷，形成正负两极；当外力消失后，又恢复到不带电状态；当作用力方向改变时，电荷的极性也随着改变；晶体受力所产生的电荷量与外力的大小成正比。这种现象叫压电效应。反之，如对晶体施加电场，晶体将在一定方向上产生机械变形；当外加电场撤去后，该变形也随之消失。这种现象称为逆压电效应，也称作电致伸缩效应。压电式加速度传感器就是利用了其内部的由于惯性力造成的晶体材料变形极化这个特性，晶体极化产生电位差，将这个电位差转换为电压，就实现了物理量到电量的转换。

利用压电晶体的压电效应，可以制作压电式加速度传感器和压电式力传感器。利用压电效应这种机电变换的反变换，可制造微小振动量的高频激振器。最典型的压电晶体材料是石英材料。

当力施加在压电材料的极化方向使其发生轴向变形时，与极化方向垂直的表面产生与施加的力成正比的电荷，导致输出端的电位差。这种方式为正压电效应或压缩效应（图 4-6a）。当力施加在压电材料的极化方向使其发生剪切变形时，与极化方向平行的表面产生与施加的力成正比的电荷，导致输出端的电位差。这种方式为剪切压电效应（图 4-6b）。

上述两种形式的压电效应均已经应用于传感器的设计中，对应的传感器称为压缩型传感器和剪切型传感器（图 4-7）。

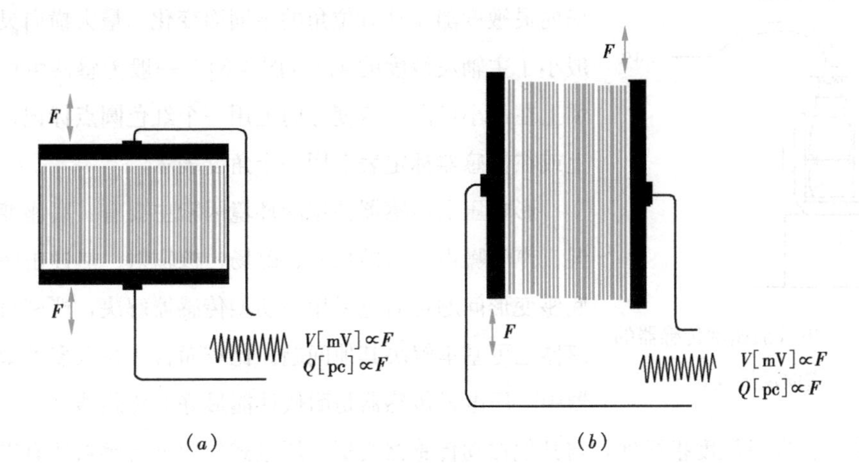

图 4-6　压电材料的压电效应

（a）正压电效应；（b）剪切压电效应

压缩型传感器一般采用中心压缩式设计方式，这种传感器构造简单，性能稳定，有较高的灵敏度/质量比，但这种传感器将压电元件-弹簧-惯性质量系统通过圆柱安装在传感器底座上，因此因环境因素或安装表面不平整等因素引起底座的变形都将导致传感器的电荷输出。因此这种形式的传感器目前主要用于高冲击值和特殊用途的测量。

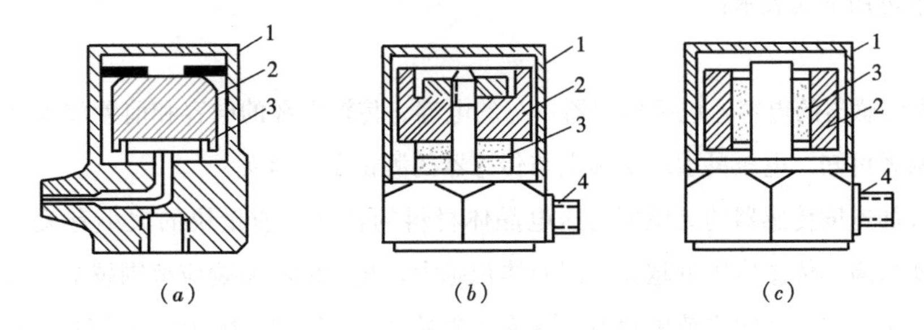

图 4-7　不同形式的压电式加速度传感器

（a）基座压缩型；（b）单端中心压缩型；（c）环型剪切型

1—外壳；2—质量块；3—压电晶体；4—输出接头

剪切型传感器的底座变形不会使压电元件产生剪切变形，因而在与极化方向平行的极板上不会产生电荷。它对温度突变、底座变形等环境因素均不敏感，性能稳定，灵敏度/质量比高，可用来设计非常小型的传感器，是目前主流传感器的设计方式。

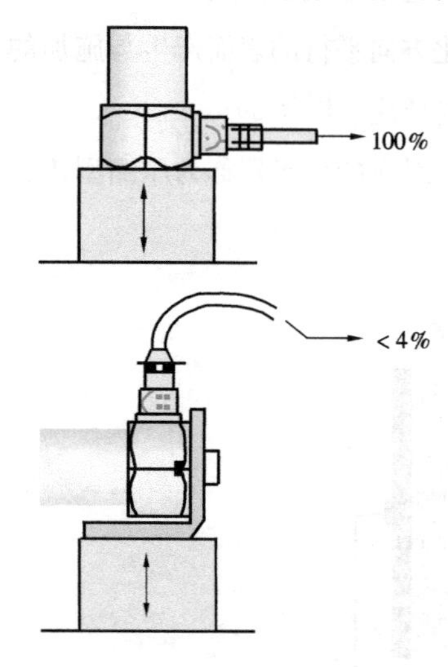

图 4-8　压电式加速度传感器的横向灵敏度

压电式传感器的主灵敏度方向一般垂直于其底座，可用于测量沿其轴向的结构振动。但当它受到与轴向垂直的横向振动时，传感器同样会有信号输出，传感器对横向振动的敏感性称为横向灵敏度，通常采用主轴灵敏度的百分数表示。横向灵敏度随振动方位角的不同而变化，最大横向灵敏度一般小于主轴灵敏度的 4%（图 4-8）。一般传感器生产厂商习惯上在最小横向灵敏度方向上用一个红色圆点标记在传感器上或在传感器标定表上用一个角度表示。

影响压电传感器使用的环境因素主要有：底座变形、潮湿、声学噪声、腐蚀物质、磁场、核辐射、热冲击等。其中底座变形问题可通过采用剪切型传感器解决，严密封装的传感器也可基本解决其他问题。比较而言，在众多类型的传感器中，压电式传感器是耐候性能最好的传感器之一。

除上述横向灵敏度指标外，与其他振动传感器类似，压电式加速度传感器还有以下主要性能指标：

（1）灵敏度

电荷的单位为“pC”（10^{-6}库伦），加速度的单位为“g”（重力加速度），因此，压电式加速度传感器灵敏度的单位为“pC/g”。有时不用重力加速度而直接采用加速度，电荷灵敏度 S_q 的单位为“pC/m/s^2”。压电晶体产生压电效应时，在晶体材料的两端产生电位差，因此，也可以用电压灵敏度表示传感器的特性，电压灵敏度 S_V 的单位为“mV/m/s^2”。两者之间的关系可用下式表示：

$$S_q = CS_V \tag{4-2}$$

式中，C 为传感器的电容，包括传感器本身的电容、传输电缆的电容和前置放大器的输入电容。比较两者可知，电压灵敏度实际上与传感器的测试条件有关。

压电式加速度传感器的灵敏度与压电晶体材料的特性和质量块的大小有关。一般情况下，灵敏度越高，传感器质量越大，因而体积越大，相应的频率响应范围越窄。体积小的压电式加速度传感器频率响应范围很宽，频率下限从 2～5Hz 到上限 10～20kHz，但灵敏度下降。结构动载试验中，可根据不同的测试要求选用不同的传感器。

（2）频率响应曲线

压电式加速度传感器的典型频率响应曲线如图 4-9 所示。曲线的横坐标为对数尺度的振动频率，纵坐标为 dB 表示的灵敏度衰减特性。对于图 4-9 所示的频率响应曲线，在 1.5～5000Hz 的平坦范围内，传感器的灵敏度基本不变，超过 5000Hz 后，传感器的灵敏度增加，在传感器的共振频率点，灵敏度达到最大值。显然，该传感器的平稳工作范围为1.5～5000Hz。

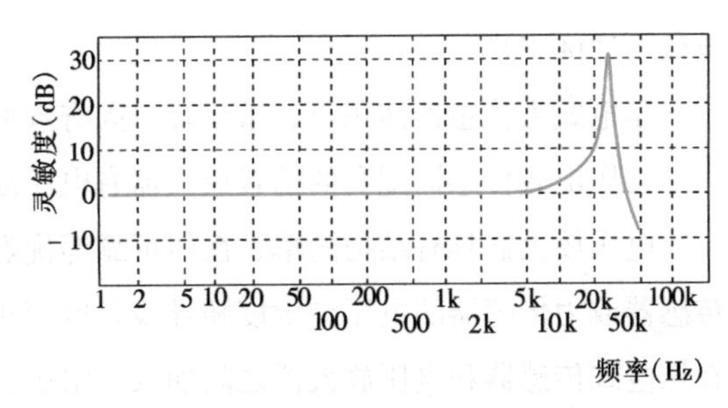

图4-9 压电式加速度传感器的频率响应曲线

应当指出，如图4-9所示频率响应曲线峰值对应的频率并不是传感器的质量-弹簧体系的固有频率，而是采用标准安装方式，将传感器牢固的安装在一个标准质量块的条件下量测的安装谐振频率，它不同于传感器的质量-弹簧体系在空中振动时的固有频率。实际工程结构测试中，传感器的安装条件如果达不到标准安装条件，其谐振频率会降低。表4-2给出丹麦B&K公司生产的一种4367型压电式加速度传感器的安装方式对其动力特性的影响。考虑实际安装谐振频率对灵敏度的影响，一般情况下，振动测试的最高频率不大于传感器谐振频率的1/10。

4367型压电式加速度传感器不同安装方式下的动力性能 表4-2

固定方法	容许最高温度(℃)	频率响应范围(kHz)	固定方法	容许最高温度(℃)	频率响应范围(kHz)
钢螺栓连接	>250	10	磁座吸合	150	1.5
绝缘螺栓连接	250	8			
蜂蜡粘合	40	7	手持触杆		0.4

(3) 动态范围(最大加速度)

传感器灵敏度保持在一定误差范围内(通常不大于±0.5dB)时，传感器所能测量的最大加速度称为传感器的动态范围。有时直接采用最大加速度表示传感器的动态性能。用于冲击振动测试的压电式加速度传感器，最大加速度可以达到2000g甚至更高，而用于工程结构测试的传感器，最大加速度达到10g就可满足常规振动测试的要求。传感器的最大加速度与其灵敏度常常是一对矛盾，动态范围越大的传感器，灵敏度就越低。测试中应根据不同的要求选用传感器。一般情况下，振动测试的最大加速度不大于传感器容许最大加速度的1/3。压电式传感器通常只用于动态测试而不能用于静态测试，因为经过外力作用后的电荷，只有在回路具有无限大的输入阻抗时才得到保存。

压电式力传感器的工作原理与压电式加速度传感器的工作原理相同。但压电式力传感器内不需要质量块，冲击力直接作用在压电元件上，输出的电荷量与传感器所受到的力成正比。压电式力传感器主要应用于振动测试，分为两种类型，一种是冲击型力传感器，安装在冲击锤上，量测结构受到冲击激励时的瞬态力(以压力为主)，另一种是组合型力传感器，既可以测量瞬态压力又可以测量瞬态拉力，主要用于量测激振器对结构施加的激振力。压电式力传感器最主要的技术参数是电荷灵敏度，它表示传感器在单位力作用下输出的电荷量，单位为“pC/N”。

压电式力传感器体积小、重量轻、固有频率高、精度高，应用广泛。

与压电式传感器配套的前置放大器有电压放大器和电荷放大器。

电压放大器具有结构简单、性能可靠等优点。但电压放大器的输入阻抗低，使得加速度传感器或力传感器的电压灵敏度随导线长度变化而变化。因此，在使用电压放大器时，必须在压电式传感器和电压放大器之间加入一阻抗变换器，对实际测试所用的导线还必须进行标定，给测试带来不便。除一些专用的测试系统外，已很少采用电压放大器作为压电式传感器的放大器。

电荷放大器是压电式传感器的专用前置放大器，它是一个具有深度电容负反馈的高开环增益的运算放大器。它把压电类型传感器的高输出阻抗转变为低输出阻抗，把输入电荷量转变为输出电压量，把传感器的微弱信号放大到一个适当的规一化数值。

由于压电式传感器的输出阻抗高，因此必须采用输入阻抗也很高的放大器与之匹配，否则传感器产生的微小电荷经过放大器的输入电阻时将会被释放。电荷放大器的作用就是将高内阻的电荷源转换为低内阻的电压源，而且输出电压正比于输入电荷。采用这种放大器，在数百米范围内，传感器的导线长度的影响很小，而且电荷放大器还具有优良的低频响应特性。

此外，电荷放大器一般还有低通、高通滤波和适调放大的功能。低通滤波可以抑制测量频率范围以外的高频噪声，高通滤波可以消除测量线路中的低频漂移信号。适调放大的作用是实现测量电路灵敏度的归一化，以便能将不同灵敏度的传感器输入的信号归一化输出电压。

传统的压电式加速度传感器不能直接由电压放大器放大其输入信号。目前振动测试中，广泛采用集成电路压电传感器，又称为 ICP (Integrated Circuit Piezoelectric)或 IEPE (Integral Electronic Piezoelectric) 传感器，这种传感器采用集成电路技术将阻抗变换放大器直接装入封装的压电传感器内部，使压电传感器高阻抗电荷输出变为放大后的低阻抗电压输出，可以直接使用常规电压放大器，逐渐成为结构振动试验的主流传感器。

另一种新型 IEPE 压电传感器是压电梁式加速度传感器。这种传感器将压电材料加工成中间固定的悬臂梁，压电梁振动弯曲时产生的电荷量与敏感轴方向的加速度成正比。由于不另外配置质量块，在一定程度上解决了传感器质量和灵敏度之间的矛盾。如瑞士生产的一种压电梁式加速度传感器，灵敏度达到 1000mV/g，质量仅 5g 左右，频率范围 0.5～2000Hz，动态范围 5～50g。采用压电梁式结构，还可制作测量转动加速度的传感器。

目前，振动传感器的主要发展方向是集测量、放大、存储、数据处理于一体的新型多功能智能传感器。

2. 其他类型加速度传感器

半导体单晶硅材料在受到外力作用时，产生肉眼察觉不到的微小应变，其原子结构内部的电子能级状态发生变化，从而导致其电阻率剧烈变化，由其材料制成的电阻值也出现变化，这种现象称为压阻效应。20 世纪 50 年代科研人员发现并开始研究这一效应的应用价值。

与多晶体材料的压电效应相类似，半导体单晶硅材料的电阻值在受到压力作用时有明显变化，因而可以通过测量材料电阻的变化来确定材料所受到的力。利用压阻效应制作的加速度传感器称为压阻式加速度传感器。这种传感器具有灵敏度高、频响宽、体积小、重量轻等特点。压阻式加速度传感器与压电式加速度传感器相比，主要有两点不同，压阻式加速度传感器可以测量频率趋于零的准静态信号，它可采用专用放大器，也可采用动态电阻应变仪作为放大器。

利用压阻效应原理，采用三维集成电路工艺技术并对单晶硅片进行特殊加工，制成单晶硅片悬臂梁，硅晶体本身包含 4 个应变电阻，构成惠斯登电桥，当悬臂梁受力时利用压阻效应输出信号。这种传感器集应力敏感与机电转换检测于一体，传感器感受的加速度信号可直接传送至记录设备。结合计算机软件技术，构成复合多功能智能传感器。

电容式加速度传感器的结构示意图如图 4-10 所示。质量块由两根刚度较大的弹簧片支承置于壳体内，构成惯性式加速度计的基本结构。当测量垂直方向上的直线加速度时，传感器壳体固定在被测结构上，结构的振动使壳体相对质量块运动，因而与壳体固定在一起的两固定极板 1、5 相对质量块运动，使上固定极板 5 与质量块的 A 面（磨平抛光）组成的电容 C_{x1} 以及下固定极板 1 与质量块的 B 面（磨平抛光）组成的电容 C_{x2} 随之改变，一个增大，一个减小，它们的差值正比于被测加速度。固定极板靠绝缘体与壳体绝缘。这种加速度传感器的精度较高，频率响应范围宽，量程大。

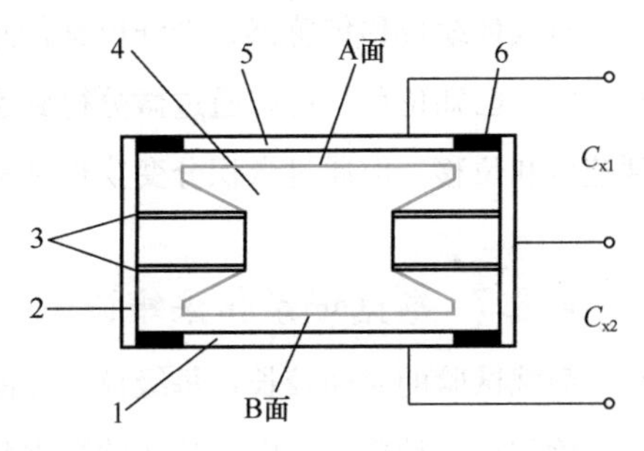

图 4-10 电容式加速度传感器结构示意图

1、5—固定极板；2—壳体；3—簧片；4—质量块；6—绝缘体

电阻应变式加速度传感器采用悬臂梁-质量块的惯性系统，由电阻应变片测量悬臂梁的应变，再转换为应力，得到惯性力。

除上述专门用来测量加速度的传感器外，也可以通过传感器测量的位移或速度，通过微分得到加速度。

4.2.6 位移传感器

用于静载试验的位移传感器，只要传感器可以连续输出测量电信号，理论上都可以用于动载试验。但动载试验的速率要求不同，对传感器的动态特性也有不同的要求。例如，高速冲击荷载作用下，结构响应可能在不到 1 秒钟的时间内完成，要求传感器真实反映结构在很短时间内的各种状态，传感器也就需要很快地予以响应。这时，用于静载试验的位移传感器大多不能满足要求。一般而言，电阻应变式位移传感器的频率范围约为 0～5Hz。直线差动变压器式位移传感器（LVDT）的最高频率响应可以达到 150Hz，广泛用于结构抗震试验。电容式位移传感器的极板相互间没有接触，频率响应可以达到 2000Hz 以上，多用于振动测量。

电涡流位移传感器是电感式传感器中的一种。这种传感器的线性度好，使用频率宽(0～10kHz)，其灵敏度不随传感器探头和被测物体之间的间隙变化。电涡流位移传感器的测量原理是：传感器工作时其探头产生交变电流并引起交变磁通，导致距离探头附近的被测物体（导体）表层下 0.1mm 处产生感应交变电流的闭合回路，即电涡流；交变的电涡流又产生交变磁通，与探头的交变磁通耦合，形成输出电压。该输出电压与电涡流的强度成正比，而电涡流强度又与探头和被测物体之间的间隙成正比，由此形成机电转换。电涡流位移传感器是一种相对位移传感器，测量被试验结构与传感器探头之间距离的相对变化，用于结构动态位移量测时，传感器内部没有任何机械运动，使用寿命长。但电涡流位移传感器的位移量程较小，适合于位移小、频率高的场合。

磁致伸缩位移传感器、光纤位移传感器也可用于结构动载试验。根据结构动力学基本原理可知：已知位移，可以通过微分得到速度和加速度。反过来，也可以通过积分由加速度得到速度和位移。但通过微积分变换得到的物理量，在变换过程中可能引入误差。

4.2.7 数据记录和采集设备

静载试验的时间较长，每级荷载之间有足够的时间间隔，可以采用机械式仪表，人工记录试验数据。动载试验中，结构的受力状态随时间连续变化，传感器测量的数据也在连续变化，试验数据的记录与采集构成结构动载试验系统的一个重要环节。早期记录动态信号多采用光线示波器，笔描式记录仪，磁带记录仪，或 x-y 函数记录仪。笔描式记录仪和 x-y 函数记录仪的基本原理是把传感器测量的电信号再转换为记录设备的机械运动，驱动针管笔将信号描写在记录纸上。光线示波器利用传感器的信号驱动一个带反射镜的磁电振子，振子偏转反射的光束在感光记录纸上记录数据。

现代测试技术采用数字式数据采集系统。结构试验中数据采集系统的任务，就是采集传感器输出的模拟信号并转换成计算机能识别的数字信号，然后输入计算机，根据不同的需要由计算机进行相应的处理和分析，得出所需的数据，还可将试验数据实时在计算机上显示，以实现对试验过程监测。

数据采集系统主要由硬件和软件两部分组成。硬件的核心元件是 A-D 转换器，传感器感受的振动信号经放大器放大后，形成模拟信号，“模拟”的含义是用放大的电压或电流信号模拟物理意义上的测试信号。而计算机存贮的是数字信号，因此，要将模拟信号转换为数字信号，这个过程称为模数转换，又称为 A-D（Analog-Digit）转换。A-D 转换器有两个主要性能指标，一个是转换速度，高速 A-D 转换可以达到 10~100MHz 的转换频率；另一个指标是 A-D 转换器的 2 进制位数，它表示了 A-D 转换的精度，例如，12 位 A-D 转换器可以将 10V 电压信号分成 2048 等份，分辨率约为 5mV。对同一个 10V 信号，如果采用 16 位 A-D 转换器，分辨率可达 0.3mV。

模拟信号转换为数字信号的过程又称为采样过程。经过采样后，一个连续的模拟信号被转换为离散的数字信号。采样的时间间隔 T_s称为采样周期，其倒数 f_s为采样频率。

数据采集系统的软件主要包括执行程序和管理监控程序。其中执行程序主要处理模拟输入信号采集、标度变换、滤波与计算、数据存储等任务；管理监控程序管理各执行程序并接受外部指令。系统管理程序直接面向数据采集系统的操作人员，一般采用文字菜单和图形菜单的人-机界面技术来设计。典型的数据采集系统操作界面包括采样通道、采样时间、采样频率、信号量程范围、信号放大倍数、滤波方式、工程单位等参数设置，以及存储文件、屏幕显示、数据跟踪等功能。

4.3　结构振动测试

结构动力特性主要是指结构的固有频率、振型和阻尼系数。其中，固有频率常常被称为自振频率，其倒数称为结构的自振周期。结构自振频率的单位为赫兹（Hz），自振周期的单位为秒（s）。结构振动测试的内容包括：结构动力特性的测试和结构振动状态的测试。在工程实践和试验研究中，结构振动测试的目的是：

（1）通过振动测试，掌握结构的动力特性，为结构动力分析和结构动力设计提供试验依据。广义的结构动力设计包括结构抗震设计、结构动力性能设计和结构减振隔振设计。而结构动力分析是结构动力设计的基础。

（2）通过结构振动测试，掌握作用在结构上的动荷载特性。例如，高层建筑结构在脉动风荷载作用下产生振动，通过结构振动测试，可以识别风荷载特性。民用建筑中，人群的活动，工业建筑中，机器设备的运转等因素，都使结构产生振动，这种振动可能影响结构的使用或使人产生不舒服的感觉。振动测试可以确定振动的频率和幅值以及振源影响，并采取措施，使之降低到最低程度。

（3）采用结构振动信号对已建结构进行损伤诊断和健康监控。当结构出现损伤或破损时，结构的动力性能发生变化，例如，自振频率降低。阻尼系数增大，损伤部位的动应变加大。通过结构振动测试，掌握结构动力性能变化，就可以从结构动力性能的变化中识别结构的损伤。

4.3.1 振动测试的基础理论知识

如图 4-11 所示黏性阻尼的单自由度体系，振动微分方程为

$$m\ddot{x}+c\dot{x}+kx=f(t) \tag{4-3}$$

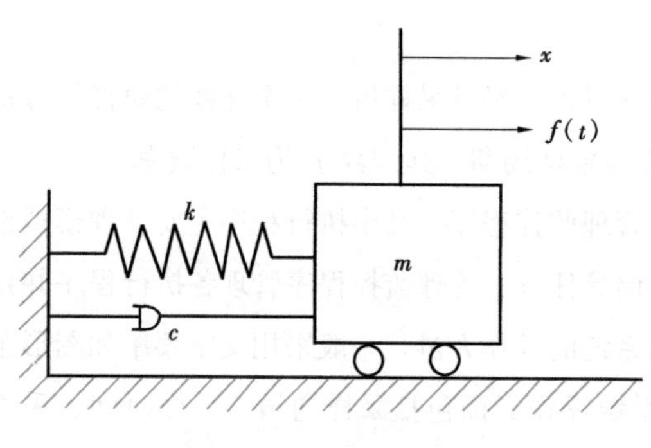

图 4-11 单自由度振动系统

式中，m 为质量；c 为黏性阻尼系数；k 为刚度；x，$\dot{x}$，$\ddot{x}$ 分别为质点的位移、速度和加速度；t 为时间，$f(t)$ 为随时间变化的激振力。考虑自由振动，令 $f(t)=0$，经变换，式（4-3）可变为：

$$\ddot{x}+2\zeta\omega_0\dot{x}+\omega_0^2x=0 \tag{4-4}$$

式中，$\omega_0=\sqrt{k/m}$，为体系的无阻尼固有圆频率（自振圆频率）；$\zeta=c/(2m\omega_0)$，为阻尼比。上式的解即为单自由度体系自由振动响应：

$$x=Ae^{-\zeta\omega_0 t}\sin(\omega_d t+\theta) \tag{4-5}$$

式中，$\omega_d=\omega_0\sqrt{1-\zeta^2}$，为有阻尼固有圆频率。$A$ 为振动幅值，θ 为振动相位，两者由振动初始条件确定。

设体系受到正弦激励，表示为复数形式，$f(t)=Fe^{j\omega t}$，其中，F 为激励幅值，ω 为激励频率。此时，体系的稳态响应也是正弦运动，$x=Xe^{j\omega t}$，其中，X 为稳态响应幅值。将 $f(t)$ 和 x 代入式（4-3），得：

$$(k-m\omega^2+j\omega c)X=F \tag{4-6}$$

定义：简谐激励下，单自由度体系的位移频响函数 $H(\omega)$ 为体系稳态位移响应幅值与激励幅值之比，即：

$$H(\omega)=\frac{X}{F}=\frac{1}{k-m\omega^2+j\omega c} \tag{4-7}$$

除位移频响函数外，还有速度频响函数和加速度频响函数。频响函数描述了体系响应的频率特征。因此，频响函数又构成对体系响应的频域描述。

式（4-7）表示的频响函数为一复函数，可以表示用指数形式表示为

$$H(\omega)=\frac{1}{k}\frac{1}{\sqrt{1-\lambda^2+4\zeta^2\lambda^2}}e^{j\varphi},\ \varphi=\arctan\frac{-2\zeta\lambda}{1-\lambda^2} \tag{4-8}$$

式中，$\lambda=\omega/\omega_0$，为频率比；φ 为相位角。图 4-12 给出单自由度体系的幅频曲线和相频曲线。

另一方面，考察激励为一个在很短时间内的作用力的情况。这种激励，称为单位脉冲力，并将其理想化为作用冲量为 1、作用时间无穷短的瞬时力。在数学上，用 δ 函数描述：

$$\delta(t)=\begin{cases}\infty & t=0\\ 0 & t\neq 0\end{cases} \tag{4-9}$$

和

$$\int_{-\infty}^{\infty}\delta(t)\mathrm{d}t=1 \tag{4-10}$$

对单自由度体系，质点受到单位脉冲力作用后获得动量 $m\dot{x}=1$，则自由振动的初始条件为 $x_0=0$，$\dot{x}=1/m$，由式（4-5），得到单位脉冲力作用下体系的位移响应：

$$h(t)=\frac{1}{m\omega_{\mathrm{d}}}e^{-\zeta\omega_0 t}\sin\omega_{\mathrm{d}}t \tag{4-11}$$

上式定义的函数称为脉冲响应函数。脉冲响应函数以时间为变量，它也包含了单自由度体系的全部信息，因而形成体系固有特性的时域描述。

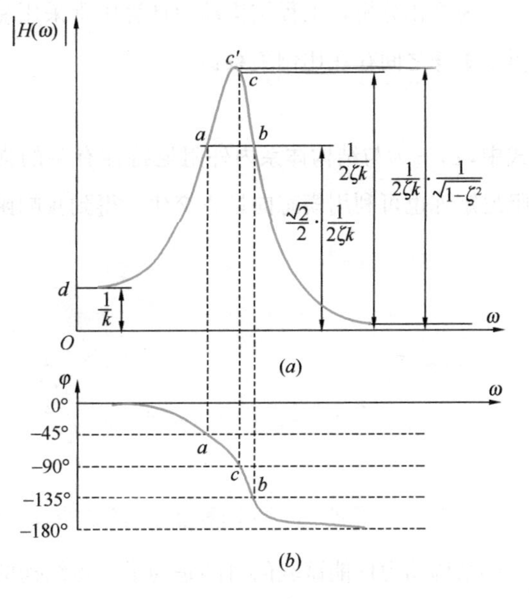

图 4-12　单自由度体系

（a）幅频曲线；（b）相频曲线

引入傅立叶变换，容易证明，脉冲响应函数与频响函数的关系为傅立叶变换的关系，也就是说，由脉冲响应函数的傅立叶变换可以得到频响函数。

无阻尼多自由度结构体系频响函数矩阵的模态展开式为：

$$H(\omega)=\sum_{i=1}^{n}\frac{\varphi_i\varphi_i^{\mathrm{T}}}{k_i-\omega^2 m_i} \tag{4-12}$$

式中，φ_i 为结构体系的第 i 阶振型；k_i 和 m_i 为相应于第 i 阶振型的模态刚度和模态质量。由频响函数矩阵的模态展开式可知，频响函数包含了结构的全部模态信息，是结构试验模态分析的基础。

利用模态坐标对多自由度结构运动微分方程解耦后，采用与单自由度结构类似的方法，可以得到结构的脉冲响应函数矩阵：

$$h(t)=\sum_{i=1}^{n}\frac{\varphi_i\varphi_i^{\mathrm{T}}}{m_i\omega_{0i}}\sin\omega_{0i}t \tag{4-13}$$

上式也可以从频响函数矩阵的傅立叶变换得到。考虑在第 p 个物理坐标作用单位脉冲力，第 q 个物理坐标的脉冲响应为：

$$h_{\mathrm{pq}}(t)=\sum_{i=1}^{n}\frac{\varphi_{\mathrm{p}i}\varphi_{\mathrm{q}i}}{m_i\omega_{0i}}\sin\omega_{0i}t \tag{4-14}$$

对于有阻尼多自由度结构体系，不论是频响函数矩阵，还是脉冲响应函数矩阵，一般都不能得到如同式（4-14）这样简单的表达式，其原因在于阻尼矩阵一般不具有与实模态向量正交的特性。

为简化分析，工程结构动力计算中常采用黏性比例阻尼，即假设阻尼矩阵与刚度矩阵和质量矩阵之间存在比例关系：

$$C = \alpha M + \beta K \tag{4-15}$$

式中，α，β为与结构体系内外阻尼特性有关的常数，可通过试验确定。有了上式的假定后，阻尼矩阵也可利用模态向量正交化。得到频响函数矩阵的模态展开式和脉冲响应函数矩阵：

$$H(\omega) = \sum_{i=1}^{n} \frac{\varphi_i \varphi_i^{\mathrm{T}}}{k_i - \omega^2 + j\omega c_i} \tag{4-16}$$

$$h(t) = \sum_{i=1}^{n} \frac{\varphi_i \varphi_i^{\mathrm{T}}}{m_i \omega_{\mathrm{d}i}} e^{-\zeta_i \omega_{0i} t} \sin\omega_{\mathrm{d}i} t \tag{4-17}$$

4.3.2 振动试验的激振设备与加载方法

结构动力性能试验的目的是为了获得结构的自振周期、振型、阻尼等结构信息，有时也需要得到结构在给定激励下的动力响应。为了使结构产生预期的振动，以便获取结构动力响应信号，需要对结构施加激振力。

1. 力锤

力锤，有时又称为测力锤或冲击锤，如图 4-13 所示。在锤头安装了冲击型压电式力传感器，用来测量锤头的冲击力。力锤主要用于结构模态试验。如果把力锤作用在结构上的冲击力看作为一个脉冲力，测量结构响应就可得到脉冲响应函数。用力锤敲击被测结构时，典型的冲击力时程曲线如图 4-14 所示。采用不同材料的锤帽得到不同的冲击力时程曲线，软锤帽的冲击作用时间长，硬锤帽的作用时间短。软锤头的冲击力可以激励结构的低频动态响应，硬锤帽的冲击可以激励结构的宽频带振动，但与软锤帽冲击力相比，在低频范围输入的能量较低。

图 4-13　力锤的外观

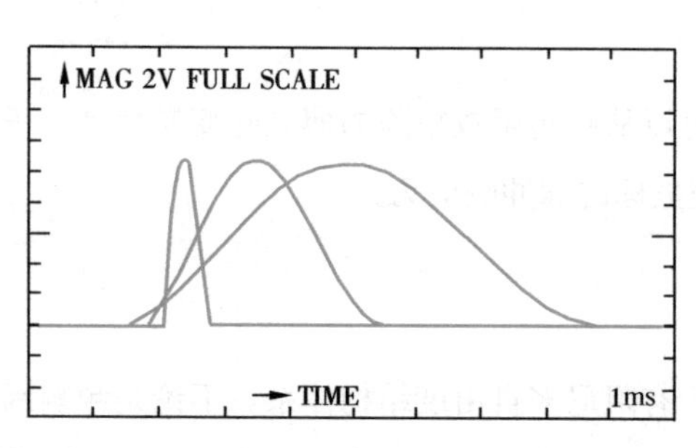

图 4-14　不同材料锤头的敲击力时程曲线

力锤的性能主要由力传感器的性能、锤头质量和锤帽材料的硬度决定。其主要指标包括频率响应范围、动态范围、电荷灵敏度或电压灵敏度（ICP 传感器）和锤头质量等。

力锤靠人工操作，锤头质量通常不超过 2kg，主要用于中小型构件的振动试验。

2. 电动激振器

用于结构振动测试的激振器种类很多。按工作原理来分，有机械式、电动式、液压式、电磁式、压电式等激振器。电液伺服作动缸也是一种低频大功率激振器。不同激振器的性能不同，用途也不同。

图 4-15 给出丹麦生产的一种电动激振器的外形图。其基本构造如图 4-16 所示。电动激振器的工作原理与广泛使用的电动机相似：对电动机输入交变电流时，电动机产生旋转运动；而对电动激振器输入交变电流时，激振器的驱动线圈产生往复运动。通过驱动线圈的连接装置驱动被测结构，使结构产生振动。电动机可以调速，电动激振器驱动线圈的振动频率和振动幅值也可通过调节输入电流而变化。

图 4-15　丹麦 B&K 公司的 4824 型激振器

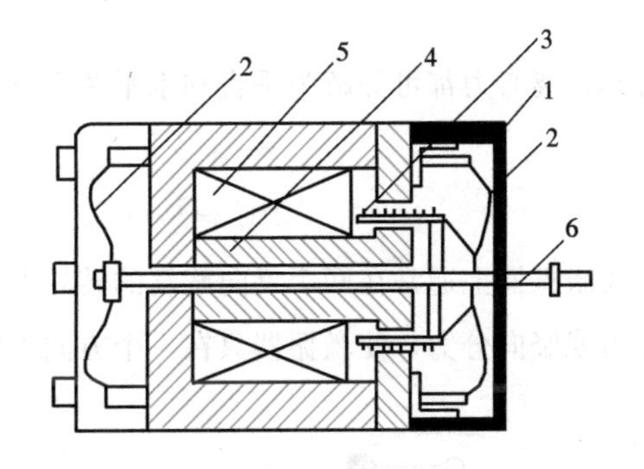

图 4-16　电动激振器的基本构造图

1—外壳；2—支承弹簧；3—动圈；4—铁芯；5—励磁线圈；6—顶杆

电动激振器一般不能单独工作，常见的激振系统由信号发生器-功率放大器-电动激振器组成。信号发生器产生微小的交变电压信号，经功率放大器放大转换为交变的电流信号，再输入到激振器，驱动激振器往复运动。

激振器与被测结构之间通过一根柔性的细长杆连接。柔性杆在激振方向上具有足够的刚度，而在其他方向的刚度很小。也就是说，柔性杆的轴向刚度较大，弯曲刚度很小。这样，通过柔性杆将激振器的振动力传递到被测结构，可以减少由于安装误差或其他原因所引起的非激振方向上的振动力。柔性杆可以采用钢材或其他材料制作。采用钢材时，一般直径为 1～2mm，长度为 20～50mm。

电动激振器对试验结构施加的激振力频率可以连续地变化，当激振频率与试验结构的自振频率相同时，结构产生共振，因此可以直接从试验中得到结构的自振频率。对试验中得到的响应时程曲线进行傅里叶变换，得到结构的频率响应函数。但电动激振器输出的功率较小，一般只能进行较小构件的激振试验。

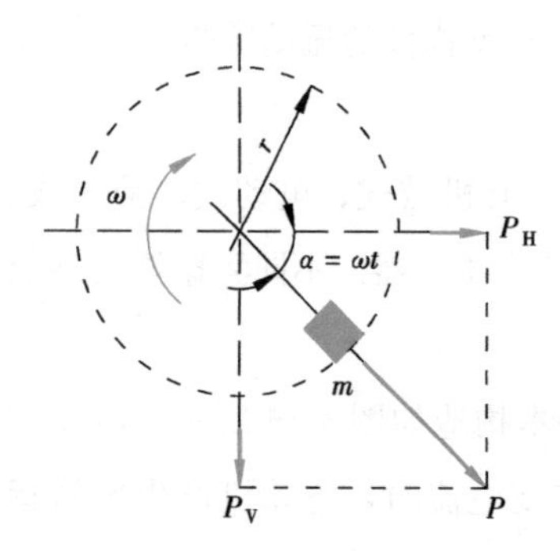

图 4-17　偏心质量离心力原理

电动激振器的安装方式可分为固定式安装和悬挂式安装。采用固定式安装时，激振器安装在地面或支撑刚架上，通过柔性杆与试验结构相连。采用悬挂式安装时，激振器用弹性绳吊挂在支撑架上，再通过柔性杆与试验结构相连。

电动激振器的主要性能指标有最大动态力、频率范围等。

3. 离心式激振器

离心式激振器的原理就是质量块在旋转运动中将产生离心力。如图 4-17 所示，偏心质量块 m 以角速度 ω 沿半径为 r 的圆运动时，偏心质量块产生离心力：

$$P = m\omega^2 r \tag{4-18}$$

在任意时刻，离心力都可分解为垂直和水平两个方向上的分力：

$$\begin{aligned} P_V &= P\sin\omega t = m\omega^2 r\sin\omega t \\ P_H &= P\cos\omega t = m\omega^2 r\cos\omega t \end{aligned} \tag{4-19}$$

离心式激振器上通常在两个反向旋转的转轮上安装相同的偏心质量块，相互抵消离心力的水平分力或竖向分力，使激振器只在一个方向上施加简谐激振力，如图 4-18 所示。

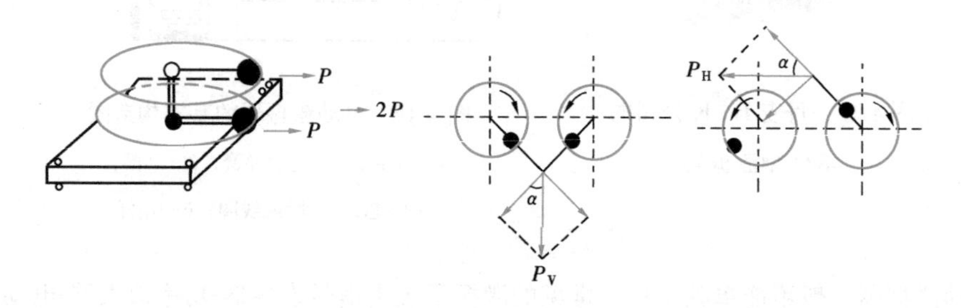

图 4-18　离心式激振器的原理图

离心式激振器可用来对大型结构施加激振力，它直接安装在结构上（图 4-19），安装点就是激振点。通过调节激振器电机转速改变激振频率。由于激振器本身有一定的质量，安装在结构上可能影响结构的动力特性。因此，这种离心式激振器主要用于质量较大的大型结构，如钻井平台、多层房屋、建筑地基等，最大激振力可达 100kN 以上。

图 4-19　离心式电动机械激振器

4. 液压激振器

直线往复液压激振器主要采用电液伺服系统，作动器推动质量块做沿固定轨道水平往复运动，产生惯性力。将激振器的底座与试验结构相连，质量块运动的惯性力就作用到试验结构上。图4-20为国外的液压激振器。

图4-20 采用电液伺服激振器对大坝进行激振
（1000kg质量，1～100Hz激振频率，250mm最大位移）

液压激振器也可用来竖向激振，大跨结构的振动测试时需要施加竖向激振力，可将电液伺服作动器垂直放置，但一般质量块要小一些，如图4-21所示。

图4-21 采用液压激振器进行竖向激振

5. 其他激振方法

对结构施加动力荷载的方法很多，除采用相关的试验设备外，还可利用多种方法施加动力荷载。例如，从一定高度落下已知质量的重物（落锤，夯锤）作用在结构上，使结构受到冲击荷载或使结构受到瞬时激励而振动；也可将重物悬挂在支架上，使其水平运动撞击被试验结构，房屋建筑中的墙板构件有时进行这种试验。如图4-22所示，采用拉索机构使结构产生变形，当拉力足够大时，预先设置的钢棒被拉断，结构储存的变形能转换为动能，结构开始自由振动。还可采用特制雷管在指定部位将拉索炸断以释放结构的变形能。桥梁振动试验中，常采用跳车的方法对桥梁结构激振。所谓跳车，也就是让汽车车轮从一定高度落下，利用汽车质量对结构产生冲击作用，但汽车本身的质量可能影响桥梁结构动力性能。还可以利用火箭原理设计的反冲激振器（图4-23），根据作用力-反作用力原理对桥梁结构激振，这种激振方式对结构附加的质量很小。

利用高灵敏度传感器测量大型结构的试验，还可采用脉动激励，如高层建筑、大跨桥梁的动力性能测试。这种方法不需要任何激振设备，利用高灵敏度传感器采集风、地面运动等

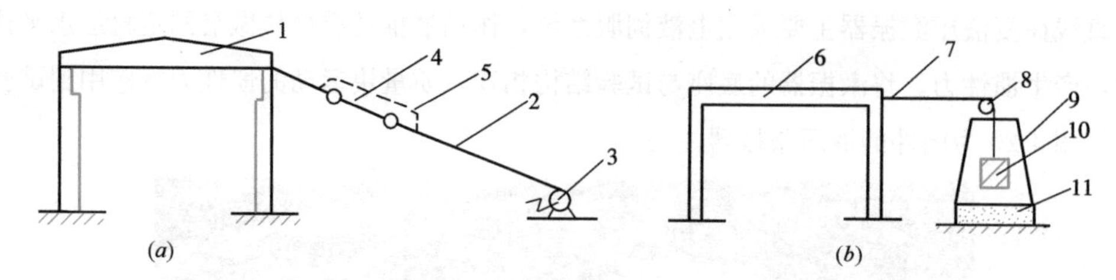

图 4-22　用张拉突卸法对结构施加冲击荷载

(*a*) 铰车张拉；(*b*) 吊重张拉

1—结构物；2—钢丝绳；3—铰车；4—钢拉杆；5—保护索；6—模型；

7—钢丝；8—滑轮；9—支架；10—重物；11—减振垫层

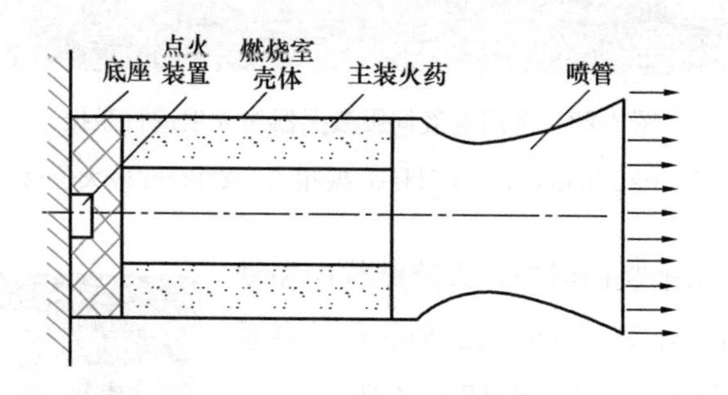

图 4-23　反冲激振器原理

作用使结构产生微小振动信号，通过信号分析，也能得到结构动力性能参数。大型结构的动力参数测试，环境脉动激励往往是首选的方法。

4.3.3 振动测试与数据采集

结构动力性能测试主要获取的信息依据试验的目的可分为结构固有动力性能参数和环境激励下结构动力响应。前者包括结构的固有频率、振型、阻尼比等，后者主要是振动幅值和振动频率等信息。

结构或构件以低频大位移的方式振动时，可以在振动物体旁边建立标尺，直接肉眼读取幅值，达到其大致范围。精确的振动幅值测量需要利用经标定的位移传感器，进行相对位移测量。所谓相对位移是指振动物体相对一不动点的位移。安装在振动物体上的速度传感器和加速度传感器，直接测量的速度或加速度为绝对速度或绝对加速度，也就是说测量的速度或加速度不需要参照点。由速度或加速度积分得到位移，将产生积分常数，利用运动的初始条件确定积分常数，所得位移实际上是相对于积分常数的位移。对于大型结构，如高层建筑和大跨桥梁，没有条件安装位移传感器，只能采用速度传感器或加速度传感器测量振动幅值。这样得到的振动位移时程曲线，大多为实际振动位移在较高频率范围内的分量。

同样，人体或肉眼可以感受的低频或超低频振动的频率，也可以用简单的计数法获取，用于粗略的估计结构振动频率。

现代振动测试技术的主要内容就是采用各种传感器和仪器设备，精确地得到施加在被测结构上的激励信号和结构在激励作用下的响应信号，再利用信号分析和处理，得到所需要的测试结果。

结构振动测试的第一步是获得被测结构的激励和响应的时域信号。根据不同的试验目的，时域信号的测量一般由以下环节组成：

（1）确定结构的支撑方式和边界条件；

（2）选择振动测试仪器设备；

（3）安装传感器；

（4）采集记录数据。

以下结合不同类型的振动试验讨论相关的测试技术。

1. 试件与传感器的安装

如前所述，结构试验分为原型结构试验和模型结构试验。对于原型结构试验，没有试件安装问题。如在实验室进行模型结构振动测试，试件的安装对测试结果可能产生很大的影响。试件安装方式一般可分为自由悬挂和强制固定两种。自由悬挂是将试件自由的悬挂于惯性空间，理论上试件应展现出纯刚体模态（固有频率为零）。试验中，通常采用橡胶绳悬挂试件，由于橡胶绳具有一定的刚度，试件不会出现零频率的刚体模态。但相应于准刚体模态（由橡胶绳的刚度确定）的固有频率可以明显低于试验感兴趣的最低阶结构固有频率，对试验结构动力特性影响很小。此外，将悬挂点设在结构振型的节点处，可进一步降低悬挂的影响。这种安装方式多用于小型结构或构件的模态试验。图4-24给出钢筋混凝土梁振动测试悬挂安装的一个实例，梁的长度为6m，质量为750kg。

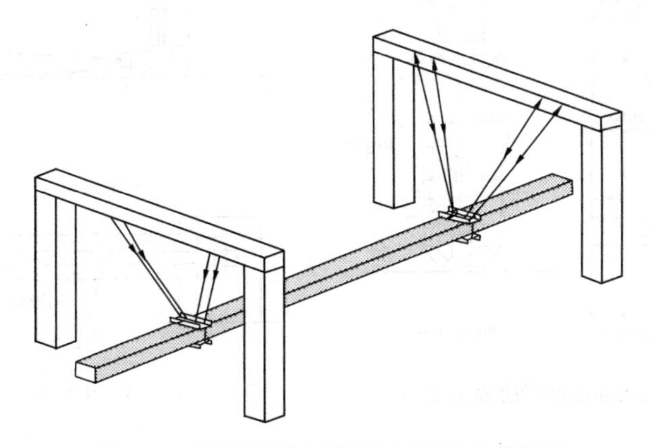

图4-24　钢筋混凝土梁模态试验的悬挂安装

所谓强制固定安装方式是将试件的某些部位用机械方式固定。从力学意义上讲，结构的边界条件可分为位移边界和力边界条件，固定安装是相对位移边界条件而言，最常见的实例是简支梁和一端固定的悬臂梁。在静载试验中，简支梁或悬臂梁的边界条件都可以与理论模型较好的吻合。而在结构振动测试中，将试件完全固定于惯性空间是很难做到的。因为所有支墩、底座、连接件，包括基础都不是绝对刚性的。这些部位的有限刚度将影响结构较高阶的模态特性。在土木工程结构试验中，被试结构的刚度和体积都可能比较大，很难采用自由悬挂安装方式。常规的做法是使支撑刚度尽可能大于被试结构的刚度，保证试验结构的低阶模态特性不受影响。也可以将试验结构和安装连接装置看成一个大的结构体系，采用系统识别的方法消除安装方式导致的影响。

图 4-25 给出压电式加速度传感器安装方式对测试频响范围的影响，这是取自丹麦 B&K 公司的产品说明，从上至下连接方式依次为钢螺栓、薄层蜂蜡、胶结螺栓、薄双面胶带、厚双面胶带和磁性安装座连接。由图 4-25 可知，不同的传感器安装方式对应了不同的频响特性。除胶结螺栓外，这些连接方式均可用于在钢结构表面安装传感器，较方便的是磁性安装座和双面胶带。混凝土结构表面可能不平整，采用胶结螺栓比较麻烦，可以先用高强度胶粘剂在结构表面固定小钢板，再用磁座或双面胶带在小钢板上安装传感器。精确的振动测试还有可能受到电缆振动产生的噪声影响，如图 4-26 所示，传感器的导线也应仔细固定。

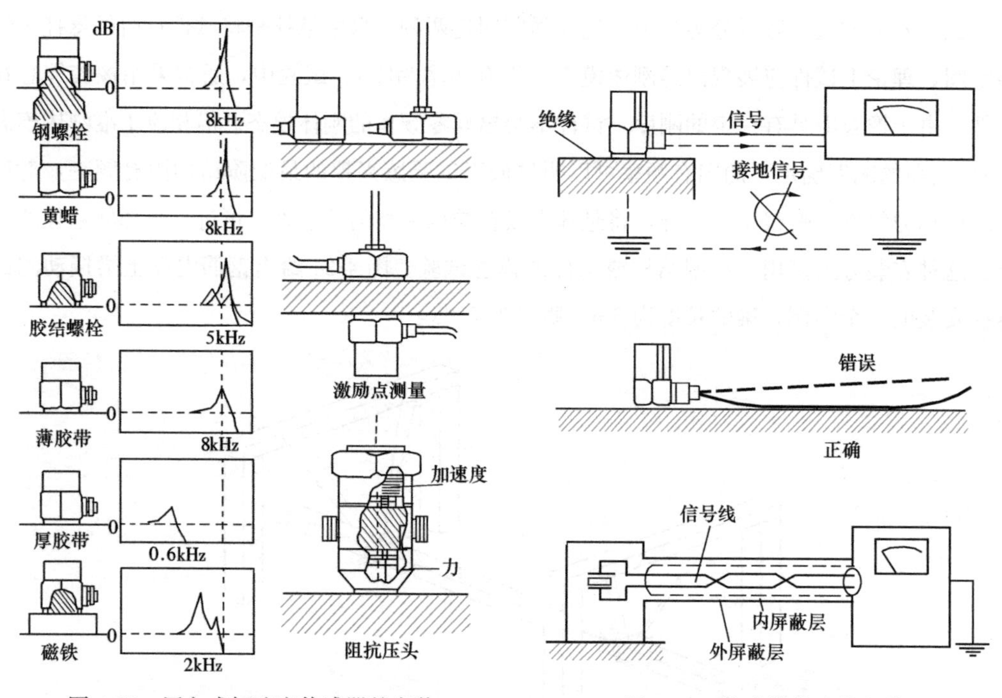

图 4-25　压电式加速度传感器的安装　　　　图 4-26　传感器的连接电缆

2. 激励方法的选择

根据试验目的和试验对象的不同，选择不同的激励方法。对于大型工程结构，例如特大跨径桥梁和高层建筑，通常采用环境激励，也称为脉动激励。结构所处的环境中，风、水流、附近行驶的车辆、人群的活动等因素，使结构以微小的振幅振动。对于这种环境的脉动，将其看作为宽频带的随机激励，可近似地用白噪声模型描述。利用响应信号的自功率谱和互功率谱密度函数，可以确定结构的固有频率和振型。采用环境激励进行振动测试时，为了保证采集的信号具有足够的代表性（平稳随机过程的各态历经性），信号采集需要一定的时间，并且每次采集响应信号时的环境条件应基本相同。

实验室内模型结构的振动测试，可以采用电液伺服试验设备对结构施加激励。电液伺服试验系统适合于低频范围内的大荷载激励，对电液伺服作动缸和试验结构的安装都有较严格的要求。电液伺服振动台可对其台面上的模型结构模拟地面加速度激励。大型电液伺服系统一般用于结构抗震试验，较少用于结构模态试验。

电动激振器是进行结构模态试验的标准设备之一。一般电动激振器带有一个较重的底座和支架，将其置于地面，对结构施加垂直方向、水平方向或其他方向的激振力，也可以用弹性绳悬挂于支架上，对结构施加激振力（图4-27）。电动激振器是对结构施加稳态激励的部件，它必须与信号发生器、功率放大器一起使用。

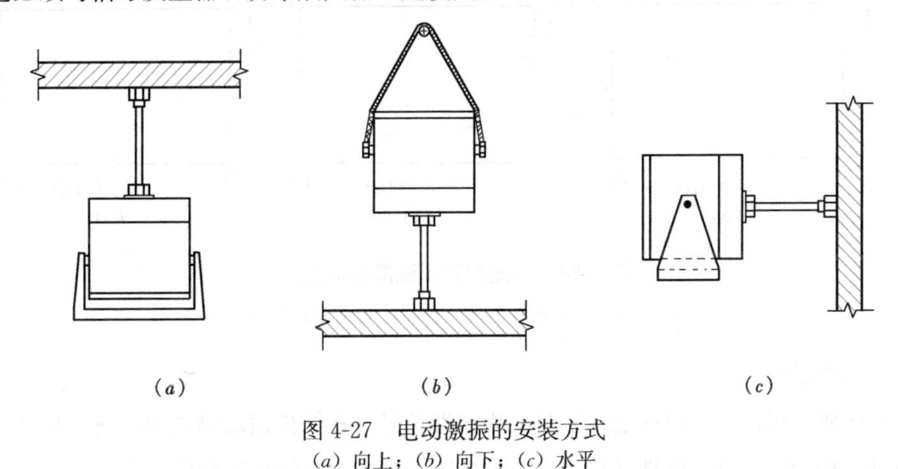

图4-27　电动激振的安装方式

(a) 向上；(b) 向下；(c) 水平

在结构模态试验中，电动激振器常采用下列方法对结构施加激励并测量频响函数：

(1) 步进式正弦激励

这是一种经典的测量频响函数的方法。在预先选定的频率范围内设置足够数量的离散频率点，采用步进方式依次在这些频率点进行稳态正弦激励，得到离散频率点的频响函数。

(2) 慢速正弦扫描激励

在信号发生器上采用自动控制的方法，使激励信号频率在所关心的频率范围内，从低到高缓慢连续变化。在预备性试验中，确定扫描的频率范围和扫描速度。由于激励信号频率变化，在理论上是不能得到稳态响应的。但在实际结构试验中，可以找到一个合适的扫描速度。由低频向高频扫描得到的频响函数与从高频向低频扫描得到的频响函数不同。一般认为，使两者误差最小的扫描速度就是使频响函数误差最小的速度。采用正弦扫描激励时，在结构共振频率处，由于阻抗匹配问题，激励信号的功率谱将出现明显下降。

(3) 快速正弦扫描激励

这种方法又称为线性调频脉冲，属于瞬态激励方法，具有宽频带激励能力。激励信号频率在数据采集的时段内从低到高或从高到低快速变化，扫描的频率可以线性变化，也可以按指数或对数规律变化。快速扫描过程应在相同条件下周期性地重复，通过平均消除误差。图4-28 给出线性快速扫描的时域信号和功率谱密度函数。快速扫频方法得到的频响函数具有良好的信噪比和峰值特性，但可能产生非线性失真。在试验中，应注意适当选择扫描速度和时窗长度，保证在时窗内有足够的时间衰减自由振动。

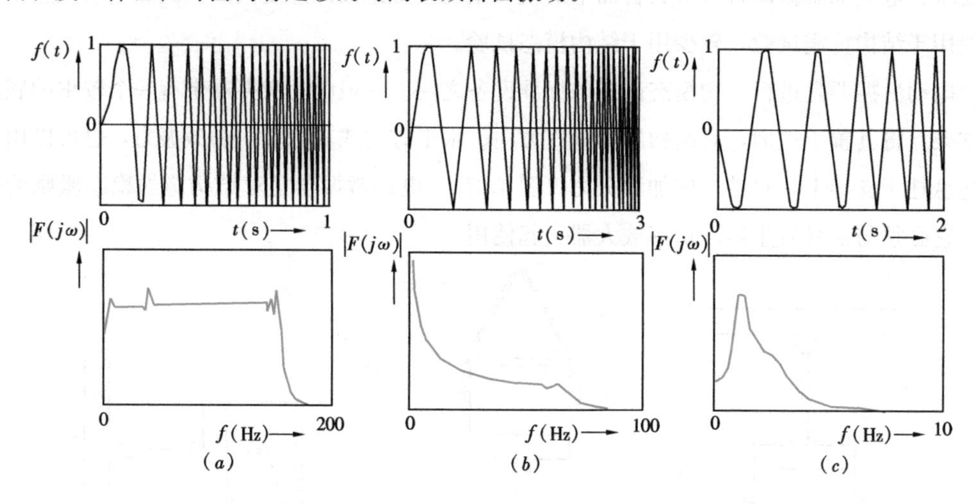

图 4-28 快速扫频正弦激励的例子

(a) 线性扫频；(b) 指数扫频，$T=5$s；(c) 对数扫频，$T=5$s

(4) 随机激励

按照随机过程论，随机激励信号是非确定性信号。在结构振动测试中，随机激励分为纯随机激励、伪随机激励和周期随机激励 3 种情况。其中，纯随机激励信号由一个数字化的随机信号发生器产生，随机信号发生器的随机信号来自专用电子元件的电子噪声；利用计算机软件作为信号发生器，伪随机激励信号由计算机程序产生，来源于计算机程序中的伪随机数；周期随机激励综合了纯随机和伪随机的特点，它由很多段互不相关的伪随机信号组成。

比较而言，纯随机信号来自电子噪声，使用中通过多次平均可以消除干扰和非线性影响，但每次采样长度有限，导致所谓信号泄漏。伪随机信号是计算机产生的有限长度随机序列，其频谱由离散傅立叶变换频率增量的整数倍频率组成，在采样时窗内是一周期信号，它不会产生信号泄漏，但不能消除非线性影响。

周期随机信号的频谱也是由离散频率构成，这些频率等于离散傅立叶变换所用频率分辨率的整数倍。利用随机数字信号发生器，周期随机信号程序产生一个幅值和相位都随机变化的信号，用这个信号序列重复激励结构直到结构瞬态响应结束，然后再开始下一个周期的随机激励。各个周期的随机信号是完全不相关的，也就是说，是纯随机的。图 4-29 给出周期随机信号的示例，在每个周期 T' 内，完全相同的信号重复三次，不同周期内，信号完全无关。

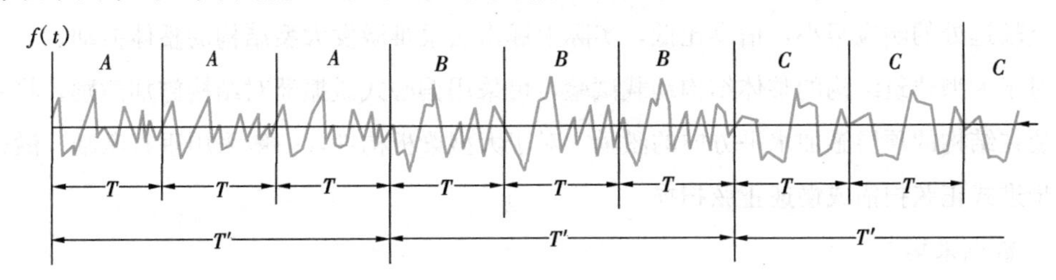

图 4-29　周期随机信号

除上述激励方式外，利用专门的信号发生设备和控制器，还可进行猝发快扫或猝发随机激励。

力锤激励输入的信号是一种瞬态的确定性信号。每次力锤冲击产生一个脉冲，脉冲持续时间只占采样周期的很小一部分。锤击脉冲的形状、幅值和宽度决定了激励力的功率谱密度的频率特性。完全理想的脉冲信号具有无限宽的频带，因此，当脉冲幅值相同时，脉冲持续时间越短，其功率谱密度的分布频带越宽；反过来，脉冲幅值相同而持续时间越长时，其功率谱密度的分布频带越窄，在低频段激励对结构输入的能量越大。图 4-30 给出一种力锤冲击的时域信号和频域信号，图中的结果反映了锤帽和锤头质量的影响。

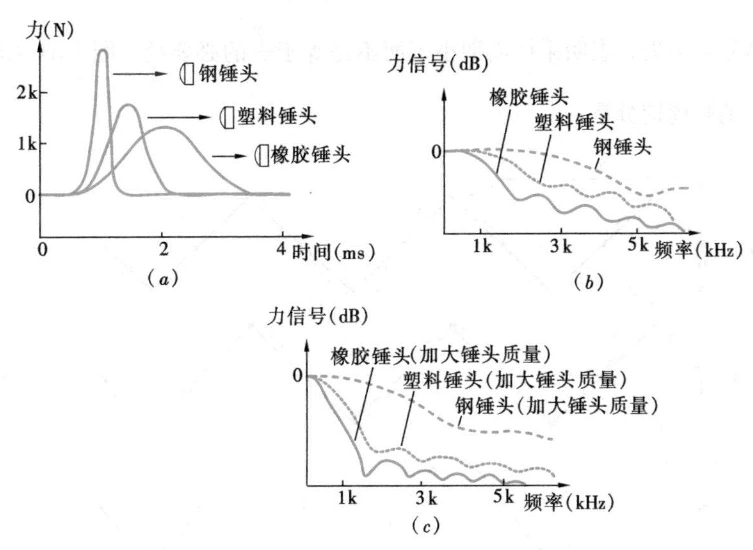

图 4-30　力锤的构造和力锤激励信号

(a) 时域信号；(b) 频域信号；(c) 加大锤头质量后的频域信号

采用力锤激励最大的优点是操作方便，简单快速，泄漏可以减少到最小，但要求操作熟练。此外，力锤信号的信噪比较差，对放大器过载和结构非线性比较敏感。理想的输入应当是一个窄的脉冲，其后的信号为零。而实际上脉冲结束后的噪声在整个采样周期内都存在，噪声总能量可与脉冲能量具有相同的数量级。因此，必须采用加窗的办法将这些噪声消除。

锤击激振的另一个不足之处是输入能量有限，对大型工程结构，往往因能量不足导致距锤击点较远处的响应很小，信噪比低，实际上锤击法很难激发大型结构的整体振动。

对于大型建筑结构的整体结构动载试验，可采用偏心式激振器对结构施加激励，将激振器安装在结构的顶层施加水平方向的激励，对于大型梁板构件，一般采用垂直激励。激励方式为步进式正弦扫描或慢速正弦扫描。

3. 数据采集

模拟信号经过 A-D 采样后被转换为离散的数字信号。T_s称为采样周期，其倒数 f_s为采样频率。从数学上讲，采样过程是用离散脉冲序列对模拟信号的调制过程。对采样过程的基本要求是：采集的数字信号能够完整的保留原模拟信号土要特征。振动信号的土要特征是振动的频率和幅值。关于采样频率，采样定理表述为："若要恢复的原模拟信号的最高频率为 f_{max}，则采样频率 f_s必须满足 $f_s>2f_{max}$"。如果采样频率不满足采样定理，就可能出现所谓"频率混叠"，在数字信号中出现原模拟信号没有的频率成分。

对采样定理已有严格的数学证明。图 4-31 直观地给出"频率混叠"的近似说明。如图 4-31 所示，将周期为 T 的正弦波分别以（a）$\frac{T}{4}$，（b）$\frac{T}{2}$，（c）$\frac{T}{4}$，（d）$\frac{3}{4}T$ 的周期采样。显然，图 4-31（a）和（b）采集的信号有可能恢复原来的正弦波；图 4-31（c）的情况比较特殊，整个信号被丢失，表明采样周期小于而不是等于$\frac{T}{2}$的必要性；图 4-31（d）则采集了实际上不存在的长周期分量。

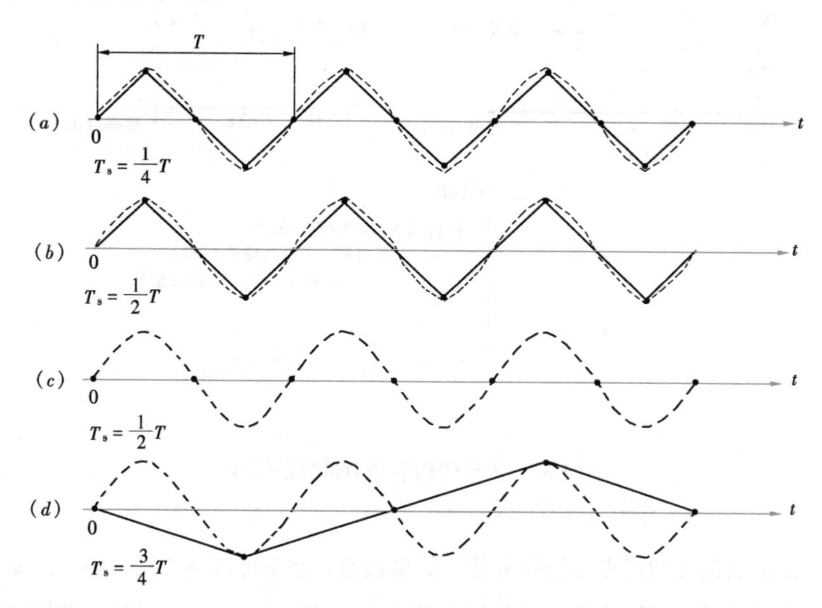

图 4-31　采样定理实例

图4-31的例子说明，满足采样定理，只是保证不出现频率混叠，并不能保证信号的幅值特征的完整性，即仅仅满足采样定理有可能丢失信号（波形失真）。因此，在振动测试中，采样频率应大于采样定理要求的最小采样频率，例如，取 $f_s=(6\sim10)f_{max}$，此处 f_{max} 为预估的被测对象最高振动频率。

采用脉动法激励时，还要设置采样长度。由于作用在结构上的脉动激励是完全随机的，只有足够长时间的采样才能得到相对完整的结构响应信息。采用锤击法激励时，由于人工操作，每次锤击的力度可能不同，为了消除误差，可采用多次锤击，取其平均。

4. 传感器标定与校准

振动测试所用的传感器主要包括位移、速度、加速度和力传感器。通常，应采用高精度的标准传感器在标准环境下标定振动试验中所用的传感器。但常规的结构实验室一般没有配备各种规格和各种类型的高精度标准传感器。在普通结构振动测试中，可以降低精度要求进行传感器标定。其中，绝对位移传感器可采用与静态位移传感器相同的方法标定。例如，采用经计量标定的百分表在静态或准静态条件下标定绝对式动态位移传感器，并假定动态位移幅值与静态位移幅值具有相同的精度。再用绝对式动态位移传感器校准相对式传感器。这样校准的传感器精度虽然不高，但可以满足大多数结构试验的要求。

对于加速度传感器，专业校准更加难以在结构实验室完成。除传感器制造厂商提供了传感器的性能指标外，振动测试时，大多采用简易方法进行加速度传感器的校准。图4-32给出一种简易标定仪，它实际上是一个频率单一的激振器，可以用50Hz的频率精确地产生 $10\mathrm{m/s^2}$ 的峰值加速度，假设传感器的频响函数在整个有用频带上是平坦的，利用这一个点的标定即可确定传感器的灵敏度。还有一种采用类似原理的手持式简易加速度传感器标定仪在实际测试中也得到广泛使用。

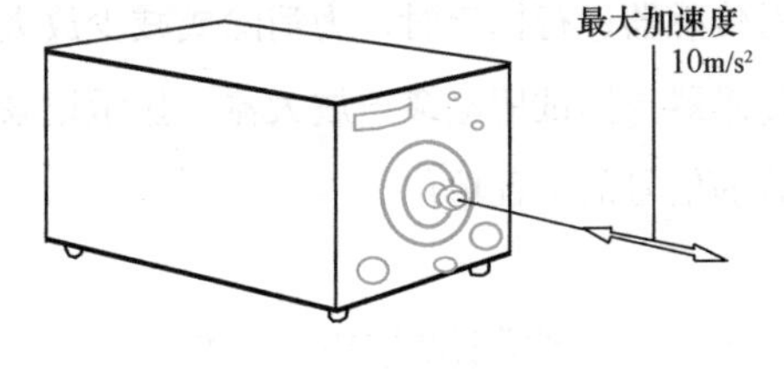

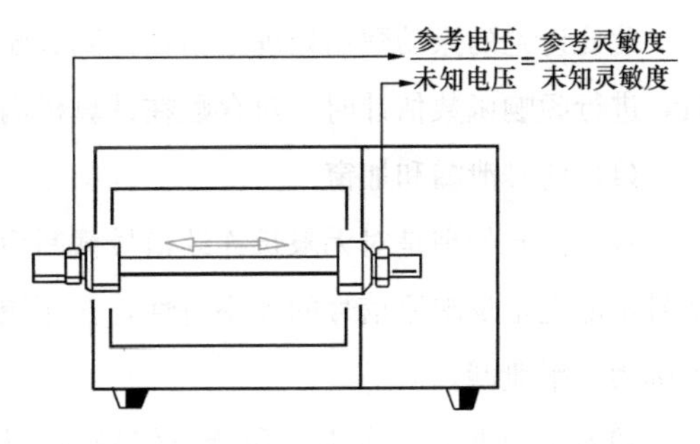

图4-32　丹麦B&K公司的一种简易标定器

图4-33给出另一种加速度传感器的标定方法。在式(4-7)中，将分子乘以 ω^2，即可得到单自由度体系的加速度频响函数：

$$H_A(\omega)=\frac{A}{F}=\frac{-\omega^2}{k-\omega^2m+j\omega c} \tag{4-20}$$

如图4-33所示悬挂体系的刚度和阻尼都很小，可以忽略，由上式得到的加速度频响函数为一条水平线：

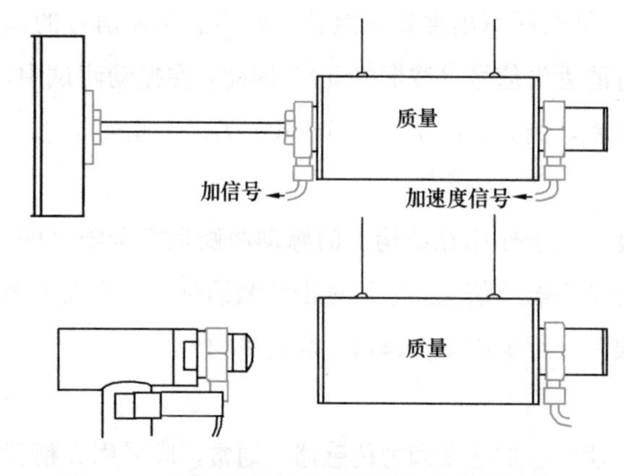

图 4-33　利用加速度频响函数进行传感器标定

$$H_{\mathrm{A}}(\omega)=1/m \tag{4-21}$$

水平线的纵坐标就是激励产生的加速度，利用已知质量即可求得该加速度的具体数值。

还有一些利用重力场中的重力加速度对传感器进行标定的方法。

在结构模态试验中，往往对传感器灵敏系数的精确值不是特别关心，而是要求同一个模态试验中所用的传感器按相同的灵敏度输出信号，即加速度相同时，传感器输出放大后的电压信号相同。这时，对传感器可以采用同条件相对标定的方法进行标定。

对传感器进行标定时，为消除或减少放大器的非线性带来的误差，常采用联机标定的方法对传感器一测试用电缆一放大器一显示记录仪（计算机）进行联机标定，一直到在计算机中设置的信号的工程单位。

4.3.4 振动测试数据处理

此处讨论的振动数据处理是指在得到频响函数前的信号处理。在采集了激励和响应信号后，进行频响函数估计时，对存贮在计算机内的振动数据主要进行加窗和滤波处理。

(1) 信号泄漏和加窗

数字信号处理是对无限长连续信号截断后所得有限长度信号进行处理。截取的有限长度信号不能完全反映原信号的频率特性，在频域内增加了原信号所不具有的频率成分，这种现象称为频率泄漏。

如图 4-34 所示，截取一段余弦信号进行傅立叶变换，可以看到频率泄漏。理想余弦函数的傅里叶变换应该就是两条谱线（图 4-34*a*）。截取一段信号进行傅立叶变换，相当于对原信号和一分段函数（水平直线，称为矩形窗函数）的乘积进行傅立叶变换，直线的傅里叶变换如图 4-34（*b*）所示，但理论上直线的傅里叶变换应该是原点处的 δ 函数。余弦函数加矩形窗函数的傅里叶变换如图 4-34（*c*）所示，原信号的能量泄漏到整个频率轴上。

显然，矩形窗函数这种截取信号的方式导致了频率泄漏。如果采用其他形式的窗函数截取信号，泄漏将得到改善。图 4-35 给出用于稳态信号的 4 种窗函数的时域图形。图 4-36 为余弦信号采用汉宁窗截取一段后进行傅立叶变换的结果。

对于瞬态响应信号，通常加指数窗减少泄漏。对于瞬态激励信号通常加力窗减少泄漏。

应当指出，截取信号所导致的泄漏是不可能完全避免的，加窗后，原信号特点或多或少受到影响。例如，对瞬态响应信号加指数窗后，虽然减少了泄漏，但加大了信号的阻尼。图

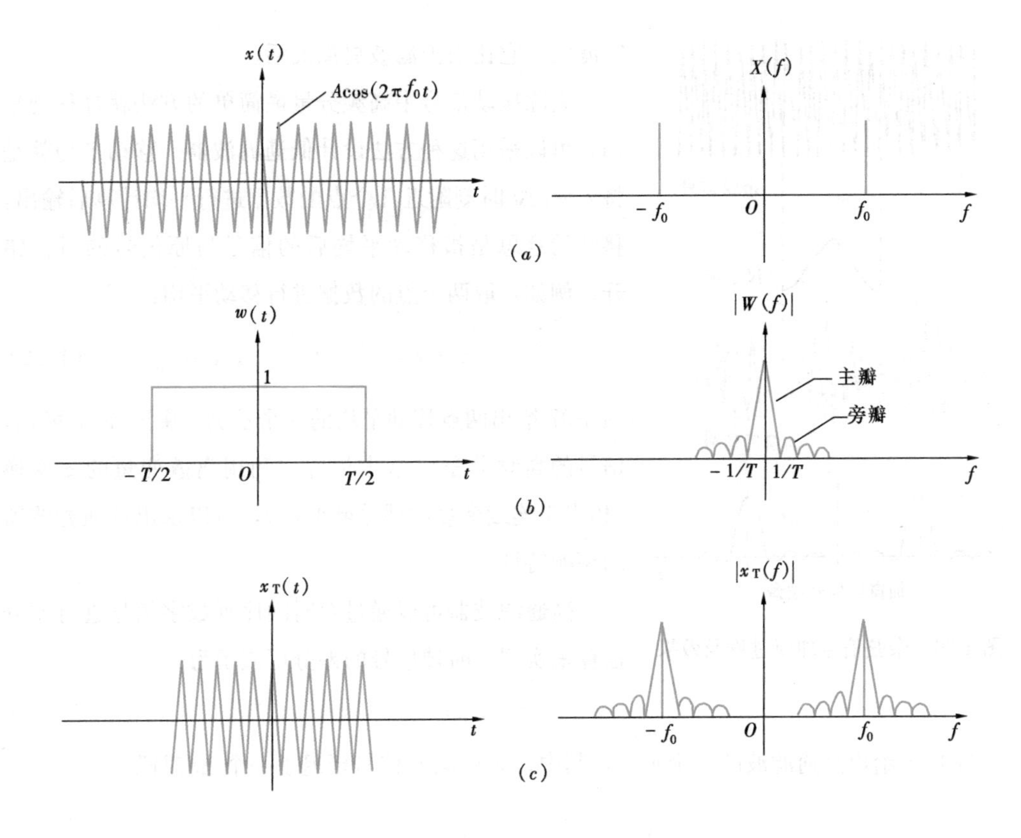

图 4-34　余弦信号截断过程及泄漏现象

(*a*) 余弦函数及其傅氏谱；(*b*) 矩形窗函数及其傅氏谱；(*c*) 截断全余弦信号及其傅氏谱

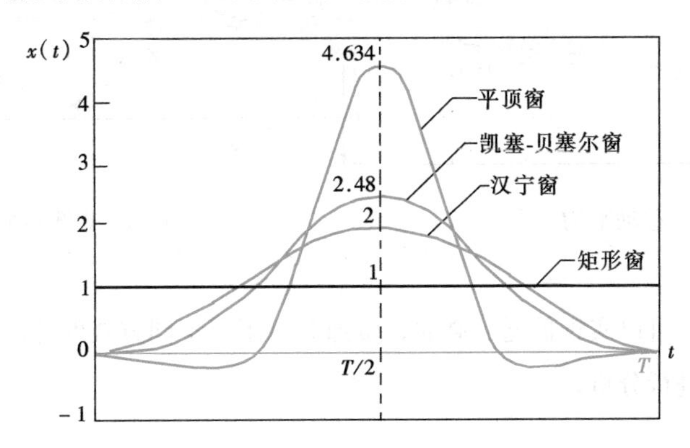

图 4-35　四种函数窗的时域图形

4-36所示的汉宁窗也减少了泄漏，但它使主瓣（主要频率部位）变宽，信号仍有一定程度的失真。

(2) 数字滤波

在采集激励和响应信号时，通常利用放大器上的滤波器对信号进行了滤波处理。放大器，如电荷放大器，一般只有低通滤波功能。采用计算机方法对采集的信号进行滤波称为数

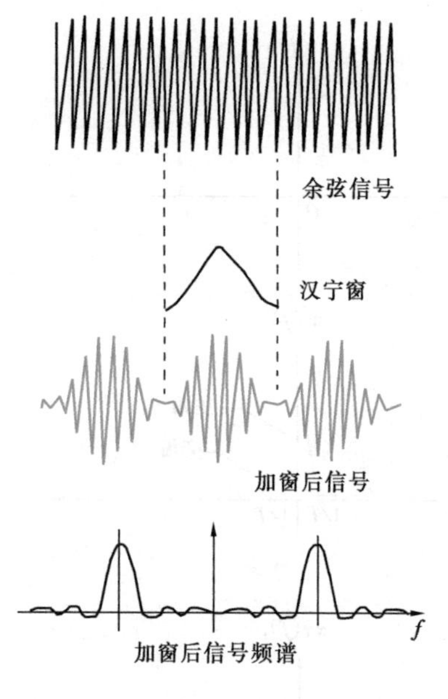

图 4-36 余弦信号加窗过程及效果

字滤波，它比模拟滤波更加灵活。

去除振动信号中高频分量最简单的方法就是移动平均，可以采用这种方法设计低通滤波器。移动平均就是将 $t_i=i\Delta t$ 时刻附近几个点的数据进行平均计算后输出，移动的意思是指移动平均后的信号与原信号的时标错开。例如，取两个点的数据进行移动平均：

$$y(t_i)=\frac{1}{2}[x(t_i)+x(t_{i-1})] \tag{4-22}$$

图 4-37 给出两点移动平均的一个示例。由图 4-37 可知，信号的高频分量已基本消除。利用离散变量的 z 变换（相当于连续变量的傅立叶变换），可以求出低通滤波器的频响特性。

高通滤波器可以通过对时间序列数字信号进行差分运算来实现。时域信号的差分可表示为：

$$y(t_i)=x(t_i)-x(t_{i-1}) \tag{4-23}$$

图 4-38 给出高通滤波的一个示例，其中，x（t_{i-l}）信号延迟了一个 Δt 时段。

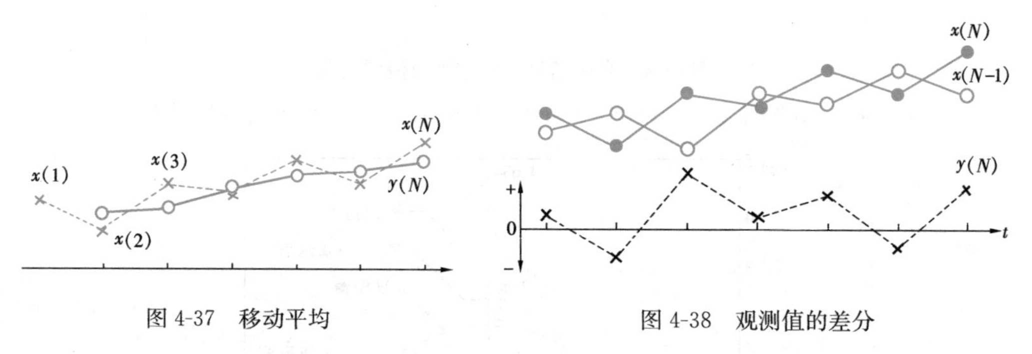

图 4-37 移动平均

图 4-38 观测值的差分

采用数值运算，可以实现低通、高通、带通和带阻等不同方式的滤波。对采集的信号在不同的频率范围内进行分析。

（3）平均技术

在振动测试中，由于环境干扰、操作误差、电子噪声等原因，采集的激励和响应信号中掺杂了大量噪声信号，频响函数也受噪声污染而变得不光滑，并可能混杂虚假的频率分量。图 4-39 给出频响函数的一个示例，其中，200Hz 附近的突出峰值就是噪声所引起。

在对采集的信号进行处理时，可以通过平均技术降低随机噪声的影响。理论上，零均值的白噪声型随机误差可以通过平均技术完全消除。对不同类型的信号可以采用不同的平均技术。

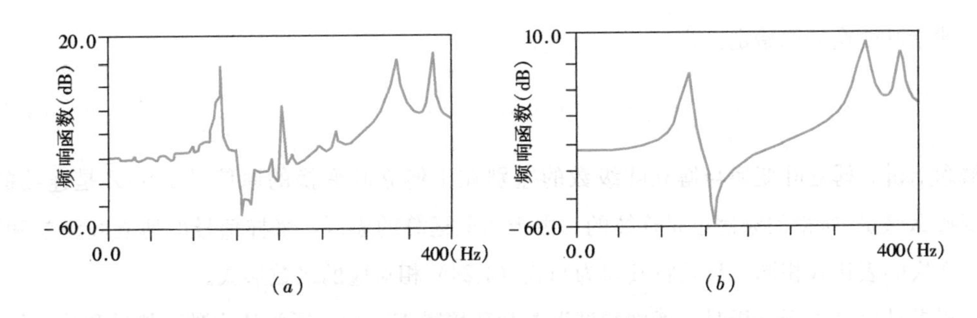

图 4-39　受到噪声影响的频响函数及多次平均后的效果

(*a*) 未做平均；(*b*) 平均 100 次

1）时域平均：取多个等长度时域信号样本进行算术平均；

2）频域平均：对多个等长度时域信号进行功率谱运算，将求得的功率谱进行算术平均；

3）重叠平均：将采集的足够长度时域信号视为平稳随机过程，每一次傅立叶变换所取的时域信号与前一次傅立叶变换所取时域信号重叠，与之相对应的是顺序平均（图 4-40）。

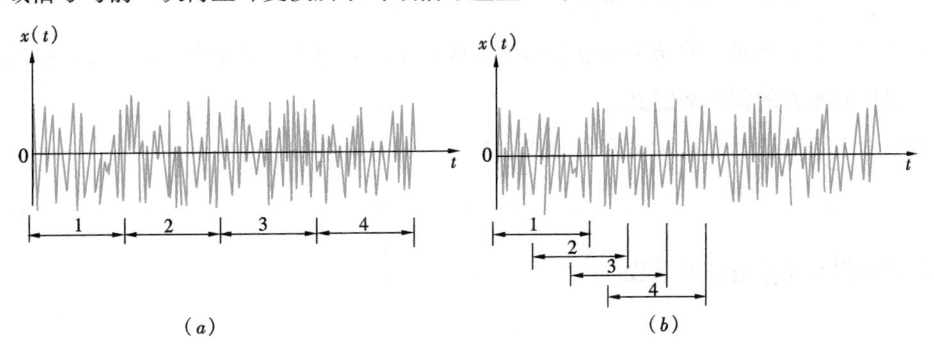

图 4-40　顺序平均及叠加平均

(*a*) 顺序平均；(*b*) 叠加平均

一般而言，平均处理后的功率谱曲线变得光滑（图 4-40），但仍包含了噪声的非零均值。此外，平均技术也不能消除周期误差和趋势误差。

(4) 数字信号分析

在现代振动测试技术中，传感器感受的振动信号经放大后，通过 AD 转换变成数字信号，存贮在计算机内，再对数字信号进行分析处理，得到结构的动力响应。因此，振动数字信号处理技术成为振动测试技术中一个十分重要的环节。

振动测试中获得的信号为时域信号，即随时间变化的响应信号。如前所述，频率响应函数包含了全部结构模态信息，因此必须把采样获得的时域信号转换为频域信号，即随频率变化的响应信号。对信号进行时-频转换的基本工具是傅里叶变换。由于数字信号是在离散的采样时间点得到离散信号，与之对应的傅里叶变换为离散傅里叶变换。

傅立叶变换的原始定义为：

$$X(\omega)=\int_{-\infty}^{\infty}x(t)e^{-j\omega t}\mathrm{d}t, x(t)=\frac{1}{2\pi}\int_{-\infty}^{\infty}X(\omega)e^{j\omega t}\mathrm{d}\omega \tag{4-24}$$

从概念上讲，傅立叶变换与傅立叶级数的差别在于傅立叶变换的原信号 $x(t)$ 是连续的，其变换 $X(\omega)$ 所得的频谱也是连续的。由于离散运算的原因，采样信号的傅立叶级数和傅立叶变换的表达式相同，只是将其写为与式（4-24）相对应的级数形式。

对振动信号进行分析时，考虑测试误差和环境噪声影响，通常认为激励信号和响应信号都是不确定的信号，并将这种随时间变化的不确定信号用随机过程描述。因此，在信号分析中采用与随机过程有关的方法。

假设单自由度体系的随机激励 $f(t)$和随机响应 $x(t)$都是平稳随机过程，则其相关函数只与延时 τ 有关，而与 t 无关。定义激励 $f(t)$的自相关函数为 $f(t)f(t+\tau)$的集总平均：

$$R_{\mathrm{ff}}(\tau)=E[x(t)x(t+\tau)] \tag{4-25}$$

定义激励 $f(t)$与响应 $x(t)$的互相关函数为 $f(t)x(t+\tau)$的集总平均：

$$R_{\mathrm{fx}}(\tau)=E[f(t)x(t+\tau)] \tag{4-26}$$

在电工学中，线路上的功率与电流的平方成正比。借用功率这个概念，$x(t)$ 的自功率谱密度根据其平方的积分来定义。

从数学上可以证明，自相关函数的傅立叶变换就是自功率谱密度函数：

$$S_{\mathrm{xx}}(f)=\int_{-\infty}^{\infty}R_{\mathrm{xx}}(\tau)e^{-j2\pi f\tau}\mathrm{d}\tau \tag{4-27}$$

同样可得互功率谱密度函数：

$$S_{\mathrm{fx}}(f)=\int_{-\infty}^{\infty}R_{\mathrm{fx}}(\tau)e^{-j2\pi f\tau}\mathrm{d}\tau \tag{4-28}$$

再利用脉冲响应函数和卷积积分，可以得到频响函数的表达式：

$$H(f)=\frac{S_{\mathrm{fx}}(f)}{S_{\mathrm{ff}}(f)} \tag{4-29}$$

因此，利用离散的傅立叶变换，得到信号的自功率谱和互功率谱，从而得到频响函数。

（5）结构固有频率和阻尼的确定

测定结构固有频率和阻尼系数的方法可以分为频域法和时域法两大类。

频域法测定结构固有频率的基本原理为振型分解和模态叠加。频域法认为结构的振动由各个振动模态叠加而成，当激励频率等于结构的固有频率时，结构产生共振。因此，频响函数或响应功率谱密度函数在结构的固有频率处表现为突出的峰值。对于单自由度体系，只有一阶固有频率，其频响函数或响应功率谱密度函数曲线只有一个峰值（图 4-41）。对于多自由度，在测试的振动频率范围内，可能有几个峰值，分别对应结构的各阶固有频率（图 4-42）。

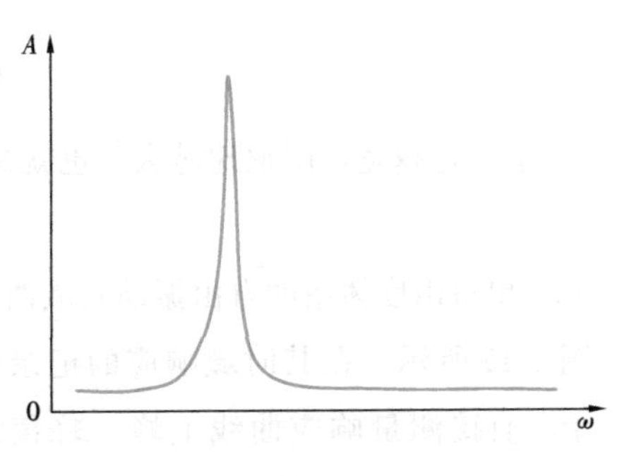

图 4-41 单自由度频响函数曲线

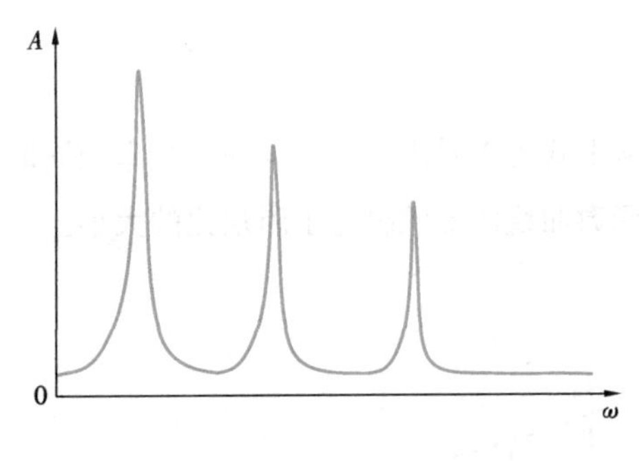

图 4-42 多自由度频响函数曲线

由于噪声干扰，多自由度的频响函数或响应功率谱密度函数曲线上的峰值并不一定对应结构的固有频率。在结构模态试验中，采用频响函数曲线拟合方法识别结构模态参数。这种方法利用结构振动试验获取的激励合响应信号，经计算机程序运算和变换后，得到结构的频响函数，再通过对结构动力学模型的优化识别，确定与频响函数拟合最佳的模态参数。这种方法可得到包括结构固有频率、振型和阻尼比在内的全部模态参数。例如，当多自由度结构的各阶固有频率的数值相隔较大，反映在频响函数上是对应各阶固有频率的峰值相距较远时，可以假设它们之间的相互影响较小，采用单自由度体系的频响函数曲线拟合多自由度体系的频响函数曲线，得到结构的各阶固有频率等模态参数（图 4-43）。这就是结构模态参数识别的单自由度方法。

目前已有的商业化计算机软件可以自动化程度很高地完成从频响函数估计到结构模态参数识别的全过程计算工作。

对于单自由度结构体系，可以利用结构的频响函数曲线确定其阻尼比。在图 4-44 上，幅值为 $0.707A_0$（$A_0/\sqrt{2}$）的两点 ω_a、ω_b 称为半功率点，因为这两点处的能量为最大能量的一半。$\Delta\omega=\omega_b-\omega_a$ 称为半功率带宽。因为 0.707 表示了 3dB 衰减，半功率带宽有时又称为 3dB 带宽。根据单自由度体系位移频响函数的幅值谱即式（4-8），利用半功率点的性质，通过运算可以得到：

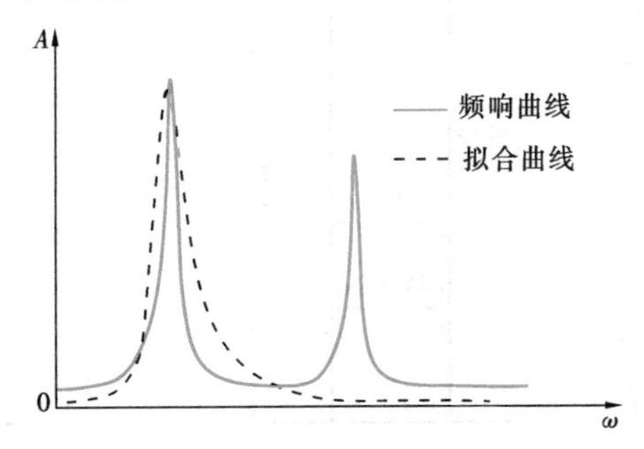

图 4-43 结构模态参数识别的单自由度方法

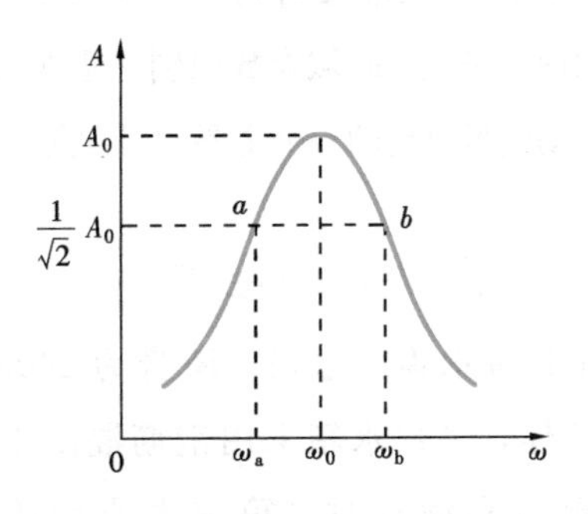

图 4-44 半功率点法

$$\zeta = \frac{\omega_b - \omega_a}{\omega_0} \tag{4-30}$$

从上式可以看出，当结构固有频率相同时，半功率带宽越宽，阻尼比越大，也就是说，频响函数曲线的形状决定了阻尼比的大小。

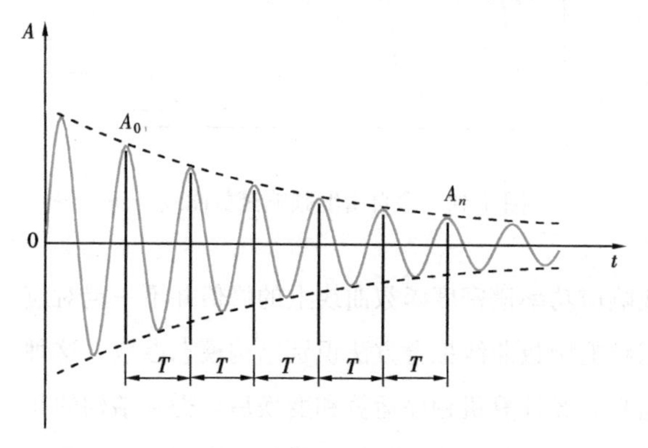

图 4-45 有阻尼自由振动衰减曲线

单自由度体系的自由振动衰减曲线如图 4-45 所示。在其时域响应的记录曲线上，直接测量响应曲线上峰一峰值的时标，即可得到体系的固有周期。以式(4-5)为基础，利用时域曲线的图解法，可由下式计算单自由度体系的阻尼比：

$$\zeta = \frac{\delta}{\sqrt{4\pi^2 + \delta^2}} \tag{4-31}$$

式中，$\delta = [\ln(A_n/A_0)/(n-1)]$；$n$ 为单自由度体系衰减曲线上测量峰值的个数；A_n、A_0 分别为测量的第一个峰值和最后一个峰值。当阻尼比 $\zeta \leqslant 0.1$ 时，$\zeta \approx \delta/2\pi$。

对于多自由度结构体系，在瞬态激励下，例如冲击荷载或其他瞬态惯性激励，其自由振动也是逐渐衰减的曲线，同样可以采用上述方法确定结构的基本频率和对应的阻尼比。但是对于大型结构，瞬态激励必须具有足够大的能量以激发结构的基频振动。

在随机激励下，结构的时域响应曲线不会是一条衰减曲线，而是一条随机响应曲线。在这个随机响应中，包含了确定性振动和随机振动两种分量。如果随机振动服从零均值平稳随机过程的假设，就可以采用一种称为随机减量技术的方法，在随机响应曲线中提取确定性振动的信号，从而得到结构体系的固有频率和阻尼比。

基于时域信号进行结构模态参数识别的主要途径之一是利用结构的脉冲响应函数。时域参数识别的主要优点是可以只使用实测的激励信号和响应信号，不需要经过傅立叶变换，数据提供的信息量大。时域参数识别方法逐渐成为结构振动信号分析的一个主要发展方向。

4.3.5 结构振动测试实例

图 4-46所示为一水塔，塔身为 240mm 厚砖砌墙体，塔顶水箱采用钢筋混凝土结构。在箱内充满水时（箱与水质量约为 100t)，通过钢丝缆绳和花篮螺丝，采用张拉

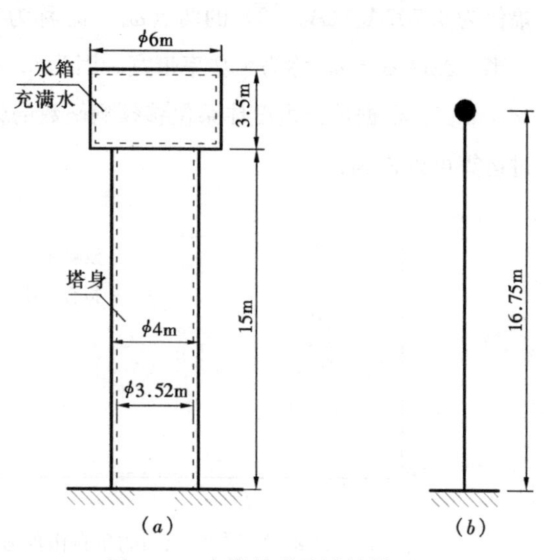

图 4-46 水塔外形及计算模型

突卸法，对塔顶水箱施加荷载，并利用安装在水箱侧壁上与水塔振动方向一致的加速度传感器，测得突卸时，水塔侧向振动的加速度时程响应曲线，见图 4-47。根据实测的响应信号，经过傅立叶变换，得到水塔侧向振动的加速度频响曲线，见图 4-48，从中可知，水箱的实测一阶固有频率为 4.50Hz。按图 4-46 所示的计算模型进行理论分析，得到的水塔一阶固有频率为 4.36Hz，与实测相差 3.1%。

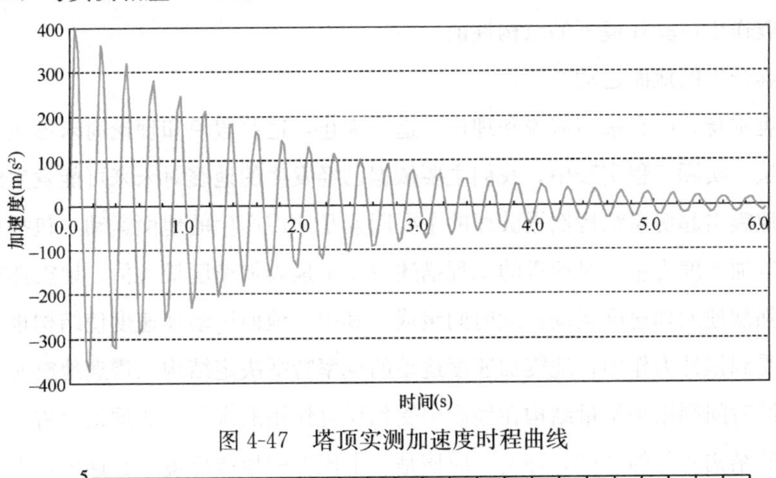

图 4-47 塔顶实测加速度时程曲线

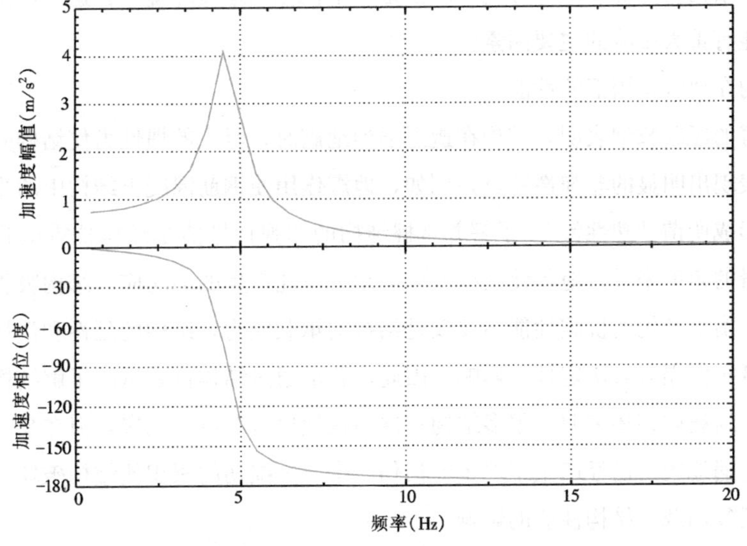

图 4-48 根据实测结果分析得到的加速度频响曲线

4.4 结构抗震试验

4.4.1 引言

有人曾做过统计：有史以来，对人类建造的工程结构破坏最大的为两类灾害，一类是人为的战争，另一类就是地震。一直以来，地震灾害等都导致了巨大的生命和财产损失。人类在付出惨重的代价后，对地震灾害的认识越来越深刻，工程结构的抗震理论和试验研究也越来越受到世界各国更加广泛的重视。

如前所述，结构试验是结构工程学科的基础。同样，结构抗震试验也是结构抗震设计理论和方法的基础。区别于其他类型的结构试验，结构抗震试验的主要目的是通过试验手段获取结构在地震作用试验环境下的结构性能。

（1）地震产生的地面运动

关于地震本身，已有很多假说和理论。迄今为止，这些假说和理论尚未形成完整准确的地震预报方法。实际工程实践中，我们主要依据已经发生的地震对未来可能发生的地震做出预测，认为地震引起房屋结构倒塌破坏的主要因素是地震产生的地面运动，包括加速度、速度和位移，以加速度为主。对地震的工程描述主要由地震加速度最大值、地震加速度运动的频率分量和强烈地面加速度运动持续时间组成。其中，地面运动加速度使结构也产生加速度运动，从而受到惯性力作用；地震加速度运动的频率特征决定结构在遭遇地震时是否发生共振，强震持续时间则用来衡量结构在地震中受到反复作用的次数。从理论上讲，结构抗震试验中，被试验结构所处的“试验环境”应该是一个模拟的地震环境，在这个模拟环境中包括了对结构性能有重大影响的主要因素。

（2）结构在地震作用下的性能

地震灾害的经验教训表明，结构在遭遇强烈地震时，巨大的惯性力使结构受力超出弹性范围，结构表现出明显的非弹性特点，例如，地震作用使钢筋混凝土结构中的受力钢筋进入屈服阶段，形成所谓“塑性铰”。了解并掌握结构的非弹性性能是结构抗震试验的主要任务之一。从能量的角度来看，地震使结构产生运动，由此产生的动能应与结构吸收或消耗的能量保持平衡，衡量结构的抗震性能不仅仅是结构的承载能力，结构的延性和消耗地震能量的能力对结构抵抗倒塌有着决定性的影响。因此，要求通过结构抗震试验了解结构完全破坏前的变形性能。地震震害还表明，很多结构在遭遇强烈地震时没有倒塌，但在余震中倒塌，这表明结构在遭遇地震时已经产生了严重的损伤，余震中损伤的累积使结构破坏，结构抗震试验应能反映反复加载对结构性能的影响。

（3）结构抗震试验的分类

2015年，住房和城乡建设部修订颁布了《建筑抗震试验规程》JGJ/T 101—2015（以下简称《规程》），编制这个规程的目的是统一建筑抗震试验方法，确保结构抗震试验的质量。按照《规程》，结构抗震试验分为四类：结构拟静载试验、结构拟动力试验、模拟地震振动台动载试验和原型结构动载试验。其中，拟静载试验包括混凝土结构、钢结构、砌体结构、组合结构的构件及节点抗震基本性能试验，以及结构模型或原型在低周反复荷载作用下的抗震性能试验；结构拟动力试验是指试验机和计算机联机以静载试验加载速度模拟实施结构地震反应动载试验；模拟地震振动台动载试验是利用专用的地震模拟振动台模拟建筑结构在地震产生的地面加速度运动激励下的动载试验；对于原型结构动载试验，《规程》建议采用环境脉动激振、小火箭激振、人工爆破激振或偏心式机械激振器激振等方法，侧重于结构动力特性试验。由于结构的抗震性能与其动力特性密切相关，因此也可归于结构抗震试验。

4.4.2　结构低周反复荷载试验

应当看到，结构静载试验所揭示的结构受力性能与结构的抗震性能有很密切的关系。利用静载试验的结果，可以在一定程度上推断结构的抗震性能。因此，在《规程》中，广义地提出结构抗震性能的拟静载试验的概念。在工程抗震实践和理论研究中，结构拟静载试验主要是指结构低周反复荷载试验。

1. 试验目的

结构在遭遇强烈地震时，巨大的惯性力使结构进入明显的非弹性工作阶段。对于钢筋混凝土结构，出现钢筋屈服、形成塑性铰的现象。钢结构构件也可能进入屈服阶段。由于材料种类、构件受力条件、构造连接方式的不同，结构表现出各种各样的非弹性性能。而工程结构的抗震设计与这些非弹性性能，特别是结构的延性和耗能性能有十分密切的关系。迄今为止，已经建立的结构理论体系还不能完全预测结构在遭遇地震时的非弹性行为，因此，通过试验掌握结构性能，就成为完善结构理论的一个重要环节。

由于地震对结构的作用具有多次反复的特点，这种反复作用还不同于结构在使用过程中受到的多次重复作用。例如，桥梁结构受到车辆荷载的多次重复作用，工业厂房的吊车梁也必须承受吊车荷载的重复作用。结构在重复荷载作用下可能产生疲劳破坏，其特征是数以百万次计的较小荷载重复作用，重复的可变荷载与结构的自重荷载叠加，结构应力状态一般不会大幅度的反复变化。地震作用持续时间短，十几秒或数十秒的时间内，结构的应力状态大幅度反复变化数十次到上百次。结构低周反复荷载试验就是为了模拟地震作用的这一特点。"低周"是指反复荷载的次数较少。之所以将结构低周反复荷载试验归于拟静载试验，是因为在常规的结构反复荷载试验中，试验荷载施加的速度与结构静载试验的加载速度基本相当。利用现代试验设备以很快的加载速度进行的结构低周反复荷载试验，就不能称为拟静载试验。

低周反复荷载试验得到的典型试验结果为荷载-位移曲线，与单调静力荷载下的荷载-位移曲线不同，在反复荷载作用下，曲线形成滞回环，又称为滞回曲线（图 4-49）。试验研究的目的是通过这些滞回曲线对结构或构件做出抗震性能评价，或通过这些曲线掌握它们在地震作用下的力学规律，进而总结归纳形成结构或构件的抗震设计方法。如图 4-49（*a*）和（*b*）所示为采用焊接的钢悬臂梁和钢柱低周反复荷载试验得到的滞回曲线，从曲线可以知道，钢结构表现出很好的弹塑性性能和耗能能力。图 4-49（*c*）和（*d*）为钢筋混凝土悬臂柱

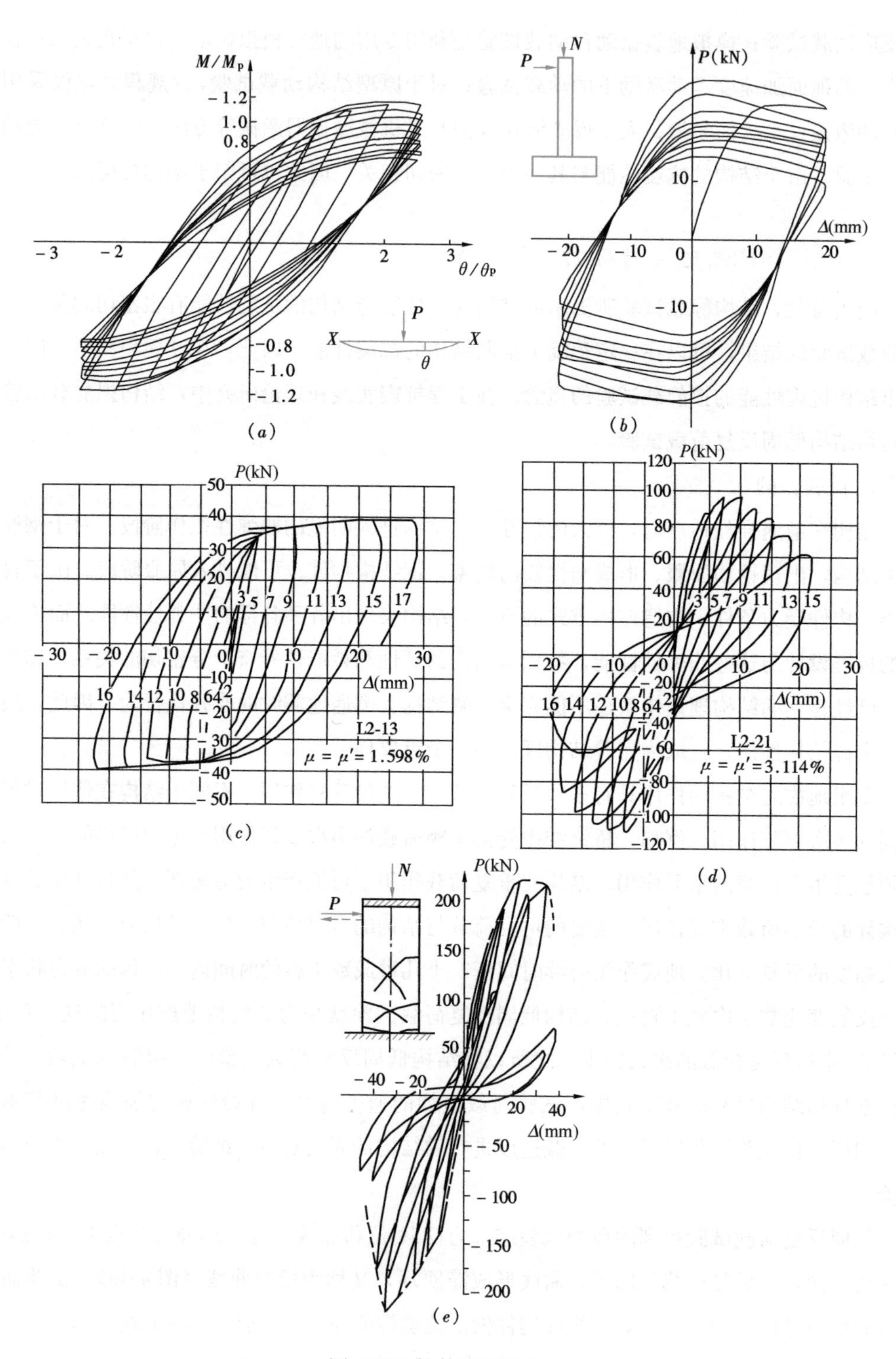

图 4-49 构件的滞回曲线

(*a*)钢梁；(*b*)钢柱；(*c*)钢筋混凝土柱（$N/(f_c bh_0)=0$）；(*d*)钢筋混凝土柱（$N/(f_c bh_0)=0.367$）；(*e*)短柱剪切破坏

在水平反复荷载下的滞回曲线，轴压力较小时，钢筋混凝土柱也具有较好的变形能力和耗能能力，随着轴压力加大，柱的延性下降。图 4-49（*e*）为钢筋混凝土短柱的滞回曲线，曲线表明，当剪力成为控制结构破坏的主要因素时，柱的延性和耗能能力下降，滞回曲线的形状发生明显变化。

2. 试验对象的选取

结构抗震设计理论的主要来源之一是结构动载试验。在常见的框架结构、剪力墙结构、排架结构、桁架结构及砌体墙结构中，梁、柱、墙、节点等构件在地震作用下的承载力和变形性能构成结构抗震设计的基础。因此，最常见的低周反复荷载试验的对象就是柱、梁、墙、节点等基本构件。有时，也进行单层或多层框架结构以及剪力墙结构的低周反复荷载试验。对于钢筋混凝土或钢框架，梁、柱为最基本的单元，而对整体结构安全具有决定性作用的又是柱，因此，常常选取柱为试验对象。对于钢筋混凝土柱，试验研究中，考虑混凝土强度等级、纵向钢筋和箍筋、截面形式、剪跨比等因素的影响。对于砌体结构，主要承重单元为墙体。在砌体结构的抗震试验中，常选墙体为试验对象。钢结构有不同的连接方式和节点构造，节点是钢结构抗震试验的主要对象之一。

3. 试验及加载装置

试验装置是使被试验结构或构件处在预期受力状态的各种装置的总称。其中，加载装置的作用是将加载设备施加的荷载分配到试验结构；支座装置准确地模拟被试验结构或构件的实际受力条件或边界条件；观测装置包括用于安装各种传感器的仪表架和观测平台；安全装置用来防止试件破坏时发生安全事故或损坏设备。与常规结构静载试验不同的是，在低周反复荷载试验中，要求试验荷载能够反复连续变化，能够容许被试验结构产生较大的变形。此外，低周反复荷载试验以掌握结构抗震性能为主要目的，被试验结构的受力条件一般不同于静载试验中的结构受力条件。

图 4-50 给出墙体结构试验装置，用来进行钢筋混凝土剪力墙或砌体剪力墙的低周反复荷载试验。图中传力杆将往复作动器的反复荷载施加到被试验的墙片两端；竖向的千斤顶向墙片施加竖向荷载，模拟实际结构中墙体受到的重力荷载；千斤顶的支座安装摩擦系数很小的滚动装置，使得千斤顶能够跟随墙片的水平变形而移动，千斤顶始终保持垂直。

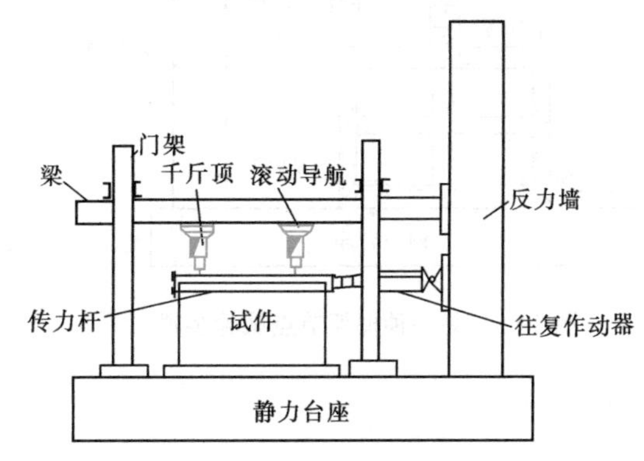

图 4-50　墙体结构试验装置

图 4-51 为一种梁式构件试验装置。注意到往复作动器施加反复荷载，试验梁的支座也要能够承受反复荷载。

图 4-52 给出框架结构中梁柱节点的试验装置。在这个试验装置中，柱的上下两端不能够产生水平位移，但能够自由转动，模拟框架柱反弯点的受力状态。柱下端的千斤顶施加荷载，使柱产生轴向压力。安装在梁端的两个往复作动器同步施加反复荷载，模拟地震作用下框架节点的受力状态。

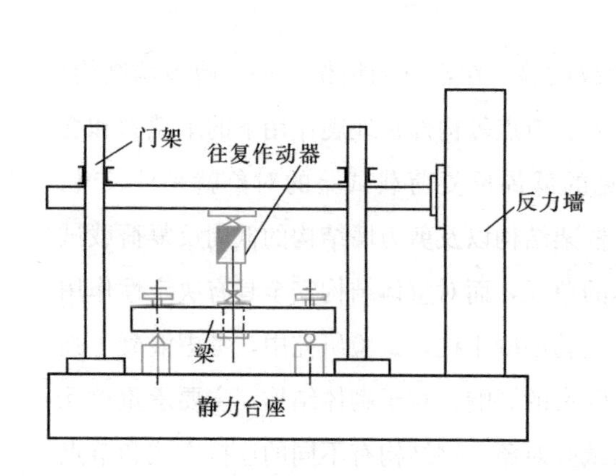

图 4-51　梁式构件试验装置

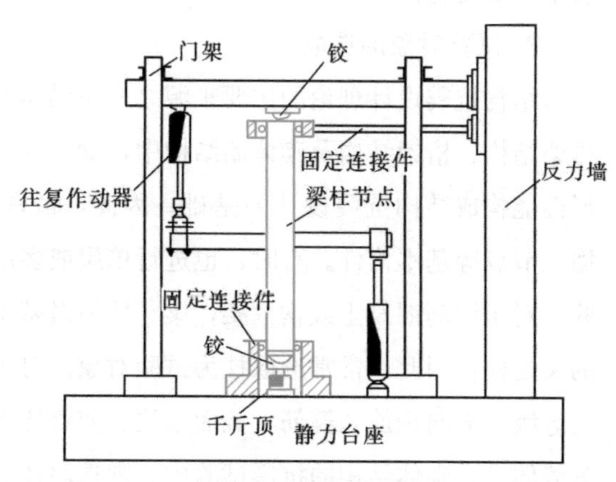

图 4-52　框架结构中梁柱节点试验装置

图 4-53 给出另一种框架节点的试验装置。在这种试验装置中，框架柱的上端可以产生水平位移。当柱上端产生水平位移时，安装在柱上端的千斤顶施加的竖向力对柱产生附加弯矩，这种附加弯矩在结构设计和分析中称为 P-Δ 效应。

图 4-54 为一种柱式构件试验装置，有时又称为悬臂柱式试验装置。水平往复作动器施加水平荷载，竖向荷载由两个竖向作动器施加。由于柱的上端没有转动约束，柱的上端弯矩为零，被认为是框架柱的反弯点。

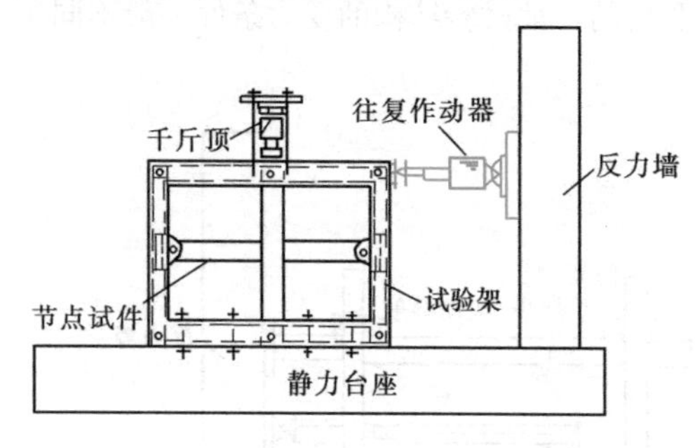

图 4-53　另一种框架节点试验装置

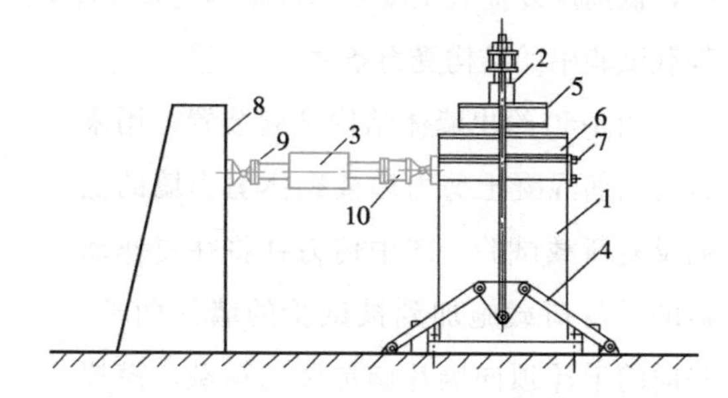

图 4-54　悬臂式墙柱试验装置

1—试件；2—竖向荷载千斤顶；3—推拉千斤顶；4—仿重力荷载架；5—分配梁；6—顶梁；7—螺栓；8—反力架；9—铰；10—测力计

如图 4-55 所示为另一种框架柱试验装置，这种试验装置通过一个四连杆装置使水平加载横梁始终保持水平状态，这样，框架柱的上端不发生转动，反弯点位于框架柱的中点。这种试验装置常用来进行考虑剪切效应的框架柱反复荷载试验。

4. 加载制度

加载制度决定低周反复荷载试验的进程。如前所述，低周反复荷载的目的之一是模拟结构在遭遇地震时受到反复作用。但地震运动是一种随机的地面运动，没有确定性的规律，因此，在低周反复荷载试验中，人为的对试验的加载制度做出规定。根据试验目的不同，常用的加载制度可分为三种：变形控制加载、力控制加载和力-位移混合控制加载。

变形控制加载是结构低周反复荷载试验最常用的加载制度。如图 4-56 所示为轴向力为零的悬臂柱的试验，在往复作动器的加载点安装了力传感器和位移传感器，当作动器的活塞杆运动时，悬臂柱随之运动，此时，力传感器测量出作动器施加在悬臂柱上的力，位移传感器测量悬臂柱上端的位移。当试验加载按位移控制时，每一次反复加载的幅值为预先规定的位移值；当试验加载为荷载控制时，每一次反复加载的幅值为预先规定的荷载值。如果在反复荷载试验过程中改变控制方式，例如，由力控制加载改变为变形控制加载，则加载制度为力-位移混合控制加载。

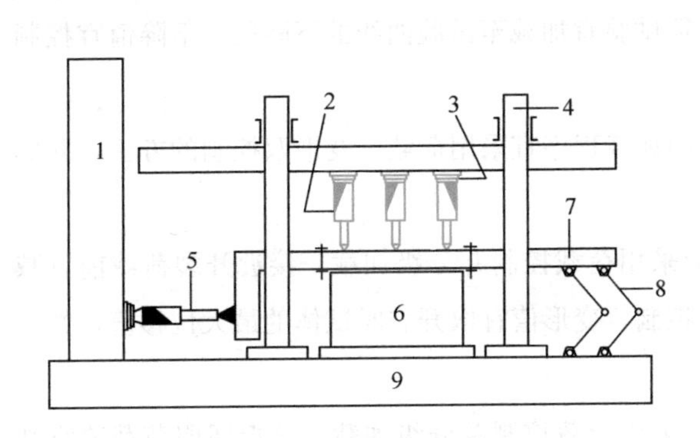

图 4-55 约束上部转动的墙柱试验装置

1—反力墙；2—千斤顶；3—导轨；4—门架；5—往复作动器；6—试体；7—L 形曲梁；8—四连杆；9—静力台座

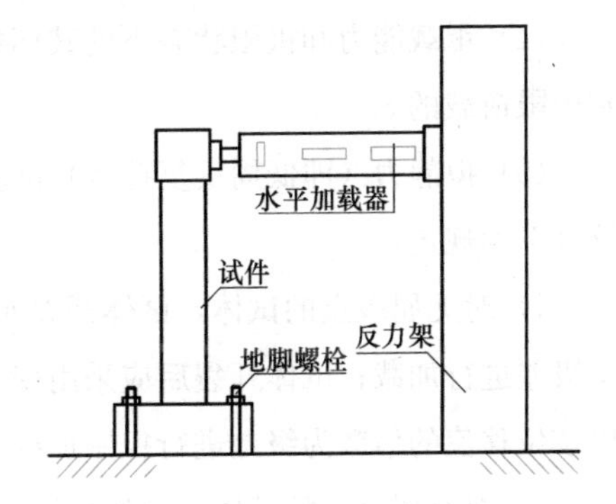

图 4-56 钢筋混凝土悬臂柱低周反复荷载试验

结构在试验中表现出来的性能与加载制度有十分密切的关系。如图 4-56 所示的钢筋混凝土悬臂柱低周反复荷载试验，如果采用等位移幅值控制加载，得到如图 4-57（*a*）所示的试验结果曲线，试验结果反映了钢筋混凝土悬臂柱的强度随着反复加载的次数增加而逐渐降低，最后由于损伤积累而破坏，破坏表现为柱的承载能力显著降低。如果采用等荷载幅值控

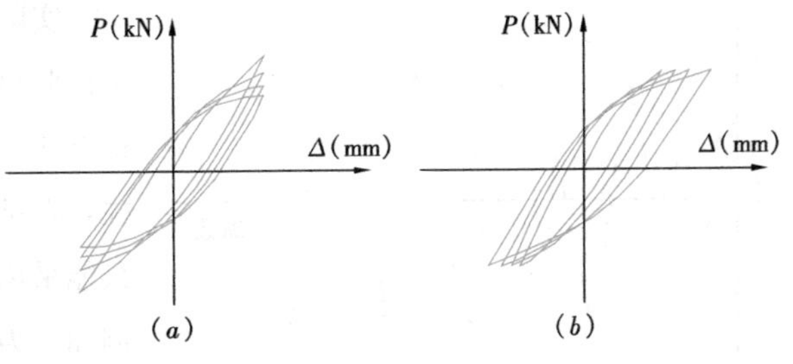

图 4-57 试验结果

（*a*）等位移幅值控制；（*b*）等荷载幅值控制

制加载，得到如图 4-57（*b*）所示的试验结果曲线，试验结果反映了钢筋混凝土悬臂柱的变形随着反复加载的次数增加而逐渐增加，最后同样由于损伤积累而破坏，破坏表现为位移持续增长，承载能力完全丧失。两种加载制度从不同的角度反映了钢筋混凝土柱的抗震性能。

在结构或构件的低周反复荷载试验中，最常用的是变形控制加载。但是，为了准确地量测被试验结构某些特定的受力状态，例如，钢筋混凝土构件的开裂荷载或屈服荷载，应采用荷载控制。但是，为了得到被试验结构的极限变形，一般只能采用变形控制加载。因此，很少有全部试验过程都采用荷载控制的低周反复荷载试验。

《建筑抗震试验规程》JGJ/T 101—2015 对加载方法和制度做出了规定，基本原则为：

（1）试验前，应先进行预加载试验。混凝土结构试体的预加载值不宜大于开裂荷载计算值的 30%；砌体结构试体的预加载值不宜大丁开裂计算值的 20%。

（2）对于试体的设计恒载值，宜先施加满载的 40%～60%，再逐步加至 100%，试验过程中保持恒载稳定。

（3）试验过程中，应保持反复加载的连续性和均匀性，加载或卸载的速度宜一致。

（4）承载能力和极限状态下的破坏特征试验宜加载至试验曲线的下降段。下降值宜控制到极限荷载的 85%。

（5）拟静力（即低周反复荷载）试验的加载程序宜采用荷载一变形双控制的方法，并应符合下列规定：

1）对无屈服点的试体，试体开裂前应采用荷载控制并分级加载，接近开裂荷载前宜减小级差进行加载；试体开裂后应采用变形控制，变形值宜取开裂时试体的最大位移值，并应以该位移值的倍数为级差进行控制加载。

2）对有屈服点的试体，试体裂缝前应采用荷载控制并分级加载，接近屈服荷载前宜减小级差进行加载；试体屈服后应采用变形控制，变形值宜取屈服时试体的最大位移值，并应以该位移值的倍数为级差进行控制加载。

3）施加反复荷载的次数应根据试验目的确定，屈服前每级荷载可反复一次，屈服以后宜反复三次。

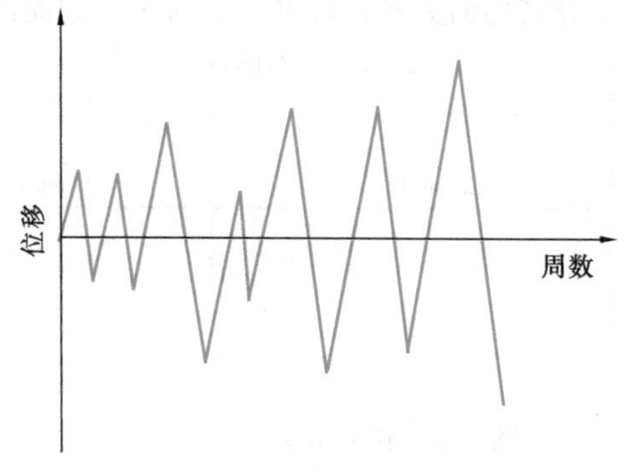

图 4-58　混合变幅加载

实际上，在结构低周反复荷载试验中，由于试验目的不同以及结构性能差别，加载制度也有所不同。例如，轴压力很大的钢筋混凝土柱，在试验中很难确定明显的屈服点，这时，只能采用较小的级差，逐步达到最大荷载。又例如，为了研究不规则的地震运动导致的结构损伤积累，可以采用混合变幅加载制度，如图 4-58 所示。

结构低周反复荷载试验多采用电液伺服系统作为加载设备，不论采用哪种加载制度，都应事先做好充分准备，将有关加载制度的控制数据输入到加载设备控制系统的计算机中，使试验能够均匀连续地进行。

5. 测点布设与数据采集

与静载试验比较，低周反复荷载试验中，结构受到反复荷载作用，测点的数据也交替反复变化，测点的布设必须考虑这一特点。测试数据要求能够反映被试验结构在每一个荷载循环中的力学性能，数据采集量大，对数据采集速度有较高的要求。例如，在钢筋混凝土梁的静载试验中，在梁的受压边缘粘贴电阻应变计，量测混凝土压应变的变化。但在反复荷载试验中，测点的应力状态交替变化，一个方向加载过程中的受压区在另一个加载（反向加载）过程中变成了受拉区，受拉开裂可能使电阻应变计失效。又例如，静载试验可以采用分级加载制度，在每一级荷载保持阶段，完成数据采集工作，可以采用机械式仪表或其他手动控制的仪器仪表。但在低周反复荷载试验中，如果采用连续加载方式，传感器、放大器和记录设备都要能够连续工作。

图4-59为钢梁-混凝土柱组合结构的梁柱节点的测试传感器布置方案。其中，钢悬臂梁根部的上下翼缘粘贴电阻应变计量测钢梁的应变，采用位移传感器量测混凝土柱表面的平均应变和节点区的剪切变形。钢悬臂梁端部与电液伺服作动器相连，安装在作动器上的力传感器和位移传感器量测梁端受到的力和位移。

图4-59 钢梁-混凝土柱组合结构的梁柱节点的测试传感器布置方案

反复荷载试验中采集的数据通常经过转换后存入计算机。在试验过程中，由控制加载系统的计算机向控制数据采集的计算机发出同步信号，指挥数据采集系统与加载系统

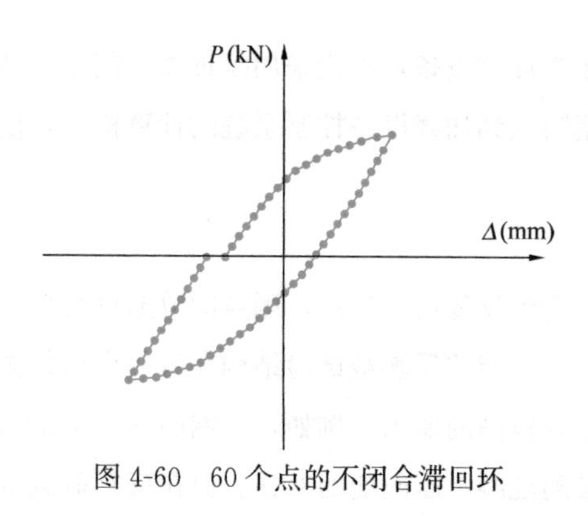

图 4-60 60 个点的不闭合滞回环

同步工作。也就是说，加载控制系统向作动器每发出一次加载信号，数据采集系统就进行一次数据采集。例如，反复荷载试验中的每一个循环由 60 次加载信号组成，数据采集系统就采集存贮 60 组测试数据（图 4-60）。这样，采集的测试数据与加载数据可以在每一个加载步一一对应，避免丢失数据，数据量也不会太大。

4.4.3 结构地震模拟振动台试验

利用地震模拟振动台进行结构抗震试验始于 20 世纪 60 年代末期。从人们认识到结构抗震试验对提高结构抗震能力的重要性时开始，振动台就用来产生模拟的地震地面运动，对结构的抗震性能进行研究。图 4-61 为一地震模拟振动台的示意图。试验时，振动台台面产生水平往复运动，其运动规律与结构遭遇地震时的运动规律相同。安装在振动台上的模型结构受到台面运动的加速度作用，产生惯性力，从而再现地震对结构的作用。

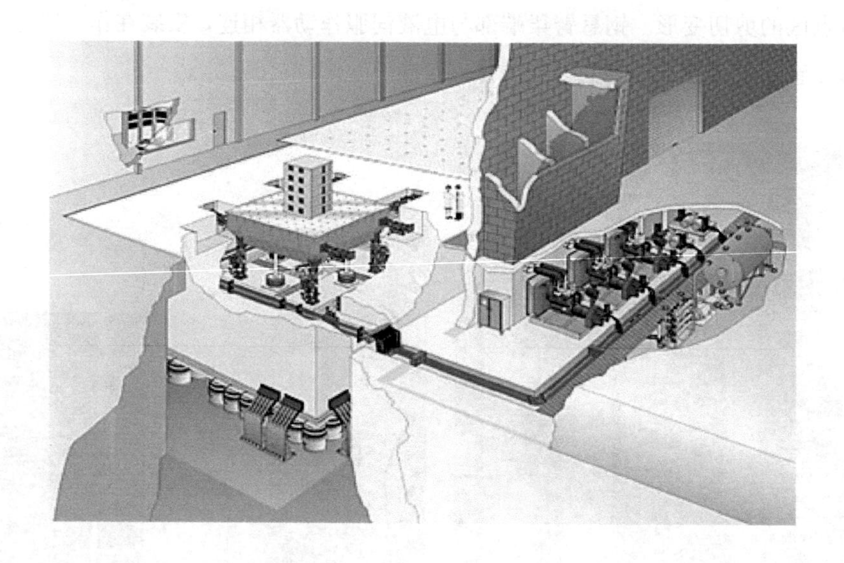

图 4-61 地震模拟振动台示意图（图中左边为压力油源及管道）

1. 地震模拟振动台的基本性能和主要参数

在结构抗震试验中，地震模拟振动台试验被认为是最真实地反映了结构抗震性能的试验。从结构试验与工程应用的角度来看，地震模拟振动台主要涉及电液伺服振动台的主要性能指标、结构动力模型设计和动态试验信号采集与分析等。

电液伺服试验系统由液压油源、电液伺服阀、伺服控制器和液压作动缸等关键部件组成，其基本原理已在第3章介绍，这里主要讨论系统的动力性能。

电液伺服系统的动力性能涉及以下几个方面：

(1) 液压作动缸的负载能力

安装在液压作动缸上的主要部件有电液伺服阀、力传感器和位移传感器等。在静力条件下，作动缸对试验结构施加的最大荷载等于液压系统压力与作动缸活塞有效面积的乘积。当系统压力和活塞有效面积已定时，在动力条件下，作动缸的负载能力主要取决于电液伺服阀的最大流量和伺服阀的动态响应特性。图4-62给出一个液压作动缸的性能曲线。坐标轴均采用对数尺度，其中，水平坐标轴表示频率，竖向坐标轴表示位移。从图上可以看出，作动缸的最大位移在静力情况下可以达到250mm，当加载频率达到10Hz时，作动缸的最大位移约2mm。此外，作动缸的频率响应特性还和系统的负载有关。系统的最大动力荷载为其最大静力荷载的60％～80％，在最大动力荷载条件下，作动缸的频率响应特性进一步降低，最大位移不到1mm。由于液压加载设备的最大荷载与系统的实际负载有关，对于大刚度结构或构件，荷载产生的结构变形很小，电液伺服系统可以达到其最大能力，即最大荷载和频率响应曲线给出的最大位移。对于刚度较小的结构或构件，试验采用由频率响应曲线上的最大位移控制，这时，系统对试验结构施加的荷载一般小于作动缸的最大荷载。

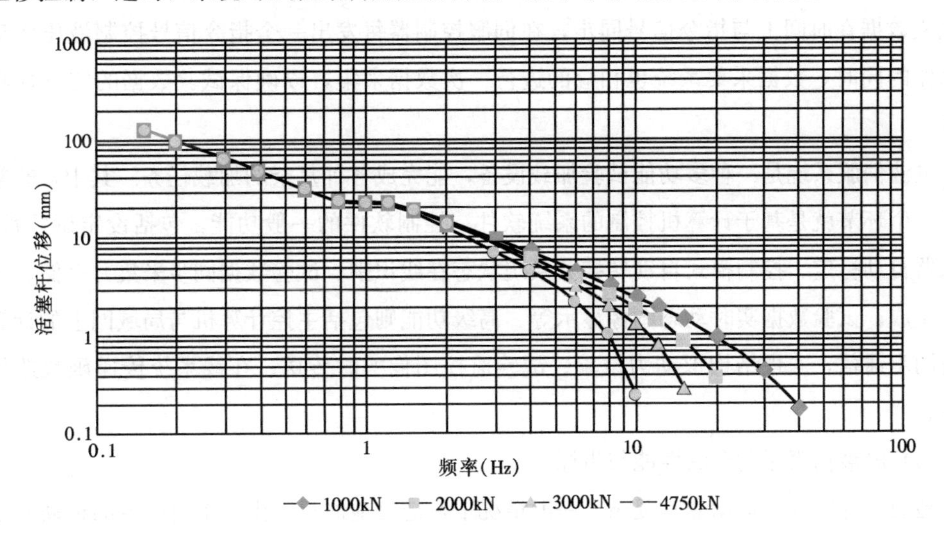

图4-62 1000kN液压作动缸性能曲线（位移-频率曲线）

(2) 伺服控制器

电液伺服系统采用反馈控制方式。控制器将指令信号变为电流信号，驱动伺服阀动作，调节进入到作动缸的液压流量，控制作动缸活塞的位置。例如，采用位移控制时，位移传感器测量活塞的当前位置，并将信息反馈至控制器。控制器收到位移反馈信号后，将反馈信号与指令信号进行比较运算，将两者差值作为新的指令信号再对作动缸活塞位置进行调整，直到作动缸活塞位置与指令要求的位置之差小于规定的误差。这个调节过程也需要时间，因此，伺服控制器的性能也影响系统的频率响应特性。伺服控制器一般采用 PID 调节控制方式，即对信号进行比例、积分和微分调节。20 世纪 80 年代，伺服控制器的 PID 调节由模拟电路实现，目前，电液伺服系统均采用全数字化的 PID 控制器，控制器调节频率达到 5000～6000Hz，对信号进行一次调节的时间不到 2ms。

在结构动载试验中，对伺服控制器有很高的要求。例如，在一个试验结构上安装多个液压作动缸并同时施加动力荷载，伺服控制器对多个作动缸发出不同的指令信号，并控制这些作动缸同时达到指令要求的状态（力或位移）。由于与同一个试验结构相连，作动缸的负载相互影响且随试验进程变化，这要求控制器具有多目标协调控制的功能。

采用电液伺服振动台进行地震模拟试验时，要求振动台再现地震时的地面运动。地震地面运动为非平稳随机振动过程，包含了不同的频率分量，振动幅值也随时间无规律变化。低频振动时，位移较大，高频振动时，加速度较大。为提高控制精度，增加信噪比，伺服控制器可采用三参量控制，低频时采用位移控制，高频时采用加速度控制。

（3）数据采集和控制软件

采用电液伺服系统进行结构动载试验时，由于试验结构受力状态连续动态变化，要求数据采集系统也能够连续同步采集并记录试验数据。所谓同步，是指数据采集系统所采集的试验数据在时间上与指令信号同步，在伺服控制器每发出一个指令信号控制液压作动缸的动作的同时，数据采集系统也相应的进行一次数据采集，以确保试验数据的完整性和准确性。

电液伺服系统是一种多功能试验加载设备，能完成各种复杂的加载任务。其中，非常重要的一个环节就是基于计算机控制的系统软件。控制软件的一般功能，包括设定试验程序、传感器自动标定、控制模式自动转换、系统状态在线识别、试验数据同步采集并存储、函数波形生成、试验数据实时动态图像显示等。高级功能则包括主控计算机与局域网上的计算机高速同步通信，实现结构拟动力试验、试验监控图像实时传送、在线系统传递函数迭代识别等。

（4）电液伺服振动台的性能与指标

地震引起的地面运动非常复杂，一般情况下，地震地面运动由 6 个自由度的运动分量组合而成，即 2 个水平方向、1 个垂直方向的直线运动和绕 3 个坐标轴方向的旋转运动。最简单的地震模拟振动台为水平单向振动台，它只有一个方向的运动。最复杂的振动台包含所有 6 个自由度的运动。如图 4-61 所示的 6 自由度地震模拟振动台，由振动台台面、电液伺服作动器、控制系统和数据采集系统组成。多个电液伺服作动器可使振动台台面实现任意方向上的移动和绕任意轴的转动。试验时，将地震地面运动的有关数据输入计算机，作为振动台台面的运动数据，计算机将输入的地震运动数据转换为台面的运动数据，再对电液伺服作动器发出控制指令，电液伺服作动器推动振动台台面实现地震地面运动模拟。

地震地面运动数据来自地震观测台网的地震记录，这些地震记录一般为地震地面运动的速度或加速度。在结构抗震设计中，也是根据地面加速度来计算结构受到的惯性力。因此，进行振动台试验时，输入计算机的地震运动大多为地面加速度运动，相应的电液伺服作动器的控制目标也应包括加速度。目前，较先进的振动台采用三参量控制技术，将振动台的位移、速度和加速度均作为控制目标。当振动台的振动频率较高时，台面的加速度可按下式计算：

$$a=\omega^2 x \tag{4-32}$$

式中，a 为台面加速度；ω 为台面振动圆频率；x 为台面振动位移。高频振动时，位移较小而加速度较大，采用加速度为控制目标可以获得较高的相对控制精度。低频振动时则正好相反，采用位移控制可以得到较高的相对控制精度。在振动台台面安装了加速度、速度和位移传感器，这些传感器采集的信号均反馈至控制系统的计算机，计算机根据误差最小的原则实时选择控制参量，使振动台准确地再现输入的地震波。

地震模拟振动台的主要技术参数如下：

(1) 台面尺寸和台面最大负载

台面尺寸决定了进行试验的结构模型平面尺寸。在静载试验或拟静载试验（低周反复荷载试验）中，常常忽略结构受力单元的空间联系，取试验结构模型为平面结构模型，例如平面框架结构。平面外的稳定问题通过试验装置解决。但在地震模拟振动台试验中，即使是单向地震模拟试验，结构模型也应为空间模型。台面尺寸越大，结构模型的尺寸就可以越大，试验结构的性能也就越接近真实结构的性能。目前，世界上最大的振动台台面尺寸为 15m×15m（日本）。

大型地震模拟振动台多采用电液伺服作动器作为驱动单元，振动台试验中，运动部件的最大加速度取决于电液伺服作动器的最大推力和运动部件的质量。这里，运动部件就是指振动台台面和试验结构模型。因此，振动台试验中，试验结构模型的平面尺寸受振动台平面尺寸限制，试验结构模型的重量也受到振动台最大负载能力限制。

(2) 台面运动自由度

如前所述，理论上，地震模拟振动台可以有 6 个自由度，也就是说，基于现代工业技术制造的地震模拟振动台可以使振动台再现全部地震地面运动。但在工程实践中，地震记录很少有地面运动的旋转分量。这与强震观测有关。我们知道，强震观测仪记录的地震运动为仪器安装位置的直线运动，这个直线运动应该包含了旋转分量。但如果要通过强震观测仪确定地震引起的地面旋转运动，就必须知道转动中心。由于地震运动的复杂性，目前可用的地震记录大多为观测点的地面直线运动（观测点的速度和加速度）。相应的，在工程结构抗震设计、分析和试验中，一般也不考虑地面运动的旋转分量。振动台仅在一个方向运动时，为水平单向振动台。如果振动台有两个自由度，可以有两种组合，一种组合为一个自由度为水平方向，另一自由度为竖向方向；另一种组合中，两个自由度均为水平方向，两个水平运动方向相互垂直。三自由度的振动台包括两个水平方向的自由度和一个竖向方向的自由度。目前，有的已投入运行的地震模拟振动台虽然具有在全部 6 个自由度上模拟地震地面运动的能力，但在结构抗震试验中，一般仍以水平方向和垂直方向的振动为主。

(3) 频率范围、最大位移、速度和加速度

已有的地震记录的最高频率一般不超过 10Hz，考虑试验结构模型的特点，地震模拟振动台的频率范围大多为 0～50Hz，有的振动台的最高频率响应可以达到 80～120Hz，主要用于较小比例的结构模型的振动台试验。振动台最大位移一般为±100mm。采用电液伺服系统的振动台，其动态特性由电液伺服作动器所决定（参见图 4-67）。电液伺服系统的流量和压力决定了作动器的最大速度，按照速度与位移的关系：

$$v=\omega x,\ x=v/\omega$$

振动圆频率越高，振动位移幅值就越小。另一方面，振动台的加速度与振动圆频率和加速度成正比：

$$a=\omega v$$

当速度一定时，振动频率越高，加速度越大。振动台的最大加速度可以达到 20m/s^2（即 2g，g 为重力加速度）。

(4) 输入波形

地震模拟振动台试验的主要目的是检验结构在遭遇地震时的性能。一般要求振动台能够模拟地震地面运动，输入的振动波形应为不规则的地震波。此外，振动台可以用来对结构施加各种振动激励，输入的波形还包括正弦波、三角波等规则波，以及随机的不规则白噪声波等。

图 4-63　同济大学的振动台试验

2. 模型设计与制作

地震模拟振动台的试验对象一般为整体结构或结构的一部分，如图 4-63 所示。由于振动台台面尺寸有限，只能采用缩小比例的结构模型。例如，实际结构为 60 层 210m 高，采用 1∶30 的结构模型，结构模型的高度为 7m。实际结构的标准层层高为 3m，在振动台试验的结构模型中，层高只有 100mm。由于结构模型的缩尺比例大，对模型设计和制作工艺都必须仔细考虑。

(1) 模型结构与原型结构的几何相似

振动台试验的模型结构必须与原型结构几何相似。这个要求可以直观地理解：类似于一张照片的

放大或缩小，照片的放大或缩小不改变照片上物体的基本特征，尽管放大或缩小的照片使其物体的尺寸发生了变化。按照相似性原理，几何相似是保证模型结构与原型结构在力学性能方面相似的基本要求。因此，在设计制作振动台模型时，模型结构各个部位的尺寸按同一比例缩小。但是，几何相似并不能保证模型结构的性能与原型结构都相似。例如，框架结构梁、柱、板的尺寸按比例缩小后，其体积按该比例的3次方缩小；这使得与结构质量相关的惯性力发生变化。在振动台试验模型设计时，要根据相似理论对模型结构和原型结构的关系进行分析，保证结构的主要力学性能得到准确模拟。受结构性能，特别是结构局部性能的限制，有些结构的模型尺寸不能太小，近年来，一种振动台阵列开始投入使用。如图4-64所示，3个振动台组成一个振动台阵列进行桥梁结构的地震模拟振动台试验。3个振动台可以在一个方向上同步运动，也可以根据桥梁实际场地的差异，分别输入不同的地震波进行试验。这种振动台阵列可以进行较大尺寸的结构模型试验。

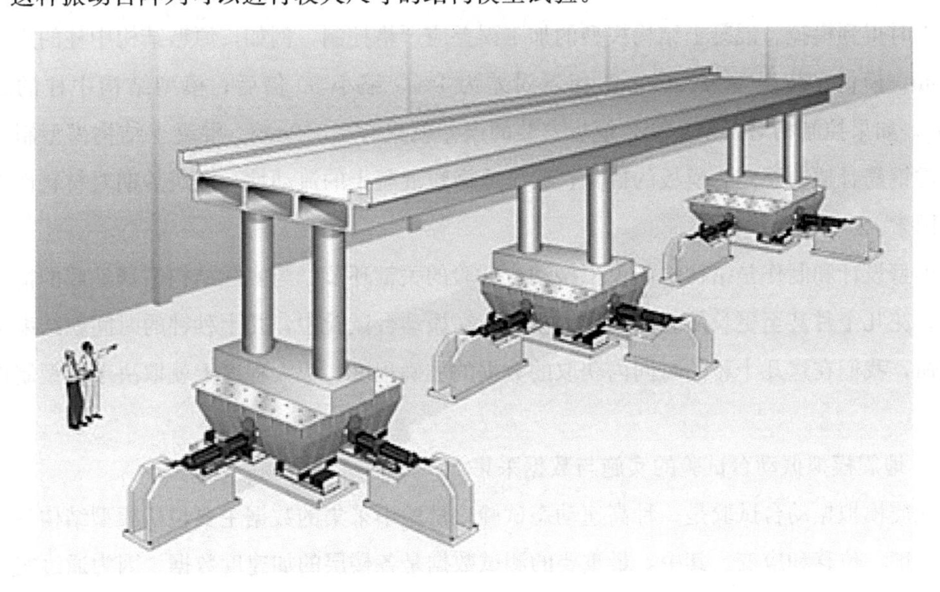

图4-64　振动台阵列：桥梁结构模型的地震模拟振动台试验

(2) 采用与实际结构性能相近的材料制作模型

目前，工程中最常见的结构类型主要为混凝土结构、钢结构、砌体结构和由这几种结构组合而成的组合结构。从模型材料来看，最理想的是模型材料性能与原型材料性能相同。因此，钢结构模型仍采用钢材制作，模型材料与实际结构材料可以完全相同。但原型结构常采用标准尺寸的热轧型钢制造，尺寸缩小后，一般很难找到各个部位尺寸完全满足几何相似要求的小尺寸型钢，必须专门加工制作。对于混凝土结构和砌体结构，就很难找到满足要求的模型材料。例如普通砖砌体的水平灰缝厚度约为10mm，按1∶5的模型缩小，灰缝厚度只有2mm，因此，砌筑砂浆中砂的最大粒径一般应不大于0.2～0.3mm，调整砂浆最大粒径后，还要通过试配保证砂浆的强度及弹性模量与原型结构的基本相同。混凝土结构也存在同样的问题。混凝土结构的振动台试验可能采用很大的缩尺比例模型，模型结构尺寸只有原型结构的几十分之一。这时，由于骨料粒径的限制，不可能采用与原型结构相同的混凝土制作模型结构，也不能够简单地将最大骨料粒径缩小几十倍来配制模型结构的混凝土。通常，按强度和弹性模量接近的原则，采用砂浆或特制的微粒混凝土制作模型，钢筋则用不同直径的钢丝或铁丝替代。一般而言，仔细设计和制作的砌体结构或混凝土结构的振动台模型，在非弹性性能方面与原型结构的非弹性性能有一些差别，但弹性性能基本相近，结构的破坏特征也可以做到基本相似。

（3）振动台试验模型制作工艺

对于钢结构模型，制作工艺包括两个方面，即钢构件的加工和钢构件的连接。受节点部位的尺寸限制，有些钢结构的振动台试验不宜采用太小的结构模型。例如，钢结构节点的残余应力对节点的抗震性能有较大影响，而对残余应力影响较大的热应力影响区很难在模型制作加工时得到模拟。混凝土结构模型的加工误差应严格控制，例如，原型结构中柱的边长为600mm，模板安装误差为±6mm，相对误差为1%，缩小30倍后，模型结构中柱的边长20mm，如果控制相对误差不变，模板安装的误差就只有±0.2mm。混凝土结构模型制作还要考虑钢筋骨架的稳定、模板的拆除、砂浆或微粒混凝土的流动性、浇筑龄期对材料性能影响等因素。

模型设计和制作是结构地震模拟振动台试验的关键环节，与实际结构遭遇地震的情形相类似，花几个月甚至更长的时间制作的模型，在振动台试验中，几十秒钟的时间就结束了它的使命，我们在这几十秒的时间内获取的数据的准确程度，很大程度上就取决于模型制作的精度。

3. 地震模拟振动台试验的实施与数据采集

地震模拟振动台试验是一种高速动态试验，试验中采集的数据主要包括模型结构各测点的加速度、位移和应变。其中，最重要的测试数据是各楼层的加速度数据。因为通过实测的加速度，可以推算各楼层所受的惯性力作用。加速度传感器为绝对传感器，可将其直接安装在模型结构的各个楼层位置。为了准确地测量模型结构基底的加速度，除在振动台台面安装加速度传感器外，在模型结构基底也安装加速度传感器。

位移传感器为相对传感器，在振动台试验中，要设置位移传感器安装支架，安装支架应有足够的刚度且不受振动台运动的影响。将位移传感器固定在安装支架上，测量模型结构与安装支架之间的相对位移。

对于钢结构模型，可直接采用电阻应变计量测试验中的应变变化。对于混凝土结构和砌体结构模型，由于反复受力的特点，电阻应变片很容易因开裂而失效。常采用位移传感器在一定标距下的测量值作为该标距范围内的平均应变。

此外，由于试验速度快，模型结构的损伤和破坏过程的观测和记录应由图像采集系统自动完成。

地震模拟振动台试验为破坏性试验，希望得到模型结构倒塌破坏时的有关数据，例如，倒塌前各楼层的惯性力分布。因此，试验时要采取可靠的安全措施，一方面防止人员受到伤害，另一方面，还要保护测量仪表，避免不必要的损失。

图4-65 瑞典的一种混合结构住宅

4. 地震模拟振动台试验实例

瑞典采用的多层混凝土-砌体混合结构住宅建筑（图4-65），由无筋砌体墙和钢筋混凝土剪力墙共同承担竖向荷载和水平地震作用。为了充分认识这种结构体系的抗震性能，进行了地震模拟振动台试验。模型采用1/2的比例，共4层，根据砌体墙和钢筋混凝土剪力墙在整个结构平面中的比例，选取两个开间进行试验。模型结构纵、横立面图如图4-66所示，模型在振动台安装就位如图4-67所示。

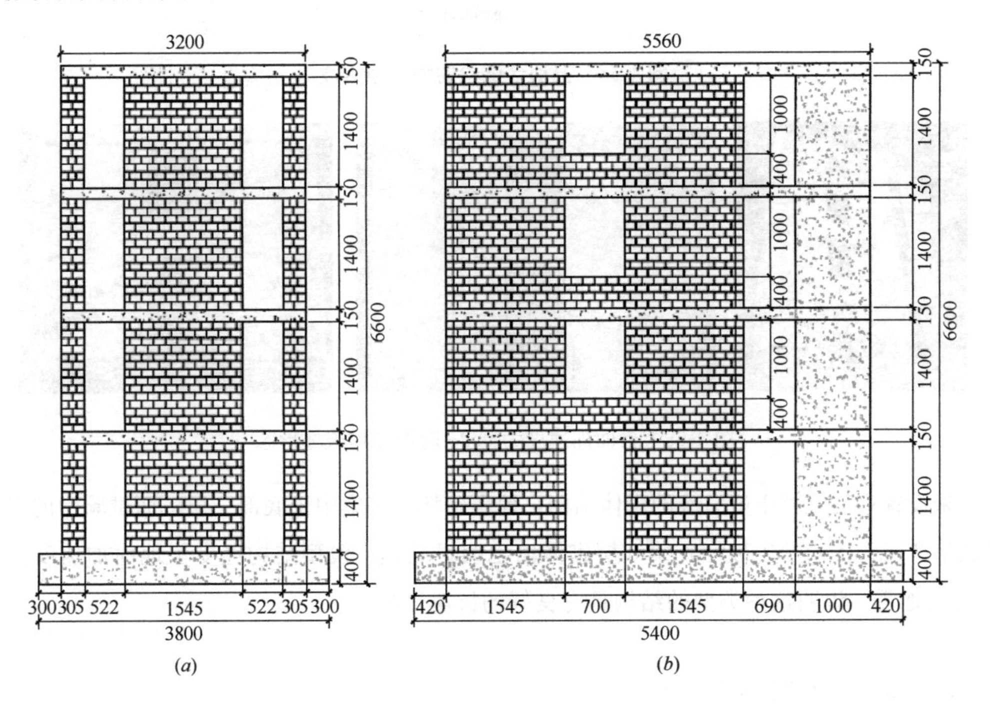

图4-66 模型结构纵立面和横立面

(a) 横立面图；(b) 纵立面图

为满足相似性要求，在每层楼面附加质量（称为配重），模型结构总质量为82900kg。选用1979年黑山社会主义共和国一次地震的加速度记录作为振动台的输入（图4-68），考察

图 4-67　安装在振动台上的模型结构

结构的破坏形态。

试验中保持输入地震波的波形不变，但逐次改变输入地震波的最大加速度，从 0.05g 开始，直到最大 0.9g。

试验结果表明，当输入最大加速度达到 0.6g 时，砌体墙出现明显损伤和贯穿裂缝。输入加速度达到 0.9g 时，砌体墙破坏，钢筋混凝土剪力墙也出现较明显的破损（图 4-69）。

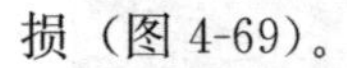

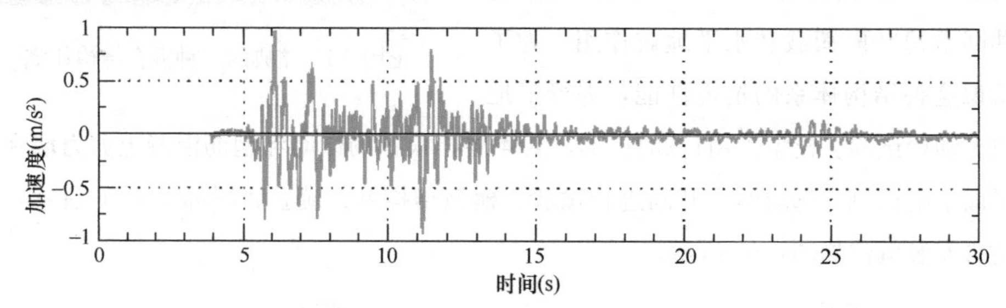

图 4-68　振动台试验的输入地震波

图 4-69　台面加速度为 0.9g 时的结构破坏形态

未设置钢筋混凝土剪力墙的砌体结构，地震破坏大多集中于底部一层，而试验中的混合结构第 2 层砌体墙发生破坏，第 3 层砌体墙也明显破损。模型结构经受了地面加速度达到 0.9g 的地震，说明这种类型的结构具有良好的抗震性能。

4.4.4　结构拟动力试验

对于一个具体的结构或某一种具体的结构形式，发生地震时，结构受到的惯性力与结构本身的特性相关，地震模拟试验的就是要模拟结构受到的这种惯性力。如前所述，地震模拟振动台试验可以模拟结构遭遇的地震作用。但是，受台面尺寸和设备能力所限，地震模拟振动台试验中，结构模型的尺寸往往很小，结构构件的局部性能很难准确模拟。要解决这一问题，只有加大结构模型的尺寸，用其他方式模拟结构受到的惯性力。结构拟动力试验方法就是用拟静力加载的方式来模拟结构受到地震动力作用的一种试验方法。

1. 结构拟动力试验方法的基本原理

弹性单自由度结构体系在地震作用下的运动微分方程为：

$$m\ddot{x}+c\dot{x}+kx=-m\ddot{x}_g \tag{4-33}$$

式中，m、c、k 分别为结构体系的质量、阻尼和刚度系数；$\ddot{x}$、$\dot{x}$、x 分别为结构体系的加速度、速度和位移，$\ddot{x}_g$ 为地震引起的地面运动加速度。式（4-33）左边的3项分别为惯性力、阻尼力和弹性恢复力。根据结构动力学，式（4-33）可以用数值方法求解。对于非弹性体系，例如，混凝土开裂、受拉钢筋屈服等现象使结构体系的恢复力与结构体系的位移偏离线性关系。因此，式（4-33）改写为：

$$m\ddot{x}+c\dot{x}+F_r=-m\ddot{x}_g \tag{4-34}$$

式中，F_r 为结构体系的非弹性恢复力。如果已知非弹性恢复力的表达式，也可以采用逐步积分法求解式（4-34）。前面介绍的结构低周反复荷载试验的目的之一就是获取结构恢复力的滞回关系。但对于一个具体的结构，我们并不知道结构的非弹性恢复力特征，要通过计算了解该结构在地震作用下的性能，只能根据已有的试验结果和理论分析，假设恢复力模型，再求解式（4-34）。显然，恢复力模型的误差会直接影响计算结果。

怎样改善计算精度呢？彻底消除恢复力模型误差的思路就是抛弃假设的恢复力模型，直接在试验中量测结构体系的恢复力。也就是说，将结构试验和结构动力分析直接结合起来，从硬件来看，就是计算机与试验机相结合来得到结构体系的地震反应。如图4-70所示，图中计算机在运行一个求解结构运动方程的逐步积分程序，这个计算程序按照事先输入的地震

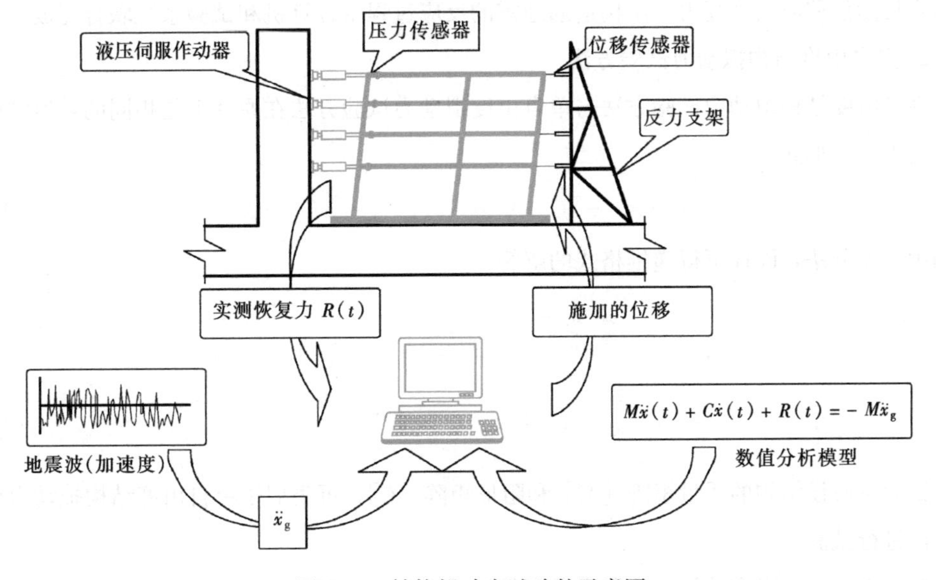

图4-70　结构拟动力试验的示意图

波（地震地面加速度运动的数字记录），计算结构在地震作用下的当前位移，并控制实施加载任务的作动器使结构按计算的当前位移值发生位移。另一个方面，计算机与安装在作动器上的力传感器相连，接收力传感器量测的使结构产生规定位移所需要的力。这个力就是与当前位移相对应的结构恢复力。将量测的结构恢复力代入运动方程，通过逐步积分，得出下一步结构位移，再控制作动器使结构变形到新的位移状态。如此循环，得到结构在地震作用下的全部位移过程。

按照中心差分法，上述位移时程曲线计算的递推格式如下：

$$\dot{x}_i=(x_{i+1}-x_{i-1})/(2\Delta t)$$

$$\ddot{x}_i=(x_{i+1}-2x_i+x_{i-1})/\Delta t^2 \tag{4-35}$$

式中，Δt 为时间间隔，i 下标表示时间 $t=i\Delta t$。将式（4-34）按离散的时间表示：

$$m\ddot{x}_i+c\dot{x}_i+F_{ri}=-m\ddot{x}_{gi} \tag{4-36}$$

再将式（4-35）的差分关系代入式（4-36），可得：

$$x_{i+1}=\frac{2mx_i+(c\Delta t/2-m)x_{i-1}-(F_{ri}+m\ddot{x}_{gi})\Delta t^2}{m+c\Delta t/2} \tag{4-37}$$

上式表明，已知（$i-1$）Δt 时刻的位移 x_{i-1} 和 $i\Delta t$ 时刻的位移 x_i，恢复力 F_{ri} 和地面加速度，即可求得（$i+1$）Δt 时刻的位移 x_{i+1}。求解式（4-37）所需静态信息为结构的质量 m 和阻尼系数 c（通常阻尼系数 c 需要事先假定），而求解式（4-37）所需的动态信息都可以在试验中获取。试验直接得到的结果是 x_1，$x_2\cdots x_i\cdots x_n$，由此构成结构的位移时程曲线。

以下求解过程中的一个关键环节就是测量并获取结构的恢复力 F_{ri}，计算机根据已有的信息按式（4-36）计算下一步的目标位移，试验系统施加荷载使结构达到目标位移，同时测量达到目标位移时的恢复力。结构遭遇地震的反应过程由计算机和试验系统联合完成。

2. 多自由度结构拟动力试验方法

多自由度结构拟动力试验方法与单自由度拟动力试验方法在原理上是相同的，但结构运动方程为矩阵形式：

$$[M]\{\ddot{X}\}+[C]\{\dot{X}\}+\{F_r\}=-[M]\{1\}\ddot{x} \tag{4-38}$$

采用中心差分法，同样可得递推格式的解答：

$$\{X\}_{i+1}=\Big(2[M]\{x\}_i+([C]\frac{\Delta t}{2}-[M])\{x\}_{i-1}$$

$$-(\{F_r\}_i+[M]\ddot{x}_g)\Delta t^2\Big)\Big([M]+[C]\frac{\Delta t}{2}\Big)^{-1} \tag{4-39}$$

试验时假设结构的质量矩阵［M］和阻尼矩阵［C］，可类似于单自由度结构拟动力试验的方法进行试验。

实际工程中，很多结构在地震中发生的振动以其基本振型为主。这类结构的抗震设计可以采用基底剪力法。在对这类结构进行拟动力试验时，类似基底剪力法，可以将结构等效为单自由度体系，使试验控制得到简化。

工程结构在遭遇地震时，往往只有结构的一部分进入非弹性反应阶段。利用结构拟动力试验的特点，可以只对结构非弹性反应部分进行试验，而另一部分结构的弹性反应可以通过计算机求解。如图 4-71 所示的剪力墙结构，结构底层的剪力墙单元在地震作用下进入非弹性反应阶段。采用子结构拟动力试验方法，底层剪力墙单元为试验单元，用 3 个作动器对该单元加载，模拟底层剪力墙受到的剪力、弯矩和轴力。结构其余部分的动力反应通过计算机程序求解。将两部分得到的反应在结构整体分析程序中求解，就可得到整个结构的地震响应。

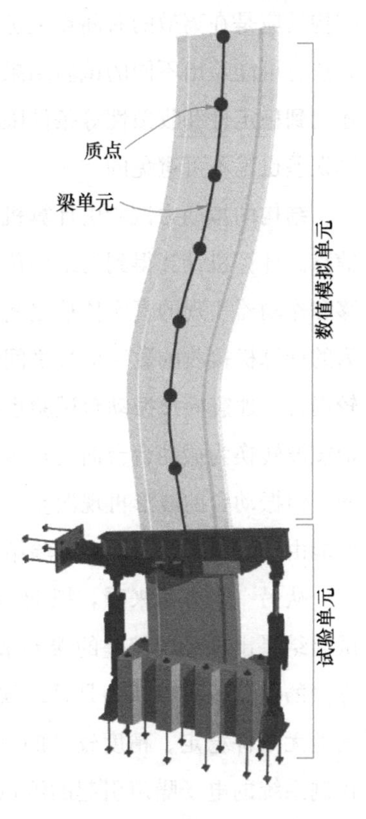

图 4-71 剪力墙子结构拟动力试验

3. 结构拟动力试验方法的误差分析

与地震模拟振动台试验相比，结构拟动力试验方法的主要优势在于结构拟动力试验中可以采用较大的结构试验模型。例如，1981 年，在日本和美国合作的结构抗震研究活动中，在日本完成了一座 7 层钢筋混凝土框架结构的拟动力试验，采用 1∶1 的比例，房屋结构总高度为 21.75m，平面尺寸为 16m×17m。中国建筑科学研究院采用 1∶6 的比例，进行了 12 层剪力墙结构的拟动力试验。子结构拟动力试验方法的发展，进一步突破结构模型尺寸的限制。采用大的结构模型甚至原型结构尺寸可以反映地震作用对结构构件性能和结构局部构造的影响，使试验结果更加准确的反映结构的抗震性能。地震模拟振动台试验的结构模型尺寸受到振动台台面尺寸的限制，试验结果不可避免地要受到尺寸效应的影响。此外，相比而言，结构拟动力试验所需要的设备条件要简单一些，电液伺服系统以及伺服作动器可以比较灵活地完成各种结构的低周反复荷载试验或拟动力试验。

从结构拟动力试验方法的基本原理可以知道，结构地震反应实际上是逐步积分计算结果，只是在计算中采用了试验实测的结构恢复力。因此，计算模型误差包含在试验结果中。例如，在多层建筑结构的拟动力试验的计算程序中，结构的质量集中在各楼层处，而实际结构的柱、墙等构件的质量是沿结构高度均匀分布的。结构拟动力试验的计算程序中，阻尼系数属于事先输入的参数，在试验过程中，采用了较低的加载速度，试验结果不能真实地反映阻尼对结构性能的影响。与地震模拟振动台试验相比，结构拟动力试验的模型误差是不可避免的。

在结构拟动力试验方法中，还有一个主要的误差来源，这就是求解结构动力反应的逐步积分方法。实际结构的地震反应是一个随时间连续变化的过程，但是在结构拟动力试验中，结构反应是在离散的时间点上进行试验和计算。采用不同的时间步长 Δt 和不同的逐步积分方法有可能给出不同的试验结果。按照结构动力学理论，求解结构动力反应的积分方法本身还受到稳定性和收敛性等条件限制。由结构拟动力试验方法的本质特征所决定，试验中的计算误差也是不可避免的。

结构的拟动力试验由计算机和试验机联机完成，试验过程中，计算机与试验机频繁交换信息。计算机计算得到的结构位移被转换为加载机（作动器）的控制指令，计算机的指令位移和作动器实现的真实位移之间存在误差；安装在作动器上的力传感器感受的电压信号转换为的计算机接收的数字信号之间也存在误差。通常，称这类误差为测量和控制系统误差。比较而言，地震模拟振动台试验也存在类似误差。在地震模拟振动台试验中，要将预先输入的地震波转换为振动台台面的往复运动，实际的台面运动和期望的台面运动之间是存在误差的。但振动台的波形再现误差一般对试验结果没有大的影响。而结构拟动力试验中的误差有可能由于逐渐累积而影响试验结果。

从另一个方面来看，拟动力试验的误差可分为系统误差和随机误差。系统误差是导致试验结果出现系统偏差的误差来源。例如，上述计算模型误差就属于系统误差。逐步积分方法的误差也可以认为是系统误差，在拟动力试验中，除采用中心差分法外，还可以采用其他无条件稳定、精度较高的逐步积分法，减小计算误差。典型的随机误差是仪器仪表和控制系统的电子噪声引起的测试误差，这类误差受试验环境影响，与系统元器件的精度等因素有关。因此，减小随机误差的主要途径是提高系统元器件的精度、可靠性和抗干扰能力。

4.5 结构疲劳试验

4.5.1 引言

从材料学的观点来看，疲劳破坏是材料损伤累积而导致的一种破坏形式。金属材料的疲劳有以下特征：

（1）交变荷载作用下发生疲劳破坏时，构件中的最大应力可能远低于材料的静力强度；

（2）在单调静载试验中表现为脆性或塑性的材料，发生疲劳破坏时，宏观上均表现为脆性断裂，疲劳破坏的预兆不明显；

(3) 疲劳破坏具有显著的局部特征，疲劳裂纹扩展和破坏过程发生在局部区域；

(4) 疲劳破坏是一个累积损伤的过程，要经历足够多次导致损伤的交变应力才会发生疲劳破坏。

因此，疲劳破坏与静力破坏和冲击荷载作用下的破坏有着本质上的区别。从受力特征来看，承受反复交变荷载的结构有可能发生疲劳破坏。在建筑工程中，典型的结构构件是工业厂房中的吊车梁；桥梁工程中，铁路桥梁的疲劳破坏是其结构设计要考虑的主要破坏形态之一。典型的工程事故是1994年韩国的圣水大桥破坏，当时，建成仅15年的大桥因桁架式挂梁的吊杆疲劳断裂，40m长的一段桥面结构坠入汉江中，15人丧生。

结构疲劳试验的目的是检验或研究结构构件在多次交变荷载作用下的力学性能。

近年来，较为典型的疲劳试验有：

(1) 钢筋混凝土和预应力混凝土梁的疲劳试验，如钢筋混凝土吊车梁，铁路钢筋混凝土简支梁，或其他承受反复荷载的钢筋混凝土梁等。

(2) 焊接钢结构疲劳试验，如焊接钢结构节点，焊接钢梁等。

(3) 用于预应力混凝土结构的锚夹具组装件疲劳试验，按照有关技术标准，锚夹具产品应进行疲劳试验。

(4) 拉索疲劳试验，拉索主要用于斜拉桥的斜拉索或吊杆拱桥的吊杆。

(5) 新型材料或新结构构件的疲劳试验，如钢纤维混凝土梁的疲劳试验，钢-混凝土组合结构疲劳试验，黏钢加固或粘贴碳纤维加固混凝土梁的疲劳试验等。

常规疲劳试验的典型特点是试验结构受到交替变化但幅值保持不变的荷载的多次反复作用。这种受力条件显然不同于结构静载试验。常规疲劳试验也不同于结构低周反复荷载试验。如前所述，低周反复荷载试验反复的次数较少（这就是所谓低周的含义），反复荷载的幅值不受限制，可以直到结构破坏。在常规疲劳试验中，反复荷载的次数以百万次计，且荷载的幅值明显小于结构的破坏荷载。有时，将常规疲劳荷载试验称为高周疲劳试验以区别于为其他目的进行的低周疲劳试验。

有时也采用电液伺服作动器或偏心轮式起振机对结构构件施加疲劳荷载，两种加载设备都有各自的优点和适用范围，但一般认为前者能耗太大、设备昂贵，后者又过于简单，可控性较差。在结构实验室中，大多还是采用疲劳试验机—脉动千斤顶对结构构件进行疲劳试验。

4.5.2 结构疲劳试验机

常规结构疲劳试验的加载特点是多次、快速、简单、重复加载，进行疲劳试验的主要设备为疲劳试验机。液压疲劳试验机利用脉动机械装置使输入到液压作动器的压力油产生脉动的压力，安装在作动器外的弹簧使活塞复位，这种液压作动器又称为脉动千斤顶。采用电液

图 4-72　用于疲劳试验的脉动千斤顶

伺服系统也可以进行结构疲劳试验，但是电液伺服系统价格昂贵、能量消耗大，导致试验成本增加。常规结构疲劳试验大多由结构疲劳试验机完成。

脉动千斤顶一般只能施加压力，当需要施加拉力时，通常由外加的机械装置实现转换。图4-72为用于疲劳试验的脉动千斤顶，疲劳试验机输出脉动压力到千斤顶，脉动压力峰值时，脉动千斤顶对试件施加预定的最大压力，脉动压力下降时，复位弹簧使千斤顶压力回到预定的最小值。疲劳试验机脉动器产生的脉动压力的频率可以通过一个无级调速电机控制，频率变化范围为100～500次/分。当脉动器不工作时，试验机输出静压，可进行结构静载试验。

4.5.3 疲劳试验的观测项目

与其他结构试验相同，疲劳试验也分为鉴定性试验和研究型试验。对于钢筋混凝土或预应力混凝土构件，疲劳试验中的观测项目主要包括：

(1) 构件开裂荷载和荷载循环次数；

(2) 裂缝宽度随荷载循环次数的变化以及新裂缝的发生和发展；

(3) 构件的最大挠度及其随荷载循环次数的发展规律；

(4) 预应力混凝土构件中锚固区钢丝的回缩；

(5) 构件承载能力与疲劳荷载的关系；

(6) 循环荷载作用下构件的破坏特征。

对于钢结构构件，疲劳试验中的观测项目主要包括：

(1) 局部应力或最大应力的变化；

(2) 构件的最大变形及其随荷载循环次数的发展规律；

(3) 断裂裂纹的萌生和发展；

(4) 构件承载能力与疲劳荷载的关系。

不同的试验对象和试验目的，疲劳试验中的观测项目也不相同。例如，预应力混凝土构件的锚夹具组装件疲劳试验属生产鉴定性试验，试验中的观测项目主要就是钢丝相对于锚具的位移以及锚具工作状态。而在黏钢加固的钢筋混凝土梁的疲劳试验中，观测项目往往以粘贴钢板的应变变化作为主要观测项目。

4.5.4 疲劳试验的荷载

疲劳荷载的描述由3个参量构成，即最大荷载 P_{max}、最小荷载 P_{min} 和平均荷载 P_m。在钢筋混凝土构件的鉴定性试验中，根据短期荷载标准组合产生的最不利内力确定疲劳试验的最大荷载 P_{max}，最小荷载 P_{min} 一般取为疲劳试验机可以稳定控制的最小荷载值。对于钢结构构件和某些钢纤维混凝土构件，疲劳试验多采用应力控制，相应的试验控制参量为最大应力 σ_{max}、最小应力 σ_{min} 和平均应力 σ_m。其中，与结构或构件性能密切相关的控制参量为应力幅值 $\sigma_a=(\sigma_{max}-\sigma_{min})/2$，应力幅度 $\Delta\sigma=2\sigma_a$，应力比 $\rho=\sigma_{min}/\sigma_{max}$ 和应力水平 $S=\sigma_{max}/f$ 等（f 为构件材料的静力强度），相关参数的关系如图4-73所示。对这类构件进行疲劳试验时，常根据应力水平、应力比等控制参量计算疲劳试验的最大荷载和最小荷载。

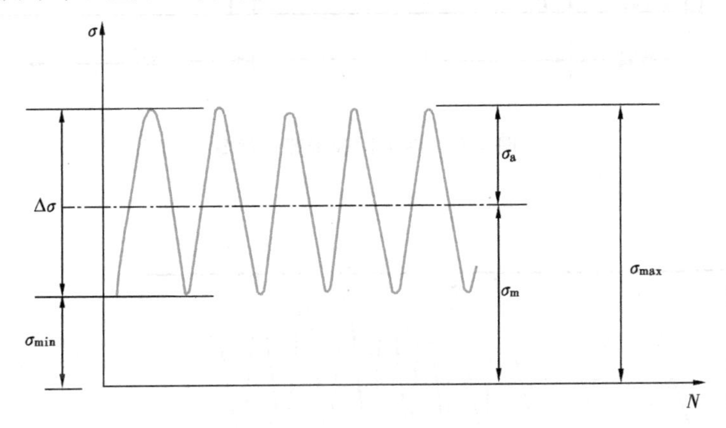

图4-73 循环应力各量之间的关系

疲劳试验的加载频率一般为200～400次/分钟。有人认为，当应力水平在0.7～0.75以下时，加载频率在1～10Hz之间对混凝土或钢的疲劳试验结果影响很小。疲劳试验的时间较长，以400次/分钟的加载频率计算，完成200万次疲劳试验所需时间为83.5小时，如果降低加载频率，试验时间更长。考虑试验成本，大多在疲劳试验机容许的加载频率范围内选用较快的加载频率。但是，当试验对象具有较明显的黏弹性特征时，必须仔细分析加载频率的影响，使试验结果能更准确地反映试验对象的基本力学性能。

疲劳荷载作用次数是疲劳试验中的一个重要控制指标。结构设计规范对吊车梁、铁路桥梁等结构构件的疲劳荷载次数规定为 $2\times10^6\sim4\times10^6$ 次。在结构性能研究中，为了得到构件的寿命曲线和疲劳极限，疲劳荷载次数可以在更大的范围内变化。

在疲劳试验前，应预加静力荷载，消除支座和连接部件间隙，检查仪器仪表工作状态，然后开始施加疲劳荷载。

对于鉴定性试验，一般在完成规定次数的疲劳荷载后，检查构件的各性能指标是否满足要求，疲劳试验即告结束。而研究型疲劳试验在完成预定次数的疲劳加载后，往往再进行静载试验，研究疲劳荷载对构件承载能力的影响（图4-74）。在研究性疲劳试验中，另外一种疲劳试验的加载方案是不预先规定疲劳荷载作用次数，施加疲劳荷载直到构件发生破坏（图4-75）。也可以按照一定规则改变疲劳荷载控制参量，直到构件破坏（图4-76）。

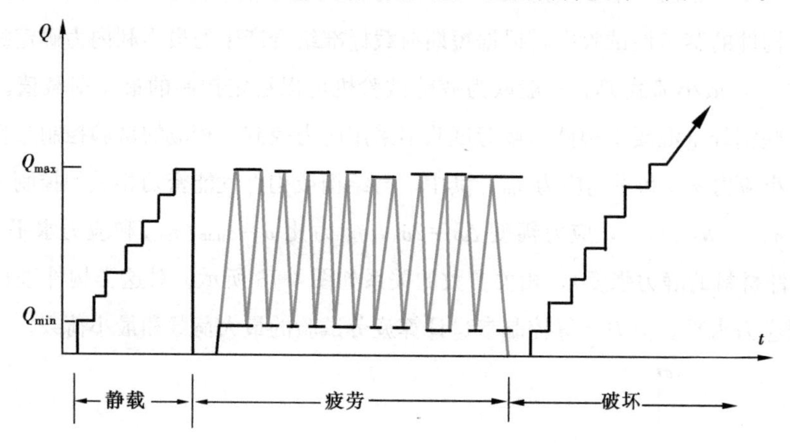

图4-74 疲劳试验步骤示意图

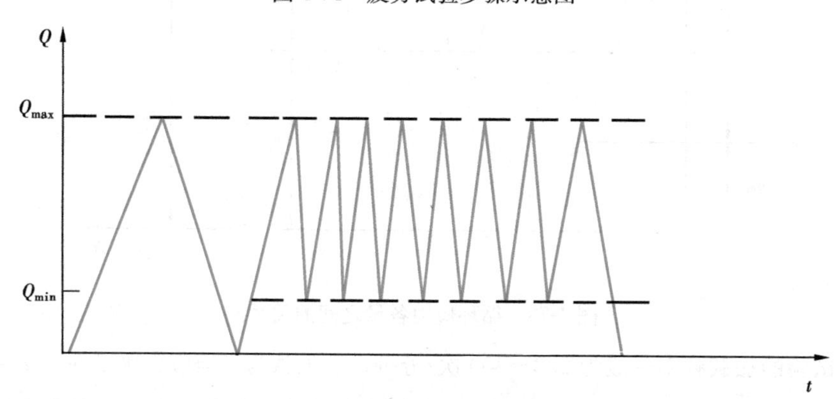

图4-75 带裂缝疲劳试验步骤示意图

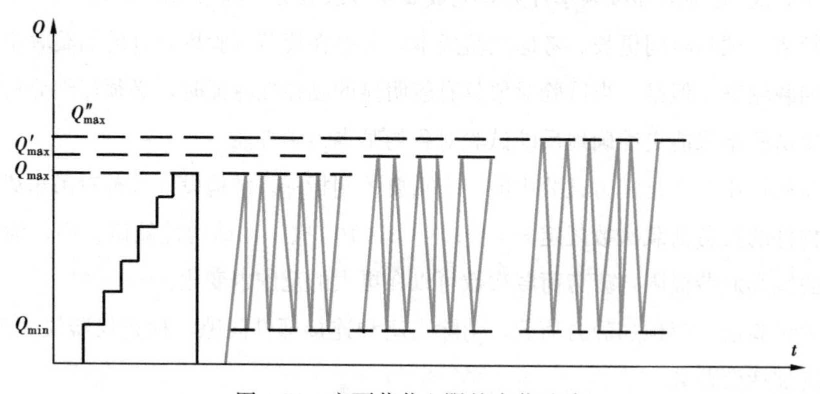

图4-76 变更荷载上限的疲劳试验

4.5.5 疲劳试验的测试内容与试验方法

疲劳试验属于动载试验。试验过程中，所有信息都在随时间变化，但是在一定长度的荷载循环中，试验信息的变化幅度不大，没有必要采用自动数据采集设备连续记录试验数据。在200万次的疲劳试验中，一般每隔10万次采集一次数据，记录最大变形、最大应变以及裂缝分布等数据。疲劳试验中，可以采用动态测试仪器和仪表测量试验数据，在规定的循环次数时不停机进行测试。有时也可以采用静态测试仪器仪表，测量时，采用静力加载方式，分别在最大试验荷载和最小试验荷载时测量试验数据。但应注意，疲劳试验均为荷载控制，试验荷载值必须采用动态方式测量和记录，以便对试验过程进行监控，对试验荷载值的偏差进行及时调整。

疲劳试验中的观测内容与静载试验中的观测内容基本相同，主要包括构件的变形、应变分布以及裂缝变化。与常规静载试验不同之处在于疲劳试验所获取的数据一般都是以荷载相同为前提条件，测试数据随循环次数的变化反映出结构或构件性能变化，也就是结构或构件的疲劳性能。由于疲劳试验循环次数多、时间长，为避免测试传感器因疲劳而发生故障，多采用非接触式的位移传感器测量试件的变形，例如，采用差动变压器式的位移传感器。应变测量一般采用电阻应变片，但电阻应变片的安装要求比常规静载试验高，电阻应变片的生产厂家可以提供专门用于疲劳试验的电阻应变片和专用胶水。

疲劳试验过程中，可能产生较大的振动。安装脉动千斤顶的加载刚架，安装试件的支架和支座，脉动千斤顶与试件之间的连接件，甚至连接脉动千斤顶和疲劳试验机油管都可能由于体系的持续振动而出现问题，如试件偏位，支座移动或连接部位松动等。因此，整个试验装置必须连接牢固，有限制试件移动的限位装置，试件安装时应仔细对中。

构件的疲劳破坏有可能是突然的脆性破坏，例如，疲劳断裂破坏。试验装置应具有安全防护能力，避免人员和设备因试件突然破坏而受损。

4.5.6 疲劳试验实例

焊接钢管结构的焊接节点如图4-77所示。采用疲劳试验考察肢管与主管的焊接节点强度，在垂直肢杆上施加交变的轴向荷载。试验的应力比为-1.0，也就是最大拉应力和最大压应力相等，改变应力水平，得到不同的疲劳破坏循环次数。

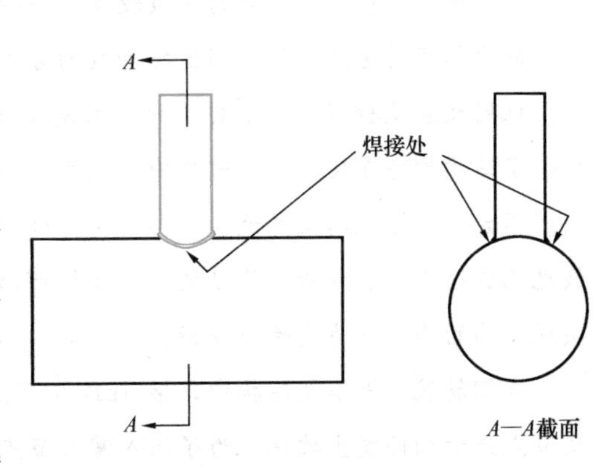

图4-77 焊接管节点

图4-78给出典型的节点疲劳破坏特征，焊缝—钢管撕裂。疲劳试验结果用S-N曲线

图 4-78　焊缝疲劳破坏

表示，S 表示应力水平，N 表示疲劳循环次数。如图 4-79 所示，当应力水平很高时（高于 400MPa），数千次应力循环就导致破坏。随着应力水平降低，疲劳次数增加。当应力水平低于 150MPa 时，疲劳次数接近 1 千万次。在建筑结构中，通常要求疲劳次数不少于 2 百万次。根据图 4-79 中回归的 S-N 曲线，焊缝的应力水平应不超过 150MPa。

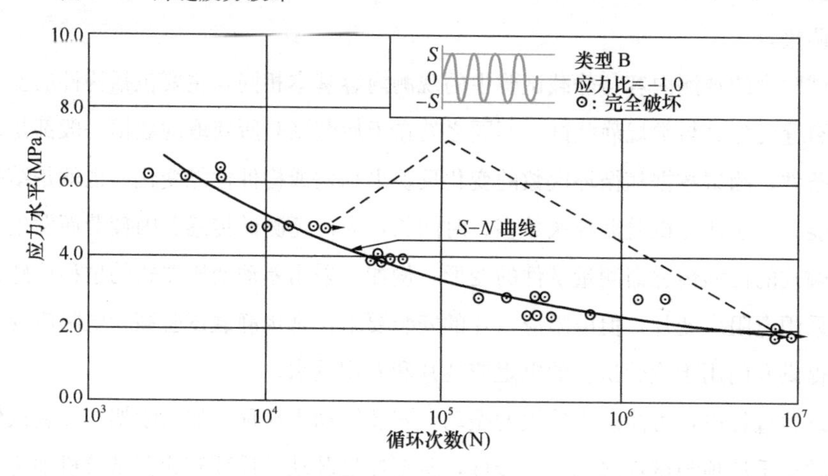

图 4-79　焊接钢管结构焊缝疲劳强度的 S-N 曲线

【实例分析】钢筋混凝土框架节点低周反复荷载试验

周期反复荷载试验实际上可以认为是介于静载试验和动载试验之间的一种试验，主要用于结构抗震性能研究，《建筑抗震试验规程》JGJ/T 101—2015 将这类试验称为拟静力试验。所谓“低周”是指反复荷载的次数较少，一般不超过 100 次的量级。拟静力是表明加载速度接近静力加载的速度，但采用连续加载的方式，而静载试验多采用分级加载的方式。

低周反复试验得到的主要试验结果是反复的荷载-位移曲线，称为滞回曲线。滞回曲线反映了结构构件在反复受力过程中承载能力和位移的变化过程。实际结构在遭遇地震作用时虽然不会出现像低周反复试验这样的受力过程，但构件的受力规律是一致的。因此，滞回曲线也构成结构抗震分析的基础之一。我们可以根据滞回曲线建立构件的分析计算模型，从而实现结构的非线性地震响应分析。

在钢筋混凝土框架结构中，梁-柱连接节点的性能直接影响整个结构的性能，我们不希望节点先于构件发生破坏。为了深入掌握节点的受力性能，国内外研究人员进行了很多围绕节点抗震性能的试验研究。图 4-80 给出十字形节点的试验装置图（在原理上与图 4-52 相同)，节点试件中两侧梁的长度各为相应梁跨的一半，上下柱的高度为相应层高的一半（参见图 3-80）。节点受力由高强度钢拉杆提供，柱轴线上的铰链只是为了平衡试件的自重（图 4-81），试验没有施加柱的轴力。当加载油缸在试验框架横梁施加水平荷载时，由于试验框架本身为几何可变机构因而不能分担荷载，阻挡试验框架变成平行四边形的阻力全部来自于节点试件，采用力传感器测量拉杆的力就可知道节点所受的力（图 4-82）。

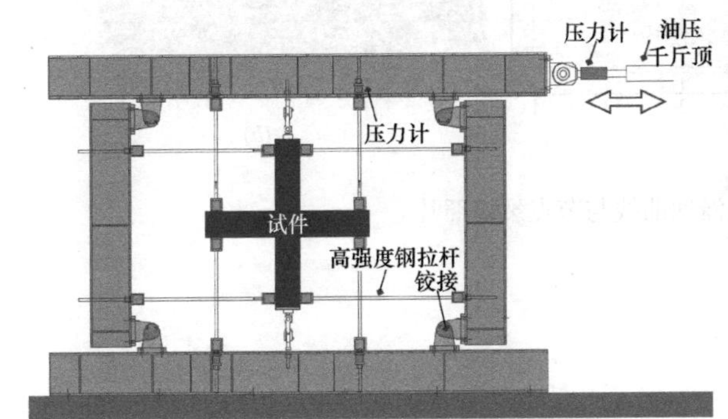

图 4-80 钢筋混凝土十字形节点试验装置示意图

图 4-81 十字形节点试验装置照片

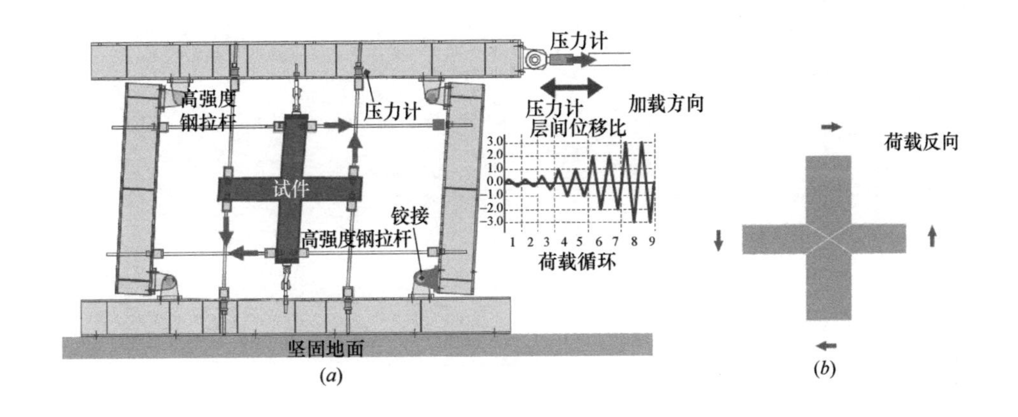

图 4-82 水平荷载、加载制度和节点受力简图

图 4-83（a）给出一个试件的滞回曲线，曲线上的数字分别标注梁、柱纵筋的屈服，六角星表示最大水平荷载点。粗虚线表示梁发生弯曲破坏的承载力，试验得到的最大承载力没有达到弯曲破坏的承载力，说明在弯曲破坏之前，节点发生剪切破坏。滞回曲线在卸载到零时出现明显的滑移（即很小的水平力产生很大位移），也说明剪切破坏的特征。图 4-83（b）为节点临近破坏时呈现的交叉斜裂缝。

本例介绍了钢筋混凝土十字形节点的试验装置和试验方法，该装置设计合理，试件受力明确，试验装置没有附加的力和变形作用于试件。但这个试验没有在柱上施加轴向荷载，而轴向力对节点剪切破坏是有影响的。

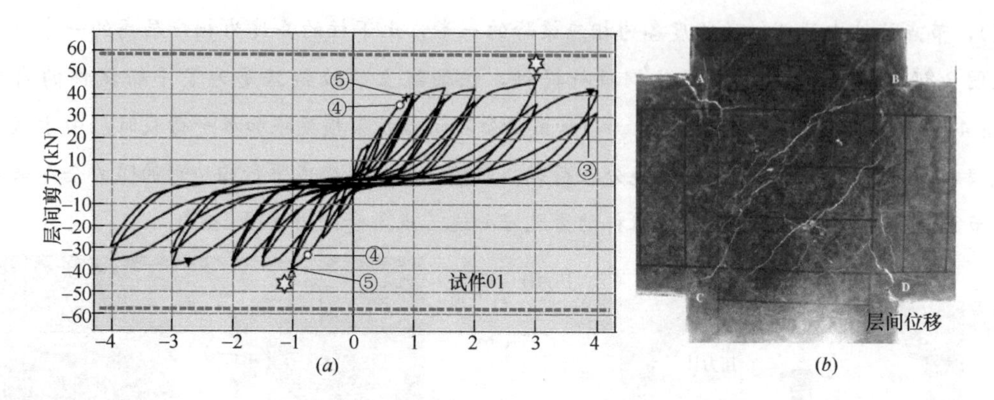

图 4-83　节点滞回曲线与节点裂缝照片

第5章

结构非破损检测与鉴定

5.1 概述

结构非破损检测与鉴定的对象为已建工程结构，根据已建结构的性质，可分为新建结构和服役结构。对于新建结构，非破损检测和鉴定的目的包括验证工程质量，处理工程质量事故，评估新结构、新材料和新工艺的应用等。对于服役结构，通常用结构可靠性鉴定涵盖非破损检测与鉴定的内容，其目的主要是评估已建结构的安全性和可靠性，为结构的维修改造和加固处理提供依据。

按照结构设计理论以及设计规范的指导思想，工程结构是有使用寿命的。例如，《混凝土结构设计规范》GB 50010—2010（2015年版）从结构耐久性的角度规定了混凝土结构的设计寿命为50年或100年。使用中的工程结构由于各方面的原因，其性能可能发生变化，结构的承载能力随时间推移而逐渐下降。即使是新建的结构，也可能出现各种各样的工程质量事故，对结构的可靠性造成影响。

不论是新建结构还是服役结构，通过试验检测的方法来获取表征结构性能的相关参数时，都不应对结构造成损伤，影响结构的使用和安全。这就是结构非破损检测技术不断发展的工程背景。

5.1.1 结构可靠性鉴定

结构可靠性包括结构的安全性、适用性和耐久性。已建结构可靠性鉴定就是根据可以收集到的各种信息，对已建结构的安全性、适用性和耐久性做出评估，并给出量化的结论。

已建结构的可靠性鉴定与采用可靠度理论进行结构设计有着完全不同的意义。结构设计时，我们假定结构的承载能力和结构承受的荷载为随机变量，并通过一定的统计分析对这些随机变量的统计特征作出规定，再将相关的规定转化为设计中的分项系数，工程师就可以采用这些分项系数进行结构设计，按照概率极限状态设计理论，这样设计的结构的可靠度应该不低于期望的目标可靠度。在这个过程中，我们并不关心所设计的结构具体将会有多大的失效概率，设计规范也没有提供这方面的信息，我们只关心结构的最大失效概率会小于规定的失效概率。对于已建结构，情况发生变化。已建结构的可靠性鉴定具有以下特点：

（1）已建结构是一个具体的对象，它的材料强度、几何尺寸、使用荷载、环境条件已经是客观存在并具有个性化特征。例如，某混凝土结构，原设计混凝土强度等级为C30，对该结构进行可靠性鉴定时，通过非破损检测方法，知道其混凝土强度等级在C35～C40之间。分布于该结构的这些混凝土强度数据具有一定的离散性，可以将其视为随机变量，但它的分布特征与统计参数因其个性特征而不同于设计规范给出的设计参数的随机性。

（2）对于已建结构，可以采用非破损检测方法获取材料、构件和结构的部分相关变量的数据，通过调查，还可以得到荷载和使用环境的相关数据，但信息仍然是不完整的和不精确的。这种不完整和不精确主要来源于认知的受限。例如，结构基础及地基的有关数据就很难得到，很多隐蔽工程的信息也无法获取。因此，已建结构的可靠性鉴定具有模糊统计推断的特点。

（3）可靠性鉴定的核心内容是已建结构的安全性。但结构的承载能力并不是非破损检测的直接结果。我们采用非破损检测方法获取结构信息，再根据结构设计原理和有关规范进行承载力计算，称为承载能力复核。承载能力复核的结果构成可靠性鉴定的主要依据。

（4）满足规范要求的结构设计，其下限可靠度由设计规范赋予。而实际已建结构的状态可能不同于设计期望的状态，结构可靠性鉴定要求对某一具体结构的可靠性做出评判。已建结构通常投入使用一段时间，有的甚至超过50年，因此，结构可靠性鉴定要求确定已建结构在下一个目标使用年限内的可靠度。

5.1.2 工程结构事故分析与处理

工程事故是指结构在设计、施工和使用中，由于非正常事件导致的结构破坏或破损、工程质量缺陷、人员财产损失等意外情况。

美国空军的一个仓库采用多跨钢筋混凝土连续刚架结构（图5-1），1953年8月，该结构中间跨靠近反弯点位置发生剪切破坏。事故发生后，对混凝土和钢筋现场采样进行试验分析，调查结构构造（如伸缩缝）和荷载条件。同时还进行了1/3尺寸的局部结构模型试验。当时的事故分析报告认为伸缩缝未能有效地释放温度变化产生的拉应力，因此配置箍筋较少的反弯点截面同时受到剪应力和拉应力作用，导致破坏发生。

事故分析处理与结构可靠性鉴定的主要区别在于：

（1）事故分析要求精确的给出事故的原因。我国规范定义的结构可靠性以正常设计，正常施工，正常使用为基本条件，而作为意外情况发生的结构事故，其原因可能发生或同时发

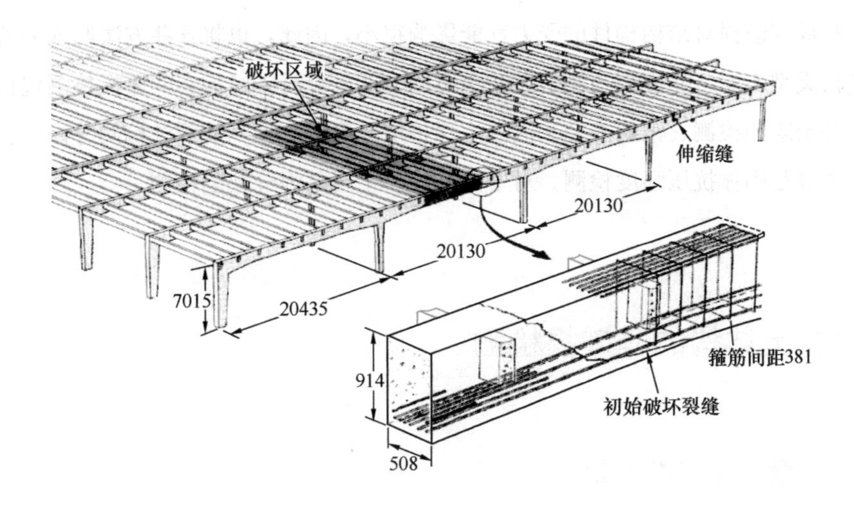

图 5-1　美国空军仓库钢筋混凝土梁的剪切破坏事故（单位：mm）

生在设计、施工和使用的任何环节。现场检测获取的数据应能精确反映或排除事故发生的原因。

(2) 常见的事故分析常常可以不涉及结构的安全性，而以使用性为主要目标。例如住宅建筑的钢筋混凝土楼板开裂。导致楼板裂缝的原因可以是混凝土强度偏低、混凝土浇筑质量较差、抵抗支座负弯矩的钢筋的保护层偏厚、楼板厚度尺寸偏差较大、施工荷载超过规范规定值、温差变化及混凝土收缩产生较大拉应力以及设计、施工方面的其他原因。现场检测提供的数据有助于确定楼板裂缝的原因。

(3) 事故分析要求给出事故对结构主要功能的影响程度以及具体的处理措施。例如，对于楼板裂缝，如果不影响结构安全，处理措施主要是采用各种技术手段封闭裂缝以确保结构正常使用的功能；如果楼板裂缝的原因导致结构不安全，则应采取结构加固的技术措施。

按照结构设计规范，当结构用途发生变化、需要延长结构使用年限，或改建、扩建时，也应对结构进行检测和评定。非破损检测和鉴定为既有结构设计提供相关资料信息。

5.1.3　非破损检测与鉴定的基本方法

对工程结构进行非破损检测和可靠性鉴定，要通过各种手段得到结构相关参数，捕捉反映结构当前状态的特征信息，对结构作用和结构抗力的关系进行分析，并根据实践经验给出综合判断。结构非破损检测与鉴定涉及结构理论、概率统计、测试技术、工程材料、工程地质、力学分析等基础理论和专业知识，具有多学科交叉的特点。特别是近年来，测试方法以及相应的仪器仪表不断更新，使这一领域的技术不断发展。

本章介绍的结构非破损检测技术是指在不破坏结构构件的条件下，在结构构件原位对结构材料性能以及结构内部缺陷进行直接定量检测的技术。有些检测方法以结构局部破损为前提，但这些局部破损对结构构件的受力性能影响很小，因此，也将这些方法归入非破损检测方法。结构类型不同，非破损检测的方法也不同。对于混凝土结构，非破损检测包括混凝土强度与内部缺陷的检测、钢筋直径和混凝土保护层厚度检测、钢筋锈蚀检测等内容。对于砌体结构，主要是砌体抗压强度检测。对于钢结构，主要是焊缝缺陷检测。

5.2 混凝土结构的非破损检测

5.2.1 混凝土强度检测

混凝土结构是常见的工程结构，它由混凝土和钢筋组成。混凝土强度的检测是混凝土结构可靠性鉴定的一个重要内容。根据混凝土的物理和力学性能，如混凝土的表面硬度、密实度等，不同的混凝土强度非破损检测技术广泛地应用于工程实践中。

1. 回弹法

利用回弹仪检测混凝土结构构件中混凝土抗压强度的方法称为回弹法。回弹仪是一种直射锤击式仪器，其构造如图 5-2 所示。

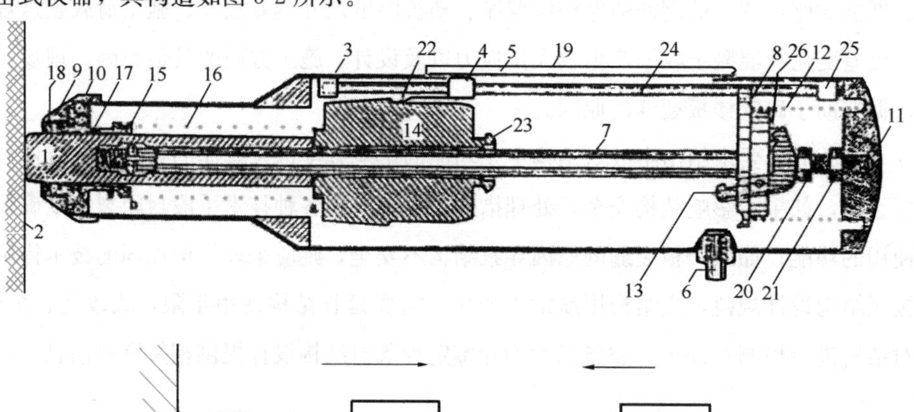

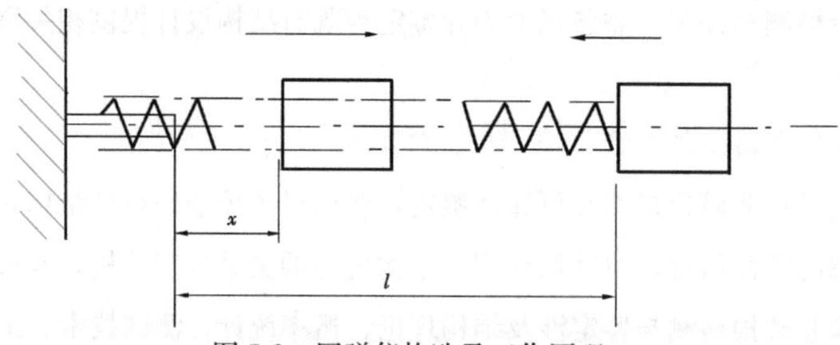

图 5-2　回弹仪构造及工作原理

1—冲杆；2—试验构件表面；3—套筒；4—指针；5—刻度尺；6—按钮；7—导杆；8—导向板；9—螺栓盖帽；10—卡环；11—盖；12—压力弹簧；13—钩子；14—锤；15—弹簧；16—拉力弹簧；17—轴套；18—毡圈；19—护尺透明片；20—调整螺栓；21—固紧螺栓；22—弹簧片；23—铜套；24—指针导杆；25—固定块；26—弹簧

在未使用状态，弹击杆处于回缩状态，测试时，按下按钮，让弹击杆伸出套筒，此时，挂钩挂上弹击锤，拉力弹簧处于松弛状态；保持回弹仪与被测试构件表面成垂直状态，将弹击杆徐徐压回套筒，拉力弹簧逐渐张紧，当挂钩与调节螺栓挤压，弹击锤脱钩，拉力弹簧带动弹击锤向前与弹击杆碰撞，弹击杆又与混凝土表面碰撞，碰撞产生的回弹使弹击锤向后运动，向后运动的距离称为回弹距离；按下按钮，从回弹仪的标尺上可以读出回弹距离，称为回弹值。

根据物理学知识，我们知道回弹距离与碰撞物体的硬度有关。物体的硬度越大，碰撞时，回弹距离越大。混凝土的强度与其表面硬度有十分密切的关系。利用回弹仪测量弹击锤的回弹值，再利用回弹值与混凝土表面硬度（强度）的关系，就可以推断混凝土的强度。

根据回弹仪的测试原理，使用时应注意以下要点：

(1) 回弹值与混凝土表面硬度有直接关系，影响混凝土表面硬度的因素对回弹值也会产生直接影响。实际工程中，混凝土的碳化将增加混凝土表面硬度，但混凝土的强度却不一定会随着混凝土的碳化而增加。因此，在对混凝土强度进行回弹法测试时，要同时测量混凝土的碳化深度，根据碳化深度的不同，修正混凝土强度推定值。此外，混凝土构件的顶面和底面的性能有所差别，顶面不同程度存在浮浆，硬度较低，而底面的粗骨料较多，硬度较高，在不同浇筑面上得到的回弹值要进行修正。

(2) 回弹仪是依靠弹击锤的回弹距离来测量混凝土的强度的，回弹仪与水平方向的夹角不同，将会影响回弹值。向上弹击时，由于重力作用，回弹值最大，而向下弹击时正好相反。水平弹击时，回弹值不修正，其他测试角度得到的回弹值要做出修正。此外，构件的尺寸也有限制，如果构件太薄，弹击力使构件局部产生较大的变形，将影响弹击锤的回弹距离。

(3) 混凝土由粗骨料、细骨料和水泥组成，表面的硬度分布不均匀，有的部位回弹值高，而有的部位回弹值低。解决这一问题的方法就是多次回弹取其平均值。具体的做法是在混凝土构件上选择测区，测区的面积一般为 200mm×200mm，在每个测区内回弹 16 次，弹击点之间的距离不小于 30mm，每一个弹击点只容许回弹一次；在 16 个回弹值中去掉 3 个最大值和 3 个最小值，取余下 10 个回弹值的平均值作为该测区的回弹值。根据构件的长度确定测区的数量，一般为 6～10 个测区。

(4)《回弹法检测混凝土抗压强度技术规程》JGJ/T 23—2011 规定：采用普通回弹仪（标称能量 2.207J）测试混凝土的强度时，必须注意其限制条件；龄期 3 年以上的混凝土，其表面混凝土的碳化可能达到相当深度，回弹值已不能准确反映混凝土的强度，因此，不宜采用回弹法测定龄期超过 3 年的老混凝土；回弹仪的弹击锤回弹距离受到回弹仪本身的限制，其有效回弹最大距离决定了回弹法能够测试的最大混凝土强度，当混凝土强度超过 C60 级时，不能采用回弹法检测混凝土的强度。回弹法对混凝土的成型工艺、潮湿状态等也有限制。《高强混凝土强度检测技术规程》JGJ/T 294—2013 给出了采用高强回弹仪检测高强混凝土强度的方法：可采用标称动能为 4.5J 或 5.5J 的回弹仪进行回弹法检测，并给出两种标称动能下对应的测强曲线公式及混凝土强度换算表。

（5）采用回弹法检测混凝土的强度，必须预先知道回弹值与混凝土强度的关系，这个关系称为回弹法测强曲线，对于不同种类的混凝土，应有不同的测强曲线，例如，采用回弹法检测轻骨料混凝土的强度，就必须要有相应的轻骨料混凝土的测强曲线。通常，在混凝土立方体试块上进行回弹测试，然后进行压力试验得到该试块的抗压强度，由此得到回弹值与抗压强度的关系。

根据测强曲线，见附录 3，可以由每一测区的回弹值得到相应的混凝土强度换算值，然后，再根据每一测区的混凝土强度换算值，推定构件的混凝土强度。当测区数量不小于 10 个时，应计算测区混凝土强度换算值的平均值和标准差，然后按 95%的保证率确定结构或构件混凝土强度推定值；当构件的测区数小于 10 个时，取构件中最小的测区混凝土强度换算值作为该构件的混凝土强度推定值。此外，对低强度混凝土以及强度换算值的标准差较大的情况，有关技术规程也做了规定。

回弹法最大的优点就是简单、方便、快速。在国内外实际工程中已使用 50 余年。近年来，新型回弹仪将微电脑芯片安装在回弹仪上，称为数显回弹仪（图 5-3），加快了回弹仪的数据处理过程，使用更加方便。回弹法实际上是利用混凝土的表面信息推定混凝土的强度，很多因素影响测试结果，如原材料构成、外加剂品种、混凝土成型方法、养护方法及湿度、碳化及龄期、模板种类、混凝土制作工艺等，这些因素使测试结果在一定范围内表现出离散性。

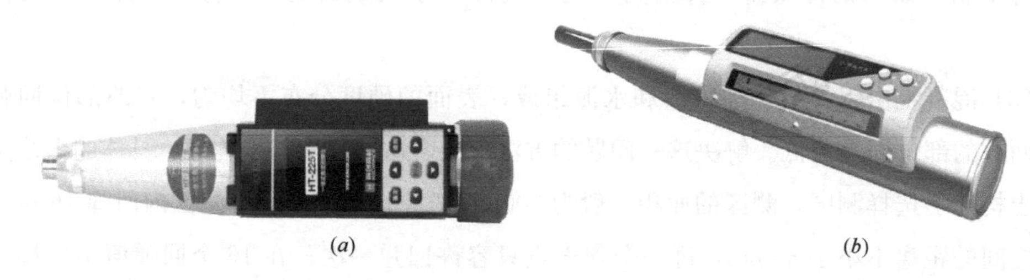

(*a*)　　(*b*)

图 5-3　两种国产的混凝土数显回弹仪

(*a*) 普通回弹仪；(*b*) 高强回弹仪

对于建筑工程和公路工程中的混凝土构件，都有相应的技术规程，如建筑工程的《回弹法检测混凝土抗压强度技术规程》JGJ/T 23—2011、《高强混凝土强度检测技术规程》JGJ/T 294—2013 和公路工程的《回弹仪测定水泥混凝土强度试验方法》T 0954—1995。在这些技术规程中，对回弹仪的操作与维护，回弹值的修正，测强曲线以及混凝土强度推定的方法等方面，做出了具体的规定。采用回弹法检测混凝土的强度时，必须遵守有关技术规程的规定。

2. 钻芯法

钻芯法是利用钻芯机及配套机具，在混凝土结构构件上钻取芯样，通过芯样抗压强度直接推定结构的混凝土强度的方法。钻芯法无需混凝土立方体试块或测强曲线，具有直观、准确、代表性强、可同时检测混凝土内部缺陷等优点，在工程检测中得到广泛应用。钻芯法的缺点是对结构造成局部破损，芯样数目有限，钻芯及芯样加工需要专用的设备和较长的时间。钻芯机如图 5-4 所示。对同一批浇灌的混凝土结构构件，选取有代表性的部位，避开钢筋位置和内部管线，采用膨胀螺栓固定钻芯机的底座，打开冷却水，开动钻芯机，徐徐转动进钻手柄，使钻头慢慢钻进混凝土。按照《钻芯法检测混凝土强度技术规程》JGJ/T 384—2016，钻头内径为 100mm 或 150mm，芯样长度不小于芯样直径。钻进一定深度后，将钢锲打入，折断芯样后取出（图 5-5）。钻取的芯样两端在锯切机上切平，较长的芯样也用锯切机切开。芯样两端还应采用研磨或其他方法补平，保证芯样端面与轴线垂直。在同一构件上通常钻取 3 个芯样，对较小的构件，也可钻取 2 个芯样。不同高度芯样的抗压强度值应乘以高径比换算系数，芯样混凝土抗压强度换算值等于同龄期 150mm 边长立方体试块的抗压强度值。

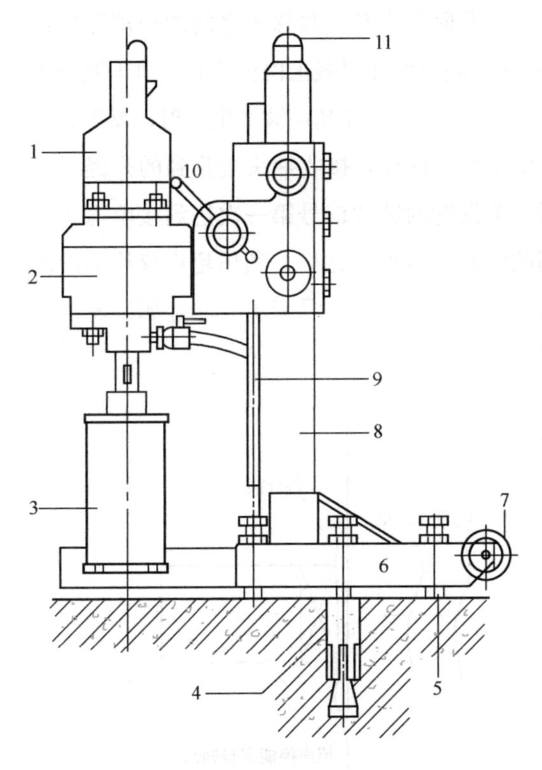

图 5-4 钻芯机

1—电动机；2—变速箱；3—钻头；4—膨胀螺栓；5—支承螺栓；6—底座；7—行走轮；8—主柱；9—升降齿条；10—进钻手柄；11—堵盖

(*a*)

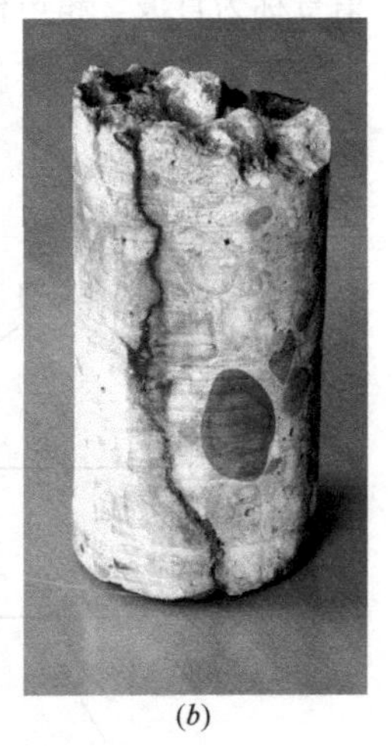

(*b*)

图 5-5 混凝土芯样

(*a*) 无裂缝芯样；(*b*) 有裂缝芯样

钻芯法除检测混凝土的强度外，还可以通过芯样检测混凝土结构或构件的裂缝深度（图5-5*b*）、受火或受冻混凝土的损伤深度等内部缺陷。

钻芯法可在结构构件原位检测混凝土的强度和缺陷，这是其他非破损检测方法不可取代的一种有效方法。在实际工程中，常将钻芯法与其他非破损检测方法结合使用，一方面利用非破损检测方法检测混凝土的均匀性，以减少钻芯数量，另一方面，又利用钻芯法来校正其他方法的检测结果，提高检测可靠性。

3. 超声脉冲法

声波是一种机械波，起源于物体的振动。机械波传入人耳引起鼓膜振动，刺激听神经而产生声的感觉，故称为声波。振动频率高于20000Hz声波称为超声波，振动频率低于20Hz的声波称为次声波。超声波和次声波都不能引起人的声感。

如上所述，超声波实际上是一种机械波。如图5-6所示，超声检测仪的脉冲信号发生器产生高频脉冲信号，激励安装了压电晶体的发射探头，利用压电效应将脉冲信号转换为机械振动，即超声波。超声波穿过混凝土构件，接收探头再将超声波转换为电信号。由于接收探头和发射探头实现了电能和机械能之间的转换，它们又分别被称为发射换能器和接收换能器。超声波在混凝土中传播的时间，称为声时；将发射探头与接收探头之间的距离除以声时，得到超声波在混凝土中传播的速度，称为声速；超声波在混凝土内传播时，由于混凝土内部材料不均匀，粗骨料和水泥胶凝体之间存在界面等缺陷，使超声波产生折射、反射、绕射和衰减，当超声波达到构件表面时，也会发生反射，这样，接收探头接收到的是经过多次反射、折射等变化的超声波信号，将从发射探头发射的脉冲信号第一次达到接收探头的信号称为首波。超声检测仪主要检测首波达到的时间和波形。这样，利用超声仪检测混凝土所依据的信息主要就是声时、距离、声速和首波。图5-7给出混凝土（非金属）超声仪的外观。

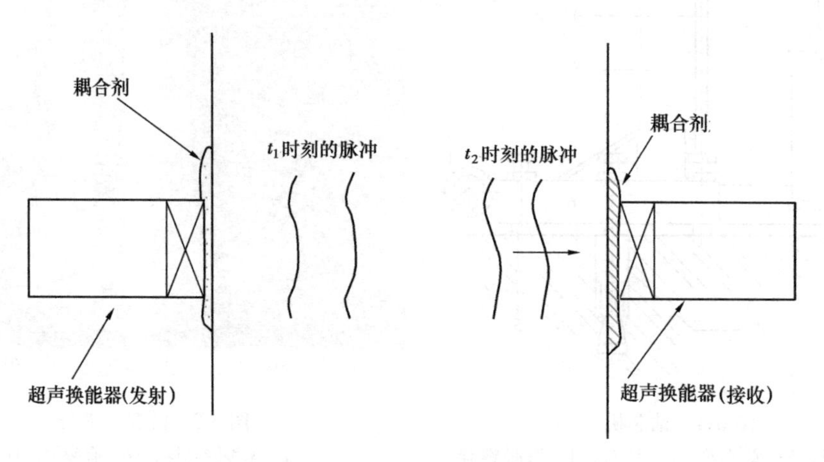

图5-6　超声波检测基本原理

根据弹性力学，可以得到纵波形式的机械波在固体内传播速度 v 与固体材料性质之间的关系：

$$v=\sqrt{\frac{E(1-\mu)}{\rho(1+\mu)(1-2\mu)}} \tag{5-1}$$

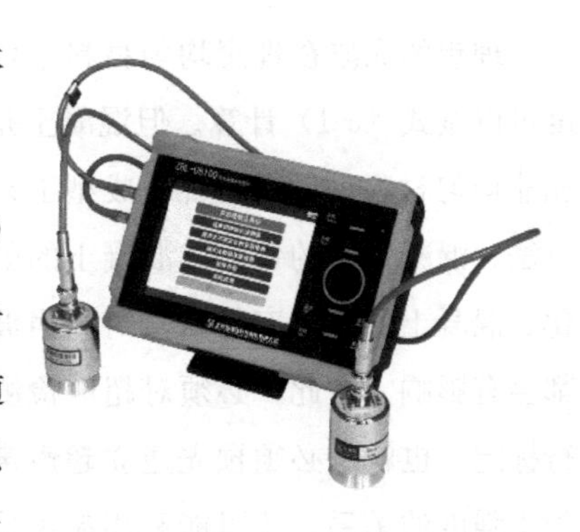

图 5-7　混凝土（非金属）超声仪

式中，E 为材料的弹性模量；ρ 为材料的密度；μ 为材料的泊松比。对于混凝土，其密度和泊松比通常不会随其强度而明显变化。如果已知超声波传播的速度，可以利用（5-1）式推断混凝土的弹性模量，再通过混凝土弹性模量与混凝土强度的关系，对混凝土的强度性能做出评价。在已知混凝土的超声波声速的条件下，利用超声检测仪测量声波穿过混凝土的时间(称为声时)，还可以用来确定混凝土构件的厚度。

采用超声法检测混凝土，具有以下特点：

（1）检测过程无损于材料和结构构件的性能；

（2）直接在结构物上进行检测并推定其实际的强度；

（3）重复或复核检测方便，检测方法具有良好的重复性；

（4）具有检测混凝土均匀性和内部缺陷的功能，可以将混凝土的强度评定和内部缺陷评定有机地结合；

（5）在有些情况下，其他非破损检测方法无法获取混凝土的质量和强度信息，超声法有其特殊的适应性。例如，采用超声法测量基桩混凝土或钢管混凝土。

混凝土超声检测使用非金属超声检测仪，其工作频率一般不超过 1000kHz，在对混凝土构件进行检测时，通常在 50～100kHz 范围内选择超声波发射频率。新型的超声检测仪与计算机相结合，可以通过计算机程序直接测读声时。其他常用的超声检测仪将接收的信号放大后在显示屏上显示，通过人工调节时标测读声时。在开始测试前，利用标准棒对仪器进行校准(标准棒是一根长度固定的金属棒，超声波在标准棒内传播的声时已在仪器生产厂家标定)。

超声波在空气中传播的特性完全不同于它在固体或液体中传播的特性，因此，要求发射探头和接收探头与混凝土的结合面上没有空气进入，避免在结合面上的声能损耗。一般可采用黄油、凡士林或石膏涂抹在探头安装部位，保证探头和混凝土构件耦合良好。当对板类构件进行检测时，超声仪的发射探头和接收探头分别安装在板的底部和顶部，这时，可将实测的声速放大约 3%。

与回弹法检测混凝土强度的方法相类似，采用超声法检测时，也要在混凝土构件上选择一定数量的测区，在每个测区内进行 3 次测试，取其平均作为该测区的声时值。一般尽可能在构件的侧面选择测区，避免浇筑面的不平整。

理想的纵波在理想均匀材料中传播的速度可以按式（5-1）计算。但混凝土是一种多相非均匀材料，材料特性、成型工艺和养护方法、混凝土中的钢筋、混凝土的龄期与碳化、混凝土的含水率等因素对超声波的传播都会有影响。因此，必须对超声检测结果进行标定。也就是必须预先建立超声声速与混凝土强度的关系，才可能利用超声检测得到的声速来推定混凝土的强度。按照我国相关技术标准和试验规程，超声法一般不单独用来检测混凝土的强度。表5-1给出利用超声声速对混凝土强度进行大致判断的参考数据。

利用超声声速对混凝土强度进行大致判断的参考数据　　表 5-1

声速（m/s）	混凝土质量
4500 以上	优
3500～4500	好
3000～3500	不佳或有问题
2000～3000	差
小于 2000	很差

4. 超声回弹综合法

超声回弹综合法是指采用超声检测仪和回弹仪，在结构或构件混凝土的同一测区分别测量超声声时和回弹值，再利用已建立的测强公式，推算该测区混凝土强度的方法。与单一的回弹法或超声法相比，超声回弹综合法具有以下优点：

（1）混凝土的龄期和含水率对回弹值和声速都有影响。混凝土含水率大，超声波的声速偏高，而回弹值偏低；另一方面，混凝土的龄期长，回弹值因混凝土表面碳化深度增加而增加，但超声波的声速随龄期增加的幅度有限。两者结合的综合法可以减少混凝土龄期和含水率的影响。

（2）回弹法通过混凝土表层的弹性和硬度反映混凝土的强度，超声法通过整个截面的弹性特性反映混凝土的强度。回弹法测试低强度混凝土时，由于弹击可能产生较大的塑性变形，影响测试精度，而超声波的声速随混凝土强度增长到一定程度后，增长速度下降，因此，超声法对较高强度的混凝土不敏感。采用超声回弹综合法，可以内外结合，相互弥补各自不足，较全面地反映了混凝土的实际质量。

由于超声回弹综合法具有上述优点，其测量范围在加大。例如，采用超声回弹综合法可以不受混凝土龄期的限制，测试精度也有明显提高。

采用超声回弹综合法检测混凝土强度的步骤与回弹法和超声法相同，在选定的测区内分别进行超声测试和回弹测试，得到声速值和回弹值。按照《超声回弹综合法检测混凝土强度技术规程》CECS 02：2005，采用下列公式计算混凝土的强度：

粗骨料为卵石时　$$f^{c}_{cu,i}=0.0056\ (v_{ai})^{1.439}\ (R_{ai})^{1.769} \tag{5-2}$$

粗骨料为碎石时　$$f^{c}_{cu,i}=0.0162\ (v_{ai})^{1.656}\ (R_{ai})^{1.410} \tag{5-3}$$

式中，$f^{c}_{cu,i}$为第 i 个测区混凝土强度换算值（MPa），精确至 0.1MPa；v_{ai}为第 i 个测区修正后的超声声速值（km/s），精确至 0.01km/s；R_{ai}为第 i 个测区修正后的回弹值，精确至 0.1。

按照规定，得到每一个测区的混凝土强度换算值后，就可以根据相应的评定规则推定混凝土的强度性能。

应当指出，与单一的回弹法或超声法相比，超声回弹综合法可以在一定程度上提高测试精度，但同时也增加了检测工作量。特别是与单一的回弹法相比，超声回弹综合法不再具有简便快速的优势。

5. 拔出法

拔出法是通过拉拔安装在混凝土中的锚固件，测定极限拔出力，根据预先建立的拔出力与混凝土抗压强度之间的相关关系推定混凝土抗压强度的方法。这是一种局部微破损检测方法。

拔出法分为两类，一类是预埋拔出法，即在混凝土结构或构件的施工过程中预先安装锚固件，待混凝土硬化后再将锚固件拔出，检验新浇混凝土的抗压强度。另一类是后装拔出法，在已硬化的混凝土构件表面钻孔，安装一特制的膨胀螺栓，然后将膨胀螺栓拔出，测定混凝土的抗压强度。实际工程中，后装拔出法应用较多。

后装拔出法的操作过程为钻孔—磨槽—安装锚固件—拔出试验，如图5-8和图5-9所示。锚固件对混凝土的作用力通过安装在槽内的胀圈来施加。拔出法试验的加载设备是一套专用的手动油压装置。将锚固件拔出后，混凝土破坏面呈喇叭状，按照相关技术标准，拔出力与混凝土抗压强度之间接近线性关系。

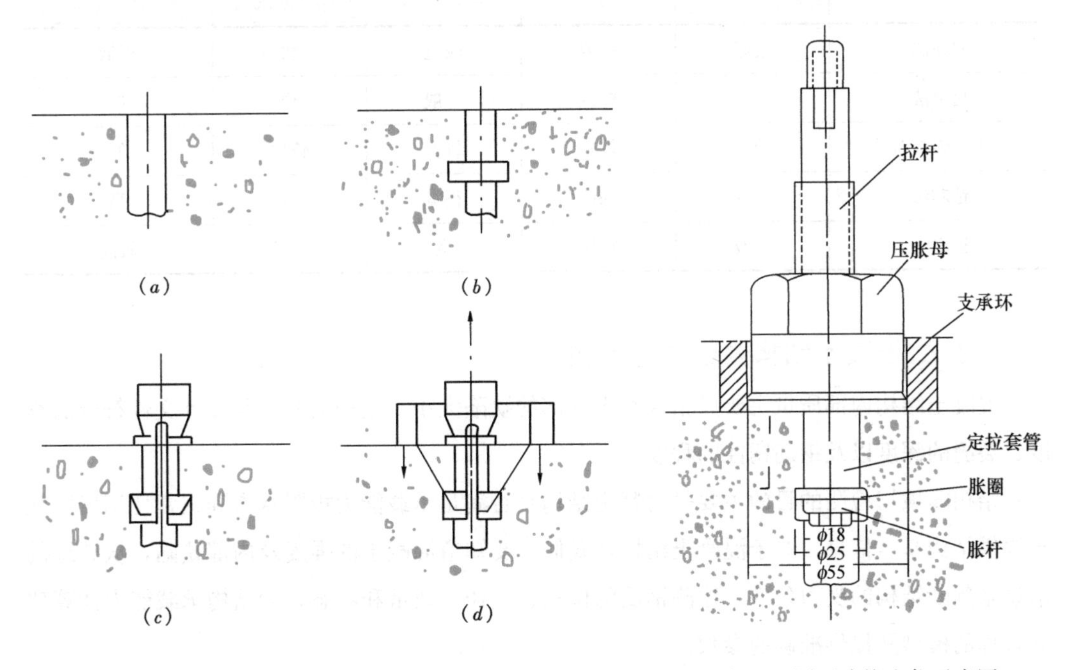

图5-8　后装拔出试验操作步骤

(a) 钻孔；(b) 磨槽；(c) 安装锚固件；(d) 拔出试验

图5-9　圆环式拔出仪示意图

《拔出法检测混凝土强度技术规程》CECS69：2011 给出了后圆环式拔出仪和三点式拔出仪检测时的混凝土强度换算公式（5-4），同时强调当有地区测强曲线或专用测强曲线时，应采用地区测强曲线或专用测强曲线。

后装拔出法(圆环式)：　$f_{cu}^{c}=1.55F+2.35$　(5-4a)

后装拔出法(三点式)：　$f_{cu}^{c}=2.76F-11.54$　(5-4b)

后装拔出法(圆环式)：　$f_{cu}^{c}=1.28F-0.64$　(5-4c)

式中，f_{cu}^{c}为混凝土强度换算值（MPa），精确到 0.1MPa；F 为拔出力代表值。

采用拔出法现场检测混凝土的强度，除具有准确程度较高等优点外，最突出的特点是可以检测抗压强度高达 85MPa 的高强混凝土。

6. 检测混凝土强度的各种方法的比较

在实际工程中，现场检测混凝土强度常用的方法是回弹法、超声法、超声回弹综合法、钻芯法和拔出法。除这些方法外，还有贯入阻力法、表面拉剥法、脉冲回波法、射线法等，这些方法都有其各自的特点。由于这些方法在我国工程实践中应用不多，故不再详细介绍。

每一种非破损检测方法都有其优点，但适用范围也都受到不同程度的限制。表 5-2 给出几种常用检测方法的比较。

混凝土强度非破损检测方法的比较　　**表 5-2**

检测方法	简便与操作性	准确性	检测范围	检测速度	检测成本
回弹法	很好	一般	较宽	快	很低
超声法	好	较差	一般	快	低
超声回弹综合法	较好	较好	较宽	较快	低
钻芯法	较差	好	很宽	慢	高
拔出法	一般	较好	宽	中等	较高

5.2.2 混凝土结构内部质量检测

混凝土结构内部质量主要是指混凝土内部的缺陷大小、钢筋的配置与设计文件符合的程度、裂缝的深度以及钢筋锈蚀的程度。

结构非破损检测的目的主要是为判定结构是否满足承载能力极限状态和正常使用极限状态提供结构基本信息。对于混凝土结构，我们需要知道混凝土的强度及内部缺陷，从裂缝的信息来判断结构的受力条件，检测钢筋的位置、直径、数量和状态，为结构承载能力计算建立合理的模型及提供准确的参数。

对于结构外部信息，可以采用目测和测量的方法进行收集。例如，用钢尺测量结构各部位尺寸，用测量仪器获得结构整体倾斜的信息，目测裂缝分布特征并用放大镜测量裂缝宽度，还可以用目测方法发现结构外在的破损。但对于结构内部信息，就只能采用专门的仪器设备和相应的测试技术得到。

1. 超声法检测混凝土内部缺陷

超声法是目前应用最为广泛的混凝土内部缺陷的检测方法。当混凝土内部存在缺陷或损伤时，在超声波传播路径上的缺陷将使超声波折射、反射和绕射，接收探头收到的信号出现声时延长，首波信号畸变，甚至首波信号难以辨认。采用同条件下的混凝土超声测试结果对比的方法，通过声时、首波等信息，可以判定在发射探头和接收探头之间的路径上是否存在缺陷。在工程实践中，超声法主要用来检测裂缝深度和混凝土内部的孔洞和密实度。

(1) 混凝土结构构件的裂缝深度检测

工程中经常遇到的情况是，在混凝土结构的表面发现了裂缝，但不知道裂缝的深度。这时，可以采用平测法或斜测法检测裂缝深度。如图 5-10 所示，当混凝土结构构件的体积较大或受测试条件限制（例如钢筋混凝土基础底板）时，发射探头和接收探头都只能安装在构件的同一表面，可采用平测法检测裂缝深度。将发射探头和接收探头对称安装在裂缝两侧，由图 5-10 可知，超声波传播的距离为：

$$S=2\sqrt{(L/2)^2+d_c^2} \tag{5-5}$$

首先在无裂缝的部位用平测法得到混凝土的声速 v_c，在裂缝部位实测得到的声时为 t_c，则有 $S=v_c t_c$，由式 (5-5) 即可得到裂缝深度 d_c。采用平测法检测裂缝深度时，由于不是直接利用超声波纵波的传播，接收信号的质量比对测时要差一些。为提高测试精度，改变探头安装位置 L 进行测试，检测结果将会在一定范围内变化，可以对不同的 d_c 取平均值。

对于钢筋混凝土梁侧面出现的裂缝进行检测时，可以将发射探头和接收探头分别安装在梁的两个侧面（图 5-11），采用斜测法检测裂缝深度。如图 5-11 所示，共布置 5 对测点，其中，1 号测点的传播路径上没有裂缝，而超声波沿 2 号测点路径传播时遇到裂缝，声波发生绕射，3 号测点的绕射距离更长，根据接收信号，就可以判断裂缝达到的深度。

对于地下基础的深裂缝，平测法不能有效地检测裂缝深度，可以在裂缝两侧钻孔，采用

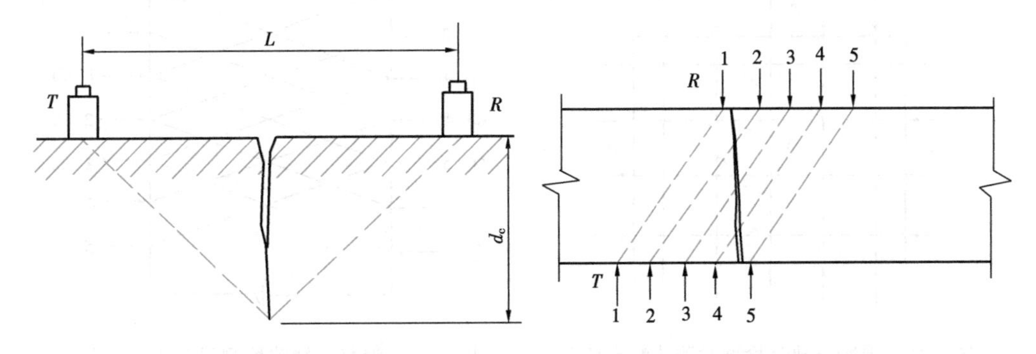

图 5-10　平测法检测裂缝深度　　图 5-11　斜测法检测裂缝

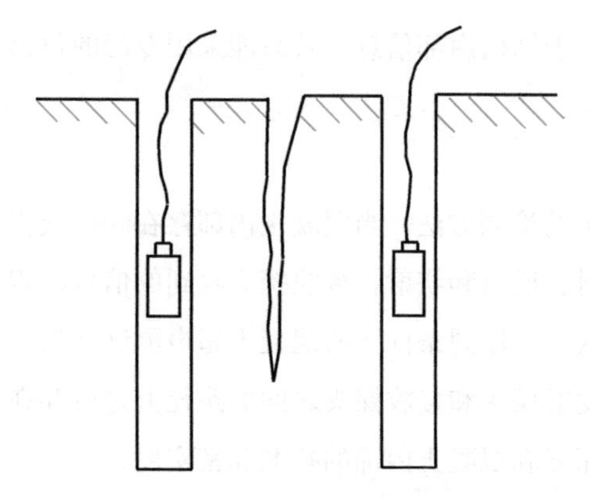

图 5-12　地下基础深裂缝的检测

对测法检测裂缝深度（图 5-12）。

采用超声法检测裂缝深度时，要求裂缝中没有积水和泥浆，因为平测法和斜测法得到的信号质量都比较差，裂缝中的积水和泥浆使裂缝对超声波的衰减作用减小，使得检测中发现缺陷信号的难度加大。此外，钢筋混凝土构件中的钢筋对超声波的传播产生干扰，使缺陷信号不明显，当钢筋粗且密集时，不宜采用超声法检测裂缝深度。

应当指出，采用超声波法检测混凝土结构构件的裂缝深度时，同时利用声时和首波波形信息，有时首波波形比声时更重要，因此要求超声检测仪具有波形显示功能。而采用超声法检测混凝土强度时，主要利用声时信息，超声检测仪可以只给出声时值。

（2）混凝土结构的内部缺陷检测

实际工程中，经常遇到与工程质量有关的混凝土内部缺陷检测问题，往往在混凝土构件表面发现蜂窝、孔洞或疏松等缺陷，要求检测缺陷部位在构件内部的分布情况。

与检测裂缝深度的问题相类似，超声波在混凝土中传播遇到缺陷时，接收信号的特征将发生变化，根据信号的变化，可以判断混凝土内部的缺陷，但只有缺陷部位的尺寸大于探头尺寸时，检测结果才比较准确。

在对混凝土内部缺陷进行检测时，通常综合声时和首波波形的变化对混凝土内部缺陷做出判断。图 5-13 和图 5-14 分别给出采用对测法和斜测法检测混凝土内部缺陷的测点布置方案。应当注意，测点间距太大，使得测试精度降低，而测点布置过密时，又会增加检测工作量，应根据检测要求和工程具体情况进行测点布置。可以先采用较粗的测点网格确定缺陷的大致位置，然后采用较密的网格，更准确的确定缺陷的边界。

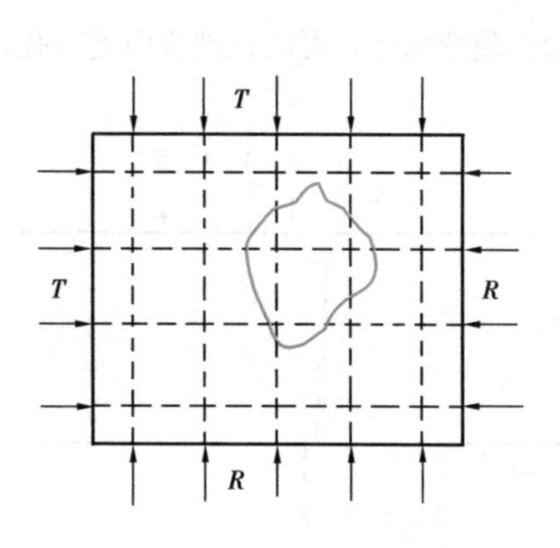

图 5-13　混凝土缺陷检测对测法测点位置

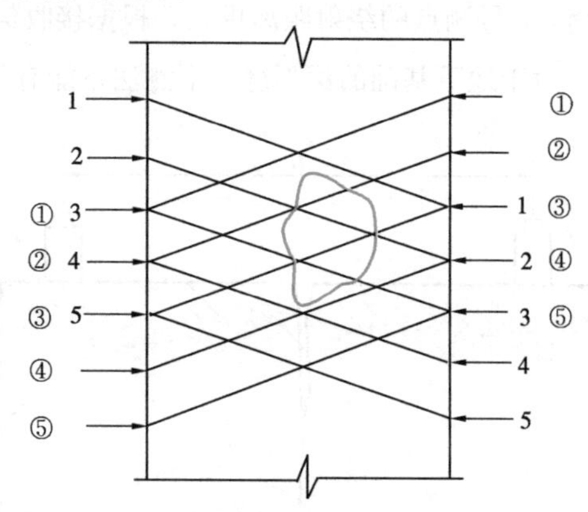

图 5-14　混凝土缺陷检测斜测法测点布置

由于火灾、冻融反复或其他原因使结构或构件的混凝土表面受到损伤时，也可采用超声法进行混凝土损伤深度检测。一般采用平测法，利用不同距离的测点位置超声波传播路径不同的特点，通过声时变化推断超声波传播路径，据此对混凝土表面损伤深度进行估计。

超声法常常成为检测混凝土结构内部缺陷的首选方法，我国颁布了《超声法检测混凝土缺陷技术规程》CECS 21：2000，在对实际工程进行检测时，应符合技术规程的规定。同时，还应注意积累检测经验，提高检测精度和检测效率。

2. 雷达法检测混凝土内部缺陷和钢筋位置

雷达法是利用近现代无线电技术的一种新检测技术。“雷达”（radar）是“无线探测与定位”的缩写（radio detecting and ranging)。雷达法是以微波作为传递信号的媒介，依据微波的传播特性，对被测材料的物理性质和内部缺陷做出非破损检测的技术。

雷达法使用的微波频率为300MHz～300GHz，属电磁波，其波长位于远红外线和无线电短波之间。雷达波具有对混凝土有很强的穿透能力、检测深度大、检测速度快、主要测试元件与混凝土表面不接触、对混凝土内部缺陷敏感等优点。

最早用于工程检测的是探地雷达，结构混凝土的雷达检测技术是从探地雷达发展而来的。由于混凝土较为致密，含水率较低，通常采用较高的微波发射频率，如1GHz或更高。根据电磁波在混凝土中的传播速度和发射波至发射波返回的时间差，可以确定混凝土内发射物体至混凝土测试表面的距离。如图5-15所示，发射器通过天线向混凝土发射电磁波，电磁波遇到钢筋后形成反射波，接收器收到反射波后，根据时间差T就可计算钢筋的位置。

钢筋混凝土雷达检测仪由以下几个部分组成：

(1) 微波信号源：主要用来产生微波振荡，有时也称为微波信号发生器；

(2) 传输线：指用来传送微波信号的波导管或同轴线；

(3) 微波探头：用来发射和接收微波信号；

(4) 信号采集处理装置：用来对接收的微波信号进行转换并完成信号分析、图像显示和数据存贮等功能。

常用的钢筋混凝土雷达检测仪的检测深度一般为20cm，可检测混凝土内的钢筋、管线、裂缝或孔洞等。雷达检测仪大多用图像给出检测结果，对检测图像的解释需要经验和对比试验的标定结果。图5-16为采用NJJ-95B手持式钢筋混凝土雷达仪检测混凝土内的钢筋所得到的图像。

3. 电磁法检测钢筋直径和混凝土保护层厚度

钢筋混凝土结构具有隐蔽工程的特点，一旦工程施工结束，钢筋就完全被隐蔽了。但钢筋对结构功能往往有着决定性的影响，不论是新建结构的工程质量检验，还是已建结构的可靠性鉴定，钢筋检测通常是钢筋混凝土结构非破损检测的一个重要内容。

钢筋是一种电导体和磁导体，钢筋直径和保护层厚度检测仪大多利用电磁感应原理来获

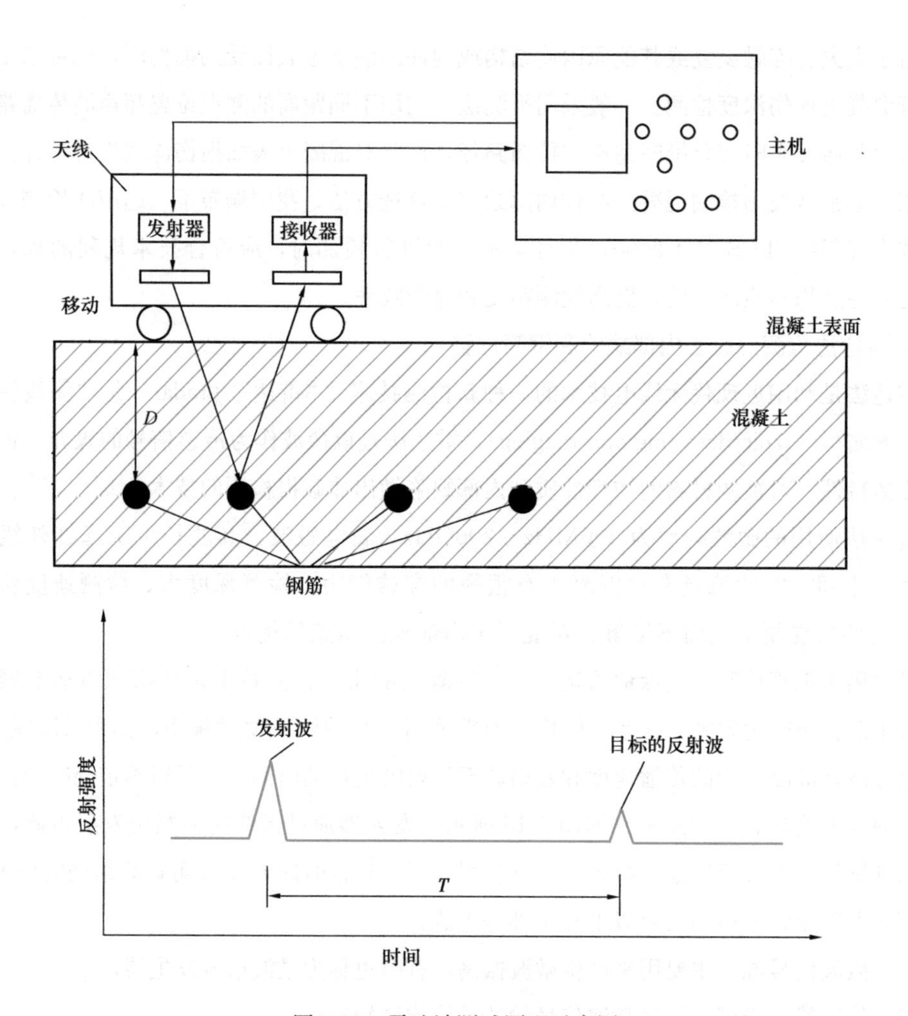

图 5-15　雷达波测试原理示意图

取混凝土内钢筋的信息。如图 5-16 所示，由于钢筋的存在，使检测仪形成的电磁场受到影响，在线圈中产生感应电流，感应电流放大后，驱动显示仪表给出测试结果。

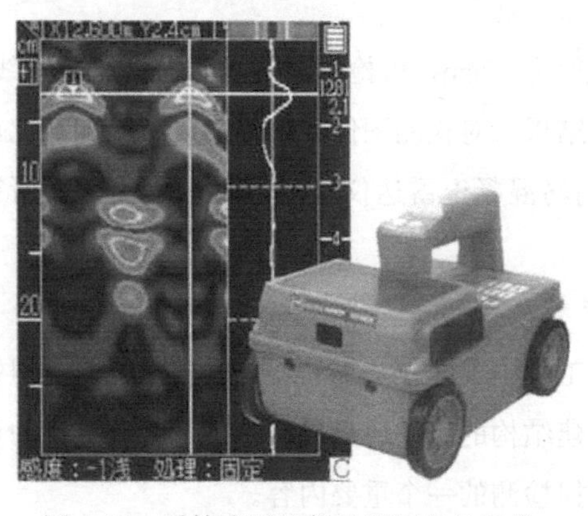

图 5-16　手持式雷达仪及所测得的图像

采用钢筋直径和保护层厚度检测仪时，一般有两个未知参数，一个是混凝土保护层厚度，一个是钢筋直径。如果已知一个参数，例如，根据设计文件可知钢筋直径，可用检测仪测定混凝土保护层厚度，新建结构常进行这种检测。对于已建结构，特别是使用时间较长的结构，钢筋直径的检测往往更加重要。这时，保护层厚度和钢筋直径均未知。ZBL-R620 型钢筋直径与保护层厚度检测仪采用两次检测的方法，分别得到保护层厚度和钢筋直径（图5-17）。

4. 半电池法检测钢筋腐蚀

由于混凝土的碳化和化学介质侵蚀，在一定环境条件下，埋置于混凝土内的钢筋可能腐蚀（即生锈），对混凝土结构的耐久性产生不利影响。钢筋严重腐蚀时，腐蚀的产物即铁锈体积增大，使混凝土保护层胀裂。现场检测时，目测可以发现沿钢筋长度方向的裂缝，这常常是钢筋较严重腐蚀的主要标志。但目测很难对钢筋的腐蚀给出定量的结果。另外一种破损检测方法就是从结构上截取一段钢筋，直接检测钢筋的腐蚀。在结构非破损检测技术中，对混凝土内钢筋腐蚀的检测主要基于钢筋腐蚀的电化学机理。

图5-17　ZBL-R620型混凝土钢筋检测仪

一个原电池由两个半电池组成，一个发生氧化反应，一个发生还原反应。标准半电池是一种测量被腐蚀钢筋电位的装置，将铜片放入硫酸铜溶液中，就构成一个标准半电池，在这个半电池中，铜片作为电极，硫酸铜作为电解液。如将这个半电池中的金属与另一半电池中的金属相连，再用多孔板将两种电解液连通，便形成完整的电流回路。由于两个半电池中的电极具有不同的电位，其间将产生电位差，因此，两个电极之间将有电流流过。在电化学中，将这两个相连的半电池称为原电池。利用这个原理检测钢筋的腐蚀时，将浸入在硫酸铜溶液中的铜片与混凝土中的钢筋相连，再将浸润硫酸铜溶液的测量触点在混凝土表面移动，如果钢筋的腐蚀环境和腐蚀程度不同，测量半电池与钢筋表面半电池之间的电位差就不同，这样，就可得到钢筋各处半电池电位的变化。测量原理的示意图见图5-18。

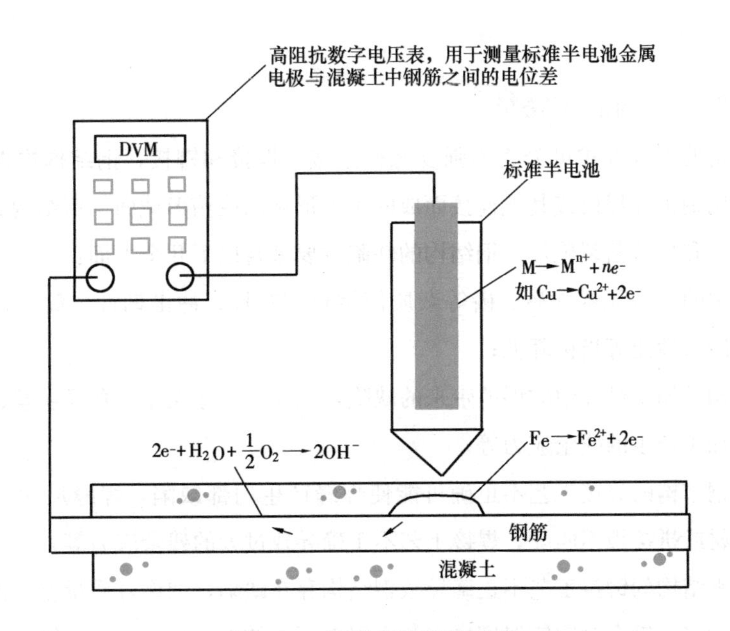

图5-18　钢筋腐蚀测量原理

半电池法可检测出钢筋腐蚀的危险区域。如果钢筋未腐蚀，表面的钝化状态良好，对应的半电池电位较高，采用铜/硫酸铜标准半电池测出的电位一般不会低于－100mV，而严重腐蚀时，测得的电位值可能低于－400mV。

5. 电磁法检测钢筋混凝土楼板厚度

现浇楼板、墙体等厚度情况是评定建筑物安全性能的重要指标，一直受到建设工程有关技术人员重视，各级质量监督检测单位对楼板、墙体厚度的非破损检测技术也十分关注，以往很长一段时间内，始终没有高精度的非破损检测仪器符合要求，传统方法采用钻孔测量，不仅误差大，而且属破损测量，既费时又费力。

图 5-19　ZBL-T720 型楼板厚度检测仪

基于电磁波运动学、动力学原理和现代电子技术。近年来研制出的楼板测厚仪主要由信号发射、接收、信号处理和信号显示等单元组成，当探头接收到发射探头电磁信号后，信号处理单元根据电磁波的运动学特性进行分析，自动计算出发射到接收探头的距离，该距离即为测试板的厚度，并完成厚度值的显示、存储和传输。图5-19为 ZBL-T720 楼板厚度检测仪。

5.3　钢结构检测

5.3.1　钢结构的病害特征

普通钢结构的连接方式可分为高强度螺栓连接、焊接和铆接，钢结构构件可以采用型钢，也可以采用钢板经焊接或其他连接而成的工字形截面或箱形截面。钢结构最典型的破坏方式是失稳破坏和疲劳断裂破坏。钢结构的缺陷主要来自以下几个方面：

（1）钢材中的有害元素如硫、磷等杂质使钢材的塑性、冲击韧性、疲劳强度、抗腐蚀性、可焊性和冷弯性能等指标降低；

（2）钢结构在加工过程中的误差带来的缺陷，如加工尺寸误差、孔径误差、钢材的加工硬化、构件热加工产生的残余应力等；

（3）焊接钢结构的焊接工艺不正确可能使焊缝产生内部缺陷，焊缝尺寸不满足设计要求，焊条、母材或拼接板不匹配，焊接工艺不正确导致过大的残余应力等；

（4）铆接钢结构的铆接工艺不正确导致钢结构存在缺陷，如铆合质量差，构件拼接时铆钉孔错孔数目太多，铆合时铆钉温度过高等原因都可能使钢结构产生初始缺陷；

(5) 螺栓连接钢结构可能因螺栓孔加工误差、螺栓材质等原因导致缺陷，长期使用荷载作用下，螺栓松动、高强度螺栓应力松弛也影响螺栓连接钢结构的性能；

(6) 钢结构构件的防腐蚀处理不满足要求，导致构件、连接件、螺栓等被腐蚀；

(7) 结构设计不合理或设计错误，导致钢结构存在初始缺陷。

从结构现场非破损检测的角度来看，钢结构的很多缺陷可以通过目测和测量的方法确定，例如螺栓松动、尺寸误差等。采用非破损检测仪器仪表进行检测的主要内容为钢材强度和焊缝的内部缺陷。

5.3.2 钢材强度的检测

对于已建钢结构，危及结构安全的缺陷往往不是钢材强度本身的缺陷。因此，钢材强度的非破损检测大多采用表面硬度法间接测定。

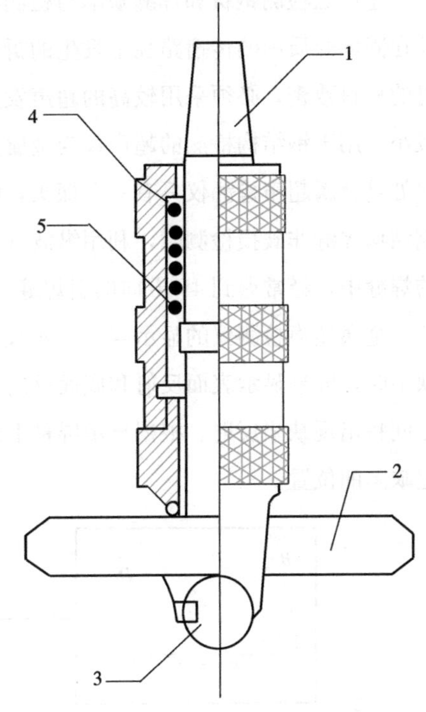

图 5-20　测量钢材硬度的布氏硬度计

1—纵轴；2—标准棒；3—钢珠；4—外壳；5—弹簧

检测钢材表面硬度的仪器为布氏硬度计，如图5-20所示。硬度计端部的钢球在弹簧力作用下与钢材相互挤压，标准试件同时受到挤压，钢材和标准试件表面出现压痕。通过测量压痕直径可以确定钢材的硬度。再由钢材硬度与强度的相互关系（类似于混凝土强度非破损检测中的测强曲线），即可得到钢材强度的推定值。计算公式如下：

$$H_{\mathrm{B}}=H_{\mathrm{S}}\frac{D-\sqrt{D^2-d_{\mathrm{S}}^2}}{D-\sqrt{D^2-d_{\mathrm{B}}^2}} \tag{5-6}$$

$$f=3.6H_{\mathrm{B}} \tag{5-7}$$

式中，H_{B} 和 H_{S} 分别为钢材和标准试件的布氏硬度，其中，标准试件的布氏硬度 H_{S} 为已知值；d_{B} 和 d_{S} 分别为硬度计钢球在钢材和标准试件上的压痕直径；f 为钢材的抗拉强度。通过布氏硬度得到钢材的抗拉强度后，可以推定钢材的牌号。例如，工程中常用的钢材牌号为Q235或Q345。

不同牌号钢材的化学成分有所区别，例如，Q235为低碳钢，Q345为低合金钢。通过化学分析，可以确定钢材中的微量合金元素，结合表面硬度的测试结果，可以更准确推定钢材的牌号。

5.3.3 超声法检测钢材和焊缝缺陷

超声法检测钢材和焊缝缺陷与检测混凝土内部缺陷的基本原理是相同的。都是利用超声波在固体介质中的传播路径上发生的折射、反射和绕射，推定介质中存在的缺陷。但由于钢材的材料致密，必须采用较高的超声发射频率，常用的频率范围为0.5～75MHz，而功率则较小。用于钢结构检测的超声仪为金属超声仪。与混凝土缺陷的超声法检测的另外一个不同之处是金属超声检测仪只有一个探头，既利用它来发射超声波，也用它来接收反射波。用于钢结构焊缝非破损检测时，利用纵波（直探头），也利用横波（斜探头），这是因为在钢结构的焊缝中，经常遇到45°方向的斜焊缝。

金属超声检测仪的显示屏上显示反射波的脉冲信号，如图5-21所示。当钢材内部没有缺陷时，屏幕显示表面反射和底面反射。如果钢材内部有缺陷，在表面反射和底面反射信号之间将出现缺陷反射。根据显示屏幕上缺陷反射与表面反射和底面反射的相对位置，可以确定缺陷的位置。

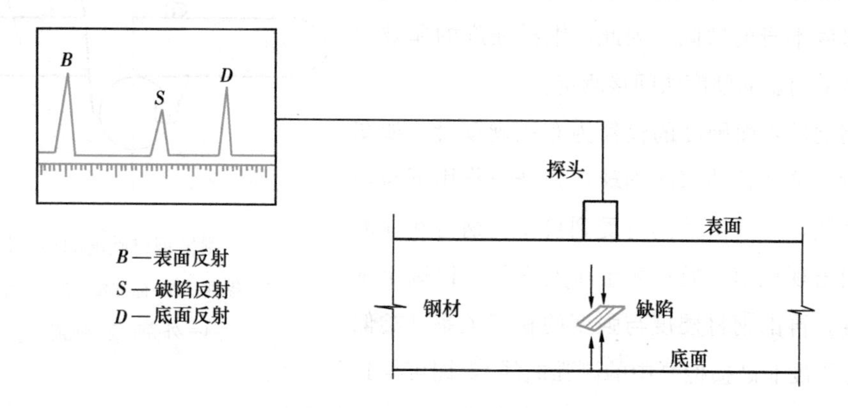

图5-21　直探头探测钢材缺陷

焊缝探伤主要采用斜探头。斜探头使超声波斜向入射，如图5-22所示，通过三角形标准试块经比较法确定焊缝的内部缺陷位置。具体做法是，当在构件的焊缝内发现缺陷反射信号时，记录超声探头在构件表面的位置和缺陷反射波在显示屏幕上的位置，然后将探头移到三角形标准试块的斜边上作相对移动，使标准试块上得到的反射波信号与构件焊缝的缺陷反射波信号重合，说明在标准试块上产生反射的底面位置和构件焊缝内产生缺陷反射的位置到探头有相同的距离，由此可以确定缺陷的位置。为了减少现场检测工作量，提高检测速度，通常利用标准试块预先制作“距离-波幅”曲线，根据检测结果对比“距离-波幅”曲线，可以迅速确定缺陷位置。

钢结构与焊缝缺陷的超声检测是一项专业性很强的检测工作，要求检测人员有一定的检测检验经验，操作应仔细认真。

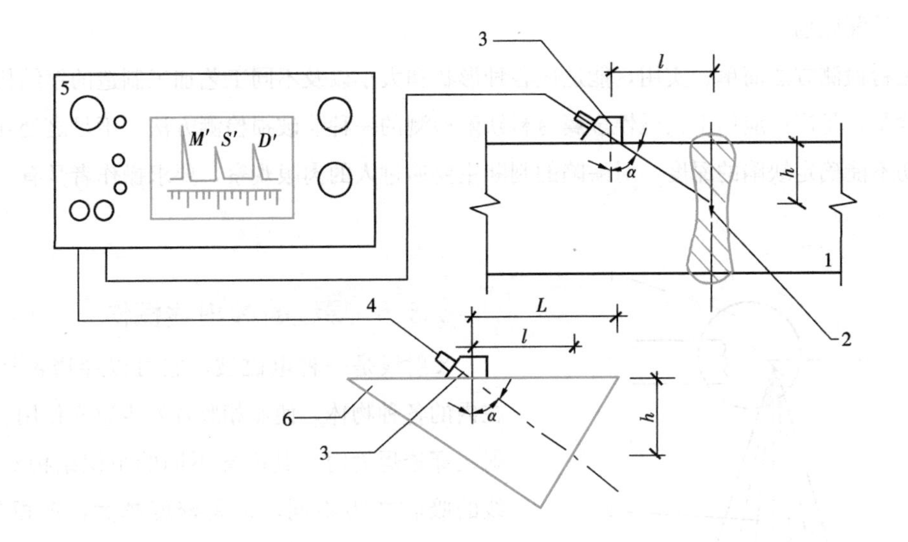

图 5-22　斜向探头探测缺陷位置

1—试件；2—缺陷；3—探头；4—电缆；5—探伤仪；6—标准试块

5.3.4　磁粉探伤法检测钢材与焊缝缺陷

磁粉探伤的基本原理是利用外加磁场将钢构件磁化，再将磁粉喷涂于构件表面，被磁化的构件可以显示出磁场的磁力线。如果磁化区域不存在缺陷，各部位的磁特性基本一致，磁粉显示的磁力线均匀分布。如果构件存在裂纹、气孔或非金属夹杂等缺陷，由于它们会在构件上造成气隙或不导磁的间隙，其磁导率远小于无缺陷部位的磁导率，使得缺陷部位的磁阻增加，磁力线路径受到隔阻，在构件表面形成漏磁场，如图 5-23 所示。漏磁场的强度主要取决于磁化场的强度和缺陷对于磁化场垂直截面的影响程度。撒在构件表面的磁粉集中吸附在有漏磁场的部位，形成显示缺陷形状的磁痕，利用这一现象可以直接观察到材料的内部缺陷。

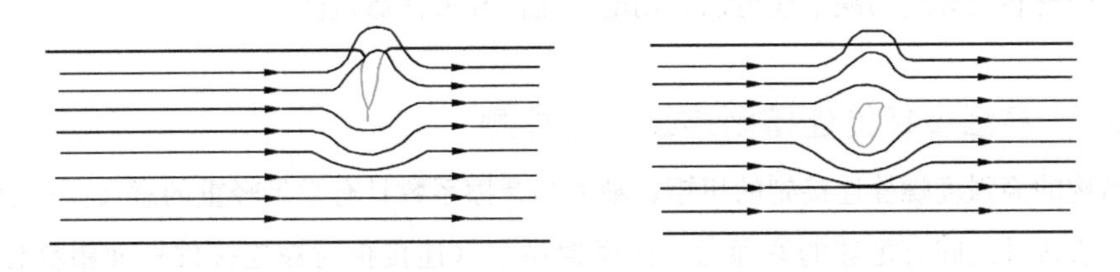

图 5-23　漏磁场的形成

磁粉是铁磁性材料的粉末，可用纯铁或四氧化三铁（Fe_3O_4）制作，如将磁粉涂上一层荧光物质，在紫外线照射下磁粉发出荧光，更容易观察磁痕的特征。根据磁粉在构件表面的状态，磁粉探伤又分为干法和湿法。干法的灵敏度较低，但适合于温度较高的场合。湿法是用特制的喷壶将磁悬浮液喷洒于构件表面，使磁粉借助于液体有更好的流动性，较容易显示出微弱的漏磁场。

磁粉检测方法简单、实用，能适应各种形状和大小以及不同工艺加工制造的钢结构表面缺陷检测，是广泛应用于铁磁性金属材料缺陷检测的一种非破损检测方法。不足之处在于磁粉探伤不能确定缺陷的深度，对缺陷的判断主要通过人的肉眼观察，要求操作者具有一定的经验。

5.3.5 焊缝的X射线探伤

X射线是一种电磁波，它可以穿透包括金属在内的各种物体，使照相胶片发生感光作用。当X射线穿透焊缝时，其内部不同的组织结构对X射线的吸收能力不同，金属密度越大，钢板越厚，射线被吸收得越多。在有缺陷部位和无缺陷部位，X射线被吸收的程度也有差别。

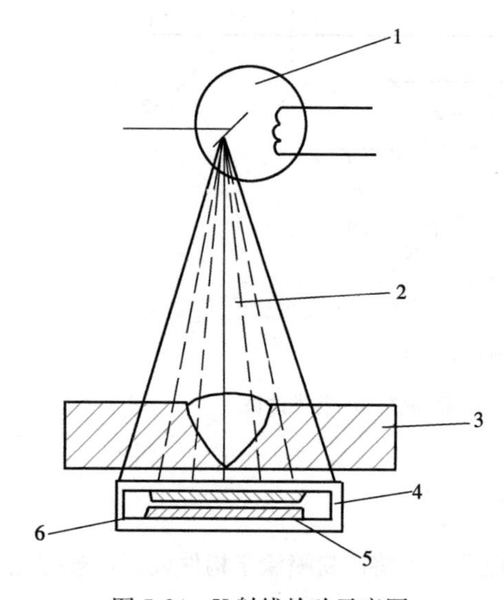

图 5-24　X射线检验示意图

1—X射线管；2—X射线；3—焊件；4—塑料袋；5—感光软片；6—铅屏

X射线探伤采用照相法，将X射线管对正焊缝，而将装有感光胶片的塑料盒放置在焊缝背面，如图 5-24 所示。X射线穿透金属时发生衰减，一般有缺陷部位的衰减较小，在冲洗后的胶片上颜色较深，无缺陷部位的衰减较大，胶片上的颜色较浅。焊接质量问题如裂纹、气孔、夹渣、未焊透等，都可以在冲洗后的胶片上识别。

除X射线探伤外，还可采用γ射线探伤或其他高能射线探伤检查钢结构焊缝的质量。射线探伤多应用于金属压力容器的焊缝检查。在工程钢结构中，射线探伤常常受到焊缝形状和位置的限制而难以直接采用。但射线探伤可以作为超声波探伤的一种校核。

钢结构材料及焊缝的缺陷还可以采用电涡流法和液体渗流法。

5.3.6 高强度螺栓连接副施工扭矩检测

钢结构的高强度螺栓连接副的扭矩、轴力和摩擦系数具有举足轻重的意义。一般要求连接板与被连接件之间有足够的摩擦力，而摩擦系数（连接板与被连接件板面粗糙程度一定时）是固定的，想要达到设计的摩擦力就要有足够的正压力，高强度螺栓就起到施加正压力的作用，这样就必须使它拧紧到一定程度，检验拧紧程度的方法就是设计和施工要达到足够的扭矩。每种直径的高强度螺栓有自身的扭矩系数，施工时达到这个扭矩系数才能算合格。《钢结构工程施工质量验收标准》GB 50205—2020 和《钢结构现场检测技术标准》GB/T 50621—2010，对高强度螺栓连接副施工扭矩的检测提出了明确的要求。

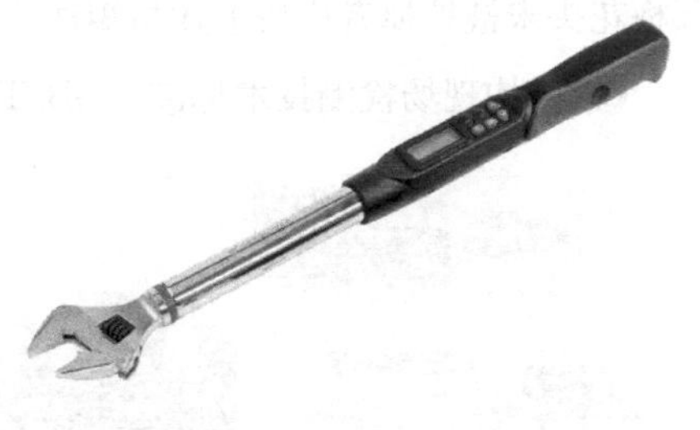
图 5-25　数显扭矩扳手

高强度螺栓连接副扭矩检验含初拧、复拧、终拧扭矩的现场无损检验。检验所用的扭矩扳手（图 5-25）其扭矩精度误差应该不大于 3%。高强度螺栓连接副扭矩检验分扭矩法检验和转角法检验两种，原则上检验法与施工法应相同。扭矩检验应在施拧 1 小时后，且 48 小时内完成。

1. 扭矩法检验

在螺尾端头和螺母相对位置画线，将螺母退回 60°左右，用扭矩扳手测定拧回至原来位置时的扭矩值。该扭矩值与施工扭矩值的偏差在 10%以内为合格。高强度螺栓连接副终拧扭矩值按下式计算：

$$T_c = K \cdot P_c \cdot d \tag{5-8}$$

式中　T_c——终拧扭矩值（N·m）；

P_c——施工预拉力值标准值（kN），见表 5-3；

d——螺栓公称直径（mm）；

K——扭矩系数，按规定的试验确定。

高强度螺栓连接副施工预拉力标准值（kN）　表 5-3

螺栓的性能等级	螺栓公称直径（mm）					
	M16	M20	M22	M24	M27	M30
8.8s	75	120	150	170	225	275
10.9s	110	170	210	250	320	390

高强度大六角头螺栓连接副初拧扭矩值 T_0 可按 $0.5T_c$ 取值。扭剪型高强度螺栓连接副初拧扭矩值 T_0 可按下式计算：

$$T_0 = 0.065P_c \cdot d \tag{5-9}$$

式中　T_0——初拧扭矩值（N·m）；

P_c——施工预拉力值标准值（kN），见表 5-3；

d——螺栓公称直径（mm）。

2. 转角法检验

检查初拧后在螺母与相对位置所画的终拧起始线和终止线所夹的角度是否达规定值。在螺尾端头和螺母相对位置画线，然后全部卸松螺母，在按规定的初拧扭矩和终拧角度重新拧紧螺栓，观察与原画线是否重合。终拧转角偏差在 10°以内为合格。终拧转角与螺栓的直径、长度等因素有关，应由试验确定。

3. 扭剪型高强度螺栓施工扭矩检验

观察尾部梅花头拧掉情况。尾部梅花头被拧掉者视同其终拧扭矩达到合格质量标准；尾部梅花头未被拧掉者应按上述扭矩法或转角法检验。

《钢结构现场检测技术标准》GB/T 50621—2010 要求：高强度螺栓终拧扭矩实测值宜在 $0.9T_c \sim 1.1T_c$ 范围内；小锤敲击检查发现有松动的高强度螺栓，应直接判定其终拧扭矩不合格。

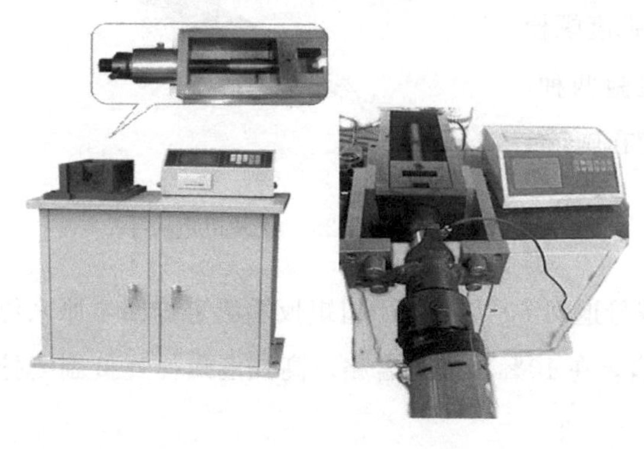

图 5-26 YJZ-500B 型电动高强度螺栓检测仪

在实验室，可借助高强度螺栓检测仪（图 5-26），对大六角头高强螺度栓连接副（M16，M20，M22，M24，M27，M30）和扭剪型高强度螺栓连接副（M16，M20，M22，M24）的轴力、扭矩、扭矩系数、进行检测。

5.4 砌体结构非破损检测

砌体结构是我国工业与民用建筑中普遍采用的结构形式之一，具有造价低、建筑性能良好、施工简便等优点。但砌体结构的强度较低，对基础不均匀沉降以及温度应力非常敏感，结构性能受施工质量的影响较大，结构的耐久性和抗震性能不如混凝土结构和钢结构。新建砌体结构的施工质量和已建砌体结构的可靠性鉴定是工程结构检测鉴定的主要任务之一。

砌体结构病害的典型表现为墙体裂缝。产生裂缝的原因可能是多方面的，例如：

(1) 由于温度应力作用，实际上是温度产生的变形受到约束而产生的应力导致墙体开裂。这一类裂缝大多与结构体系有关，例如，采用钢筋混凝土现浇屋盖的多层砌体房屋，有可能在顶层墙体出现温度裂缝。

(2) 基础不均匀沉降导致墙体出现裂缝。砌体的抗拉强度很低，基础不均匀沉降使墙体产生拉应力，一般表现墙体的斜向裂缝。

(3) 因墙体承载能力不足而出现裂缝。砌体受压时，不论是均匀受压还是局部受压，承载能力不足时，都可能出现与压力作用方向平行的裂缝。

在以上三类裂缝中，最严重和最危险的裂缝是砌体承载能力不足导致的裂缝，砌体结构现场非破损检测的主要目的之一就是防止这类裂缝发展，避免灾难性事故。因此，砌体强度的检测是砌体现场非破损检测的主要内容。

砌体结构非破损检测的主要内容是砂浆、块体和砌体强度。在对砌体结构进行可靠性鉴定时，现场调查的内容还包括砌体的组砌方式、灰缝厚度和砂浆饱满度、截面尺寸、主要承重构件的垂直度以及裂缝分布特征。

砌体的现场非破损或微破损检测方法很多，有直接对砌体施加荷载的原位压力试验，有检测块体与砂浆之间的抗剪性能的剪切试验，还有对砂浆进行检测试验的各种方法。通常，可用回弹法检测块体的强度，现场检测得到砂浆强度后即可推定砌体抗压强度。但是这种检测方法不能反映组砌方式、灰缝饱满度等因素对砌体抗压强度的影响，因此，现场直接检测砌体强度的微破损检测方法仍大量应用于砌体工程。表5-4列举了砌体微破损或局部破损的主要检测方法。

砌体结构检测方法对比表　表5-4

序号	检测方法	特点	用途	限制条件
1	原位轴压法	1. 直接对局部墙体施加荷载，测试结果综合反映了墙体力学性能； 2. 测试结果直观，可比性强； 3. 试验设备较重	检测普通砖砌体抗压强度	墙体应有一定宽度；同一墙体上的测点数不宜多于1个且总测点数不宜太多；限用于240mm厚的墙体
2	扁顶法	1. 直接对局部墙体施加荷载，测试结果综合反映了墙体力学性能； 2. 测试结果直观，可比性强； 3. 砌体强度较高或变形模量较低时，难以测出抗压强度； 4. 试验设备较轻，但扁顶重复使用率低	1. 检测普通砖砌体抗压强度； 2. 测试砌体弹性模量； 3. 测试砌体实际应力	墙体应有一定宽度；同一墙体上的测点数不宜多于1个且总测点数不宜太多
3	原位单剪法	1. 直接对局部墙体施加荷载，测试结果综合反映了砂浆强度和施工质量； 2. 测试结果直观	检测建筑结构中各种墙体的抗剪强度	测点为窗下墙体，承受反力的墙体应有足够的长度；测点数目不宜太多
4	原位单砖双剪法	1. 直接对局部墙体施加荷载，测试结果综合反映了砂浆强度和施工质量； 2. 测试结果较直观； 3. 试验设备较轻便	检测烧结普通砖砌体的抗剪强度；经试验验证，也可用于其他砌体	当砂浆强度低于5MPa时误差较大
5	推出法	1. 直接对局部墙体施加荷载，测试结果综合反映了砂浆强度和施工质量； 2. 试验设备较轻便	检测普通砖墙体的砂浆强度	当水平灰缝的砂浆饱满度低于65%时，不宜选用

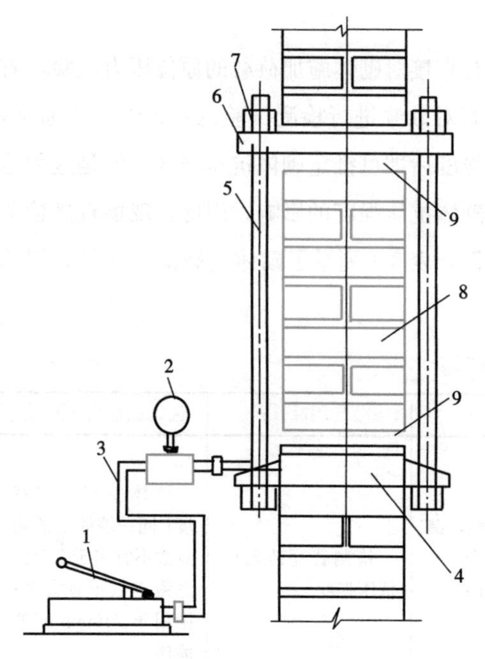

图 5-27　原位压力机测试工作状况

1—手动油泵；2—压力表；3—高压油管；4—扁式千斤顶；5—拉杆（共 4 根）；6—反力板；7—螺母；8—槽间砌体；9—砂垫层

5.4.1 原位轴压法

在墙体的原位轴压法检测中，直接对局部墙体施加轴向压力荷载，并使这部分局部墙体的受力达到极限状态，通过实测的破坏荷载和变形，得到墙体的抗压强度。

如图 5-27 所示，在墙体上开凿两条水平槽孔，用于安装原位压力机，试验墙体就是两条槽孔之间的墙体。原位压力机由手动油泵、反力平衡架和扁式千斤顶等部件组成。通过扁式千斤顶对墙体施加压力，局部受压墙体对反力平衡架施加的力与扁式千斤顶对反力平衡架施加的力形成一个自平衡体系。

采用原位轴压法对墙体进行检测时，为避免对墙体造成太大的损伤，在同一墙体上，测点不宜多于 1 个，测试的部位对于墙体受力性能应具有代表性。可选相邻墙体的测点为同一测区测点，也可以在同一楼层选择同一测区测点。测点数量不宜太多。

两条水平槽孔之间的墙体的抗压强度，按下式计算：

$$f_{uij}=N_{uij}/A_{ij} \tag{5-10}$$

式中，f_{uij} 为第 i 个测区第 j 个测点槽间墙体的抗压强度（MPa）；N_{uij} 为第 i 个测区第 j 个测点槽间墙体的受压破坏荷载值（N）；A_{ij} 为第 i 个测区第 j 个测点槽间墙体受压面积（mm^2）。

槽间墙体受压时，由于墙体受压部分的边界条件与标准砌体受压时的边界条件不同，因此直接根据试验结果得到的抗压强度，即按式（5-10）得到的结果与标准砌体抗压强度有差别。将式（5-10）得到的结果按下式进行换算，得到相应的标准砌体抗压强度：

$$f_{mij}=f_{uij}/\xi_{1ij} \tag{5-11}$$

$$\xi_{1ij}=1.25+0.60\sigma_{0ij} \tag{5-12}$$

式中，f_{mij} 为第 i 个测区第 j 个测点标准砌体抗压强度换算值（MPa）；ξ_{1ij} 为原位轴压法的无量纲强度换算系数；σ_{0ij} 为该测点上部墙体的压应力（MPa）。

将同一测区测点的测试结果平均值作为该测区所代表的墙体的抗压强度平均值。得到测区砌体抗压强度平均值后，可按设计规范的公式得到砌体抗压强度设计值。

5.4.2 扁顶法

扁顶法可用来推定普通砖砌体的受压工作应力、弹性模量和抗压强度。通过测量开槽前后位移变化，并用扁顶压力恢复因开槽而卸载的应变，根据扁顶压力推定砌体的工作应力。如图5-28（a）所示，在选定的墙体上标出水平槽的位置，在水平槽的上下方牢固地粘贴两对用于变形测量的脚标，量测并记录上下脚标之间的距离，然后开凿水平槽，在开凿好的水平槽内放入扁顶。由于水平槽的开凿，槽的上下表面砌体应力释放至零，上下脚标之间的距离发生变化，记录脚标距离的变化量，然后通过扁顶对砌体施加压力，使脚标之间的距离回到开槽前的数值。这时，通过扁顶压力，就可换算出砌体在开槽前的应力状态。

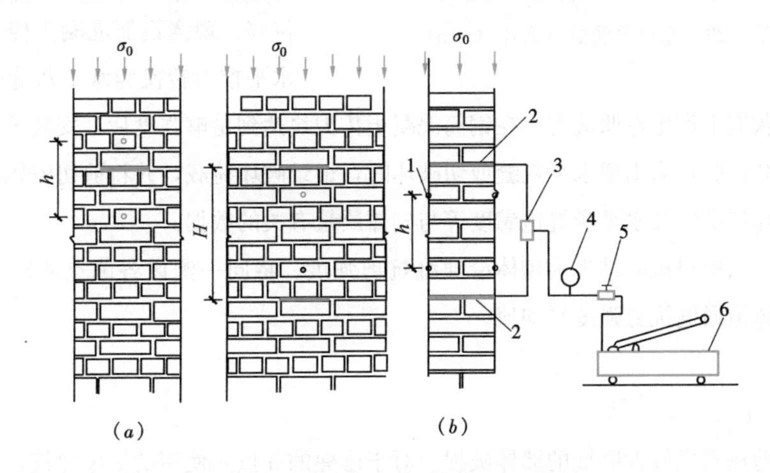

图5-28　扁顶法测试装置与变形测点布置

（a）测试受压工作应力；（b）测试弹性模量、抗压强度

1—变形测量脚标（两对）；2—扁式液压千斤顶；3—三通接头；

4—压力表；5—溢流阀；6—手动油泵；H—槽间砌体高度；h—脚标间距

推定砌体的工作应力，可以只开凿一条水平槽。在完成工作应力测试后，再开凿第二条水平槽，如图5-28（b）所示，并在第二条水平槽内安装第二个扁顶。同时对两个扁顶施加压力，使两个扁顶之间的墙体受压，测量脚标之间的距离变化，可以推定砌体的弹性模量。随着扁顶压力增加，受压墙体开裂直至破坏，根据破坏时扁顶的压力，可以推定砌体的抗压强度。

根据实测的砌体应力-应变关系推定砌体弹性模量时，应将计算结果乘以0.85的换算系数。

采用式（5-11）和式（5-12），将按式（5-10）计算的槽间砌体抗压强度换算为标准砌体抗压强度。

5.4.3 原位单剪法

对砌体的承载能力进行现场检测时，除抗压试验外，另一类试验就是砌体的原位抗剪试

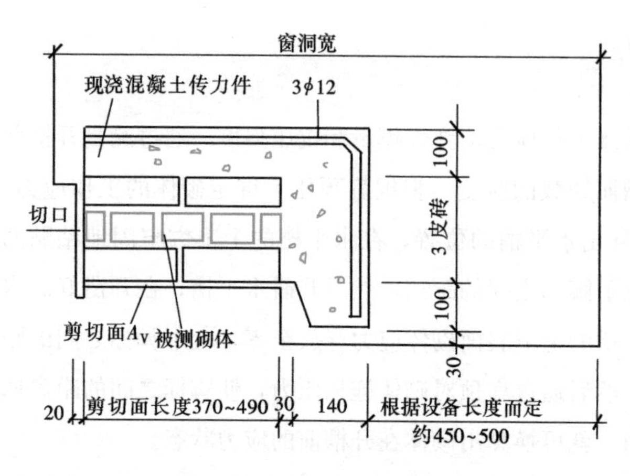

图 5-29　原位单剪试件大样（mm）

验，原位单剪法就是其中一种。砌体的原位单剪法的试验装置如图5-29所示。一般取窗洞口或其他洞口下墙体为试验对象，第三皮砖下的水平灰缝为剪切破坏面。试验前，先清理出安装钢筋混凝土传力块和加载装置的空间；在剪切破坏面的端部加工切口，保证水平灰缝剪切破坏时，该水平灰缝以上的墙体能够在水平方向上发生位移；现浇钢筋混凝土传力块，保证水平推力转换为水平灰缝的剪力，且不在该水平灰缝上产生弯曲应力。在钢筋混凝土传力块达到足够强度后，安装千斤顶和测试仪表进行加载试验，当出现水平灰缝剪切破坏时，记录破坏荷载，并将剪切破坏后的墙体翻转，记录破坏特征以及水平灰缝饱满度等与砌体质量有关的数据。

原位单剪法所得试验结果为砌体沿通缝抗剪强度。将同一测区各测点所得结果取平均值，得到砌体沿通缝抗剪强度平均值。

5.4.4　原位双剪法

原位单剪法造成较大区域的墙体破损。对于已建的并投入使用的房屋建筑，原位单剪法试验往往难以实施。原位单砖双剪法造成的墙体损坏较小。如图 5-30 所示，原位双剪法包括原位单砖双剪法和原位双砖双剪法。原位单砖双剪法适用于推定各类墙厚的烧结普通砖或烧结多孔砖砌体的抗剪强度；原位双砖双剪法仅适用于推定 240mm 厚墙的烧结普通砖或烧结多孔砖砌体的抗剪强度。检测时应将原位剪切仪的主体安放在墙体的槽孔内，并应以一块或两块并列完整的顺砖及其上下两条水平灰缝作为一个测点（试件）。

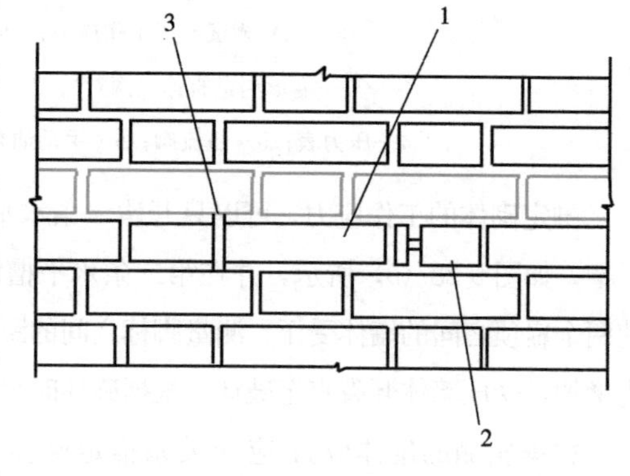

图 5-30　原位双剪法试验示意图

1—剪切试件；2—剪切仪主机；3—掏空的竖缝

采用原位双剪法得到第 i 个测区第 j 个测点的破坏荷载 N_{vij}，相应的剪切破坏面积 A_{vij} 为受剪砖上下水平灰缝面积之和，可按下式计算砌体沿通缝抗剪强度：

烧结普通砖：

$$f_{vij}=\frac{0.32N_{vij}}{A_{vij}}-0.7\sigma_{0ij} \tag{5-13a}$$

烧结多孔砖：

$$f_{vij}=\frac{0.29N_{vij}}{A_{vij}}-0.7\sigma_{0ij} \tag{5-13b}$$

式中，σ_{0ij}为该测点上部墙体的压应力（MPa），当忽略上部压应力作用或释放上部压应力时，取为0。

5.4.5 推出法

推出法是将240mm厚的砖墙中的丁砖推出，通过测定单块丁砖推出力与砂浆饱满度来推断砌体砂浆的抗压强度。

如图5-31所示，使用冲击钻在A点打孔，然后用锯条自A至B点锯开灰缝，将被推丁砖上方的两块顺砖取出，并锯切清理被推丁砖两侧的竖向灰缝。然后安装推出仪（图5-32）。推出仪采用螺杆加力，主要测试元件是力传感器和推出力峰值测定仪。峰值测定仪可以自动将试验过程中的最大力值记录下来。

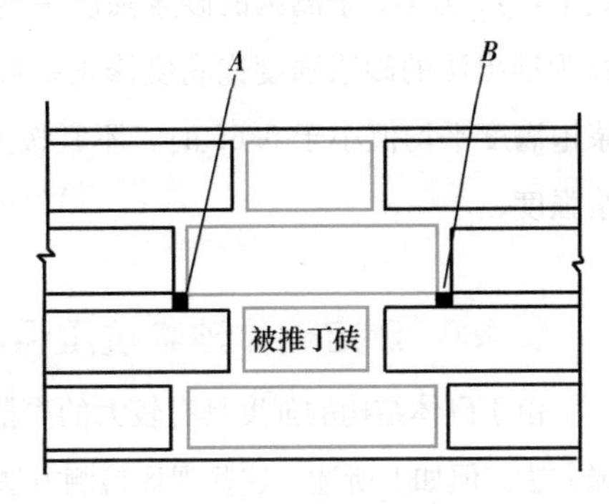

图5-31　试件加工步骤示意

单位测区的推出力平均值，应按下式计算：

$$N_i=\xi_{2i}\frac{1}{n_1}\sum_{j=1}^{n_1}N_{ij} \tag{5-14}$$

试验过程中取下被推丁砖时，应使用百格网测试砂浆饱满度B_{ij}。测区的砂浆饱满度平均值，应按下式计算：

$$B_i=\frac{1}{n_1}\sum_{j=1}^{n_1}B_{ij} \tag{5-15}$$

一般取单片墙为一个测区，每个测区的测点数不少于5个。测区砂浆强度的平均值可按

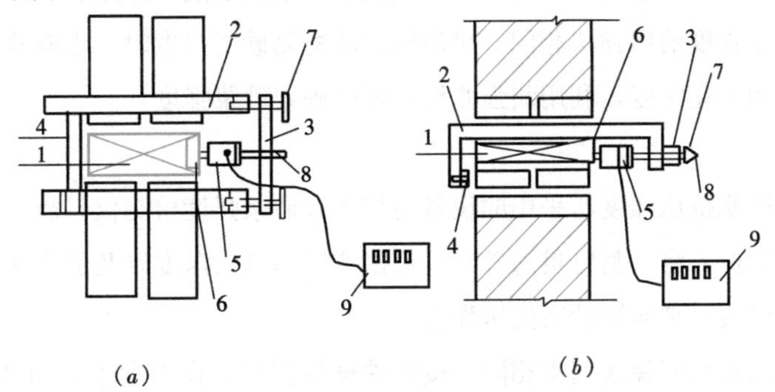

图5-32　推出仪及测试安装

(a) 平剖面；(b) 纵剖面

1—被推出丁砖；2—支架；3—前梁；4—后梁；5—传感器；6—垫片；7—调平螺栓；8—传力螺杆；9—推出力峰值测定仪

下列公式计算：

$$f_{2i} = 0.30\,(N_i/\xi_{3i})^{1.19} \tag{5-16}$$

$$\xi_{3i} = 0.45B_i^2 + 0.90B_i \tag{5-17}$$

式中，f_{2i}为第 i 个测区的砂浆强度平均值（MPa）；N_i为第 i 个测区的推出力平均值（kN）；ξ_{3i}为推出法的砂浆强度饱满度修正系数；B_i为第 i 个测区的砂浆饱满度平均值。当测区的砂浆饱满度平均值小于 0.65 时，不宜按上述计算公式计算砂浆强度，宜选用其他方法推定砂浆强度。

5.4.6 测定砌体砂浆抗压强度的其他方法

由于砌体结构的强度具有较大的离散性，砌体结构的现场测试大多采用各种微破损或半破损方法。但如上所述，这些现场检测方法对结构造成不同程度破损，对测试设备有一定的要求，现场测试的时间也可能比较长。相对而言，各种非破损检测方法则具有简便快速的特点。

（1）回弹法

检测砂浆强度也可以采用回弹法，其基本原理和回弹仪的构造已在检测混凝土强度的回弹法中叙述。但砂浆的抗压强度一般低于混凝土的抗压强度，砂浆回弹仪的冲击动能远小于混凝土回弹仪的冲击动能。

检测时，可以取面积不大于 25m² 的砌体构件为一个构件，按单个构件检测。也可以按批抽样检测，取 250m² 面积的砌体结构或同一楼层品种相同、强度等级相同的砂浆分为同一检测单元，每个检测单元应选不少于 6 面有代表性的墙，每面墙上应不少于 5 个测区，测区大小约为 0.3m²。测区灰缝砂浆应清洁、干燥。检测前，清除勾缝砂浆和浮浆，并将砂浆打磨平整。每个测区弹击 12 个测点，每个测点连续弹击 3 次，前 2 次不读数，仅读取最后一次回弹值。在测区的 12 个回弹值中，剔除一个最大值和一个最小值，计算余下 10 个值的平均值。

与检测混凝土强度的回弹法相同，采用回弹法检测砂浆强度时，也应检测砂浆的碳化深度，根据回弹值和碳化深度，利用测强曲线，可以确定砂浆强度。

（2）贯入法

贯入法检测砂浆抗压强度所采用的设备为贯入式砂浆强度检测仪，简称为贯入仪。贯入仪采用压缩弹簧加荷，将一测钉贯入砂浆。根据测钉的贯入深度以及贯入深度与砂浆抗压强度的关系（测强曲线）来换算砂浆抗压强度。

检测对象的确定与回弹法基本相同。按批抽样检测时，在不大于 250m² 面积的砌体中，至少选取 6 个构件。每个构件上测试 16 个点，每条灰缝测点不宜多于 2 个，相邻测点的距离不宜小于 240mm。检测时应避开竖向灰缝，水平灰缝的厚度不宜小于 7mm。

采用贯入法检测砂浆抗压强度必须建立测强曲线，即测钉贯入深度与砂浆强度的换算关系。在《贯入法检测砌筑砂浆抗压强度技术规程》JGJ/T 136—2017 中，给出了建立专用测强曲线的方法。

(3) 其他方法

在《砌体工程现场检测技术标准》GB/T 50315—2011 中，还列举了筒压法、砂浆片剪切法、点荷法和射钉法。其中，筒压法是制取一定数量砂浆并加工、烘干成符合一定级配要求的砂浆颗粒，装入承压筒中，施加一定的静压力后，测定其破损程度并据此推定砂浆强度的方法。砂浆片剪切法是以测试砂浆片的抗剪强度来推定砂浆抗压强度的方法。点荷法是在试验机上对砂浆片施加点荷载，将砂浆片破坏时的点荷载换算成砂浆抗压强度的方法。射钉法是用射钉器将射钉射入砌体的水平灰缝，将射钉的射入深度换算为砂浆抗压强度的方法。这些方法各有其特点，可根据工程的具体情况选用。

5.5 结构现场荷载试验

结构现场荷载试验被认为是最直观地反映了结构整体性能的方法。绝大多数情况下，现场荷载试验是非破损的。实际工程中，现场荷载试验得到的结果能够说明结构在正常使用条件下的性能。结构在承载能力极限状态的性能只有通过两条途径获得，其一是对结构进行破坏性试验，采用这种方法，可以直接得到结构的极限承载能力，但试验的结构也因承载能力耗尽而不复存在。因此，对于已建结构，极少进行这种试验；其二是通过非破损检测和荷载试验，掌握结构材料的基本性能和结构整体性能，根据现场检测和试验所获取的信息，建立结构计算模型，采用正确的结构理论，分析得到结构的极限承载能力。在这个过程中，结构荷载试验所起的作用主要是确定结构的传力路径、边界条件、连接条件和结构在弹性范围内的性能。另一方面，当结构性能难以通过分析计算证明是否满足规定要求时，结构荷载试验是对结构性能进行综合评定的最可行的方法。

现场静载试验可以分为几种情况，一种情况是新建结构采用了新工艺、新材料或新的结构形式，通过静载试验验证结构性能，总结设计分析方法；对于新建结构，在建设过程中，由于质量事故或其他原因，对结构性能存在疑问时，也常常进行现场静载试验。有的结构构件，例如预应力混凝土圆孔板，按照建设过程中结构构件质量检验的要求，也可在施工现场进行构件静载试验。另一种情况是结构可靠性鉴定中对已建结构进行静载试验，这类静载试验的目的大多是为了得到结构整体性能的有关数据，验证计算模型等有关信息，检验结构或构件的正常使用性能是否满足设计规范要求，以便能够更加准确地对结构可靠性做出评估。

5.5.1 结构现场静载试验的荷载

按结构非破损检测的概念，对建筑结构进行现场静载试验的基本要求是，荷载试验应避免对结构造成超出其正常使用条件下可能出现的损伤。因此，最大试验荷载一般为结构设计取用的荷载标准值。考虑结构构件质量控制的要求，有时也将结构设计的荷载标准值乘以1.05～1.10的检验系数。注意到现场静载试验时，结构构件的自重已发挥作用，但有时粉刷层、找平层等恒载尚未作用，这时，结构试验荷载可按下式计算：

$$试验荷载=(可变荷载+永久荷载-结构自重)\times 结构检验系数 \tag{5-18}$$

对于新建结构或构件质量检验，结构检验系数可取为大于1.0的数值，对于已建结构或存在不同程度破损的结构，结构检验系数应小于1.0，但一般不小于0.7。如结构已存在较严重的破损，不宜进行结构现场荷载试验。

结构现场静载试验的对象大多为梁板结构，静力荷载为竖向荷载，因此多采用重物加载。当试验荷载较小时，可采用砖、砂包、袋装水泥等重物堆载。试验前，对试验堆载的重物进行称量，荷载误差不宜大于1%。当试验结构或构件可能产生较大的变形时，应避免堆载的重物产生拱效应，将重物分区堆载。砌筑临时水池，利用水的重量加载也是常见的一种静力加载方式。采用这种加载方式时，如果楼面为现浇钢筋混凝土整体式结构，可以不采取防渗措施，对于装配式楼面结构，可在楼板上铺一层防水薄膜，防止水渗漏。

堆载或用水加载的范围，即荷载传力路径，应与设计计算的传力路径一致。例如，图5-33为一结构平面布置图，静载试验的目的是检验主梁的受力性能。按照结构设计的计算简图，主梁的受荷范围如图5-33所示，试验荷载的范围应覆盖整个区格，图5-33阴影部分所示的荷载就可以认为按简支方式传递到了主梁。图5-34给出另外一种荷载布置形式，这种加载方式不依靠板来传力，堆载重物的重量全部作用在试验的梁上。

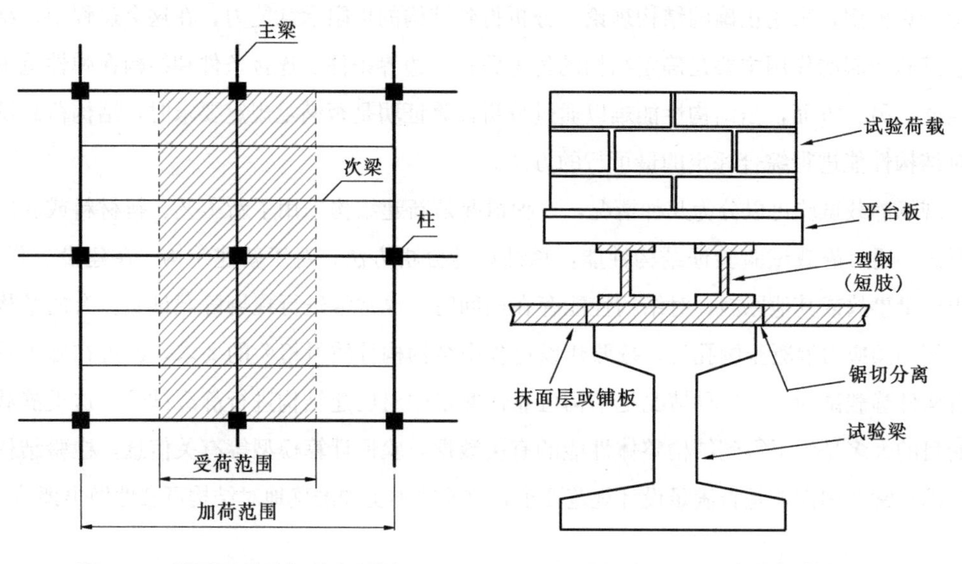

图5-33　楼面受荷及加荷布置图

图5-34　梁上直接加荷方式

静载试验采用分级加载，在每一级荷载作用下，测量结构的变形和应变，观察裂缝的出现等。达到预定的试验荷载值后，根据试验要求，保持荷载一段时间，然后逐级卸载，全部卸载后，量测结构的残余变形。

5.5.2　结构现场静载试验的观测内容和方法

现场静载试验观测的内容包括位移、倾角、应变和可能出现的裂缝。

考虑环境和测试条件，结构的现场测试时多采用机械式仪表。常用测量仪表和测量方式如下：

百分表：测量梁板构件的竖向挠度，构件的水平位移或构件之间的相对位移；

手持式应变仪：在试验结构上选择应变测试位置，粘贴两片带有定位孔的小铁片，小铁片定位孔之间的距离为200～250mm，手持式应变仪用来测量定位孔之间的距离变化，根据这个距离变化，可计算测试位置的应变；

水准管式倾角仪：测量结构或构件的倾角或扭转角变化；

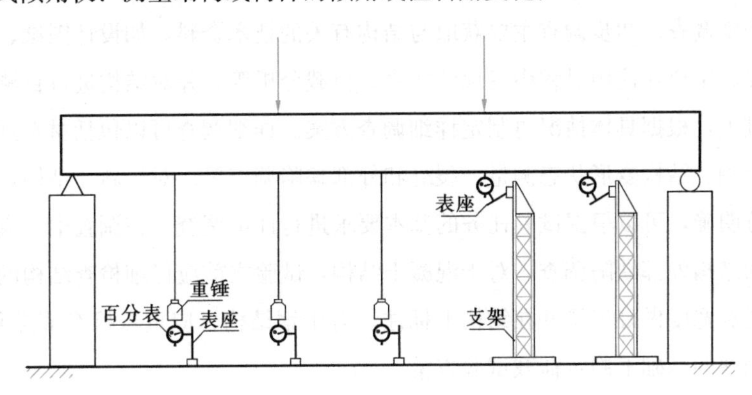

图5-35　梁板的挠度测量

刻度放大镜：测量裂缝宽度；

精密经纬仪或全站仪：测量结构或构件的水平位移或结构整体倾斜；

精密水平仪：测量结构的沉降。

近年来，传感器技术不断发展，出现了不少自供电或直流供电的新型传感器，这类传感器采用一体化设计，将传感、放大、显示等功能高度集成在微小的体积内，传感器对环境变化不敏感，精度高，抗干扰能力强，正在逐渐取代机械式仪表。

由于结构现场静载试验的荷载比较小，结构的反应也相对较小，例如，如果静载试验中混凝土结构未出现裂缝，最大拉应变一般为100$\mu\varepsilon$的量级，但结构自重也使结构产生拉应变，扣除结构自重产生的拉应变后，静载试验中量测得到的拉应变可能只有40～60$\mu\varepsilon$。考虑结构反应较小这一因素，位移测点和应变测点的布设应优先考虑结构最大反应。对于位移

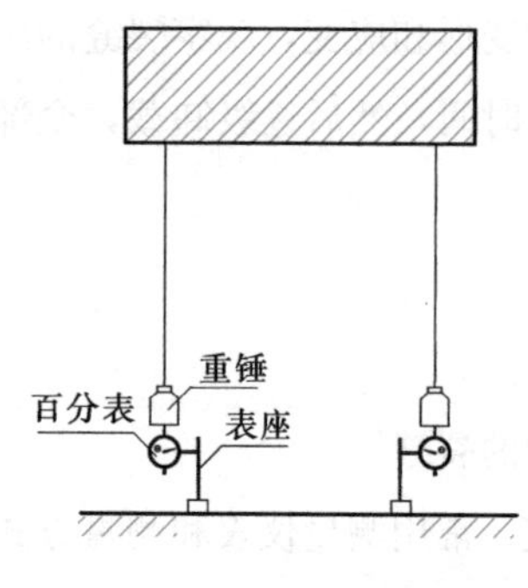

图 5-36　宽梁的挠度测量

测试和应变测试，应优先考虑位移测试。

在建筑的楼面结构静载试验中，可采用两种方式测量竖向位移。一种方式是将百分表固定在一个独立的刚性支架上，用百分表直接量测楼面板或梁的挠度；另一种方式是采用钢丝-吊锤，将位移测点引到地面或下一层楼面，然后用百分表测量吊锤的位移，两种测量方式如图 5-35 所示。对于较宽的梁，宜在梁底的两侧布置位移测点，测量可能出现的梁体扭转（图 5-36）。

5.5.3 结构现场静载试验的组织和实施

结构现场静载试验的组织和实施主要包括以下几个方面：

（1）现场调查与勘察

在进行荷载试验之前，对试验结构进行全面调查与勘察是非常必要的。调查勘察可分为初步调查和详细调查。初步调查主要获取与结构有关的技术资料，如设计图纸、竣工验收记录、使用情况、用户在使用过程中发现的病害、荷载分析等，并对结构进行目测调查。在初步调查的基础上，根据具体情况再制定详细调查方案。详细调查可以包括材料强度和内部缺陷的非破损检测、结构变形状态测量、裂缝和外部缺陷调查等。对于新建结构，荷载试验的目的往往十分明确，可以根据试验任务的基本要求进行详细调查。在调查中，应特别注意荷载试验区域的结构外部缺陷调查。对于混凝土结构，试验之前应仔细检查结构的裂缝，对已有裂缝的位置和宽度做好记录并在结构上标注。对于钢结构，应重点检查节点和连接部位。在现场调查勘察的基础上制定荷载试验方案。

（2）制定加载方案

加载方案的内容包括最大试验荷载值和加载区域的确定，荷载种类的选择，荷载的称量方式，加载过程，卸载过程以及试验中止条件。通常，可将最大试验荷载分为 5～6 级进行加载，最后一级荷载增量一般不超过最大试验荷载的 10%。每级荷载保持的时间为 10～15min，达到最大试验荷载后，保持荷载 30min。卸载可分为 2～3 级，全部荷载卸除后 45min，观测结构最大反应测点的残余变形，必要时，可在卸载后 12～18h 再次观测变形恢复量。试验中止条件是考虑试验过程中可能出现的意外情况而制定的，例如，在最大试验荷载作用之前裂缝宽度超过容许值或最大变形超过容许值，或结构出现局部破坏征兆，或基础产生过大的沉降，或结构产生的变形不能稳定而持续增长等。当出现这些情况时，应及时中止试验并卸除荷载，对已获取的试验数据进行分析后，再决定是否继续进行试验或结束试验。

（3）安全与防护措施

在制定试验方案时应对试验的各阶段提出安全和防护措施。结构现场静载试验过程中，安全防护的对象主要是试验工作人员和仪器设备。安全防护措施包括指定专人担任现场试验安全员，防止结构或构件倒塌破坏的支架，防止结构失稳破坏的支架，避免堆载过于集中，安全用电，安全可靠的工作平台或脚手架，在试验区域设置标志并疏散无关人员，正确地使用加载设备和防止意外事故的其他措施。

【实例分析 5-1】无黏结预应力混凝土无梁楼盖现场荷载试验

某工程建筑主体为地下4层、地上31层钢筋混凝土框架-剪力墙结构，其中地下室部分楼盖区域采用无黏结预应力混凝土无梁楼盖。该楼盖的设计混凝土强度等级为C35，板厚200mm，楼面均布活荷载标准值4.0kN/m²，双向柱上板带均设暗梁，预应力筋采用直径为15.24mm的1860级钢绞线，设计张拉控制应力为1395MPa，每束预应力张拉力为195.3kN。该工程中的无黏结预应力筋采用X向柱上板带集中布置和Y向均匀布置。该工程施工过程中未建立完整的质量保证资料，也就是说施工完成后形成的技术资料不能完整地证明隐蔽工程施工质量符合规范要求（见《混凝土结构工程施工质量验收规范》GB 50204—2015），除现场检测外，要求通过荷载试验来检验结构的抗裂性能、抗弯刚度和整体性能。

试验的荷载范围如图5-37所示，检验系数取1.0，也就是采用荷载的标准组合，其值与预应力混凝土结构的正常使用极限状态相对应。试验采用水加载（图5-38），最大荷载4.0kN/m²对应水深40cm，分5级施加荷载，每级荷载保持30分钟。

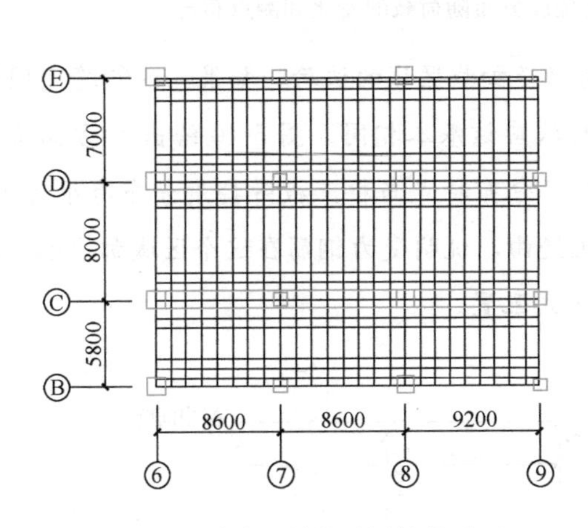

图5-37 试验区域的无梁楼盖平面

图5-38 采用水对楼盖结构加载

试验过程主要测量了无梁楼盖在两个方向上的挠度，并检查是否出现裂缝。图5-39和图5-40分别给出挠度测试结果。

无梁楼盖的设计计算把楼盖分为柱上板带和跨中板带。图5-39的测试结果表明X方向柱上板带的受力有连续梁的特点，中跨挠度小而边跨挠度大，其中⑧～⑨轴线之间

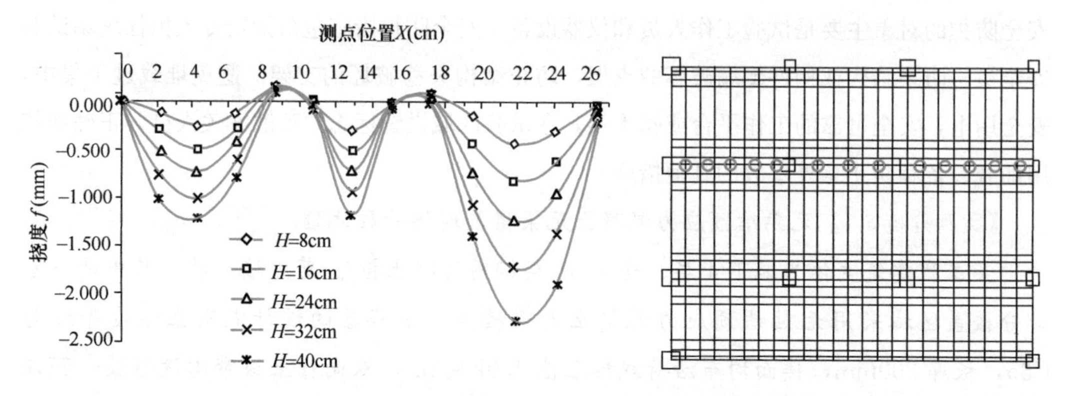

图 5-39　X 方向柱上板带的挠度分布随荷载的变化和测点布置

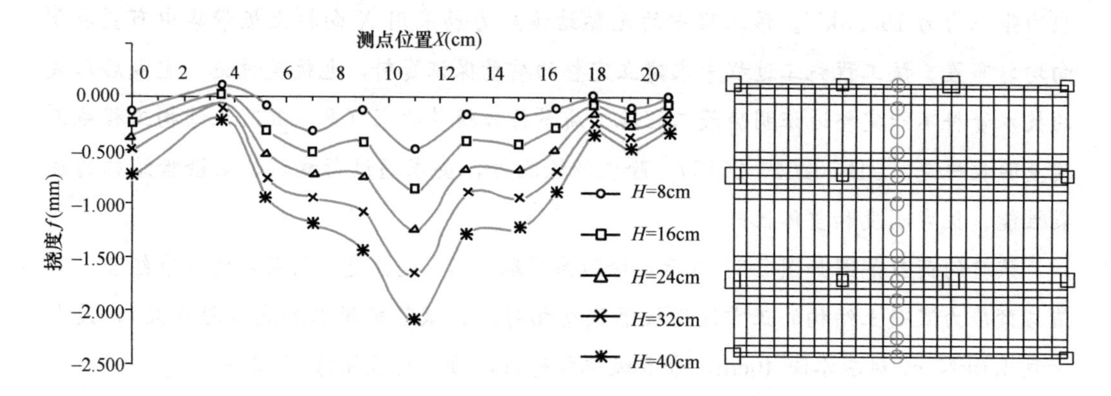

图 5-40　Y 方向跨中板带的挠度分布随荷载的变化和测点布置

板为结构的边跨，挠度最大，而⑥～⑦跨只是加载区域的边跨。如果⑤～⑥跨间同样有荷载作用，⑥～⑦跨和⑦～⑧跨的挠度形状应该基本相同。图 5-40 给出 Y 方向跨中板带的挠度分布，可以看到，跨中板带的挠度分布特点与柱上板带挠度分布有很大差别，沿 Y 方向测点在试验区域中部都向下发生挠曲，说明受力钢筋在这个区域都应配置在板底，而柱上板带预应力筋应按图 5-41 的方式配置。

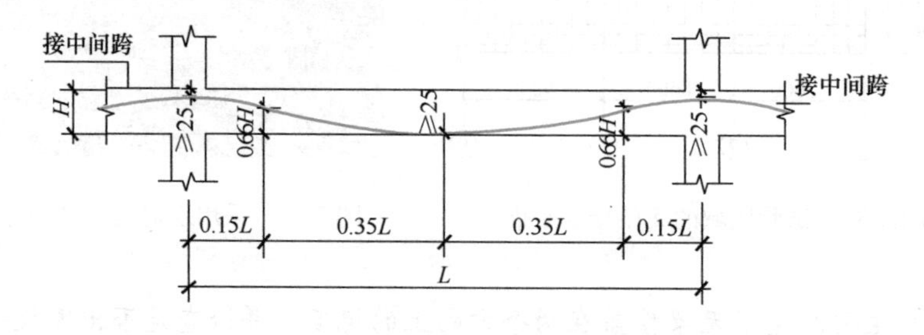

图 5-41　曲线形式的预应力筋配置

试验中在板底未发现裂缝，说明预应力有效地发挥了作用。楼板自重产生的变形可由张拉预应力筋产生的反拱抵消，试验实测的最大挠度为 2.3mm，满足规范要求。因此，试验结果表明该无梁楼盖具有较好的整体性能，其抗裂和变形均符合规范要求。

【实例分析 5-2】预应力空心板现场静载试验

德国某车库建筑，建于 20 世纪 90 年代。楼面及屋面结构采用架设在主梁上的装配式预应力空心板。因防水构造破损导致屋面渗漏以及冬季在屋面使用除冰盐（屋面也是停车场），潮湿再加上除冰盐中的氯离子，使混凝土内部的预应力筋锈蚀，外观检查发现空心板端部破坏较严重（图 5-42）。该楼盖采用先张法生产的预应力混凝土空心板，预应力筋的预拉力通过空心板端部预应力筋与混凝土之间黏结力传递到混凝土，发生在板端部区域的损伤对板的承载能力可能产生严重后果。

图 5-42 空心板外观：板缝渗漏、端部呈现铁锈渗漏，已用钢梁托架临时加固

现场调查把预应力混凝土空心板分为严重损伤、中等损伤和轻微损伤三类，并认为严重损伤和中等损伤的空心板应予以更换。但是该建筑的业主由于经济原因不大愿意更换太多数量的空心板，另一方面，仅从外观调查判断中等损伤的空心板不能继续承载的依据也不充分，因为无法通过计算确定损伤对空心板承载能力的影响。空心板采用长线台座生产，受力钢筋只配置了预应力筋。没有配置抗剪箍筋的预应力混凝土空心板端部损伤的主要威胁是可能发生在该部位的剪切破坏，临时加固措施也不能有效地消除这种威胁。因此，业主决定进行预应力空心板现场静载试验，检验空心板的受剪承载能力。以下我们按教科书方式描述这个试验。

1. 试验目的：预应力混凝土空心板由于端部预应力筋锈蚀，构件出现破损，计算分析不能准确损伤构件的受剪承载力，需要采用现场荷载试验确定。

2. 试验对象：预应力混凝土空心板，跨度 7.07m，板厚 200mm，板宽 1.2m。整个建筑有大量不同程度损伤的预应力混凝土空心板，随机抽取 2 块严重损伤和 3 块中等损伤的板进行现场荷载试验。

3. 加载方案：在建筑现场可以采取的加载方案主要有两个，一个是直接重物堆载，另一个是设计自平衡反力架，用液压千斤顶加载。试验采用了后一种方案，主要考虑试验的目的是确定空心板支座区域的抗剪承载力，最好是在支座附近施加集中力（最不利荷载位置距板端 $2.5h$，h 为板厚）。满跨堆载有可能出现弯曲破坏而不是剪切破坏，所得结果只是受剪承载力的下限，而不是真实的剪切破坏荷载。此外，液压千斤顶可以自动卸载，也就是说，临近破坏空心板局部变形加大时，液压千斤顶的荷载随之减小，可以避免在试验中出现突然破坏。图 5-43 为空心板静载试验的加载方案。

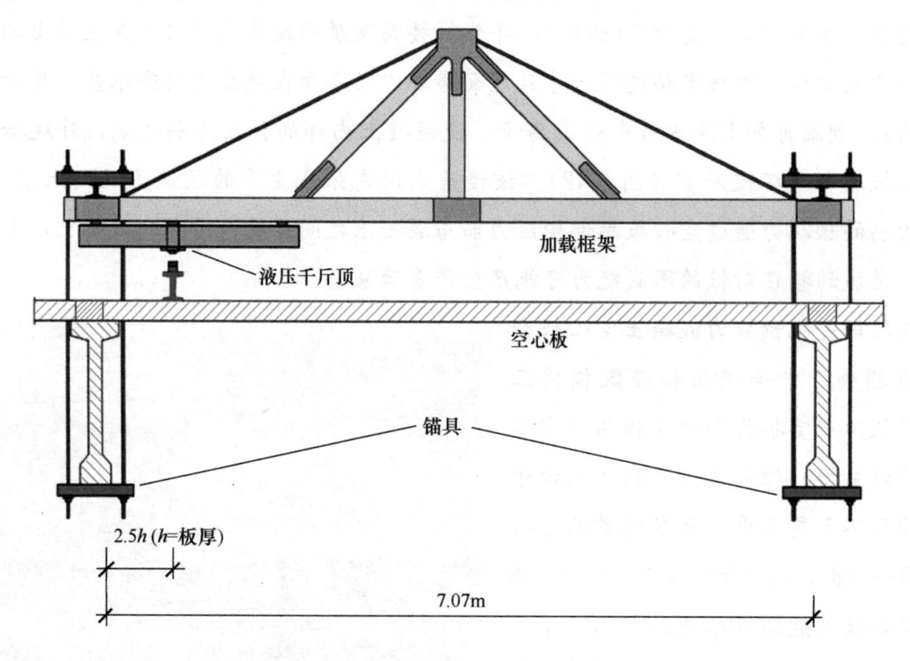

图 5-43 加载反力架示意图

4. 加载制度：荷载标准值产生的剪力为 45.85kN，考虑最不利的荷载条件和附加分项系数（按德国规范，总的荷载系数达到 2.7），荷载产生的最大剪力设计值为 123.80kN，而计算得到的空心板受剪承载力平均值为 163.75kN。也就是说，如果加载到 123.80kN（空心板自重除外），空心板没有发生破坏，表明空心板具有足够的受剪承载力。试验实际采用的加载制度如图 5-44 所示。试验在前几个较小的荷载循环后，在

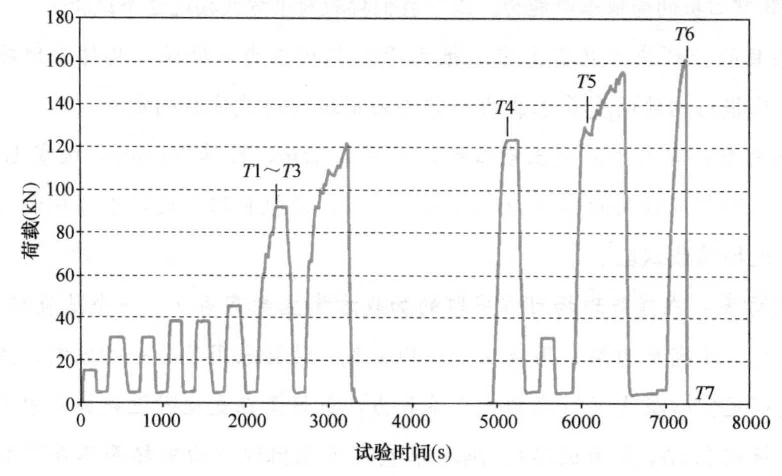

图 5-44 空心板加载制度

123.80kN荷载水平循环两次，然后再加载到163.75kN，直到破坏。试验历时约2h。

5. 测量方案：该试验采用两项新技术测取数据。一项是用声发射技术测量空心板内部裂缝的发生和发展，混凝土内部因出现裂缝以及裂缝扩展引起应变能快速释放而产生应力波现象称为声发射，采用专用的压电式传感器可以捕捉声发射信号。另一项是用高精度摄影测量技术获取混凝土表面的变形，捕捉空心板侧面的裂缝。安装荷载传感器测量施加的荷载，在受压区表面安装应变传感器测量混凝土压应变，安装位移传感器测量位移等。

图5-45　试验场地

6. 试验准备与安全措施：为避免进行荷载试验的空心板受相邻板的影响，试验前先拆除相邻的空心板，在空心板下面架设安全支架，防止空心板脆性断裂导致其他损坏(图5-45)。

7. 主要试验结果：表5-5给出5块空心板的试验结果。所有中等损伤的空心板受剪承载力都不小于123.80kN。一块严重损伤的板I1发生端部锚固破坏，另一块外观检查被认为严重损伤的板I2受剪承载力没有受到影响。

主要试验结果　　表5-5

编号	破坏程度	开裂荷载（kN）	破坏荷载（kN）	失效模式
I1	严重	60	75.5	锚固
I2	严重	100	162	剪切—拉伸
I3	中等	100	154	剪切—拉伸
I4	中等	110	166	剪切—压缩
I5	中等	90	137	剪切—拉伸

I2板在100kN荷载下出现弯曲裂缝，刚度明显降低（图5-46），临界斜裂缝出现后承载力下降，空心板发生剪切破坏（图5-47）。试验中采用的声发射技术和摄影测量技术获得数据从另外的角度证实了空心板的破坏过程。

现场试验结束后，在实验室也进行了两块严重损伤的空心板静载试验，受剪承载力分别为154kN和130kN。根据试验结果，认为中等损伤空心板的承载力基本不受影响，其承载力可以满足要求，决定更换全部严重损伤的空心板，中等损伤及轻微损伤的空心板继续使用。

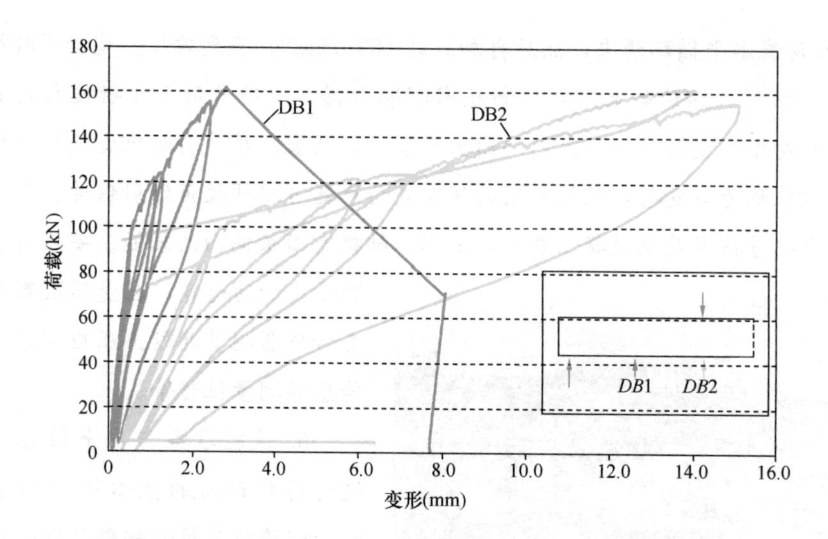

图 5-46　I2 板的荷载-挠度曲线

图 5-47　I2 板的剪切破坏形态

5.6 结构可靠性鉴定

结构可靠性鉴定是一项非常复杂的任务。通过现场调查和试验检测，我们得到了结构材料的基本力学性能，有限的结构隐蔽工程数据（例如，混凝土结构的实际配筋及保护层厚度），结构的荷载条件和荷载历史，结构构件的连接关系，可直接观察的结构缺陷和破损，地基不均匀沉降的迹象（结构的整体倾斜），现场静载试验结果以及设计、施工、监理等技术资料和信息。结构可靠性鉴定就是根据获取的信息对结构可靠度做出正确的估计。

已建结构的可靠度问题，实际上就是结构安全使用寿命问题。或者说，我们试图确定已建结构在安全度不显著降低的条件下结构的使用年限。有时，将问题从另外一个角度构造：已建结构的可靠度问题是结构在下一个目标使用年限内的失效概率问题。结构怎样才是安全的，或者说，我们应该有一个什么样的安全标准？在结构可靠性鉴定中，采用了结构设计的安全标准。而结构的安全使用年限主要涉及结构耐久性对结构安全性的影响。

按照《民用建筑可靠性鉴定标准》GB 50292—2015，结构可靠性鉴定采用多级综合评定方法。如图5-48所示，结构安全性和正常使用性的鉴定评级，按构件、子单元、鉴定单元分为三个层次，在每个层次中，按四个安全性等级和三个使用性等级对鉴定对象进行评定。根据结构安全性和正常使用性的鉴定评级，再给出结构可靠性的鉴定评级。在可靠性鉴定的基础上，还可进一步进行适修性评级。

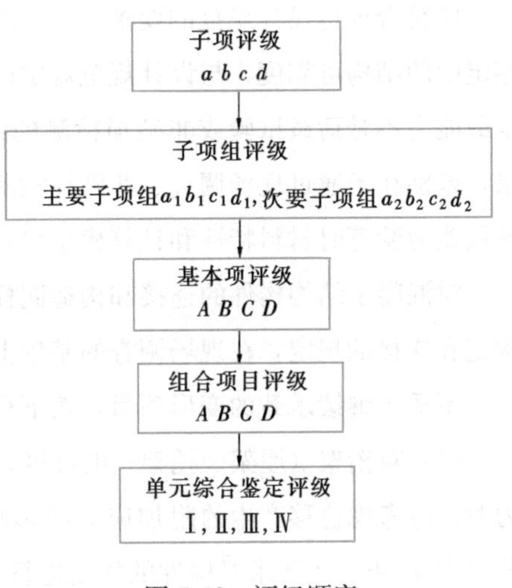

图5-48 评级顺序

结构安全性、使用性和可靠性鉴定均按构件、子单元、鉴定单元三个层次进行。这里所指的构件可以是单个的构件，如一根简支梁或结构楼层中的一根柱；也可以是结构构件相对独立的一种组合，如一榀屋架或带制动桁架的吊车梁；还可以是结构的一个节段或区段，如同一楼层受力条件相同的一段墙体或一段条形基础。构件是结构可靠性鉴定的基本单元。

子单元由构件组成。《民用建筑可靠性鉴定标准》GB 50292—2015中，将整个结构体系分为地基基础、上部承重结构和围护结构系统三个子单元。

鉴定单元由子单元组成。根据被鉴定建筑物的结构体系和受力特点的不同，可将建筑物划分为一个或若干个鉴定单元。例如，一栋建筑物用伸缩缝隔开成为两部分，就可以划分为两个鉴定单元；主体建筑和辅助建筑，也可划分为不同的鉴定单元。

在钢结构构件安全性鉴定中，包括承载能力、构造连接和不适于继续承载的变形三个检查项目，对于砌体结构和混凝土结构构件，还应增加裂缝检查项目。下面以混凝土结构构件为例加以说明。

根据设计规范的要求，确定构件承载能力评定的验算项目，例如，受弯构件的验算项目为正截面承载力和斜截面承载力，承受疲劳荷载的结构构件，还应增加疲劳验算项目。按表5-6所列的四个等级分别评定每一个验算项目的等级，然后取验算项目中最低的一级作为承载能力项目的评定等级。

混凝土结构构件承载能力的评定　　表5-6

构件类别	$R/\gamma_0 S$			
	a_u级	b_u级	c_u级	d_u级
主要构件	≥1.0	≥0.95	≥0.90	<0.90
一般构件	≥1.0	≥0.95	≥0.85	<0.85

在表5-6中，R表示结构抗力，S表示作用效应，γ_0为结构重要性系数。承载能力的验

算均应符合现行设计规范的要求。从承载能力项目评定可以知道两个基本事实：结构可靠性鉴定中的结构可靠度，与设计规范规定的可靠度是一致的；结构可靠性鉴定中，结构构件的承载能力不是荷载试验或非破损检测的结果，而是依据结构设计规范的原则验算所得的结果，差别在于通过现场调查、非破损检测和荷载试验，得到了鉴定对象的具体参数和信息，承载能力验算时材料特性和计算模型可以与设计规范规定有所不同。

对混凝土结构构件的连接和构造同样分为4个等级进行评定，主要依据设计规范中有关构造和连接的规定，在现场调查的基础上进行。

不适于继续承载的变形项目，按下列3条规定执行：

（1）对桁架（屋架、托架）的挠度，当实测值大于其计算跨度的1/400，验算其承载能力时，应考虑位移产生的附加应力的影响且承载能力项目的最高评定等级不应高于 b_u 级。若评为 b_u 级，还要求对构件的挠度进行一段时期的观测。

（2）对其他受弯构件的挠度或施工偏差造成的侧向弯曲，根据挠度的大小进行评级。

（3）对柱的水平位移或倾斜，当实测值大于规定的限值时，分为两种情况进行评级。当柱的位移与整个结构有关时（不是由于柱本身的缺陷或破损所引起），取上部结构的该项目评定等级；当柱的位移或倾斜与整体结构受力无关而是由该柱本身的原因所引起时，在承载能力项目评定中，应考虑柱的位移进行验算评定。若柱的变形处在不稳定的发展过程中，该项目应评为 d_u 级。

不适于继续承载的裂缝项目应分别检查受力裂缝和非受力裂缝。对于受力裂缝，根据构件所处环境和构件类别，区分主要构件和一般构件，按裂缝宽度是否超过鉴定标准的规定值进行评级。而对于过宽的非受力裂缝，也认为不适于继续承载。钢筋严重锈蚀产生裂缝以及因混凝土受压而产生裂缝时，均应将该项目直接评为 d_u 级。

应当指出，不适于继续承载的变形和裂缝项目，属于结构安全性鉴定评级内容，与结构使用性鉴定中根据位移大小和裂缝宽度进行鉴定评级有不同的含义。在安全性鉴定中，我们关心变形和裂缝对结构安全的影响；而在使用性鉴定中，我们关心变形和裂缝对使用性能的影响。

得到上述4个检查项目的评定等级后，取其中最低的一级作为该构件的安全性等级。

子单元的安全性鉴定评级是民用建筑安全性的第二层次鉴定评级，对于上部承重结构，应根据结构所含各种构件的安全性等级、结构整体性等级，以及结构侧向位移等级确定。也就是说，子单元的安全性鉴定评级由3个项目组成。其中，在第一层次评定的构件安全性等级，根据评为不同等级（a_u，b_u，c_u，d_u）的构件数量，确定各种主要构件和各种一般构件安全性等级。根据结构布置、支撑系统、圈梁构造和结构间的联系，确定结构整体性等级。根据结构侧向位移的大小，依据鉴定标准，评定结构侧向位移等级。

根据上述项目的评定结果，最后确定上部承重结构子单元的鉴定评级。得到各个子单元的鉴定评级后，就可继续进行鉴定单元的鉴定评级。具体规定，详见《民用建筑可靠性鉴定标准》GB 50292—2015。

《工业建筑可靠性鉴定标准》GB 50144—2008 对工业建筑的可靠性鉴定做出了相应的规定，其基本原则与民用建筑可靠性鉴定标准是一致的，但其中更多地考虑了工业建筑的结构和构造特点。

按照现代结构工程科学的观点，结构的可靠度随时间推移而逐渐降低。正常设计、正常施工和正常使用的结构，还必须加上正常维护，才能最大限度地发挥其社会效益和经济效益。结构可靠性鉴定成为其中必不可少的一个环节。而结构试验和测试技术又是结构可靠性鉴定的一个有力工具，必须认真加以掌握。

第6章
结构模型试验

6.1 概述

在工程实践和理论研究中，结构试验的对象大多是实际结构的模型。对于工程结构中的构件或结构的某一局部，如梁、柱、板、墙，有可能进行足尺的结构试验。但对于整体结构，除进行结构现场静动载试验外，受设备能力和经济条件的限制，实验室条件下的结构试验大多为缩尺比例的结构模型试验。第4章中的结构地震模拟振动台试验，就是典型的模型试验。

结构模型试验是工程结构设计和理论研究的重要手段之一。在结构设计规范中，对各种各样的结构分析方法做出了规定。例如，弹性分析方法、塑性内力重分布分析方法、塑性极限分析方法、弹塑性分析方法和试验分析方法等。其中，试验分析方法在概念上与计算分析方法有较大的差别。试验分析方法通过结构试验（其中主要是结构模型试验），得到体型复杂或受力状况特殊的结构或结构的一部分的内力、变形、动力特性、破坏形态等，为结构设计或复核提供依据。应当指出，随着电子计算机的飞速发展，基于计算机的结构分析方法已经能够解决很多复杂的结构分析问题，但结构模型试验仍有不可替代的地位，并广泛应用于工程实践中。

模型一般是指按比例制成的小物体，它与另一个通常是更大的物体在形状上精确的相似，模型的性能在一定程度可以代表或反映与它相似的更大物体的性能。

模型试验的理论基础是相似理论。仿照原型结构，按相似理论的基本原则制成的结构模型，它具有原型结构的全部或部分特征。通过试验，得到与模型的力学性能相关的测试数据，根据相似理论，可由模型试验结果推断原型结构的性能。

在工程设计和科学研究中，常见的模型试验分为以下几类：

（1）按模型试验的目的可分为小尺寸结构试验和相似模型试验。其中，小尺寸结构试验的目的是为了验证设计理论、材料或工艺性能或结构设计所需的参数。小尺寸结构试验一般不与具体的原型结构对应，按照设计规范的要求设计并制作模型，但模型尺寸较小。例如，钢筋混凝土单层框架的试验，梁截面尺寸为$b\times h=120\text{mm}\times 180\text{mm}$，柱截面尺寸为$b\times h=150\text{mm}\times 150\text{mm}$，配直径12mm的纵向受力钢筋。这种框架的试验就属于小尺寸结构试验。相似模型通常与某一原型结构在几何尺度上相似，试验的目的是通过相似模型的试验结果直接推测原型结构的性能指标。在弹性范围内，当模型与原型严格相似时，上述试验目的是可以实现的。

(2) 按模型试验研究的范围可分为弹性模型试验、强度模型试验和间接模型试验。弹性模型的研究范围限于结构的弹性工作阶段，模型材料可以与原型材料不同，例如，常用有机玻璃制作桥梁或建筑的弹性模型。强度模型研究原型结构受力全过程性能，重点是破坏形态和极限承载能力。强度模型的材料与原型结构相同，钢筋混凝土结构的模型试验常采用强度模型试验。间接模型试验的研究范围仅限于结构的支座反力及内力，如轴力、弯矩、剪力影响线等，间接模型不要求与原型结构直接相似。目前已较少应用，大多为计算机分析所替代。

(3) 按模型试验的分析方法可分为定性试验、半分析法试验和定量分析试验。定性试验的模型简单，模型试验的结果可以展现某种规律或现象是否存在，不要求精确的数量关系。例如，通过定性试验展示钢结构构件的弯扭失稳现象。半分析法试验有时又称为子结构试验，模型试验的对象为整体结构的一部分，结构整体性能由模型试验和整体结构分析得到。通过模型试验实现原型结构的定量分析，是结构模型试验的主要目的。工程师和研究人员总是希望将模型试验作为一种独立的研究工具，由模型试验的结果直接得到原型结构的性能指标。特别是对于计算机不能真实模拟和准确计算的复杂结构和新型结构，定量分析模型尤为重要。

(4) 按试验模拟的程度可分为截面模型或节段模型、局部结构模型和整体模型。对于可作为平面问题分析的结构可采用截面模型或节段模型，例如，条形基础结构模型可以截取一段进行节段模型试验。局部结构模型的研究对象为大型结构中受力较为复杂的某一局部，例如，大型桥梁结构中，钢箱梁和钢筋混凝土箱梁结合部的模型试验就是局部模型试验。整体模型也称为三维模型或空间模型，它反映了结构的空间受力特性。例如，钢筋混凝土框架结构常采用平面结构模型进行试验研究，但考虑框架角柱的双向偏心受压或受扭时，就必须采用空间模型。

(5) 按试验加载的方法可分为静力模型试验、动力模型试验、拟静力模型试验、拟动力模型试验等，这与常规的结构试验的分类是相同的。此外，对结构模型采用不同的测试方法，还可做出不同的分类。较为典型的是光弹性结构模型，这类模型采用透明、匀质、边缘效应小的环氧类材料制成，利用偏振光量测应力分布。

利用结构模型进行试验研究，具有以下特点：

(1) 模型试验作为一种研究手段，可以根据需要控制试验对象的主要参变量而不受原型结构或其他条件的限制。可以在模型设计和试验过程中有意识地突出主要影响因素，有利于把握结构受力的主要特征，减少外界条件和其他因素的影响。

(2) 模型结构与原型结构相比，尺寸一般按比例试验缩小，模型制作成本降低，对试验占用的场地以及加载设备能力的要求均可降低，有利于节约资金、人力、时间和空间。由于有较好的经济性能，模型试验可以重复进行。

(3) 模型试验可以用来预测尚未建造结构的性能。例如，结构在极端灾害条件下（地震、飓风等）的性能。对于原型结构，一般很难进行这类试验。

(4) 模型试验可以在实验室条件下进行，良好的测试环境为精确的测试和分析提供了保证。在一定条件下，还可以反复对结构模型进行测试，消除测试误差。

在结构模型试验中，将与原型结构尺寸相同的模型称为足尺模型，将原型结构按比例缩小，得到的模型称为缩尺模型。本章主要讨论缩尺模型的设计和试验方法。

6.2 相似理论

相似理论是模型试验的基础。进行结构模型试验的目的是试图从模型试验的结果分析预测原型结构的性能，相似性要求将模型结构和原型结构联系起来。

一个物理现象区别于另一个物理现象在于两个方面，即质的区别和量的区别。我们采用基本物理量实现对物理现象量的描述。物理学中包括机械量、热力学量和电量，常用的基本物理量为长度、力（或质量）、时间、温度和电荷。这些基本物理量称为量纲（英文 Dimension)。大多数结构模型试验只涉及机械量，因此最重要的基本物理量为长度、力和时间。量的特征由数量和比较的标准构成。这里的比较标准是指标准单位，例如，国际单位制就建立了一种比较标准。在结构模型设计和试验中，通过量纲分析确定模型结构和原型结构的相似关系。

6.2.1 模型的相似要求和相似常数

结构模型试验中的“相似”是指原型结构和模型结构的主要物理量相同或成比例。在相似系统中，各相同物理量之比称为相似常数，即相似系数或相似比。

1. 几何相似

“几何相似”要求模型和原型对应的尺寸成比例，该比例即为几何相似常数。以矩形截面简支梁为例，原型结构的截面尺寸为 $b_p \times h_p$，跨度为 L_p，模型结构截面尺寸分别为 b_m、

h_m、L_m。几何相似可以表达为：

$$\frac{h_m}{h_p}=\frac{b_m}{b_p}=\frac{L_m}{L_p}=S_l \tag{6-1}$$

式中，S_l 为几何相似常数。下标 m 取自英文 Model 的第一个字母，表示模型，下标 p 取自英文 Prototype 的第一个字母，表示原型。

对于几何相似的矩形截面简支梁，可以导出下列关系：

$$S_A=\frac{A_m}{A_p}=\frac{b_m h_m}{b_p h_p}=S_l^2 \tag{6-2}$$

$$S_W=\frac{W_m}{W_p}=\frac{b_m h_m^2/6}{b_p h_p^2/6}=S_l^3 \tag{6-3}$$

$$S_I=\frac{I_m}{I_p}=\frac{b_m h_m^3/12}{b_p h_p^3/12}=S_l^4 \tag{6-4}$$

式中，S_A，S_W，S_I 分别为由几何相似常数导出的面积比、截面抵抗矩比和惯性矩比。

2. 质量相似

在动力学问题中，结构的质量是影响结构动力性能的主要因素之一。结构动力模型要求模型的质量分布（包括集中质量）与原型的质量分布相似，即模型与原型对应部位的质量成比例：

$$S_m=\frac{m_m}{m_p}\text{或用质量密度表示 } S_\rho=\frac{\rho_m}{\rho_p} \tag{6-5}$$

注意到质量等于密度与体积的乘积：

$$S_\rho=\frac{\rho_m}{\rho_p}\cdot\frac{V_m}{V_p}\cdot\frac{V_p}{V_m}=\frac{S_m}{S_l^3} \tag{6-6}$$

由此可见，给定几何相似常数后，密度相似常数可由质量相似常数导出。

3. 荷载相似

荷载或力相似要求模型和原型在对应部位所受的荷载大小成比例，方向相同。集中荷载与力的量纲相同，而力又可用应力与面积的乘积表示，因此，集中荷载相似常数可以表示为：

$$S_P=\frac{P_m}{P_p}=\frac{A_m\sigma_m}{A_p\sigma_p}=S_l^2 S_\sigma \tag{6-7}$$

式中，S_σ 为应力相似常数。如果模型结构的应力与原型结构应力相同，即 $S_\sigma=1$，则由上式可以得到 $S_P=S_l^2$。可见引入应力相似常数后，力相似常数可用几何相似常数表示。类似可以得到：

线荷载相似常数　$S_w=S_l S_\sigma$　(6-8)

面荷载相似常数　$S_q=S_\sigma$　(6-9)

集中力矩相似常数　$S_M=S_l^3 S_\sigma$　(6-10)

4. 应力和应变相似

如果模型和原型采用相同的材料，弹性模量相似常数 $S_E=1$，模型的应力相似常数和应变相似常数相等。如果模型和原型采用不同的材料制作，则有：

$$E_\sigma=S_E S_\varepsilon \tag{6-11}$$

式中，S_ε 为应变相似常数。除正应力和正应变相似常数外，有些模型试验涉及剪应力和剪应变相似常数，其关系与式（6-11）基本相同。与材料特性相关的还有泊松比相似常数 S_v。应力或应变相似是模型设计中的一个重要条件，如前所述，可以采用应力相似常数表示荷载相似常数。

5. 时间相似

时间相似常数 S_t 是结构模型设计中的一个独立常数。在描述结构的动力性能时，虽然有时不直接采用时间这个基本物理量，但速度、加速度等物理量都与时间有关。按相似性要求，模型结构和原型结构的速度或加速度应成比例。

6. 边界条件和初始条件相似

在材料力学和弹性力学中，常用微分方程描述结构的变形和内力，边界条件和初始条件是求解微分方程的必要条件。按照相似性要求，原型结构和模型结构的内力-变形应采用同一组微分方程和边界条件以及初始条件描述。实际上，这相当于要求模型的边界条件和初始条件与原型结构相同。

边界条件相似是模型试验中一个非常重要的相似性要求。在结构试验中，边界条件分为位移边界条件和力边界条件。边界条件相似要求模型结构在边界上受到的位移约束以及支座反力与原型结构相似。有些结构的性能对边界条件十分敏感，例如，拱桥模型试验要求支座水平位移为零，因为支座的微小水平位移可能会使拱的内力发生显著变化。

对于结构动力问题，初始条件包括在初始状态下，结构的几何位置（初始位移），初始速度和初始加速度。一般情况下，结构模型动载试验的初始条件相似要求较容易满足，因为绝大多数的试验都采用初始位移和初始速度为零的初始条件。

在国际单位制中，规定了若干物理量单位为基本单位，即长度为米，时间为秒，力为牛顿（质量用千克），温度为开尔文，电流为安培。在相似模型中，以上 5 个物理量的相似常数称为基本相似常数。除这 5 个基本相似常数外，其他相似常数称为导出相似常数。例如，速度的相似常数可用长度相似常数和时间相似常数表示。结构静力模型涉及长度和力 2 个基本物理量，结构动力模型涉及长度、力和时间 3 个基本物理量。

6.2.2 相似定理和量纲分析

相似定理涉及下列基本概念：

（1）相似指标

两个系统中的相似常数之间的关系式称为相似指标。若两系统相似，则相似指标为1。下面以牛顿第二定律为例加以说明。

原型
$$F_p = m_p \frac{dv_p}{dt_p} \tag{6-12}$$

模型
$$F_m = m_m \frac{dv_m}{dt_m} \tag{6-13}$$

引入相似常数后，可得
$$F_m = S_F F_p，m_m = S_m m_p，v_m = S_v v_p，t_m = S_t t_p \tag{6-14}$$

将式（6-14）表示的关系代入式（6-12），得到：
$$\frac{S_m S_v}{S_f S_t} F_m = m_m \frac{dv_m}{dt_m}$$

因模型与原型相似，由式（6-13）得到相似指标：
$$\frac{S_F S_t}{S_m S_v} = 1 \tag{6-15}$$

（2）相似判据

相似判据又称为相似准则或相似准则数，它是由物理量组成的无量纲量。例如，将式（6-14）的关系代入式（6-15），得到：
$$\frac{F_p t_p}{m_p v_p} = \frac{F_m t_m}{m_m v_m} \tag{6-16}$$

上式就表示了一个相似判据。当模型和原型各物理量满足上式时，两个系统相似。在相似定理中，习惯上用希腊字母 π 表示相似判据，即
$$\pi = \frac{F_p t_p}{m_p v_p} = \frac{F_m t_m}{m_m v_m} = 不变量 \tag{6-17}$$

（3）单值条件

单值条件是指决定一个物理现象基本特性的条件。单值条件使该物理现象从其他众多物理现象中区分出来。属于单值条件的因素有：系统的几何特性、材料特性、对系统性能有重大影响的物理参数、系统的初始状态、边界条件等。

（4）相似误差

在结构模型试验中，由于相似条件不能得到完全满足，由模型试验的结果推演原型结构性能时产生的误差称为相似误差。应当指出，在结构试验中，相似误差是很难完全避免的，但应减少相似误差对主要研究的物理现象的影响。

1. 相似第一定理

相似第一定理的表述为：彼此相似的现象，单值条件相同，相似判据的数值相同。这个定理揭示了相似现象的本质，说明两个相似现象在数量上和空间中的相互关系。

相似第一定理所确定的相似现象的性质，最早是由牛顿发现的。以下，仍用牛顿第二定

律说明。式（6-16）给出两个系统的相似判据，如果去掉式（6-16）中各物理量的下标，则可写出一般表达式：

$$\frac{Ft}{mv}=\pi=\text{不变量} \tag{6-18}$$

此式表示各物理量之间的比例为一常数。相似第一定理中的“相似判据数值相同”，就是指原型系统的 π 和模型系统的 π 相同时，两个系统相似。

在结构模型试验中，要判断模型和原型是否相似，几何相似虽然是十分重要的条件但并不是决定模型性能与原型性能相似的唯一条件。相似第一定理中，除要求相似判据的数值相同外，还要求单值条件相同。单值条件构成相似性要求的独立条件。例如，对于上述牛顿第二定律系统，如果模型和原型的初始条件不同，即使两个系统的 π 数值相同，两个系统也不会相似。

按照相似第一定理，利用相似判据把相似现象中对应的物理量联系起来，并说明它们之间的关系，这样就便于在结构模型试验中，应用相似理论从描述系统性能的基本方程中寻求所研究现象的相似判据及其具体形式，以便将模型试验的结果正确地转换到原型结构。

2. 相似第二定理

相似第二定理表述为：当一物理现象由 n 个物理量之间的函数关系来表示，且这些物理量中包含 m 种基本量纲时，可以得到（$n-m$）个相似判据。

描述物理现象的函数关系式的一般方程可写成：

$$f\ (x_1,\ x_2,\ \cdots,\ x_n)\ =0 \tag{6-19}$$

按照相似第二定理，上式可改写为：

$$\varphi\ (\pi_1,\ \pi_2,\ \cdots,\ \pi_{n-m})\ =0 \tag{6-20}$$

这样，利用相似第二定理，将物理方程转换为相似判据方程。同时，因为现象相似，模型和原型的相似判据都保持相同的 π 值，π 值满足的关系式也应相同：

$$f(\pi_{m1},\pi_{m2},\cdots,\pi_{m(n-m)})=f(\pi_{p1},\pi_{p2},\cdots,\pi_{p(n-m)})=0 \tag{6-21}$$

其中，
$$\pi_{m1}=\pi_{p1},\pi_{m2}=\pi_{p2},\cdots,\pi_{m(n-m)}=\pi_{p(n-m)}$$

上述过程说明，如果将模型试验的结果整理成式（6-21）所示的形式，这个无量纲的 π 关系式可以推广到与其相似的原型结构。由于相似判据习惯上用 π 表示，相似第二定理也称为 π 定理。

相似第二定理没有规定从系统的基本方程式（6-19）如何得到相似判据方程式（6-20）（即 π 关系式）。实际上，可以有多种途径得到 π 关系式。相似第二定理表明，若两个系统彼此相似，不论采用何种方式得到相似判据，描述物理现象的基本方程均可转化为无量纲的相似判据方程。

下面以简支梁为例加以说明。如图 6-1 所示，长度为 L 的简支梁，其上作用集中荷载 F

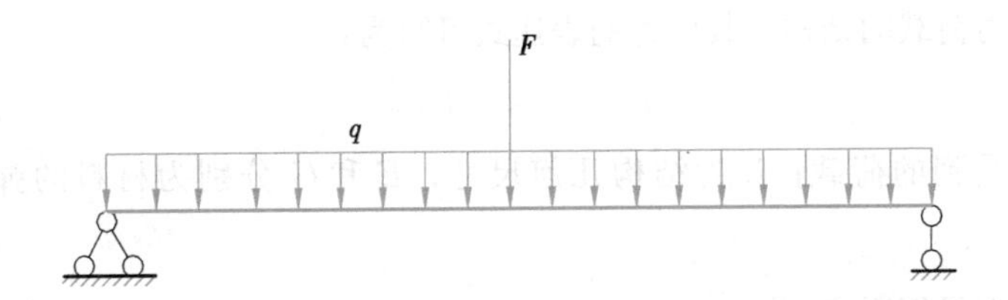

图 6-1　简支梁承受均布荷载与集中荷载

和均布荷载 q。由材料力学可知，梁的跨中截面边缘应力为：

$$\sigma=\frac{FL}{4W}+\frac{qL^2}{8W}$$

式中，W 为梁的截面抵抗矩。从物理意义可知，上式中各项的量纲相等，容易写出无量纲方程：

$$1=\frac{FL}{4\sigma W}+\frac{qL^2}{8\sigma W}$$

引入相似常数，模型简支梁和原型简支梁的各物理量之间的关系为：

$$F_{\mathrm{m}}=S_{\mathrm{F}}F_{\mathrm{p}}，q_{\mathrm{m}}=S_{\mathrm{q}}q_{\mathrm{p}}，W_{\mathrm{m}}=S_{\mathrm{W}}W_{\mathrm{p}}，L_{\mathrm{m}}=S_{\mathrm{L}}L_{\mathrm{p}}，\sigma_{\mathrm{m}}=S_{\sigma}\sigma_{\mathrm{p}}$$

模型简支梁和原型简支梁的各物理量满足下列关系式：

$$\frac{F_{\mathrm{m}}L_{\mathrm{m}}}{4\sigma_{\mathrm{m}}W_{\mathrm{m}}}+\frac{q_{\mathrm{m}}L_{\mathrm{m}}^2}{8\sigma_{\mathrm{m}}W_{\mathrm{m}}}=1，\frac{F_{\mathrm{p}}L_{\mathrm{p}}}{4\sigma_{\mathrm{p}}W_{\mathrm{p}}}+\frac{q_{\mathrm{p}}L_{\mathrm{p}}^2}{8\sigma_{\mathrm{p}}W_{\mathrm{p}}}=1$$

将相似常数表示的关系代入上列第一式：

$$\frac{S_{\mathrm{F}}S_{\mathrm{L}}}{S_{\sigma}W_{\mathrm{W}}}\cdot\frac{F_{\mathrm{p}}L_{\mathrm{p}}}{4\sigma_{\mathrm{p}}W_{\mathrm{p}}}+\frac{S_{\mathrm{q}}S_{\mathrm{L}}^2}{S_{\sigma}S_{\mathrm{W}}}\cdot\frac{q_{\mathrm{p}}L_{\mathrm{p}}^2}{8\sigma_{\mathrm{p}}W_{\mathrm{p}}}=1$$

显然，要使模型与原型相似，必须满足：

$$\frac{S_{\mathrm{F}}S_{\mathrm{L}}}{S_{\sigma}S_{\mathrm{W}}}=1，\frac{S_{\mathrm{q}}S_{\mathrm{L}}^2}{S_{\sigma}S_{\mathrm{W}}}=1$$

而一般形式的相似判据为：

$$\pi_1=\frac{FL}{\sigma W}，\pi_2=\frac{qL^2}{\sigma W}$$

由上列分析可知，无量纲方程的各项就是相似判据，因此，各物理量之间的关系方程式，均可写成相似判据方程。

3. 相似第三定理

相似第三定理表述为：凡具有同一特性的物理现象，当单值条件彼此相似，且由单值条件的物理量所组成的相似判据在数值上相等，则这些现象彼此相似。按照相似第三定理，两个系统相似的充分必要条件是决定系统物理现象的单值条件相似。

考察承受静力荷载的结构，其应力的表达式可写为：

$$\sigma = f(L,F,E,G) \tag{6-22}$$

式中，F 为结构受到的荷载；L 为结构几何尺寸；E 和 G 分别为材料的弹性模量和剪切模量。

将上式写成无量纲形式：

模型：$\dfrac{\sigma_m F_m^2}{F_m}=\varphi\left(\dfrac{F_m}{E_m L_m^2}，\dfrac{E_m}{G_m}\right)$，原型：$\dfrac{\sigma_p L_p^2}{F_p}=\varphi\left(\dfrac{F_p}{E_p L_p^2}，\dfrac{E_p}{G_p}\right)$

当由单值条件组成的相似判据的数值相等时，即

$$\frac{F_m}{E_m L_m^2}=\frac{F_p}{E_p L_p^2}, \frac{E_m}{G_m}=\frac{E_p}{G_p} \tag{6-23}$$

则模型与原型相似。相似的结果为：

$$\frac{\sigma_m L_m^2}{F_m}=\frac{\sigma_p L_p^2}{F_p} \tag{6-24}$$

应当指出，上述单值条件是指某一特定的物理现象与其他物理现象有所区别的条件。在结构模型试验中，主要考虑的单值条件包括结构几何尺寸、边界条件、物理参数、时间、温度、初始条件等。对于常规结构静力模型试验，单值条件相似要求几何相似、边界条件相似、荷载相似和材料特征相似，对于结构动力模型试验，除上述要求外，还要求时间和初始条件相似。考虑温度作用时，还要求温度单值条件相似。

相似第一定理和相似第二定理是判别相似现象的重要法则，这两个定理确定了相似现象的基本性质，但它们是在假定现象相似的基础上导出的，未给出相似现象的充分条件。而相似第三定理则确定了物理现象相似的必要和充分条件。

上述三个相似定理构成相似理论的基础。相似第一定理又称为相似正定理，相似第二定理称为 π 定理，相似第三定理又称为相似逆定理。

在结构模型试验中，完全满足相似定理有时是很困难的，只要能够抓住主要矛盾，正确运用相似定理，就可以保证模型试验的精度。

6.2.3 量纲分析

在讨论相似定理时，我们往往假定已知结构系统各物理量之间的基本关系。而在进行结构模型试验时，并不能确切地知道关于结构性能的某些关系，这时，借助于量纲分析，能够对结构体系的基本性能做出判断。

当研究物理量的数量关系时，一般选择几个物理量的单位，就能求出其他物理量的单位，将这几个物理量称为基本物理量，基本物理量的单位为基本单位。

1. 量纲的基本概念

量纲，又称因次，它说明测量物理量时所采用的单位的性质。例如，测量长度时用米、厘米、毫米或纳米等不同的单位，但它们都是属于长度这一性质，因此，将长度称为一种量纲，以 [L] 表示。时间用年、小时、秒等单位表示，也是一种量纲，以 [T] 表示。每一种物理量都对应一种量纲。有些相对物理量是无量纲的，用 [1] 表示。选择一组彼此独立的量纲为基本量纲，其他物理量的量纲可由基本量纲导出，称为导出量纲。在结构试验中，取长度、力、时间为基本量纲，组成力量系统或绝对系统；如果取长度、质量、时间为基本量纲，则组成质量系统。表 6-1 列出常用物理量的量纲。

常用物理量及物理常数的量纲　　表 6-1

物理量	质量系统	绝对系统	物理量	质量系统	绝对系统
长度	$[L]$	$[L]$	冲量	$[MLT^{-1}]$	$[FT]$
时间	$[T]$	$[T]$	功率	$[ML^2T^{-3}]$	$[FLT^{-1}]$
质量	$[M]$	$[FL^{-1}T^2]$	面积二次矩	$[L^4]$	$[L^4]$
力	$[MLT^{-2}]$	$[F]$	质量惯性矩	$[ML^2]$	$[FLT^2]$
温度	$[\theta]$	$[\theta]$	表面张力	$[MT^{-2}]$	$[FL^{-1}]$
速度	$[LT^{-1}]$	$[LT^{-1}]$	应变	$[1]$	$[1]$
加速度	$[LT^{-2}]$	$[LT^{-2}]$	相对密度	$[ML^{-2}T^{-2}]$	$[FL^{-3}]$
频率	$[T^{-1}]$	$[T^{-1}]$	密度	$[ML^{-3}]$	$[FL^{-4}T^2]$
角度	$[1]$	$[1]$	弹性模量	$[ML^{-1}T^{-2}]$	$[FL^{-2}]$
角速度	$[T^{-1}]$	$[T^{-1}]$	泊松比	$[1]$	$[1]$
角加速度	$[T^{-2}]$	$[T^{-2}]$	线膨胀系数	$[\theta^{-1}]$	$[\theta^{-1}]$
应力或压强	$[ML^{-1}T^{-2}]$	$[FL^{-2}]$	比热	$[L^2T^{-2}\theta^{-1}]$	$[L^2T^{-2}\theta^{-1}]$
力矩	$[ML^2T^{-2}]$	$[FL]$	导热率	$[MLT^{-3}\theta^{-1}]$	$[FT^{-1}\theta^{-1}]$
热或能量	$[ML^2T^{-2}]$	$[FL]$	热容量	$[ML^{-1}T^{-2}\theta^{-1}]$	$[FL^{-1}T^{-1}\theta^{-1}]$

2. 物理方程的量纲均衡性和齐次性

在描述物理现象的基本方程中，各项的量纲应相等，同名物理量应采用同一种单位，这就是物理方程的量纲均衡性。应当指出，物理方程的量纲均衡性与数学方程的齐次性是两个不同范畴的概念，但对物理方程量纲进行分析时，这两个概念是一致的。从物理方程所包含的物理量的量纲考察，应得到量纲均衡的结论，从数学角度对方程进行分析，则可得到正确的物理方程在数学上均可表示为齐次方程的结论。

下面以虎克定律为例说明量纲的均衡性和齐次性。虎克定理描述了材料应力和应变的关系，其物理方程为：

$$\sigma - E\varepsilon = 0$$

将上式中的各项用基本单位表述，则有

$$K_1 \frac{\text{力单位}}{(\text{长度单位})^2} - \left[K_2 \frac{\text{力单位}}{(\text{长度单位})^2} \cdot K_3 \frac{\text{长度单位}}{\text{长度单位}}\right] = 0$$

整理后可得

$$K_1 \frac{\text{力单位}}{(\text{长度单位})^2} - K_1 K_2 \frac{\text{力单位}}{(\text{长度单位})^2} = 0$$

物理方程的均衡性和齐次性由上式清楚地表现出来。而且，方程的均衡性和齐次性与力及长度单位的种类无关（如不论是工程单位制还是国际单位制，都不影响方程的均衡性和齐次性）。

3. 量纲分析实例

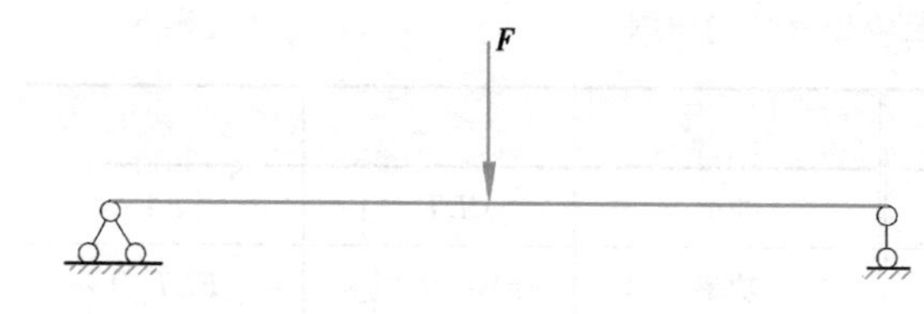

图 6-2　简支梁承受集中荷载

【实例分析 6-1】 静力集中荷载作用下的简支梁如图 6-2 所示，简支梁承受集中荷载作用。梁的跨度为 L，集中荷载为 F，弹性模量为 E，截面抵抗矩为 W，截面惯性矩为 I；集中荷载作用点到两个支座的距离分别为 a 和 b，截面弯矩为 M，截面边缘应力为 σ，跨中挠度为 f。

在模型试验中，当模型梁与原型梁相似时，得到下列关系：

$$L_m = S_L L_p,\ a_m = S_L a_p,\ b_m = S_L b_p,\ W_m = S_L^3 W_p,\ I_m = S_L^4 I_p,\ F_m = S_F F_p,\ \sigma_m = S_\sigma \sigma_p \tag{6-25}$$

由材料力学可知，简支梁在集中荷载作用下，荷载作用点的弯矩、截面边缘应力和挠度的物理方程为：

$$M = \frac{Fab}{L},\ \sigma = \frac{M}{W} = \frac{Fab}{LW},\ f = \frac{Fa^2b^2}{3LEI}$$

因模型与原型相似，在荷载作用点，模型梁和原型梁的截面边缘应力为：

$$\sigma_m = \frac{F_m a_m b_m}{L_m W_m} \tag{6-26}$$

$$\sigma_p = \frac{F_p a_p b_p}{L_p W_p} \tag{6-27}$$

利用式（6-25）表示的相似关系，式（6-26）可写为：

$$\frac{S_\sigma S_L^2}{S_F} \sigma_p = \frac{F_p a_p b_p}{L_p W_p}$$

由式（6-27）可得相似指标：

$$\frac{S_\sigma S_L^2}{S_F} = 1 \tag{6-28}$$

相似判据为：
$$\pi_1=\frac{\sigma \cdot L^2}{F}$$

在式（6-28）中有3个相似常数，可先选定几何相似常数 S_L，再根据需要给出模型应力与原型应力相等的条件，即 $S_\sigma=1$，得到 $S_F=S_L^2$。例如，当缩尺比例等于8时，即模型尺寸为原型尺寸的1/8，则模型所受荷载为原型所受荷载的1/64时，模型梁截面边缘应力和原型梁截面边缘应力相等。此时，如果模型梁的弹性模量与原型梁的弹性模量相同，将模型梁荷载作用点的挠度放大8倍，可得到原型梁对应点的挠度。读者可自行证明。

【实例分析6-2】单自由度振动体系

单自由度体系的振动微分方程如下：

$$m\frac{d^2x}{dt^2}+c\frac{dx}{dt}+kx-P(t)=0$$

式中，x 为振动质量的位移；m、c、k 分别为振动体系的质量、阻尼和刚度；$P(t)$ 为振动体系受到的随时间变化的外力。将上式改写为一般函数形式：

$$f(m,c,k,x,t,P)=0 \tag{6-29}$$

方程中物理量个数 $n=6$，采用绝对系统，基本量纲数 $m=3$，π 数目 $n-m=3$，则 π 函数为：

$$\Phi(\pi_1,\pi_2,\pi_3)=0 \tag{6-30}$$

所有物理量参数组成无量纲形式 π 数的一般形式为：

$$\pi=m^{a_1}c^{a_2}k^{a_3}x^{a_4}t^{a_5}P^{a_6} \tag{6-31}$$

其中，a_1、a_2、a_3、a_4、a_5、a_6 为待定的指数。根据各物理量的量纲，上式可写为：

$$[1]=[FL^{-1}T^2]^{a_1}[FL^{-1}T]^{a_2}[FL^{-1}]^{a_3}[L]^{a_4}[T]^{a_5}[F]^{a_6}$$

根据量纲均衡性要求，上式右边的运算结果应为无量纲量，即力、长度、时间量纲的指数均应为零，由此得到下列方程：

［F］量纲指数：　$a_1+a_2+a_3+a_6=0$

［L］量纲指数：　$-a_1-a_2-a_3+a_4=0$

［T］量纲指数：　$2a_1+a_2+a_5=0$

3个方程中包含6个待定常数，可将上列方程改写为：

由［T］量纲方程得到　$a_2=-2a_1-a_5$

将上式代入［L］量纲方程　$a_3=a_1+a_4+a_5$

再将上列两式代入［F］量纲方程　$a_6=-a_4$

给定 a_1、a_4、a_5 的值后，可得到 a_2、a_3、a_6 的值。根据上列运算结果，将式（6-31）重写为：

$$\pi=m^{a_1}c^{-2a_1-a_5}k^{a_1+a_4+a_5}x^{a_4}t^{a_5}P^{-a_4}=\left(\frac{mk}{c^2}\right)^{a_1}\left(\frac{kx}{P}\right)^{a_4}\left(\frac{kt}{c}\right)^{a_5}$$

从上式可以看出，a_1、a_4、a_5 取不同的值，得到不同的 π 数。由于 a_1、a_4、a_5 这 3 个待定系数相互之间是完全独立的，3 个待定系数独立的取值对应了 3 个独立的 π 数。因此，取

$$a_1=1,\ a_4=0,\ a_5=0$$

$$a_1=0,\ a_4=1,\ a_5=0$$

$$a_1=0,\ a_4=0,\ a_5=1$$

可以得到 3 个独立的 π 数：

$$\pi_1=\frac{mk}{c^2},\ \pi_2=\frac{kx}{P},\ \pi_3=\frac{kt}{c}$$

因此，根据相似第二定理，当下列条件满足时，原型与模型相似：

$$\frac{m_{\mathrm{m}}k_{\mathrm{m}}}{c_{\mathrm{m}}^2}=\frac{m_{\mathrm{p}}k_{\mathrm{p}}}{c_{\mathrm{p}}^2},\ \frac{k_{\mathrm{m}}x_{\mathrm{m}}}{P_{\mathrm{m}}}=\frac{k_{\mathrm{p}}x_{\mathrm{p}}}{P_{\mathrm{p}}},\ \frac{k_{\mathrm{m}}t_{\mathrm{m}}}{c_{\mathrm{m}}}=\frac{k_{\mathrm{p}}t_{\mathrm{p}}}{c_{\mathrm{p}}}$$

在实例分析 6-1 中，采用了分析方程法，该方法基于描述物理过程的方程式，经过相似常数的转换，得到相似判据。在实例分析 6-2 中，采用了量纲均衡分析法，该方法不要求建立描述物理现象的方程式，只要求确定参与所研究的物理现象的物理量，利用相似第二定理和待定系数法，得到 π 数表达式。在结构模型试验中，还可采用量纲矩阵分析法。量纲矩阵分析法的实质与量纲均衡分析法相同，但采用量纲矩阵形式排列，可以使分析更有条理，适用于较复杂的量纲分析问题。

6.3 结构模型设计

对于结构模型试验，工程师和研究人员最关心的问题是结构模型试验结果在多大程度上能够反映原型结构的性能。而模型设计是结构模型试验的关键环节。一般情况下，结构模型设计的程序为：

（1）分析试验目的和要求，选择模型基本类型。缩尺比例大的模型多为弹性模型，强度模型要求模型材料性能与原型材料性能较为接近。

（2）对研究对象进行理论分析，用分析方程法或量纲分析法得到相似判据。对于复杂结构，其力学性能常采用数值方法计算，很难得到解析的方程式，多采用量纲分析法确定相似判据。

（3）确定几何相似常数和结构模型主要部位尺寸。选择模型材料。

（4）根据相似条件确定各相似常数。

（5）分析相似误差，对相似常数进行必要的调整。

（6）根据相似第三定理分析相似模型的单值条件，在结构模型设计阶段，主要关注边界

条件和荷载作用点等局部条件。

(7) 形成模型设计技术文件，包括结构模型施工图、测点布置图、加载装置图等。

在上述各步骤中，对结构模型设计和试验影响最大的是结构模型尺寸的确定。通常，模型尺寸确定后，其他因素如模型材料、模型加工方式、试验加载方式、测点布置方案等也基本确定了。表6-2给出几种类型的结构模型常用的缩尺比例。

结构模型的缩尺比例 表 6-2

结构类型	壳体结构	高层建筑	大跨桥梁	砌体结构	结构节段	风洞模型
弹性模型	1：50～1：200	1：20～1：60	1：10～1：50	1：4～1：8	1：4～1：10	1：50～1：300
强度模型	1：10～1：30	1：5～1：10	1：4～1：10	1：2～1：4	1：2～1：6	无强度模型

6.3.1 静力结构模型设计

1. 线弹性模型设计

线弹性性能是工程结构的主要性能之一。不论采用何种结构类型，当结构的应力水平较低时，结构的性能都可以用线弹性理论描述。按照线弹性理论，结构所受荷载与结构产生的变形以及应力之间均为线性关系。对于由同一种材料组成的结构，影响应力大小的因素有荷载 F、结构几何尺寸 L 和材料的泊松比 ν，于是，应力表达式可写为：

$$\sigma = f(F, L, \nu) \tag{6-32}$$

通过量纲分析有

$$\frac{L^2\sigma}{F} = \varphi(\nu) \tag{6-33}$$

由上式可知，线弹性结构的相似条件为几何相似、荷载相似、边界条件相同，不要求虎克定律相似，但要求泊松比相似，即

$$S_\nu = 1 \tag{6-34}$$

设计线弹性相似模型时，要求

$$S_\sigma = \frac{S_F}{S_L^2} \tag{6-35}$$

2. 非线性结构模型设计

工程结构可能出现两类典型的非线性现象，一类是由于材料的应力-应变关系为非线性关系所引起，称为材料非线性。例如，钢筋混凝土结构的强度模型一般具有材料非线性特征。另一类是由于结构产生较大的变形或转动使结构的平衡关系发生变化而引起，称为几何非线性。例如，大跨径悬索桥中悬索的受力特性具有几何非线性特征。两种非线性的共同之处是它们都使得结构荷载与结构变形之间为非线性关系。但对于几何非线性的结构，结构的应力和应变之间可以保持线性关系。对于这种情况，应力与荷载、结构尺寸、材料弹性模量

以及泊松比有关，于是，应力表达式变为：

$$\sigma = f(F, E, L, \nu) \tag{6-36}$$

通过量纲分析，可将包含 5 个物理量的基本方程转化为包含 3 个无量纲乘积 π_1、π_2、π_3 的关系式：

$$\frac{L^2\sigma}{F} = \varphi\left(\frac{EL^2}{F},\ \nu\right) \tag{6-37}$$

或写为

$$\pi_1 = \varphi(\pi_2,\ \pi_3) \tag{6-38}$$

这就是考虑几何非线性的弹性结构模型的相似判据方程。为了求得原型结构的应力，模型结构应与原型结构几何尺寸相似、荷载相似以及边界条件相同。利用式（6-37）的关系：

$$\left(\frac{L^2\sigma}{F}\right)_{\mathrm{m}} = \varphi\left[\left(\frac{EL^2}{F}\right)_{\mathrm{m}}, \nu_{\mathrm{m}}\right] \tag{6-39}$$

显然，模型与原型应满足下列相似关系：

$$\left(\frac{EL^2}{F}\right)_{\mathrm{m}} = \left(\frac{EL^2}{F}\right)_{\mathrm{p}}, \nu_{\mathrm{m}} = \upsilon_{\mathrm{p}} \tag{6-40}$$

由以上分析可以知道，采用原型相同材料制作的模型，可以模拟原型结构线弹性阶段和几何非线性弹性阶段的受力性能。

3. 钢筋混凝土强度模型设计

钢筋混凝土结构的承载能力很大程度上取决于混凝土和钢筋的力学性能。当缩尺比例较大时，由于材料特性与其构成尺寸密切相关，钢筋混凝土强度模型很难做到完全相似的程度。而模型设计的成功与否主要取决于材料特性的相似设计。

钢筋混凝土结构的力学性能比较复杂。例如，建筑结构中的钢筋混凝土梁类构件，在荷载作用下其抗弯性能一般经历弹性阶段、裂缝开展阶段和纵向受拉构件屈服后的破坏阶段。影响钢筋混凝土梁的力学性能的因素包括混凝土的力学性能、钢筋的力学性能以及钢筋和混凝土的黏结性能。完全相似模型要求模型结构在各个受力阶段的性能与原型结构各个阶段的受力性能相似，其中，最难满足的是裂缝开展阶段的相似要求，因为钢筋混凝土结构的裂缝宽度与钢筋直径、钢筋表面形状、配筋率、混凝土保护层厚度等因素有关，当几何相似要求确定后，模型结构的各部位尺寸也相应被确定，但所列举的这些因素及相关变量通常不能全部根据几何相似要求缩小。因此，钢筋混凝土结构的强度模型的相似误差是不可避免的。但是，精心设计的钢筋混凝土结构的强度模型，可以正确反映原型结构承载能力性能的一些重要特征，例如，可以给出与原型结构相似的破坏形态、塑性铰出现顺序、极限变形能力和极限承载能力等。

钢筋混凝土强度模型选用的材料有较严格的相似要求。理想的模型混凝土和模型钢筋应与原型结构的混凝土和钢筋之间满足下列相似要求：

（1）几何相似的混凝土受拉和受压的应力-应变曲线；

(2) 在承载能力极限状态，有基本相近的变形能力；

(3) 多轴应力状态下，有相同的破坏准则；

(4) 钢筋和混凝土之间有相同的黏结-滑移性能；

(5) 相同的泊松比。

图 6-3 给出一组相似的混凝土的应力-应变曲线。从图 6-3 可以看出，模型混凝土和原型混凝土的应力-应变曲线基本上是相似的，可以采用相同的函数描述曲线方程，如二次抛物线。

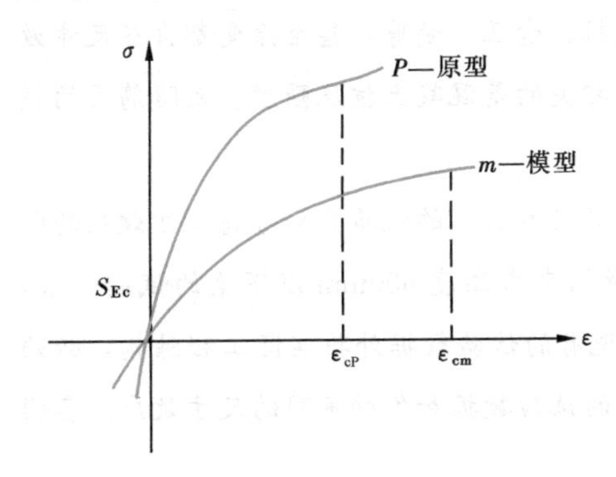

图 6-3 原型与模型混凝土应力-应变曲线

但在图 6-3 中，由于模型混凝土的强度低于原型混凝土的强度，导致它们的初始弹性模量不同，随着应力增加，混凝土的切线模量也不相同。在相似理论中，这种材料性能的差别导致模型结构与原型结构在性能上的差别，有时称为模型的畸变，或称模型为畸变模型。由于结构几何尺寸的缩小，模型混凝土的粗集料粒径也必须减小，这使模型混凝土的级配不同于原型混凝土，一般通过试验选择级配，确定模型混凝土的性能。应当指出，粗集料粒径和级配改变后，模型混凝土和原型混凝土实际上是两种不同的材料，在结构模型试验中，常称模型混凝土为微粒混凝土或微混凝土。表 6-3 给出钢筋混凝土结构强度模型的相似要求。

钢筋混凝土结构强度模型的相似常数　　表 6-3

类型	物理量	量纲	理想模型	实际应用模型
材料性能	混凝土应力	FL^{-2}	S_σ	1
	混凝土应变	—	1	1
	混凝土弹性模量	FL^{-2}	S_σ	1
	混凝土泊松比	—	1	1
	混凝土相对密度	FL^{-3}	S_σ/S_l	$1/S_l$
	钢筋应力	FL^{-2}	S_σ	1
	钢筋应变	—	1	1
	钢筋弹性模量	FL^{-2}	S_σ	1
	黏结应力	FL^{-2}	S_σ	1
几何特征	线尺寸	L	S_l	S_l
	线位移	L	S_l	S_l
	角位移	—	1	1
	钢筋面积	L^2	S_l^2	S_l^2

续表

类型	物理量	量纲	理想模型	实际应用模型
荷载	集中荷载	F	$S_\sigma S_l^2$	S_l^2
	线荷载	FL^{-1}	$S_\sigma S_l$	S_l
	分布荷载	FL^{-2}	S_σ	1
	弯矩或扭矩	FL	$S_\sigma S_l^3$	S_l^3

【实例分析 6-3】混凝土结构的尺寸效应与无腹筋梁受剪试验

尺寸效应是混凝土的力学性能之一，混凝土受拉、受压、受剪，甚至徐变都存在尺寸效应。在混凝土结构设计与施工中，直接与尺寸效应相关的是混凝土抗压强度、无腹筋梁的抗剪承载力等。

图 6-4 是 Bazant 对无腹筋混凝土梁（平均极限剪应力 v_S）的试验数据考虑尺寸效应的归纳。图 6-4（*a*）说明现有的试验中，86%的试验数据来自高度 600mm 以下梁的试验结果，而实际工程中的梁可达到 6m 以上。因此，要利用现有的试验数据外推实际工程结构，必须要有可靠的理论依据。图 6-4（*b*）给出对数坐标下的试验数据和各种不同的尺寸效应。各模

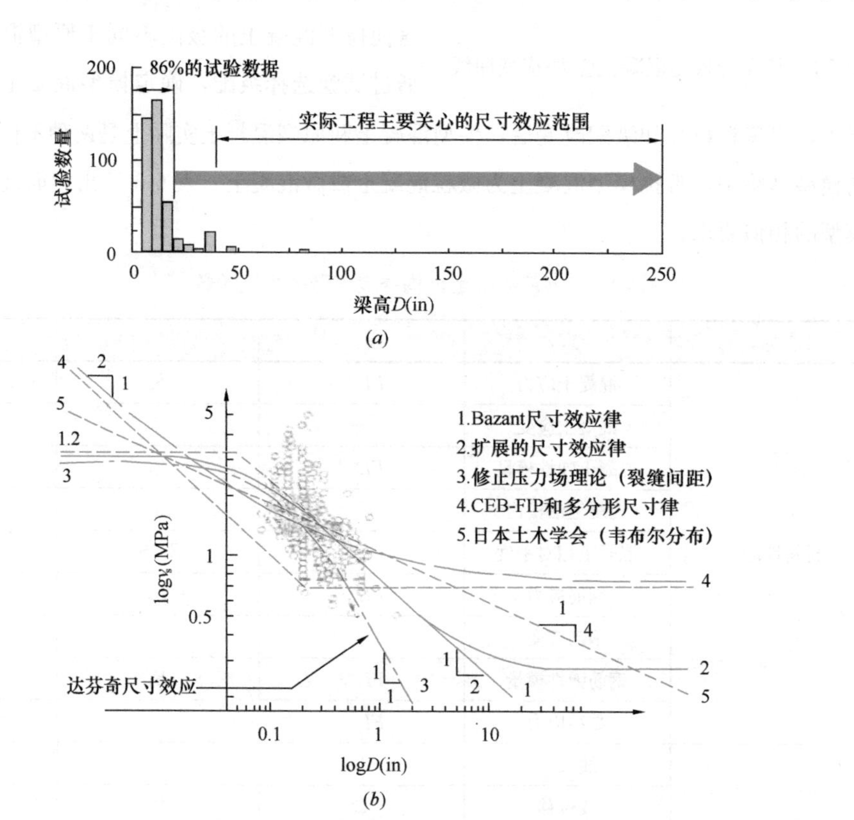

图 6-4　无腹筋钢筋混凝土梁剪切破坏的尺寸效应

（*a*）试验数据分析；（*b*）不同模型的尺寸效应

型表示的尺寸效应与主要试验数据都有相差不大但精度不是很高的接近程度。

4. 砌体结构强度模型设计

与混凝土结构相似，砌体结构的性能也与其构成尺寸有密切的关系。砌体结构的缩尺模型试验能否反映原型结构主要性能，关键问题是模型砌体结构中的块体和灰缝如何模拟。在原型结构中，普通黏土砖的尺寸为53mm×115mm×240mm，水平灰缝厚度为10mm。20世纪50年代，国外有人曾经研究采用最小到1/10比例的模型砖砌筑的砌体结构性能，但一般认为模型砌体结构的最大缩尺比例不宜超过4，也就是采用1/4比例的模型砖。模型砖的长度为60mm，大多采用原型砖经切割加工而成。

图6-5为1/4比例的混凝土小型砌块及模型砌体结构。

(a)

(b)

图6-5　1/4比例的混凝土小型砌块及模型砌体结构

(a) 1/4比例的混凝土小型砌块；(b) 1/4比例的混凝土小型砌块模型砌体结构

砌体结构模型试验的主要目的是检验结构的抗震性能。按照相似理论，最主要的单值条件以及相似要求是砌体结构达到承载能力极限状态时的主要性能，包括极限承载能力、破坏形态和极限变形。与钢筋混凝土强度模型类似，由于结构几何尺寸缩小，模型发生畸变，模型与原型完全相似是不可能的。如果能够使模型砖砌筑的砌体应力-应变曲线与原型砌体应力-应变曲线相似，并且极限应变相同，则模型试验的主要目的就可以实现。应当指出的是，模型砌体结构的抗震试验，涉及砌体的抗压性能和抗剪性能，上述应力-应变关系应理解为砌体的广义应力-应变关系。

在空心砌块中浇灌芯柱的配筋墙体在性能上更接近钢筋混凝土剪力墙，可按钢筋混凝土强度模型设计的基本方法设计配筋砌体强度模型。

6.3.2　动力结构模型设计

与结构静力性能相比，结构动力性能的差别主要因结构本身的惯性作用所引起。因此，结构动力模型的设计应仔细考虑与时间相关的物理量的相似关系。

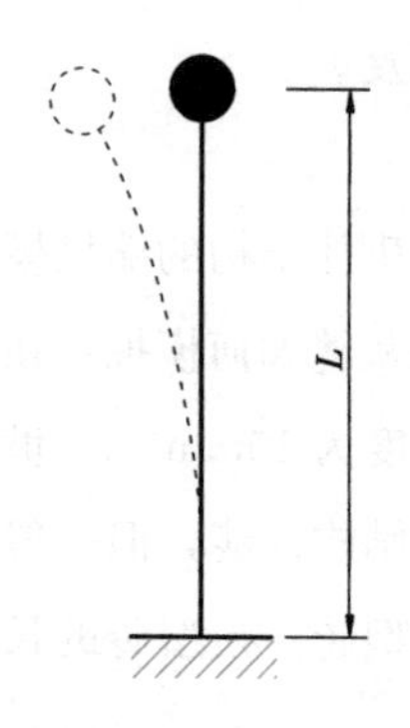

图 6-6 悬臂梁的振动

考察悬臂梁的振动问题。如图 6-6 所示，为简化分析，假设梁的质量全部集中在悬臂梁的端部，因此 $m=\rho AL$，梁的刚度 $k=3EI/L^3$，这个单自由度体系的固有圆频率为：

$$\omega=\sqrt{\frac{k}{m}}=\frac{1}{L^2}\sqrt{\frac{3EI}{\rho A}} \tag{6-41}$$

假设模型和原型采用相同的材料，实测模型梁的固有圆频率为 ω_{im}，可得原型梁的固有圆频率为：

$$\omega_{ip}=\omega_{im}S_l \tag{6-42}$$

式中，$S_l=L_m/L_p$，为几何相似常数。从上式可以看出，对于固有频率问题，无须特别考虑相似关系。几何相似的结构，当材料特性相同时，可以通过模型结构的固有频率和式（6-42）得到原型结构的固有频率。应当指出，式（6-41）没有考虑阻尼的影响，如果模型结构和原型结构均为小阻尼体系，考虑阻尼的影响，式（6-42）仍可近似成立。

进一步考虑单自由度的悬臂梁的受迫振动问题，体系受到简谐荷载作用，为简化分析，仍不考虑阻尼的作用，振动微分方程可写为：

$$m\ddot{x}+kx=P_0\sin\omega t \tag{6-43}$$

式中，ω 为荷载作用频率。容易求得式（6-43）的稳态解为：

$$x=\frac{P_0L^3\sin\omega t}{3EI-\rho AL^4\omega^2} \tag{6-44}$$

悬臂梁端的弯矩 M 为：

$$M=\frac{3P_0EIL\sin\omega t}{3EI-\rho AL^4\omega^2} \tag{6-45}$$

将上式改写为：

$$\left(\frac{M}{P_0L}\right)=\frac{3\sin(\omega t)}{3-\left(\frac{\rho AL^4\omega^2}{EI}\right)} \tag{6-46}$$

按照相似定律，可由上式得到 3 个 π 项：

$$\pi_1=\frac{M}{P_0L},\pi_2=\omega t,\pi_3=\frac{\rho AL^4\omega^2}{EI} \tag{6-47}$$

注意到式（6-43）是以模型和原型的重力场相同为条件而建立的。实际上，模型和原型均处在同一重力场中，$g_p=g_m$，根据加速度的量纲，可知模型和原型之间必须满足下列关系：

$$\frac{L_p}{t_p^2}=\frac{L_m}{t_m^2},\text{得到 } S_l=S_t^2 \tag{6-48}$$

再看式（6-47），3个π项中，最难满足的是π_3，根据量纲分析，π_3可写为：

$$\pi_3=\frac{\rho aL}{E} \tag{6-49}$$

式中，$a=L\omega^2$，为加速度的量纲，由于$S_g=1$，得到$S_a=1$，这意味着

$$\left(\frac{\rho L}{E}\right)_p=\left(\frac{\rho L}{E}\right)_m \tag{6-50}$$

此即

$$S_\rho S_l=S_E \text{ 或 } S_E/S_\rho=S_l \tag{6-51}$$

在强度模型设计中，要求模型的应力与原型的应力相等，无量纲的应变也相等，即$S_\sigma=1$，$S_\varepsilon=1$，由此得到$S_E=1$。按照式（6-51），这要求模型结构的材料弹性模量与原型结构的材料弹性模型相等，但模型材料的密度要与几何相似常数成反比。例如，当模型比原型缩小10倍时，模型材料的密度应比原型材料的密度扩大10倍。这是在模型设计中不大可能得到满足的要求，因为材料本身的密度不能随几何相似常数而变化。解决这个问题有两个办法：

（1）利用一种称为离心机的大型试验设备（图6-7），产生数值很大的均匀加速度，使模型结构所处的加速度场满足相似要求，即在我们感兴趣的方向上，$S_a=a_m/a_p=L_p/L_m=1/S_l$，式（6-49）所示的$\pi$项得到满足，模型材料就可以与原型材料基本相同。

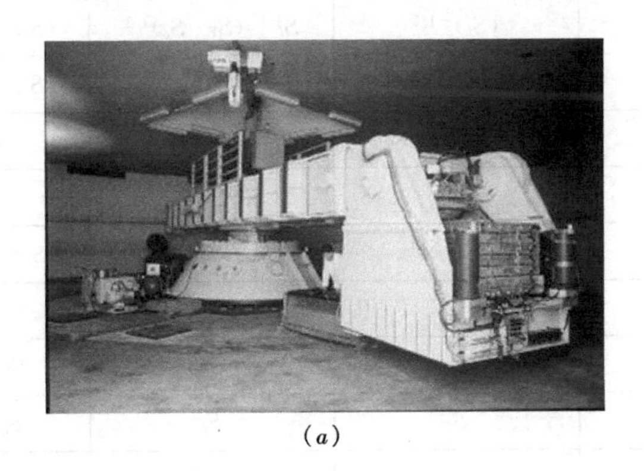

（a）

（b）

图6-7　大型离心试验机

（a）离心试验机；（b）离心机的挂斗

（2）在模型结构上附加质量，但附加的质量不影响结构的强度和刚度特性。也就是说，通过附加质量，使材料的名义密度增加。因此，式（6-51）的关系近似得到满足。模型结构振动时，附加质量随之振动，附加质量产生的惯性力作用在模型结构上，其大小满足相似要求。在地震模拟振动台试验中，大多采用附加质量的方法来近似满足结构模型的材料密度相似要求。

利用式（6-48）表示的时间相似常数和几何相似常数的关系，式（6-47）中π_2项的关系

式可写为：

$$\frac{\omega_m}{\omega_p}=\frac{t_p}{t_m}=\frac{1}{S_t}=\frac{1}{S_l^{1/2}} \tag{6-52}$$

这表示在对缩尺结构模型作用简谐振动荷载时，荷载频率应提高。例如，当模型结构几何尺寸为原型结构的 1/4 时，模型结构荷载频率应为原型结构荷载频率的 2 倍。

在有些情况下，重力效应引起的应力比动力效应产生的应力小得多。对于这类结构模型试验，可以忽略重力加速度的影响，即排除相似条件 $S_g=1$。这样，可以增加一个独立的模型参数，简化模型设计。例如，承受冲击荷载的结构模型试验，由于冲击荷载产生的加速度 a 是影响结构性能的主要因素，设计模型时，引入加速度相似常数 S_a，且 S_a 可以不等于 1。

表 6-4 给出动力模型的相似要求。在表 6-4 中，还列举了应变失真模型的相似要求，这类模型的应变相似常数不等于 1，即 $S_\varepsilon \neq 1$，属于所谓畸变模型。

结构动力模型的相似要求　　**表 6-4**

物理量	相似常数	真实极限强度模型	附加质量的强度模型	忽略重力的线弹性模型	应变失真的强度模型
长度	S_l	S_l	S_l	S_l	S_l
时间	S_t	$(S_l)^{1/2}$	$(S_l)^{1/2}$	$S_l\ (S_E/S_\rho)^{-1/2}$	$(S_\varepsilon S_l)^{1/2}$
频率	S_ω	$(S_l)^{-1/2}$	$(S_l)^{-1/2}$	$S_l^{-1}\ (S_E/S_\rho)^{1/2}$	$(S_\varepsilon S_l)^{-1/2}$
速度	S_v	$(S_l)^{1/2}$	$(S_l)^{1/2}$	$(S_E/S_\rho)^{1/2}$	$(S_\varepsilon S_l)^{-1/2}$
重力加速度	S_g	1	1	忽略	1
加速度	S_a	1	1	$S_l^{-1}S_ES_\rho^{-1}$	1
密度	S_ρ	S_E/S_l		S_ρ	$S_\varepsilon S_E S_l^{-1}$
应变	S_ε	1	1	1	S_ε
应力	S_σ	S_E	S_E	S_E	$S_E S_\varepsilon$
位移	S_δ	S_l	S_l	S_l	$S_l S_\varepsilon$
力	S_F	$S_E S_l^2$	$S_E S_l^2$	$S_E S_l^2$	$S_E S_l^2 S_\varepsilon$
弹性模量	S_E	S_E	S_E	S_E	S_E
能量	S_U	$S_E S_l^3$	$S_E S_l^3$	$S_E S_l^3$	$S_E S_l^3$

6.3.3 热应力结构模型设计

工程结构可能处在不同的温度环境下，有时温度作用对结构性能有决定性的影响。典型结构试验实例是核反应堆芯压力容器的热应力模型试验。另一类温度应力问题是超静定结构在常温下的工作性能。例如，考虑温度应力，建筑结构应设置伸缩缝。钢筋混凝土无铰拱桥由于温度作用可能产生较大约束应力，大体积混凝土结构由于混凝土的水化热可能导致混凝土开裂，火灾环境下混凝土结构的性能等都涉及温度作用下结构模型试验。

温度是一个独立的物理量，其量纲属于基本量纲。

首先讨论由均匀、各向同性材料组成的结构的弹性反应，假设温度问题为无内部热源的瞬态热传导问题。对于这类问题，涉及的热性能常数为热膨胀系数 α 和热扩散系数 D。为简化分析，还假设材料的热性能常数不随温度变化。

表 6-5 给出与热模型设计有关的 10 个物理量。热扩散系数 $D=k/(c\gamma)$，其中 k=热传导系数，c=材料单位重量的比热，γ=材料相对密度。选择 4 个基本物理量来度量这 10 个物理量，即力 F 或质量 M、长度 L、时间 T 和温度 θ。可得如下一组 π 项：

$$\pi_1=\sigma/E，\pi_2=\varepsilon，\pi_3=\mu，\pi_4=\delta/L，\pi_5=\alpha\theta，\pi_6=tD/L^2$$

其中，π_6 在热传导中称为傅立叶数。如表 6-5 所示，对于理想模型。根据 π_6 可以得到时间相似常数 $S_t=S_L^2/S_D$，利用时间相似常数与几何相似常数成反比这一特性，模型试验可以大大缩短长时热效应试验的时间。

当模型材料与原型材料相同，且温度环境也相同时，只需确定几何相似常数就可以通过模型试验的结果推断原型结构的性能。由于模型和原型的材料特性相同，也就不存在模型材料对温度的相关性问题。这是这类模型的一个优点。

温度应力结构模型相似常数 表 6-5

物理量	量纲	相似常数	理想模型	模型与原型同材料同温度	应变失真模型
应力	$[FL^{-2}]$	S_σ	S_E	1	$S_\alpha S_\theta S_E$
应变	—	S_ε	1	1	$S_\alpha S_\theta$
弹性模量	$[FL^{-2}]$	S_E	S_E	1	S_E
泊松比	—	S_μ	1	1	1
热膨胀系数	$[\theta^{-1}]$	S_α	S_α	1	S_α
导热率	$[L^2T^{-1}]$	S_D	S_D	1	S_D
长度	L	S_l	S_l	S_l	S_l
位移	L	S_δ	S_l	Sl	$S_\alpha S_\theta S_l$
温度	θ	S_θ	$1/S_\alpha$	1	S_θ
时间	T	S_t	S_l^2/S_D	S_l^2	S_l^2/S_D

在温度应力模型试验中，也可能遇到（应变）畸变模型，在表 6-5 中称为应变失真模型。在结构静力和动力模型试验中，由于实现完全相似的困难，有时只能采用应变失真模型，出于同样的理由，温度应力模型也可能是应变失真模型。从表 6-5 可以看出，对于应变失真模型，引入了两个独立相似常数，即线膨胀系数相似常数 S_α 和温度相似常数 S_θ，这导致模型中温度产生的应变（线膨胀）相对原型发生失真，因此需要修正。

6.4 模型的材料、制作与试验

6.4.1 模型材料的选择

正确了解并掌握模型材料的物理性能及其对模型试验结果的影响，合理地选用模型材料是结构模型试验的关键之一。一般而言，模型材料可以分为三类，一类是与原型结构材料完全相同的材料，例如，采用钢材制作的钢结构强度模型。另一类模型材料与原型结构材料不同，但性能较接近，例如，采用微粒混凝土制作的钢筋混凝土结构强度模型。还有一类模型材料与原型结构材料完全不同，主要用于结构弹性反应的模型试验，例如，采用有机玻璃制作弹性结构模型。

模型材料选择应考虑以下几方面的要求：

(1) 根据模型试验的目的选择模型材料。如果模型试验的主要目的是了解结构弹性性能，例如，复杂体形的高层建筑结构的内力状态（应力状态），则必须保证模型材料在试验范围有良好的线弹性性能。对于强度模型，通常希望模型试验结果可以反映原型结构的全部特性，即从弹性阶段开始，直到破坏阶段的全部受力特性，这时，应优先选用与原型结构材料性能相同或相近的材料，保证模型结构破坏时的性能得到尽可能真实模拟。

(2) 模型结构材料满足相似要求。模型材料的性能指标包括弹性模量、泊松比、重度以及应力-应变曲线等，模型材料满足相似要求有两方面的含义，一方面是模型材料本身与原型材料具有相似的特性，另一方面是根据模型设计的相似指标选择模型材料，保证主要的单值条件得到满足。

(3) 模型材料性能稳定且具有良好的加工性能。大比例缩尺模型的几何尺寸较小，模型材料对环境的敏感性超过原型材料。例如，温度、湿度对模型混凝土的影响大于其对原型混凝土的影响。如果模型和原型选用不同的材料，它们对环境的敏感程度不同，有可能导致模型试验的结果偏离原型结构性能。此外，模型材料应易于加工和制作。例如，研究结构的弹性反应时，虽然钢材具有可靠的线弹性性能，但加工制作的难度较大，有机玻璃在一定范围内也具有线弹性性能，而且加工方便，因此，线弹性模型多采用有机玻璃模型。

(4) 满足必要的测量精度。结构模型试验总是希望在小荷载作用下产生足够大的变形，以获得一定精度的试验结果。为了提高应变测量精度，宜采用弹性模量较低的材料。上述结构线弹性反应的模型试验，多采用有机玻璃材料，也利用了有机玻璃弹性模量较低这个特点。同时还应注意，模型材料应有足够宽的线弹性工作范围，以避免超出弹性范围的材料非线性对试验结果的影响。

在选择模型材料时，应特别注意材料的蠕变和温度特性。蠕变又称为徐变，常用黏弹性力学方法研究蠕变材料力学性能。在静力模型试验中，没有时间这个物理量，模型受力的时间尺度可能不同于原型受力，材料蠕变对模型和原型将产生不同的影响。如果模型和原型采用不同的材料，其线膨胀系数可能不同，这使模型试验中的温度应力不同于原型结构温度应力，在有些条件下，温度应力可以大于荷载产生的应力，导致模型试验的结果与原型性能产生较大的偏差。

6.4.2 常用模型材料

(1) 金属

常用金属材料有钢铁、铝、铜等。这些金属材料的力学特性符合弹性理论的基本假定。如果原型结构为金属结构，最合适的模型材料为金属材料。在工程结构中，最常见的金属结构为钢结构，模型试验多采用钢材或铝合金制作相似模型。钢结构模型加工困难，特别是构件的连接部位不易满足相似要求。铝合金的加工性能略优于钢材，但也要经过机械加工才能成形，此外铝合金导热性能与钢材或混凝土有一定差别，在模型设计时应加以考虑。

(2) 无机高分子材料

无机高分子材料又称为塑料，包括有机玻璃、环氧树脂、聚酯树脂、聚氯乙烯等。在结构模型试验中，这类高分子材料的主要优点是在一定应力范围内具有良好的线弹性性能，弹性模量低，容易加工。但高分子材料的导热性能差，持续应力作用下的徐变较大，弹性模量随温度变化，这是高分子材料作为结构模型材料的主要缺点。

在各类高分子材料中，有机玻璃是最常用的结构模型材料之一。有机玻璃属热塑性高分子材料，具有均匀、各向同性材料的基本性能，弹性模量为（2.3～2.6）$\times 10^3$MPa，泊松比为0.33～0.35，抗拉强度为30～40MPa。为避免试验中产生过大的徐变，一般控制最大应力不超过10MPa，在单向应力状态下，对应的应变可以达到3000$\mu\varepsilon$，完全可以满足测试精度的要求。

有机玻璃的板材、棒材和管材可以用一般木工工具切割加工，用氯仿溶剂黏结，也可以采用热气焊接。还可以对有机玻璃加热（110℃）使之软化，进行弯曲加工。

无机高分子材料除直接用于结构模型进行力学性能试验外，另外一个主要用途就是用来制作光弹性模型，最常用的光弹模型材料是环氧树脂类材料。

(3) 石膏

石膏常用作为钢筋混凝土结构的模型材料，因为它的性质和混凝土相近，均属脆性材料。弹性模量为1000～5000MPa，泊松比约为0.2。石膏性能稳定、成形方便、易于加工，适合于制作线弹性模型。此外，石膏受拉时的断裂现象与混凝土相似，有时利用这一特性来通过配筋石膏制作模型，模拟钢筋混凝土板、壳结构的破坏图形。

纯石膏弹性模量较高，但较脆，制作时凝结很快。采用石膏制作结构模型时，常掺入外加料来改善材料的力学性能。外加料可以是硅藻土粉末、岩粉、水泥或粉煤灰等粉末类材料，也可以在石膏中加入颗粒类材料，如砂、浮石等。一般石膏与硅藻土的配合比为 2∶1，水与石膏的配合比为 0.7～2.0 之间，相应的弹性模量在 6000～1000MPa 之间变化。

采用石膏制作的结构模型在胎模中浇注成形，成形脱模后，还可以进行铣、削、切等机械加工，使模型结构尺寸满足设计要求。

(4) 水泥砂浆

水泥砂浆类的模型材料是以水泥为基本胶凝材料，外加料可用粒状或粉状材料，按适当的比例配制而成。属于这一类材料的有水泥浮石、水泥炉渣混合料以及水泥砂浆。水泥砂浆与混凝土的性能比较接近，常用来制作钢筋混凝土板、薄壳等结构模型。

(5) 微混凝土

微混凝土又称为微粒混凝土或细石混凝土，与普通混凝土的差别主要在于混凝土的最大粒径明显减小。当模型的缩尺比例不大于 1∶4 时，混凝土的粗骨料最大粒径为 8～10mm，结构模型中构件最小尺寸为 40～50mm，属于所谓小尺寸结构试验。当模型的缩尺比例加大到 1∶6～1∶10 时，混凝土的粗骨料最大粒径小于 5mm，与普通混凝土相比，这类混凝土的性能开始表现出明显的差别。在高层建筑结构的地震模拟振动台试验中，结构模型的缩尺比例可能达到 1∶30 或更大，模型中构件最小尺寸仅 5mm，相应的，混凝土的粗骨料最大粒径只有 2mm。

当粗骨料粒径很小时，微混凝土似乎与水泥砂浆没有明显差别。但微混凝土的配合比与水泥砂浆不同。通常，主要考虑微混凝土的水灰比、骨料体积含量、骨料级配等因素，通过试配，使微混凝土和原型混凝土有相似的力学性能。

缩尺比例大的钢筋混凝土强度模型，除仔细考虑微混凝土的性能外，模型用钢筋也应仔细选择。模型钢筋的特性在一定程度上对结构非弹性性能的模拟起决定性的影响，而在钢筋混凝土强度模型中，获取破坏荷载和破坏形态往往又是模型试验的主要目的。因此，应充分注意模型钢筋的力学性能相似要求，这些相似要求主要包括弹性模量、屈服强度和极限强度。必要时，可制作简单的机械装置在模型钢筋表面压痕，以改善钢筋和混凝土的黏结性能。

6.4.3 结构模型的制作与试验要点

结构模型的制作主要包括两个方面，一方面是如上所述材料的选择和配制，另一方面就是模型的加工。模型加工应满足以下要求：

(1) 严格控制模型制作误差。模型的几何尺寸较原型结构大大缩小，对模型尺寸的精度要求比一般结构试验要严格得多。与原型结构相比，理论上模型制作的控制误差也应按几何相似常数缩小。例如，原型钢筋混凝土结构构件在施工中截面尺寸的控制误差为－5～＋8mm，如果模型缩小 10 倍，模型中构件尺寸的加工误差一般不大于±1mm。当模型的力学性能对几何非线性较为敏感时，模型加工误差的控制要求更加严格。例如，钢结构的极限强度有可能由构件或结构的一部分丧失稳定而控制，模型中构件及连接部位的几何误差构成结构构件的初始缺陷，对模型的承载能力产生明显的影响。除构件截面尺寸外，整体模型结构的几何偏差也应严格控制。如楼面板或桥面板的平整度，高层结构的垂直度等。

(2) 保证模型材料性能分布均匀。对于高层钢筋混凝土结构模型，逐层制作过程较长，模型混凝土强度随时间的变化，以及模型混凝土配合比控制误差可能使模型各层的强度分布偏离模型设计要求。对于钢结构，不论是焊接连接还是螺栓连接，连接设计要满足相似要求都比较困难。焊接产生的热应力影响与构件尺寸有密切关系，钢结构对初始缺陷十分敏感，加工误差导致焊缝不均匀等原因，可能使试验结果不能反映原型结构的性能。螺栓连接与螺栓的规格及性能有关，不容易满足较大缩尺比例的模型设计要求。

(3) 模型的安装和加载部位的连接满足试验要求。为防止模型结构试验过程中发生局部破坏，通常对模型支座以及加载部位进行局部加强处理，局部加强部位的几何关系也应考虑相似要求。模型支座部位不但要满足强度要求，还应考虑刚度要求。此外，钢结构和钢筋混凝土结构模型的支座常采用钢板，模型加工时，应保证支座钢板平整，连接可靠。

模型试验和原型试验的基本原理是相同的。但模型试验有自身的特点，由于试验对象在局部缩小，但整个试验的规模和难度却不一定缩小。在模型试验中，应注意以下问题：

(1) 较大尺寸或原型结构试验前，结构材料性能试验可以采用标准的试验方法。如混凝土的立方体抗压强度、钢筋的抗拉强度等。模型试验前，同样应进行材料性能试验。由于模型的缩小，材料试验的方法也要相应改变。例如，普通混凝土的弹性模量和轴心抗压强度在尺寸为150mm×150mm×450mm的棱柱体试件上测取，对于试件最小截面尺寸10mm、最大粗集料粒径2mm的微混凝土，由于尺寸效应的影响，若仍采用150mm边长的棱柱体，显然不能真实地反映模型材料的受力特点。这时，必须建立适合于模型材料特点的试验标准，约定材料性能试件尺寸，这样获取的材料性能指标，才能对模型试验的结果做出合理的分析和评价。另一方面，我们希望通过模型试验的结果来推断原型结构的性能，这个推断过程往往需要运用结构分析的手段，因此希望获取更多的模型材料性能指标，如应力-应变曲线、泊松比等指标。而在原型结构试验中，这些指标往往不太重要。

(2) 模型结构试验对试验环境有更高的要求。如前所述，有些高分子材料的力学性能对温度的变化十分敏感，如有机玻璃模型。因此，要求模型试验在温度十分稳定的环境下进行。对于无机高分子材料（如塑料或有机玻璃等）制作的模型，一般要求试验环境的温度变化不超过±1℃。这类模型试验，最好能够在安装了空调设备的室内进行，或选择温度变化较小的夜间进行试验，尽可能消除温度变化的不利影响。

(3) 由于模型尺寸缩小，对测试仪器和加载设备有更高的精度要求。在模型试验中，一般可采用相对精度控制试验数据的量测。也就是说，如果在原型结构试验中，对测试数据的精度要求是误差不大于1%，在模型结构试验中，测试数据的误差也不大于1%。例如，采用与原型相同的材料制作的简支梁模型弹性性能试验，在跨中集中荷载作用下，梁截面边缘应力相同时，集中荷载相似常数 $S_P=S_l^2$，如果缩尺比例为1∶8，则荷载应缩小为1/64。这意味着模型试验采用的力传感器的量程应相应减小，否则，测试精度很难保证；模型简支梁跨中挠度比原型缩小 S_l 倍，位移传感器的精度也应提高。

（4）由于尺寸缩小，模型结构及构件的刚度和强度都将远小于原型结构。安装在模型结构上的测试元件应不改变元件安装部位的构件局部受力状态和整体性能。因此，模型结构的应变测试大多选用小标距的电阻应变计。位移测试元件施加在模型结构上的弹性力也应加以控制，例如，由重锤牵引的张线式位移计一般不用于缩尺比例较大的模型试验，因为位移计的重锤施加的牵引力可能改变模型的受力状态。在结构动载试验中，常采用压电式加速度传感器测量振动信号，但在模型结构的动载试验中，应考虑加速度传感器的质量对模型动力性能的影响，测试结果表明，安装在模型结构上的加速度传感器有可能显著改变模型结构的动力特性。

需要指出的是，小尺寸结构试验和模型结构试验的试验结果，都可能受到尺寸效应的影响，即试验结构的承载力与其尺寸相关。因此，需要通过试验直接确定结构或构件的承载力时，一般不采用小尺寸或模型结构试验。

第7章
试验数据的处理和分析

7.1 概述

通过结构试验，我们获取了测试数据，这些测试数据有的是由人工记录的测读，有的是笔描式记录设备记录的试验曲线，现代测试仪器大多采用计算机技术记录测试数据，在试验过程中，将试验数据保存在计算机的磁盘上。结构试验的数据处理，就是对试验数据进行统计分析、整理归纳和数学变换，得到表示试验结构或构件性能的曲线或图表。一般而言，这些曲线和图表的相关物理量已经转换为工程单位表示，各物理量之间关系的表达方式也符合工程习惯。例如，实际工程检测中量测了结构的应变，用应变乘弹性模量可以得到结构弹性阶段的应力，很多场合用应力表示试验结果往往比应变更加直观。

另外，试验过程中的测试数据受到各种因素的影响，使试验数据不可避免地存在误差，对试验数据进行统计分析，尽可能减小或消除测试误差，也是试验数据处理的主要任务之一。

试验数据处理包括：

(1) 数据的整理和转换；

(2) 数据的统计分析；

(3) 数据的误差分析；

(4) 处理后数据的表达。

7.2 试验数据的整理和转换

试验数据之间存在着内在的规律和逻辑关系。上述数据处理的各种方法就是为了揭示结构受力性能的内在规律。在设计结构试验时，基于已有的结构理论，对试验结构的性能进行预测并制定相应的试验方案。通过实施试验方案，获取了试验数据，根据试验数据对试验结构的性能进行多角度描述是非常有意义的。

最典型的数据转换是动态信号的变换，大多数动载试验中，直接得到的是时域信号数据，通过傅立叶变换，将时域信号变换为频域信号，使我们能够很清楚地了解试验结构的频率特性。

受试验条件和测试设备及传感器性能的限制，试验中实测的数据有时经过换算后能够更清楚地说明结构真实的性能。

如图 7-1 所示，钢筋混凝土简支梁的静载试验，在荷载作用点、跨中和支座共布置了 5 个挠度测点，消除支座位移的影响后，得到跨中区段的 3 个挠度数据。由于梁跨中部为纯弯区段，各截面弯矩相等。在平均意义上，各截面的刚度和曲率也相等，因此，纯弯区段变形后应形成一段圆弧。利用圆弧上的 3 个点，可以确定圆弧的半径（图 7-2）。半径的倒数是截面的曲率，这样，就可以利用测试数据绘出截面弯矩-曲率曲线。与梁的荷载-挠度曲线比较，弯矩-曲率曲线将构件的特性转化为截面的特性，更便于进行变形计算和不同构件之间的比较。

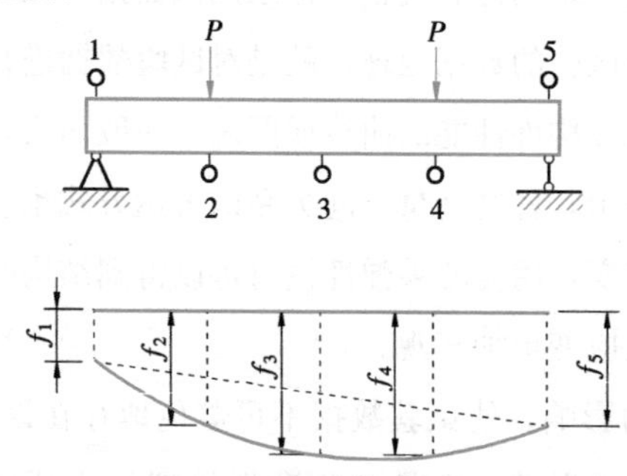

图 7-1　钢筋混凝土简支梁静载试验

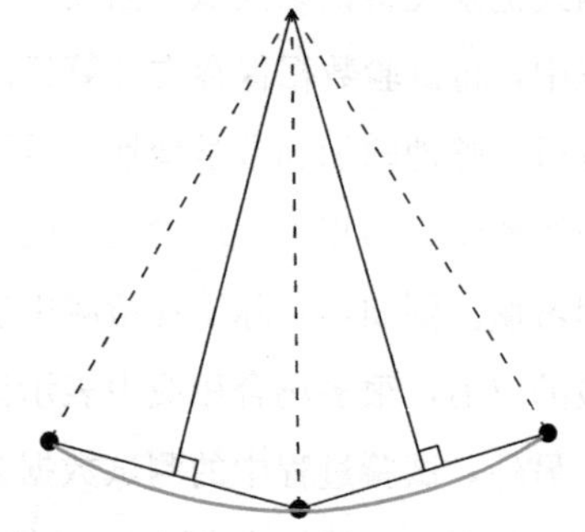
图 7-2　3 个点确定圆弧的半径

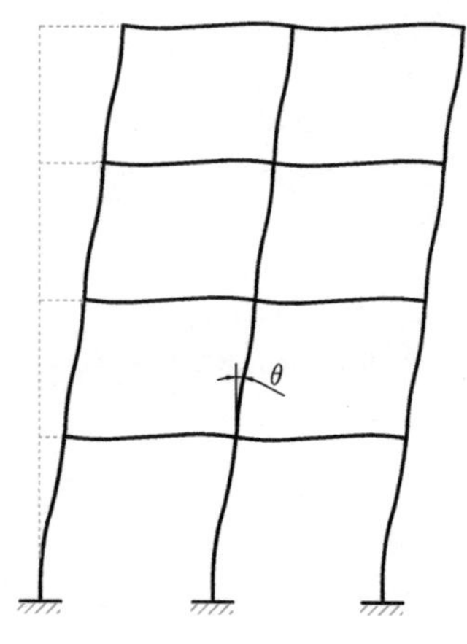

图 7-3　框架结构的变形

如图 7-3 所示框架结构在荷载作用下的变形，试验中量测了框架在其横梁位置的水平位移。在评价框架结构抗震性能时，常用层间变形指标。水平位移除以柱的高度，得到弦切角的正切，当变形较小时，则 $\tan\theta \approx \theta$。再利用平衡条件，得到柱的剪力 $V=P$。这样，就可以绘出框架的剪力-转角曲线（V-θ 曲线）。

钢筋混凝土偏心受压构件的设计中，定义偏心距增大系数 $\eta=1+f/e_0$，f 为构件中点的位移，e_0 为初始偏心距。根据中点位移测试数据，经换算很容易得到以 η 为变量的试验曲线，便于与理论计算比较。

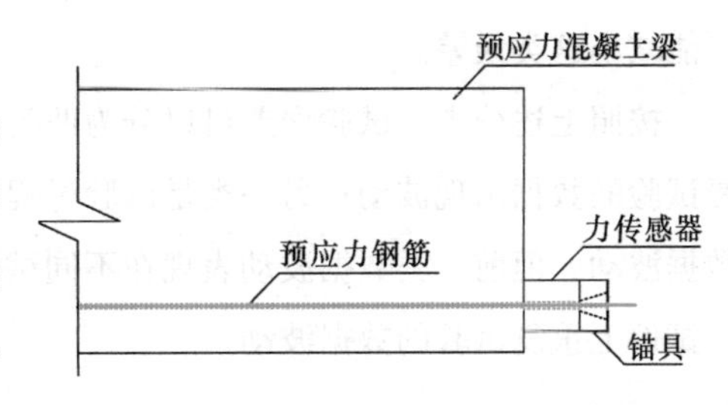

图 7-4　预应力混凝土梁的张拉试验

在结构试验中，采用各种方法量测结构的应变，或者利用应变测试的结果换算成所需要的物理量。例如，应变式荷载传感器测读的是应变值，通过标定，可以将应变值转换为力值。如图 7-4 所示的后张预应力混凝土梁的试验，为了量测预应力钢筋的应力变化，在预应力锚具前端安装力传感器，通过量测应变，就可得到预应力筋力的变化。在梁、柱等构件的试验中，在构件的上下边缘安装电阻应变计，根据测试数据和平截面假定，可以采用下列公式计算截面的曲率：

$$\varphi=\frac{1}{\rho}=\frac{\varepsilon_t-\varepsilon_c}{h} \tag{7-1}$$

式中，φ 为截面曲率；ρ 为截面的曲率半径；ε_t 和 ε_c 分别为截面受拉和受压边缘的应变，受拉时为正；h 为截面高度。

在墙体结构试验或框架结构的节点试验中，需要将量测的线位移转换为试验结构的剪切变形。

复杂应力状态下，在测点的多个方向上布设电阻应变计（应变花）量测应变，可根据测试数据，按照材料力学公式计算应变主方向与坐标方向的夹角以及主方向上的应变。

结构试验，特别是研究型的结构试验，我们期待从测试数据中有所发现，以便全面准确地掌握结构性能，常常需要对数据进行换算或转换，应根据具体情况进行分析。

7.3　测试数据的误差

通过试验，我们得到了试验数据，我们得到的试验数据是否就一定是试验对象的真实反映呢？首先看一个材料试验的例子，通过试验确定混凝土的立方体抗压强度：采用 3 个立方体试件，由抗压强度试验可能得到 3 个不同的抗压强度值，我们采用试验结果的平均值来表示混凝土的立方体抗压强度，那么，这些立方体试件所代表的混凝土的抗压强度到底是多大呢？按照结构设计理论，混凝土强度是一个随机变量，它服从统计规律。同样试验条件得到了 3 个不同的抗压强度值，这不是试验过程引入的误差，而是因为试验对象本身就是一个随机变量。从另一个角度来看，由每一个混凝土立方体试件的抗压强度得到的试验结果可能存在误差，例如，压力试验机不精确引入的误差，立方体试件尺寸测量的误差，以及其他环境因素引入的误差。这类误差是在试验过程中产生的，通过改善试验技术，提高试验精度，有可能减小这类误差。

按照上述分类，试验误差可以分为两类，一类是试验对象本身具有随机性，由此导致重复试验的数据出现波动；另一类是试验过程引入误差，它称为测量误差，同样使重复试验的数据波动。但前一类数据波动表现在不同试件的重复试验上，而后一类数据波动大多指在同一试件上重复试验的数据波动。

7.3.1 试验过程中的测量误差

试验过程中的测量误差定义为：某物理量的试验实测值 x 与该物理量真值 x_t 之间的偏差值 δ_x，即 $x_t=x\pm\delta_x$。真值通常是不可量测的未知量。在测试技术中，真值又分为理论真值、规定真值和相对真值。理论真值又称为绝对真值，是理论分析的结果，例如，三角形内角和等于 180°；规定真值是指国际上公认的计量基准量值；相对真值是指测量仪器具有不同的精度等级，上一等级的指示值即为下一等级的真值，这是相对真值。

测量误差是不可避免的。总的来看，测量误差可以分为系统误差、随机误差和过失误差。根据误差来源的不同，又可分为因测试仪器仪表不精确产生的仪器误差，由于操作不当引起的误差，测试方法本身存在的误差，温度、湿度变化等因素产生的环境误差，以及偶然事件导致的偶然误差。一般而言，在系统误差中，由于规律性因素导致实测值与真值之间产生的偏差，可以通过分析加以测定并通过数据处理加以消除，这种误差又称为可测误差。对于随机误差，只能通过统计分析的方法确定误差的统计规律。

1. 仪器误差

仪器误差又称为工具误差。结构试验中使用的各种传感器、放大器和显示记录设备的精度总是有限的。例如，仪器仪表的灵敏度、分辨率、稳定性、可重复性等因素使测试数据存在误差。例如，机械式仪表中的百分表，测杆的往复运动经过百分表内部的齿轮-齿条机构转换为指针的旋转运动，机械运动要求一定的间隙，这个间隙使百分表测读的数据产生误差。对于采用电子线路的放大器，也存在非线性误差和电子噪声干扰引起的误差。

2. 方法误差

这种误差是由于所采用的量测方法或数学处理方法不完善所产生的。采用简化的量测方法和近似计算方法以及对某些经常作用的外界条件影响的忽略等，都可能导致量测的数据偏离真值。例如，采用电阻应变计量测一悬臂梁根部的应变，如图 7-5 所示，在电阻应变计标距范围内的梁体表面应变沿梁长度方向变化，选用较大标距的电阻应变计导致测试误差。结构现场非破损检测中，取样的代表性不够；重复性试验中，改变测试方法导致测试数据变化等。这类误差属于方法误差。

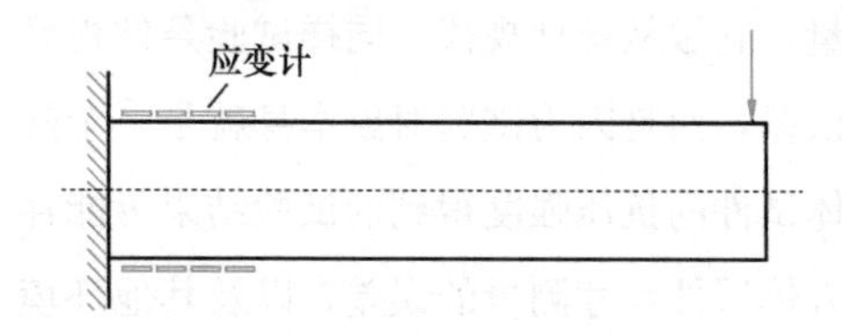

图 7-5　电阻应变计量测悬臂梁根部应变

3. 环境因素误差

在结构试验过程中，仪器仪表以及试验结构所处的环境发生变化，而且环境因素变化对测试数据的影响难以定量估计时所导致的测量误差称为环境因素误差。所谓环境因素，最常见的是环境温度、湿度，还有振动、气压、电磁场等。例如，安装在试件表面的电阻应变计通过导线与电阻应变仪相连，由于环境等因素的影响，使导线的电阻、电容或电感发生变化，使得测量桥臂上的平衡状态受到影响，从而影响测量的应变值。在试验过程中，对环境影响的认识不充分，或未采取有效措施消除环境影响，都将导致环境因素误差。

4. 操作误差

结构试验中，在几个层面上可能出现操作误差。由于试验人员的技术水平和一些主观因素造成的误差，例如，肉眼读数时，习惯性的偏向刻度的某一侧，使测读的数据偏高或偏低；在试验中，操作过程不能满足试验规程的规定；传感器或量测仪表的安装出现偏差等。这类误差又称为个人误差或主观误差。此外，还有因试验人员的过失或差错导致的误差，如仪器设备操作错误、参数设置错误、读数错误、记录错误、计算错误等。

7.3.2 随机误差的分布规律

如上所述，对于试验过程中可能出现的系统误差，可以通过对比试验或分析的方法予以确定，并在测试数据中加以修正，或在新的试验中采取措施减小或消除。因此，在对试验数据进行处理时，首先对数据进行检查，确认是否存在包含偶然误差（过失误差）的数据。然后，分析系统误差的影响，并对可能出现的系统误差进行校正。这一处理过程称为试验数据的预处理过程。经过预处理后，一般认为试验数据中的误差都是随机误差，这使得试验数据成为随机变量，应采用统计分析的方法建立试验数据服从的统计规律。

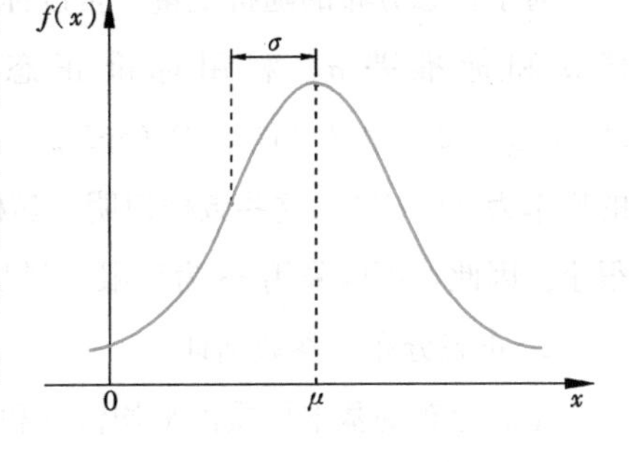

图 7-6 正态分布曲线

1. 随机误差的正态分布

正态分布曲线又称为的正态分布的概率密度函数，如图 7-6 所示。理论上，这条分布曲线说明了不同大小的随机误差发生的概率。在图 7-6 中，按照概率论的定义，随机变量在 $[a, b]$ 区间取值的概率为：

$$P(a \leqslant x \leqslant b) = \int_a^b f(x)\mathrm{d}x \tag{7-2}$$

对于正态分布

$$f(x) = \frac{1}{\sqrt{2\pi}\sigma} e^{-\frac{(x-\mu)^2}{2\sigma^2}} \tag{7-3}$$

式中，μ 和 σ 分别为随机变量的平均值和标准差。

从图7-6可以看出，正态分布曲线是一条单峰曲线，峰点所在的纵坐标就是平均值μ，曲线关于平均值对称，曲线峰点两侧各有一个反弯点，反弯点到对称轴的水平距离等于标准差σ。标准差越大，正态分布曲线越平坦，说明试验的误差越大。反之，标准差越小，曲线越陡峭，说明数据集中在平均值附近，误差越小。

按照正态分布曲线，可以得到随机变量x不大于某一定值的概率为：

$$P(x \leqslant X)=\int_{-\infty}^{X} f(x) \mathrm{d} x=\frac{1}{\sqrt{2 \pi} \sigma} \int_{-\infty}^{X} e^{-\frac{(x-\mu)^{2}}{2 \sigma^{2}}} \mathrm{d} x$$

对上式做一变换，取$t=(x-\mu)/\sigma$，得到：

$$P(x \leqslant X)=\frac{1}{\sqrt{2 \pi}} \int_{-\infty}^{\frac{x-\mu}{\sigma}} e^{-\frac{t^{2}}{2}} \mathrm{d} t \tag{7-4}$$

称$f(t)=(2\pi)^{-1} e^{-\frac{t^{2}}{2}}$为标准正态分布，标准正态的平均值等于零，标准差等于1。如果随机变量服从标准正态分布，则

$$P(t \leqslant x)=\frac{1}{\sqrt{2 \pi}} \int_{-\infty}^{x} e^{-\frac{t^{2}}{2}} \mathrm{d} t=N(x, 0,1) \tag{7-5}$$

表示随机变量x服从均值为零，标准差为1的正态分布。标准正态分布函数值可以从有关表格或软件中取得，对于非标准正态分布的随机变量，利用变换$t=(x-\mu)/\sigma$，即可转换为标准正态分布。

对于正态分布的随机变量，常以标准差为单位进行衡量。例如，若已知随机变量的平均值μ和标准差σ，利用标准正态分布表可以得到$P(x \leqslant \mu-\sigma)=15.87\%$，$P(x \leqslant \mu-2\sigma)=2.28\%$。$P(x \leqslant \mu-3\sigma)=0.13\%$。另外，随机变量在$\mu \pm 3\sigma$范围内取值的概率为99.73%。这些数据说明，随机变量明显偏离平均值且偏离程度达到$\pm 3\sigma$的可能性很小。因此，可以采用3σ为界限，判断测试数据是否异常，称为3σ准则。

2. 正态分布的参数估计

正态分布的基本性质由平均值μ和标准差σ完全确定。设在试验中对某一变量进行了n次观测，得到观测值x_1，x_2，…，x_n，观测值的平均值为

$$\mu_{\mathrm{x}}=\frac{1}{n} \sum_{i=1}^{n} x_{i} \tag{7-6}$$

根据上式得到的平均值，可以计算每一个观测值的误差：

$$e_{i}=x_{i}-\mu_{\mathrm{x}} \tag{7-7}$$

显然，误差e_i的平均值等于零。

观测值的标准差为：

$$\sigma_{\mathrm{x}}=\sqrt{\frac{1}{n-1} \sum_{i=1}^{n}\left(x_{i}-\mu_{\mathrm{x}}\right)^{2}} \tag{7-8}$$

对于具有非零平均值的观测值，可引入变异系数描述数据的离散程度：

$$c_{\mathrm{v}}=\sigma_{\mathrm{x}}/\mu_{\mathrm{x}} \tag{7-9}$$

变异系数又称为相对标准差，表示了试验观测值的精确度，常用百分数表示，数值越小，表示数据越精确。例如，在两个不同的试验中，量测力值的标准差均为10N，但第一个试验中力值的平均值为10000N，而第二个试验中力值的平均值为1000N，相应的变异系数分别为0.1%和1%，量测的精度相差10倍。

3. 误差的传递

试验结果可能受到很多因素影响，在对试验数据进行处理时，有时需要对各影响因素的关系进行分析，例如，由若干个直接量测值计算某一物理量的值。因此，相关物理量的函数关系可以写为：

$$y=f(x_1,x_2,\cdots,x_n) \tag{7-10}$$

式中，x_i（i=1，2，…，n）为直接量测值，y为受x_i影响的物理量。当x_i包含误差时，影响y也产生误差。所谓误差传递，是指x_i的误差向y的传递。也就是说，从直接量测值x_i的误差得到y的误差。

对于n个相互独立的试验变量x_i，它们的平均值和标准差分别记为μ_i和σ_i，根据概率论和数理统计学，误差传递公式给出y的平均值和标准差为：

$$\mu_{\mathrm{y}}=f(\mu_1,\mu_2,\cdots,\mu_n) \tag{7-11}$$

$$\sigma_{\mathrm{y}}=\sqrt{\left(\frac{\partial f}{\partial x_1}\right)^2\sigma_1^2+\left(\frac{\partial f}{\partial x_2}\right)^2\sigma_2^2+\cdots+\left(\frac{\partial f}{\partial x_n}\right)^2\sigma_n^2} \tag{7-12}$$

由以上两式，可以由x_i的统计参数和函数关系得到y的统计参数。反过来，有时在试验中得到了y的观测值及其统计参数，但影响y的某些因素不能直接量测，也可以利用式（7-11）和式（7-12）对影响因素进行分析。

7.3.3 误差数据的处理方法

结构试验获取的数据中，可能同时存在系统误差、随机误差和过失误差。一般而言，试验误差可认为是这三种误差的组合。在处理试验数据时，要进行仔细分析，尽可能消除系统误差，剔除过失误差或偶然误差，运用数理统计的方法处理随机误差。

产生系统误差的原因较多，也比较复杂。从数值上看，常见的系统误差可分为“固定系统误差”和“可变系统误差”两类。固定的系统误差是在某一物理量的全部量测数据始终存在着的一个数值大小和符号保持不变的偏差。产生固定系统误差的原因主要是由于测试方法或仪器仪表方面的缺陷。固定系统误差往往不能通过在同一条件下的多次重复测试来发现。但可以采用不同的测试方法或同时采用多种测量工具进行测试比较，发现固定系统误差及产生的原因。例如，振动测试中，采用压电式加速度传感器和电荷放大器量测系统，测试结果

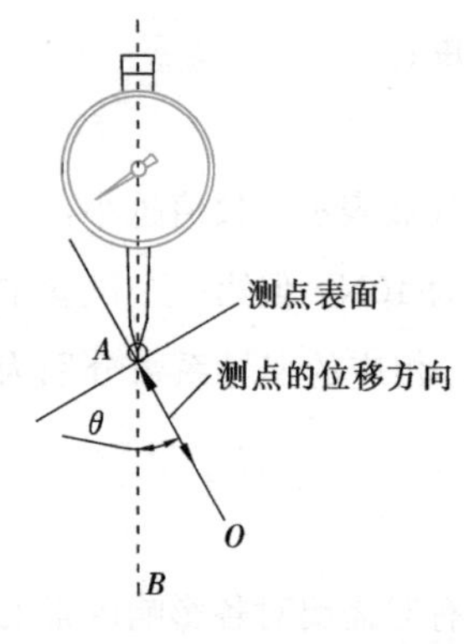

图 7-7 百分表不正确安装

有 50Hz 的频率成分，经分析，认为是交流电源的 50Hz 工频干扰所致，为证实这一推断，采用直流供电，消除了这一误差。固定的系统误差常常因量测方法不正确而导致。例如，采用百分表量测位移时，百分表安装不正确使测杆的运动方向与测点的位移方向不一致（图 7-7）。又例如，结构力学中的滚动铰支座是没有摩擦力的，但在结构试验中，粗糙的滚动支座产生的摩擦力可能对试验结果产生较大的影响。长期使用的机械式仪表因磨损而精度下降，液压加载系统因泄漏导致压力表读数与加载油缸实际压力不符等原因都产生固定系统误差。

可变系统误差表现为累积变化或周期变化，有时还可能按某一复杂规律变化。当测试数据有规律地向一个方向变化（增大或减小），而这种变化趋势又与我们根据结构受力特点所预测的变化规律完全不同时，可以判断试验数据中存在累积的系统误差。例如，在使用电阻应变计的应变测试中，由于温度补偿存在误差，温度升高时实测的应变误差具有累积误差的特点。而从测试数据符号的交替变化，可以判断试验数据中存在周期变化的系统误差。引起周期变化的系统误差的最常见的原因是测试条件受环境影响而周期变化，例如温度、湿度、气压等因素的周期变化。

固定的系统误差往往不容易直接从试验数据中发现，只能用几种不同的量测方法或同时使用几种量测仪表观测同一物理量，通过比较发现系统误差。有些测试工作可以多次重复进行，例如，传感器的标定试验，可以将根据测试数据出现的频率绘制频率直方图，如果频率直方图与正态分布曲线相差较大，也就是说，试验结果不符合正态分布，这时，可以判断测试数据中存在系统误差，因为偶然误差一般符合正态分布。

为了分析测试数据中是否存在系统误差，应尽可能增加同一试验条件下的测读数据。按照数理统计原理，将同条件下获取的数据视为独立抽样数据。但在结构试验中，往往很难对同一试验结构多次重复加载试验以获得多次测试数据。例如，钢筋混凝土结构的试验，由于材料具有非弹性特性，每一次加载都可能使试验结构的内在特性发生变化，这样，多次加载试验得到的数据不具有相同条件下的独立抽样的性质。

当限于试验条件不能从试验方法上将某些引起系统误差的原因排除时，应对测试数据进行修正。在结构试验中，需要修正的项目大体如下：

（1）根据仪器、仪表或传感器的标定值或标定曲线对实测值进行修正。例如，静态电阻应变仪的测量参数一般按电阻应变计的灵敏系数为 2.0 设置，当电阻应变计的灵敏系数不等于 2.0 时，对应变测试结果就需要修正。

（2）荷载试验中，不论是水平加载还是垂直加载，试件的支座或多或少产生位移，在试件上量测的位移数据中包含了支座位移的影响，应根据实测的支座位移进行修正。

(3) 试验结构自重产生的挠度和应变一般不包含在测试数据内，利用结构试验获取的数据对结构性能评估时，应考虑结构自重的影响。

(4) 对于应变测试中的电阻应变计，除上面提到的灵敏系数修正外，还应考虑导线长度对灵敏系数的修正，垂直于电阻应变计敏感栅方向上的应变对应变计产生泊松比效应，也使电阻应变计的灵敏系数发生变化。

(5) 在结构试验中，安装的量测仪表或传感器的几何位置与被测物理量几何位置存在偏差时，应对测试结果进行修正。如图 7-8 所示，采用千分表量测受弯构件的应变，由于几何位置的偏差，千分表量测的并不是构件表面的应变，在处理试验数据时，应根据仪表的几何位置对数据进行修正。

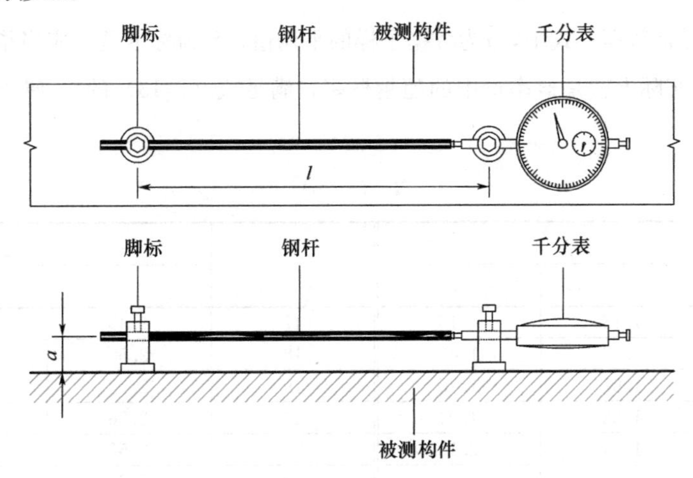

图 7-8 用千分表测量应变时的几何位置偏差

系统误差的识别和处理需要丰富的结构试验经验，熟悉测试仪器仪表以及加载设备的性能。此外，对试验结构的性能也要有基本的认识。往往是由于对试验结构的性能认识不充分才进行结构试验，包含试验误差的试验数据中蕴涵了我们尚未完全认识的结构性能，因此，对试验数据的处理必须非常认真仔细，真正做到“去伪存真”。

如前所述，通常认为随机误差服从正态分布，对试验观测值进行统计分析，根据平均值、标准差和变异系数分析试验数据的误差范围。

试验数据中的异常数据，是指个别数据值异常，难以对其进行合理解释。例如，在用百分表量测的位移数据中，某一级荷载作用下个别百分表记录的位移值特别大。通常认为这类异常数据包含过失误差。对于明显的过失误差，可以凭借研究人员的经验在数据中剔除过失误差数据。当数据量较少、试验结构受力特征较明确时，较容易对误差数据做出判断。但经验判断带有主观因素，在复杂情况下可能做出误判。

合理的方法是将对误差数据的判断建立在概率统计理论基础上。根据误差的统计规律，绝对值越大的随机误差，其出现的概率越小。如果数据包含的误差为服从正态分布的随机误差或偶然误差，这种误差大到异常程度的概率很小。因此，可以建立一个标准来对试验数据进行鉴别。如果某一个试验数据的偏差超出了标准规定的范围，则认为该数据为异常数据并予以剔除。

常用的判别准则有 3σ 准则，即数据的偏差大于 3 倍标准差时被认为是异常数据。3σ 准则假设误差服从正态分布，数据误差大于 3σ 的概率不到 0.3%。应当指出，基于正态分布的 3σ 准则，其基本前提是应具有足够多的试验数据，形成误差的统计参数。当试验数据较少时，可以采用基于 t 分布的格拉布斯法。格拉布斯法定义出错率 α 和数据的子样容量 n，查 t 分布表（表 7-1）求得临界值 T_0（n，α），如果某个量测数据 x_i 的绝对误差值满足下式时：

$$|x_i-\overline{x}|>T_0(n,\alpha)\cdot S \tag{7-13}$$

则应将 x_i 视为异常数据。式中，$\overline{x}$为数据子样的平均值；S 为标准差。应当指出，格拉布斯法中的出错率 α 实际上就是概率论中的超越概率，满足式（7-13）的 x_i 属于异常数据的概率为（$1-\alpha$）。

T_0（n，α） 表 7-1

n	α		n	α	
	0.05	0.01		0.05	0.01
3	1.15	1.15	17	2.48	2.78
4	1.46	1.49	18	2.50	2.82
5	1.67	1.75	19	2.53	2.85
6	1.82	1.94	20	2.56	2.88
7	1.94	2.10	21	2.58	2.91
8	2.03	2.22	22	2.60	2.94
9	2.11	2.32	23	2.63	2.96
10	2.18	2.41	24	2.64	2.99
11	2.23	2.48	25	2.66	3.01
12	2.28	2.55	30	2.74	3.10
13	2.33	2.61	35	2.81	3.18
14	2.37	2.66	40	2.87	3.24
15	2.41	2.70	50	2.96	3.34
16	2.44	2.75	100	3.17	3.69

对试验数据进行分析，对可能出现误差的数据进行判断，运用合适的准则剔除误差数据，应根据具体情况进行分析，以免造成误判。

7.3.4 一元线性回归

结构试验是一个过程，在试验过程中，得到各测点的试验数据，不同性质物理量之间的关系常常是研究人员和工程师十分关心的问题。例如，弹性结构试验得到的荷载-挠度曲线反映了试验结构的刚度。一般地，试验得到一组数据，x_1，x_2，…，x_n，y_1，y_2，…，y_n；根据试验数据初步分析，表明 y 与 x 之间大致呈线性关系。但由于 x_i 和 y_i 都包含了误差，只能采用数理统计方法得到 x 和 y 之间的线性关系。

假设 x 和 y 之间的线性关系如下式所示：

$$\hat{y} = a + bx \tag{7-14}$$

式中，a 和 b 为回归系数。上式又称为线性回归方程。若给定 a 和 b，可由上式计算 $\hat{y}$ 值。现在的问题是怎样选择 a 和 b，使得 $\hat{y}_i$ 与 y_i 之间的偏差最小。为此，构造总体误差函数：

$$Q = \sum_{i=1}^{n}(y_i - \hat{y}_i)^2 = \sum_{i=1}^{n}(y_i - a - bx_i)^2 = Q(a,b) \tag{7-15}$$

上式说明，误差函数是回归系数 a 和 b 的二次函数，在对 a 和 b 的一阶偏导数等于零处存在极小值。由此得到下列计算结果：

$$\frac{\partial Q}{\partial a} = \Sigma(y_i - a - bx_i) = 0, \frac{\partial Q}{\partial b} = \Sigma(y_i - a - bx_i)x_i = 0$$

解得

$$\begin{cases} a = \overline{y} - b\overline{x} \\ b = \dfrac{\sum x_i y_i - \dfrac{1}{n}(\sum x_i)(\sum y_i)}{\sum x_i^2 - \dfrac{1}{n}(\sum x_i)^2} \end{cases} \tag{7-16}$$

式中，$\bar{x}$ 和 $\bar{y}$ 分别为 x 和 y 的平均值。在实际计算中，先计算 $\bar{x}$ 和 $\bar{y}$，然后根据下列关系计算 b：

$$S_{xx} = \Sigma(x_i - \overline{x})^2 = \sum x_i^2 - \frac{1}{n}(\sum x_i)^2 \tag{7-17}$$

$$S_{xy} = \Sigma(x_i - \overline{x})(y_i - \overline{y}) = \sum x_i y_i - \frac{1}{n}(\Sigma x_i)(\sum y_i) \tag{7-18}$$

$$b = S_{xy}/S_{xx} \tag{7-19}$$

再由式（7-16）的第一式得到 a。利用上式计算 S_{xx} 和 S_{xy}，可以简化程序编制，在输入数据的同时完成计算。

采用线性回归方法可以得到回归系数，确定物理量 y 和 x 之间的线性关系。但线性回归方法本身并不能够保证 y 和 x 之间一定存在线性关系。如果实测数据比较分散，或 y 和 x 之间不存在线性关系时，采用线性回归方法也可以得到回归系数。因此，有必要建立一个标准，对回归分析的结果进行评价。

引入观测值 y_i 与其平均值 $\overline{y}$ 之差的平方和：

$$S_{yy} = \Sigma(y_i - \overline{y})^2 \tag{7-20}$$

并构造指标

$$r = \frac{S_{xy}}{\sqrt{S_{xx}S_{yy}}} \tag{7-21}$$

上式中 r 称为相关系数。当 $r=0$ 时，有 $S_{xy}=0$，对应 $b=0$，即 x 和 y 之间不存在线性关系。可以证明，当且仅当 $\Sigma(y_i - \hat{y}_i)^2 = 0$ 时，$r=1$。这说明每一个实测的 y_i 都与回归得

到的$\hat{y}_i$相等，即所有实测的x_i和y_i都在回归直线上，这种情况称为x_i和y_i完全线性相关。由于测试误差的影响，x_i和y_i不会完全线性相关，因此一般情况下，$0 \leqslant |r| \leqslant 1$。注意到相关系数可以为正，也可以为负。相关系数为正时，称x和y正相关，即x与y成正比。反之，相关系数为负时，x与y成反比。图 7-9 给出相关系数的图形示例。

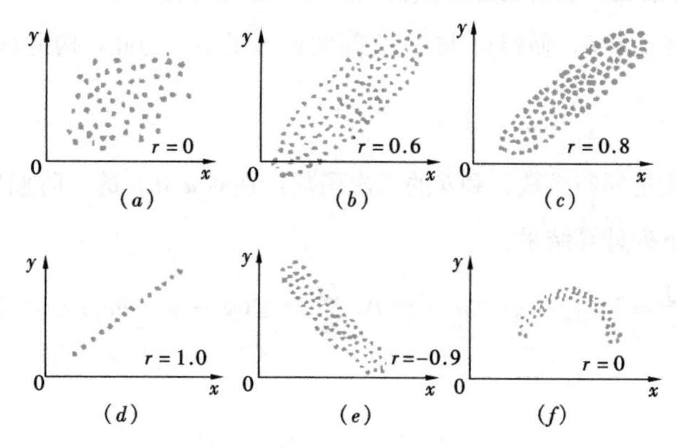

图 7-9　相关系数与相关程度的关系

在实际分析中，由于抽样误差的影响，相关系数r与数据的分散程度和数据量n有关。通过线性回归分析，我们得到了回归系数a、b和相关系数r，但相关系数多大才能确认y与x之间的线性关系呢？为此，先引入置信度的概念。置信度可以理解为概率意义上对统计分析结果接受的程度或某一事件是否发生相信的程度。例如，在线性回归分析中，取置信度为95％，当回归分析的样本数n为 32 时，若相关系数大于 0.35，可以认为y与x之间存在线性关系的概率为95％。

表 7-2 给出了不同样本容量n在三种置信度（95％，98％，99％）下相关系数的下限值。如果测试数据之间的相关系数低于表 7-2 中相应的数值，说明回归得到的直线的置信度低于预期水平，测试数据之间可能不存在线性关系。

不同置信度下的线性回归相关系数　　表 7-2

$n-2$	置信度			$n-2$	置信度		
	95％	98％	99％		95％	98％	99％
1	0.9969	0.9995	0.9999	10	0.5760	0.6581	0.7079
2	0.9500	0.9800	0.9900	11	0.5529	0.6339	0.6835
3	0.8783	0.9343	0.9587	12	0.5324	0.6120	0.6614
4	0.8114	0.8822	0.9172	13	0.5139	0.5923	0.6411
5	0.7545	0.8329	0.8745	14	0.4973	0.5742	0.6226
6	0.7067	0.7837	0.8343	15	0.4821	0.5577	0.6055
7	0.6664	0.7498	0.7977	16	0.4683	0.5425	0.5897
8	0.6319	0.7155	0.7646	17	0.4555	0.5265	0.5751
9	0.6021	0.6851	0.7348	18	0.4438	0.5155	0.5614

续表

n−2	置信度			n−2	置信度		
	95%	98%	99%		95%	98%	99%
19	0.4329	0.5034	0.5487	50	0.2732	0.3218	0.3541
20	0.4227	0.4921	0.5368	60	0.2500	0.2948	0.3248
25	0.3809	0.4451	0.4869	70	0.2319	0.2737	0.3017
30	0.3494	0.4093	0.4487	80	0.2172	0.2565	0.2830
35	0.3246	0.3810	0.4182	90	0.2050	0.2422	0.2673
40	0.3044	0.3578	0.3932	100	0.1946	0.2301	0.2540
45	0.2876	0.3384	0.3721				

如图7-10所示，实测钢筋混凝土板的裂缝间距与纵向受拉钢筋直径和配筋率的关系，选用钢筋直径d与配筋率ρ的比值为自变量，裂缝间距为因变量，经过线性回归分析，得到回归方程$l_{cr}=100+0.1d/\rho$，相关系数为0.71。根据图中的试验点数，$n=46$，查表7-1，可以认为两者之间存在线性关系。

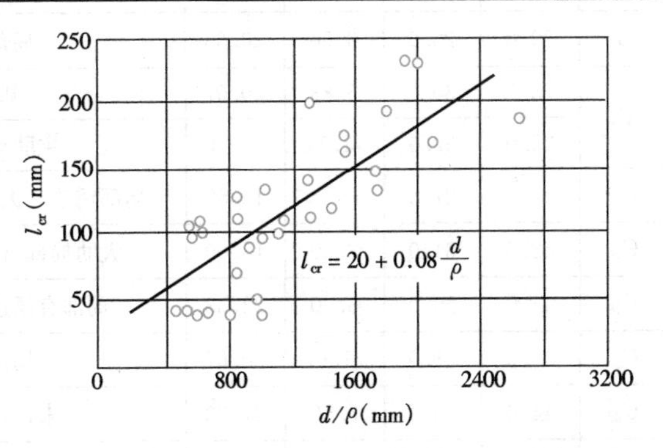

图7-10 裂缝间距与纵向受拉钢筋直径和配筋率的关系

7.4 试验数据的表达方式

在结构试验中，不同时刻和不同的测试仪器、仪表获得了不同的数据，根据结构受力的规律，采用各种方式表达试验结果，便于完整、准确地理解结构性能。

7.4.1 表格方式

用表格方式给出试验结果是最常见的方式之一。表格方式列举试验数据具有下列特点：

(1) 表格数据为二维数据格式，它可以精确地给出实测的多个物理量与某一个物理量之间的对应关系。

(2) 表格可以采用标签方式列举试验参数以及对应的试验结果。

(3) 表格给出离散的试验数据。

按表格的内容和格式可以分为标签式汇总表格和关系式数据表格。汇总表格常用于试验结果的总结、比较或归纳，将试验中的主要结果和特征数据汇集在表格中，便于一目了然地浏览主要试验结果。对于结构构件试验，通常每一行表示一个构件；对于较大型的结构试验，表格的每一行可用来表示一个试验工况。作为一个示例，表 7-3 为某一实际工程混凝土碳化残量的检测结果。

碳化残量的实际工程检测结果　　表 7-3

试件编号	保护层厚度（mm）		碳化深度（mm）		钢筋锈蚀状况描述	c_1-x_1（mm）	c_2-x_2（mm）	x_0（mm）
	c_1	c_2	x_1	x_2				
A_6	35.0	42.0	26.33	29.00	基本未锈，局部锈迹	8.67	13.00	8.67
A_9	22.4	40.0	7.23	16.70	基本未锈，局部锈迹	15.17	23.30	15.17
A_{33}	40.0	43.0	7.33	16.67	基本未锈，局部肋有锈迹	32.67	25.33	25.33
A_{43}	29.0	30.0	5.17	12.00	基本未锈，肋上有锈迹	23.83	18.00	18.00
B_9	29.0	25.0	6.50	20.33	局部有锈迹	22.50	4.67	4.67
C_3	28.0	30.0	5.83	20.67	基本无锈	22.17	9.33	9.33
	25.0	32.0	11.17	20.00	主肋局部有锈迹	13.83	12.00	12.00
C_{14}		27.5		13.50	局部锈迹，大肋无锈，总体较好		14.00	14.00
C_{16}	32.0	31.0	8.00	18.00	大肋局部有锈迹，其他无锈	24.00	13.00	13.00
C_{19}	44.0	50.0	3.00	22.33	局部有锈迹，大部分无锈	41.00	27.67	27.67
C_{26}	42.0	35.0	21.67	20.67	局部有锈迹	20.33	14.33	14.33
C_{27}	44.0	33.5	5.50	21.33	未锈，局部锈迹	38.50	12.17	12.17
C_{43b}	27.0	35.0	5.33	19.33	基本未锈	21.67	15.67	15.67

关系式数据表格用来表达试验中实测物理量之间的关系。例如，荷载与位移的关系，试件中点位移和其他测点位移的关系等。通常，一个试验或一个试件使用一张表格。表格的第一列一般为控制试验进程的测试数据，表格的其他列为试验过程中的其他测试数据。例如，钢筋混凝土简支梁的静力荷载试验，由施加的荷载控制试验进程，因此，第一列为试验荷载实测值，其他列的数据为荷载作用下测得的位移、应变等数据。一般而言，第一列和其他任意一列的数据可以用曲线描绘在一个平面坐标系内。表格的最后一列为备注，常用来描述试验中一些重要现象。表 7-4 给出梁试验数据表格的一个实例。

在表 7-4 中，某一个物理量的试验数据按列布置，称为列表格。有时，也可将数据按行布置，称为行表格。选用哪种方式一般根据数据量的大小决定。

钢筋混凝土简支梁试验数据表（试件编号：NO. 02）　　表 7-4

荷载（kN）	1 号测点位移（mm）	2 号测点位移（mm）	3 号测点位移（mm）	支座位移（mm）	最大裂缝宽度（mm）	备　注
0.00	0.00	0.00	0.00	0.00		
3.00	0.56	0.64	0.55	0.07		

续表

荷载 (kN)	1号测点位移 (mm)	2号测点位移 (mm)	3号测点位移 (mm)	支座位移 (mm)	最大裂缝宽度 (mm)	备注
6.00	1.41	1.64	1.48	0.13	0.20	
9.00	2.40	2.75	2.67	0.17	0.25	
12.00	3.35	3.85	3.57	0.19	0.30	
15.00	4.32	4.94	4.55	0.22	0.30	
18.00	5.43	6.21	5.67	0.26	0.50	
20.00	6.37	7.27	6.69	0.30	0.50	
21.60	7.20	8.21	7.55	0.33	0.80	
22.10	10.53	13.24	10.97	0.36	1.50	
22.50	14.41	18.32	14.69	0.39	2.00	

表格的主要组成部分和基本要求如下：

(1) 每一个表格都应该有一个表格的名称，说明表格的基本内容。当一个试验有多个表格时，还应该为表格编号；

(2) 表格中的每一列起始位置都必须有列名，说明该列数据的物理量及单位；

(3) 表格中的符号和缩写应采用标准形式。对于相同的物理量，采用相同精度的数据。数据的写法应整齐规范，数据为零时记“0”，不可遗漏。数据空缺时记为“一”；

(4) 受表格形式限制，有些试验现象或需要说明的内容可以放在表格下面作为注解，注解构成表格的一部分。

7.4.2 图形方式

采用图形方式给出试验结果最主要的优点是直观明了，与表格方式比较，它更加符合人的思维方式。在试验研究报告和科技论文中，常采用曲线（曲面）图、形态图、直方图、散点分布图、条码图、扇形图等。

1. 曲线（曲面）图

曲线图用来表示两个试验变量之间的关系，曲面图则可以表示三个变量之间的关系。试验数据之间的关系可以清楚地通过曲线图加以表示。图 7-11 给出钢筋混凝土偏心受压柱的荷载-中点位移曲线。从图中可以看到，大偏心受压构件的中点位移较大，达到最大荷载后，曲线平缓下降；相同配筋的小偏心受压柱，最大荷载明显增加，但达到最大荷载后，曲线迅速下降，说明破坏具有脆性特征。图 7-12 为钢筋混凝土简支梁的荷载-挠度曲线，受拉混凝土开裂、钢筋屈服等现象对梁性能的影响在曲线上清楚地表现出来了。从图 7-11 和图 7-12 还可以看出，在一个图中可以描绘多条曲线。图 7-11 比较了不同偏心距的试验曲线，而在图 7-12 中，绘出了荷载作用点的挠度曲线，按照对称性，两个荷载作用点的挠度应当相同，实测结果说明梁的受力是基本对称的。

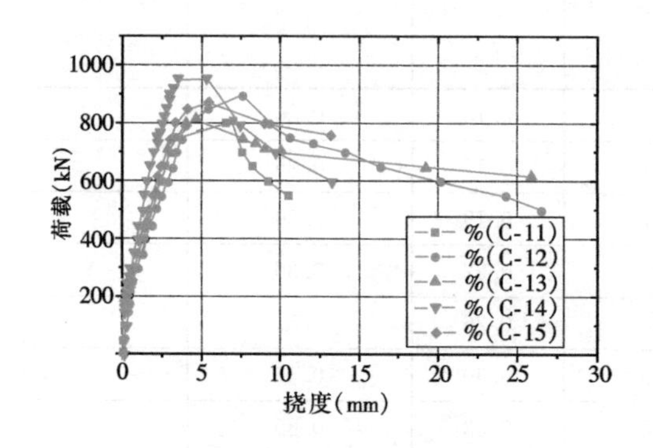

图 7-11　钢筋混凝土偏心受压柱荷载-中点位移曲线

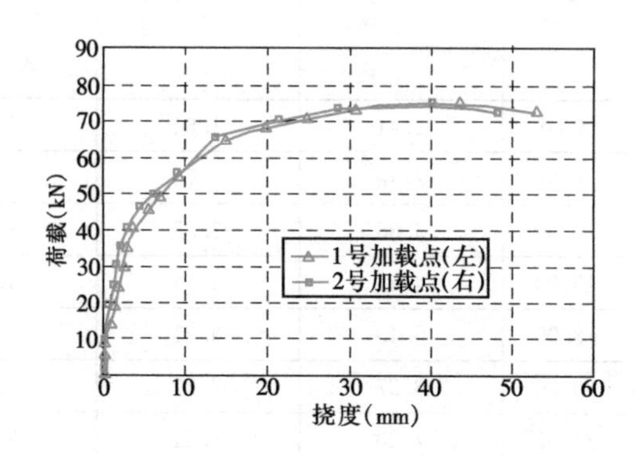

图 7-12　简支梁荷载-挠度曲线

运用曲线图表示试验结果的基本要求是：

(1) 标注清楚。图名，图号，纵、横坐标轴的物理意义及单位，试件及测点编号等都应在图中表示清楚。

(2) 合理布图。曲线图常用直角坐标系，选择合适的坐标分度和坐标原点。根据数据的性质采用均匀分度的坐标轴或对数坐标轴。

(3) 选用合适的线形。对于离散的试验数据（例如，分级加载记录的数据），一般用直线连接试验点。当一个图中有多条试验曲线时，可以采用不同的线形，如实线、虚线、点画线等。试验点也可采用不同的标记，如实心圆点、空心圆点、三角形等。

(4) 对试验曲线给出必要的文字或图形说明，如加载方式、测点位置、试验现象或试验中出现异常情况。

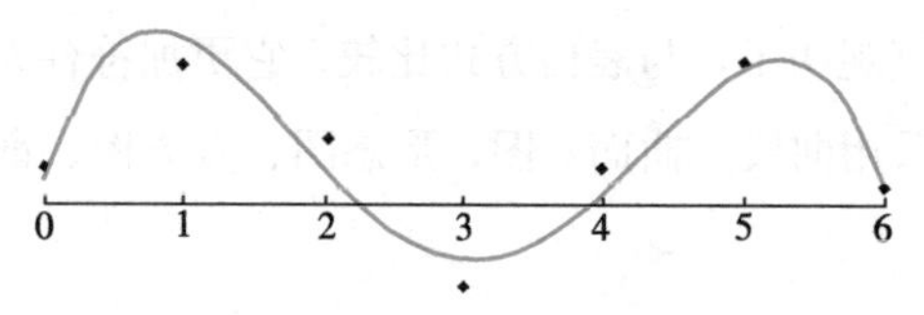

图 7-13　采用光滑曲线或理论曲线逼近试验点

在有些曲线图中，也可以采用光滑曲线或理论曲线逼近试验点。如图 7-13 所示，通过试验模态分析得到柱下条形基础的振型值，试验点可不连接，采用光滑曲线说明楼层的相对振动位移与试验实测值的关系。

2. 形态图

形态图直接用图形或照片给出试验观察到的现象。例如，钢筋混凝土结构或砌体结构的裂缝分布与破坏特征，钢结构的失稳破坏形态，多层框架结构的塑性铰位置等。

形态图的制作方式有手工绘制和摄影制作两种。摄影得到的照片可以真实反映试验现象，而手工绘制的图形可以突出的表现我们关心的试验现象。在摄影照片中，由于透视关系，有些物理量的数值特征很难直观反映。例如，钢筋混凝土梁的裂缝分布就很难用一张照片清楚的照下来，所以一般采用手工绘制的裂缝分布图。

近年来，基于CCD技术的数码照相机和数码摄像机，以及与计算机相连的图像处理技术的发展，使数字图像在结构试验中的应用越来越普及。试验过程中可以拍摄大量的照片并很容易的将这些照片传送至计算机，利用计算机的文字处理和图像处理技术，形成对试验现象的正确描述。传统的摄影照相技术已较少在结构试验中应用。

3. 直方图

直方图的主要作用是统计分析。直方图的纵坐标为试验中观测的物理量取某一数值的频率，横坐标为物理量的值。图7-14给出某一工地C30级混凝土抗压强度试验结果的直方图。从图中可以看出，在192组试验结果中，立方体抗压强度低于30N/mm²的试验结果很少，可以满足规范规定的95%保证率的要求。按照概率论，随机事件发生的频率随试验数目的增加趋于其概率。因此，直方图给出的分布曲线趋于概率密度函数曲线。

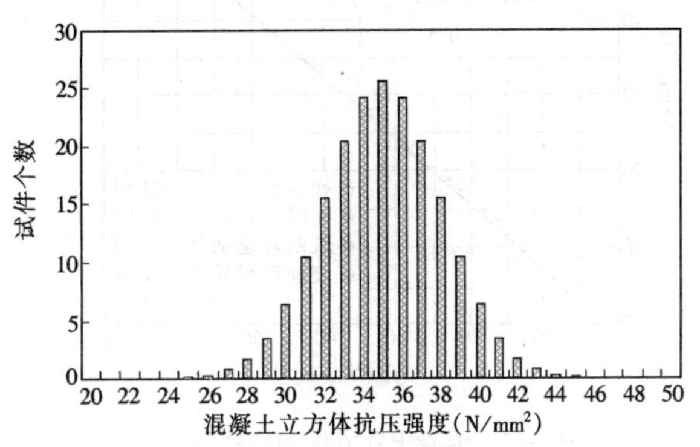

图7-14 某一工地C30级混凝土抗压强度试验结果的直方图

直方图的制作应注意以下两点：

(1) 应有足够多的观测数据或试验数据。绘制直方图首先要对试验数据分组，一般至少将全部数据分为5组，每组若干个试验数据，这样才可以从直方图看出试验数据的分布规律。数据太少时绘制直方图是没有意义的。

(2) 按等间距确定数据的分组区间，统计每一区间内的试验观测值的数目。位于区间端点的试验数据不能重复统计。在数据量不是很大时，直方图的整体形状与分组区间的大小有密切的关系。如果区间分得太小，落在每一区间内的数据可能很少，直方图显得较为平坦；如果区间分得太大，又会降低统计分析的精度。

4. 散点分布图

散点分布图在建立试验结果的经验公式或半经验公式时最常用。在相对独立的系列试验中得到了试验观测数据，采用回归分析确定系列试验中试验变量之间的统计规律，然后用散点分布图给出数据分析的结果。

图7-15为混凝土立方体抗压强度和混凝土棱柱体抗压强度的散点分布图。从图中可以直观地看到两者之间的关系以及数据的偏离程度。

有时用散点分布图说明计算公式与试验数据之间的偏差。如图7-16所示，采用半理论半经验的方法得到钢筋混凝土受弯构件的裂缝宽度计算公式，将按公式计算的裂缝宽度与试验得到的裂缝宽度的比值绘制在散点分布图中，若比值等于1，散点位于45°线上，若大于

1，偏向试验数据轴，若小于1，则偏向计算公式轴。以此说明计算公式的偏差范围。

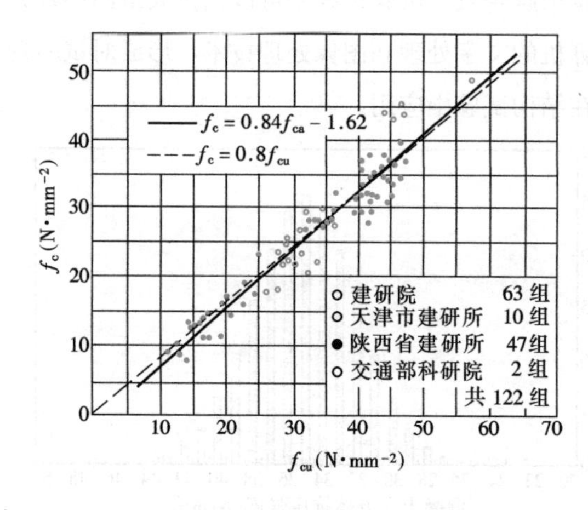

图7-15 混凝土立方体和棱柱体抗压强度的散点分布图

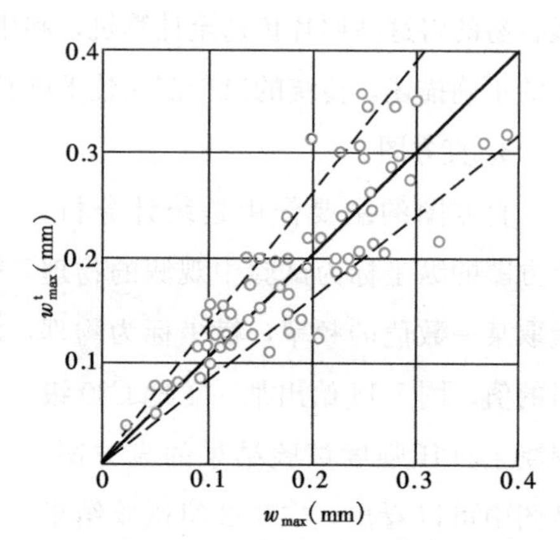

图7-16 裂缝宽度散点分布图

5. 其他图形

图7-17为一条码图（柱形图）。它与商标中的条形码不同，在商标的条形码中，改变条码的宽度和间距以对不同商品做出区别。试验数据的条码图是为了将两个性质相同的物理量进行对比，并利用横坐标说明对比的物理量与另一物理量或试验中的控制因素的关系。

图7-18为一扇形面积图。有时也形象地称为馅饼图。扇形面积图可以直观地给出数据的分布情况，但一般要求每一个扇形区域内的数据都有其明确的特征而区别于其他扇形区域，如果数据具有模糊特性，一般不用扇形面积图表示。

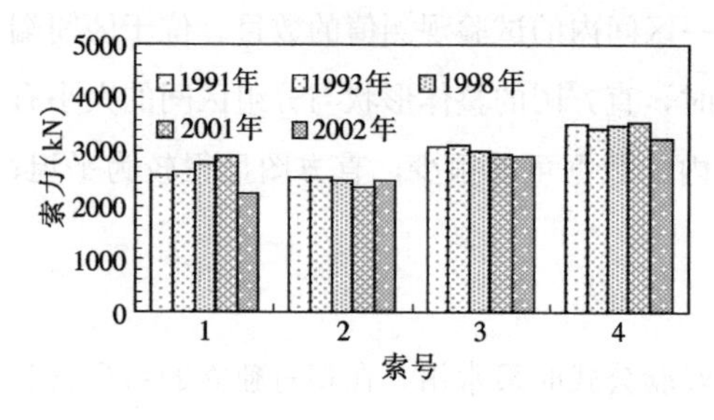

图7-17 条码图（柱形图）

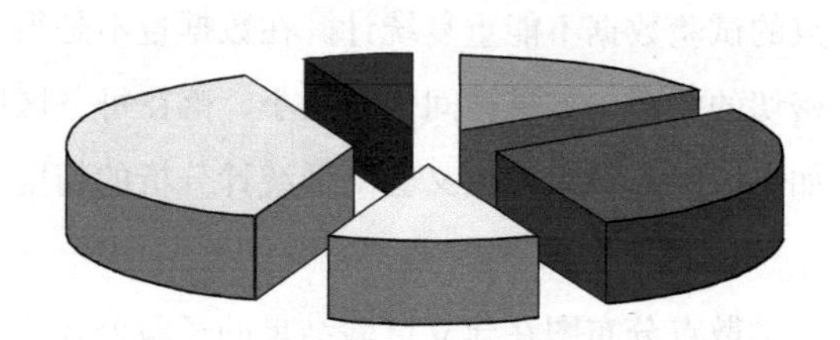

图7-18 扇形面积图

7.4.3 曲线拟合的方式

前面提到数据归纳的直线回归分析，通过回归分析，确定试验数据之间的线性关系。但实际结构中，反映其物理性能的各数据间不一定存在线性关系，而是复杂的非线性关系。用不同于直线方程的函数曲线表示这些关系，可以更准确地描述试验现象，寻找结构性能的内在规律。

采用函数表达试验数据，本质上就是用函数所表示的曲线去拟合试验数据。在线性回归分析中，用直线拟合试验数据，更一般的情况是采用曲线拟合试验数据。

为两个试验数据之间建立一种函数关系，包括两方面的工作，一是确定函数形式，二是求出函数表达式中的系数。结构试验获取的各种数据，理论上应有其内在的关系，但是这种内在关系可能非常复杂。例如，钢梁在屈服以前，荷载和挠度之间为线性关系；钢筋混凝土梁的荷载和挠度之间不是线性关系，它们之间显然存在因果关系，但我们很难从理论上给出因果关系的表达式。采用曲线拟合的方法表达试验数据，就是要寻找一个最佳的近似函数。用来建立函数关系的方法主要有回归分析法和系统识别法。

1. 函数形式的选择

在对试验数据进行曲线拟合时，函数形式的选择对曲线拟合的精度有很大的影响。如图 7-19 (*b*)所示，试验点形成的轨迹接近一个半圆，这时应考虑采用二次抛物线或圆的曲线来逼近试验结果，如果采用直线进行拟合，所得相关系数接近零，显然没有达到拟合的目的。

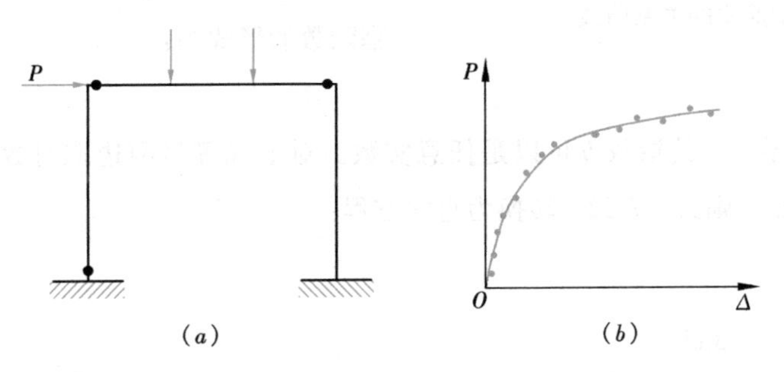

图 7-19　钢筋混凝土框架结构水平受荷示意图和水平荷载-侧向位移曲线

常用的函数形式有以下几种：

(1) 多项式曲线

多项式曲线的形式为

$$y = a_0 + a_1 x + a_2 x^2 + a_3 x^3 + \cdots \tag{7-22}$$

当取前两项时，为一线性方程，若取前 3 项，得到二次抛物线。图 7-19 (*a*) 为一钢筋混凝土框架结构水平受荷示意图，图 7-19 (*b*) 为该框架的水平荷载—侧向位移曲线，图中给出了采用二次抛物线的拟合结果。可以看到，二次抛物线在整体上与实测曲线十分吻合。

(2) 双曲线

在试验数据的曲线拟合中，双曲线可以有多种形式，如：

$$y = a + b / x \tag{7-23a}$$

$$1/y = a + b/x \tag{7-23b}$$

$$y = 1/(a + bx) \tag{7-23c}$$

双曲线的形式简单，一般只包含两个待定的参数。通过简单的变换，上列三个方程都可以转换为直线方程。例如，在式(7-23a)中，用 x'替代 $1/x$；在式(7-23b)中，用 y'替代 x/y；而对于式(7-23c)，将 x 和 y 的位置互换，就得到式(7-23a)的形式。将试验数据按变量转换的格式做相应处理，就可采用线性回归分析得到回归系数 a 和 b。图 7-20 为钢筋混凝土压弯构件的延性系数与配筋率的关系曲线。图中，延性系数等于构件的极限位移与其屈服位移的比值。可以看出，双曲线较好地表示了两者之间的关系。

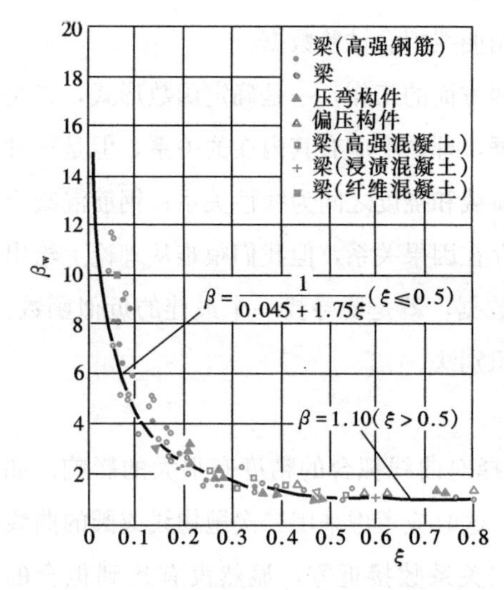

图 7-20 钢筋混凝土压弯构件的延性系数与配筋率的关系曲线

(3) 幂函数

幂函数的形式为：

$$y = ax^{b} \tag{7-24}$$

幂函数曲线通过零点，其指数 b 可以是任意实数。对上式等号两边取对数，引入 $y'=\lg y$，$a'=\lg a$ 和 $x'=\lg x$，则式 (7-22) 转换为直线方程：

$$y' = a' + bx' \tag{7-25}$$

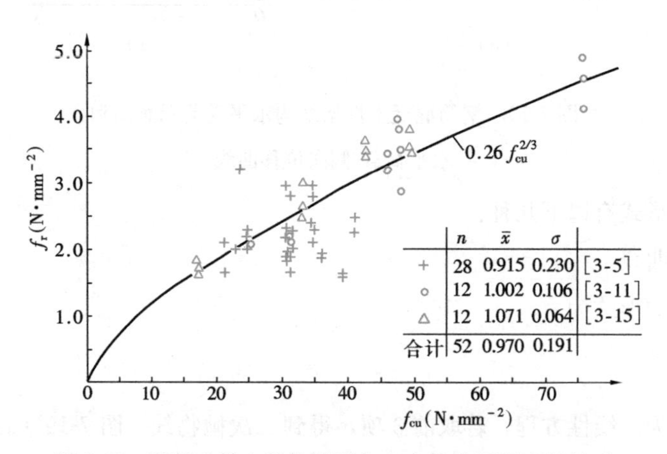

	n	$\bar{x}$	σ	
+	28	0.915	0.230	[3-5]
○	12	1.002	0.106	[3-11]
△	12	1.071	0.064	[3-15]
合计	52	0.970	0.191	

图 7-21 混凝土轴心抗拉强度与立方体抗压强度的关系

这样，可以采用线性回归分析方法得到相关参数。图 7-21 为混凝土轴心抗拉强度与混凝土立方体抗压强度的关系，拟合曲线采用了幂函数曲线。

(4) 对数函数和指数函数

对数函数的方程为：

$$y=a+b\lg x \tag{7-26}$$

一般常采用自然对数 $\ln x$。在拟合试验数据时，只要先将观测数据取对数，就可以采用线性回归分析的方法得到系数 a 和 b。图 7-22 为轴心受压砌体的应力-应变曲线，函数形式为：

$$\varepsilon=-\frac{1}{\xi}\ln\left(1-\frac{\sigma}{f}\right) \tag{7-27}$$

式中，ξ 为与砂浆强度有关的系数；f 为砌体抗压强度。

指数函数与对数函数互为反函数，指数函数的形式为：

$$y=ae^{bx} \tag{7-28}$$

当 $b>0$ 时为单调上升曲线，$b<0$ 时为单调下降曲线。

除上述函数曲线外，还可采用其他函数或各种组合得到的曲线。有时，根据具体情况，还可以采用分段函数。图 7-23 给出轴心受压的混凝土应力-应变关系，为分段式曲线方程，上升段为三次多项式，下降段为有理分式：

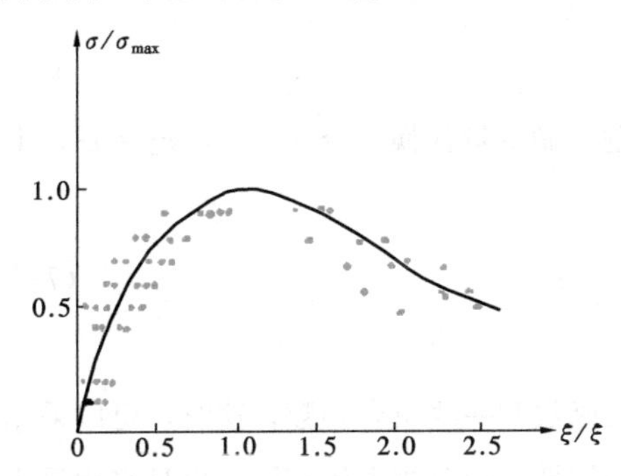

图 7-22 轴心受压砌体的应力-应变曲线

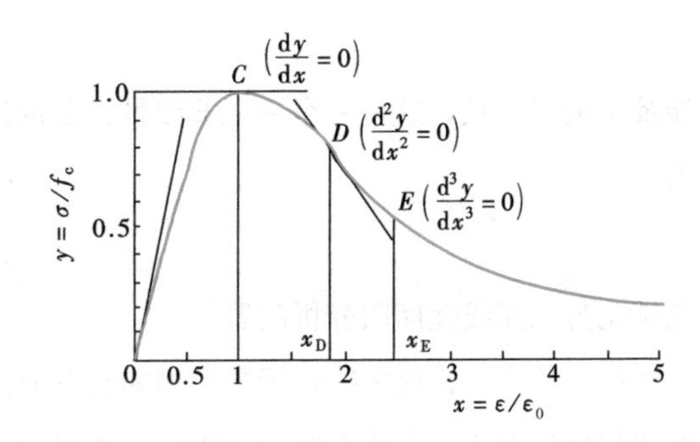

图 7-23 轴心受压的混凝土应力-应变关系

当 $x\leqslant 1$ 时，
$$y=\alpha_{a}x+(3-2\alpha_{a})x^{2}+(\alpha_{a}-2)x^{3} \tag{7-29a}$$

当 $x>1$ 时，
$$y=\frac{x}{\alpha_{d}(x-1)^{2}+x} \tag{7-29b}$$

式中，$y=\sigma/f_{c}$，为混凝土压应力与混凝土轴心抗压强度的比值；$x=\varepsilon/\varepsilon_{0}$，为混凝土压应变与峰值应力时混凝土压应变的比值；当 $x\leqslant 1$ 时，处于曲线的上升段，当 $x>1$ 时，进入曲线的下降段；α_{a} 和 α_{d} 分别为曲线的上升段和下降段参数。

2. 曲线拟合的方法

在进行曲线拟合前，先将试验数据描绘在散点分布图上，可以看出试验结果的大致趋势，然后初步选定函数曲线。一般情况下，要对试验数据进行预处理。数据预处理的内容包括剔除异常数据，确定曲线拟合的区间，对数据进行无量纲化处理。如式（7-29）所示的混凝土受压应力-应变曲线，表示应力和应变的 x 和 y 均为无量纲量。

选定函数曲线形式后，曲线拟合的主要任务就是确定函数表达式中相关的系数。最常用的拟合方法是前面讨论的线性回归分析方法。双曲线、幂函数、指数函数、对数函数等曲线都可以通过变量代换转化为线性函数。在线性回归分析之前，根据代换的函数关系对试验数据进行换算，得到新的 x'_i 和 y'_i，再按线性回归分析的步骤进行计算。

当所研究的问题中有两个以上的变量时，可以采用多元回归分析方法来寻找这些变量之间的关系。一般情况下，假设有 $n+1$ 个试验变量的观测数据（x_{1i}，x_{2i}，…，x_{ni}，y_i），每个试验变量观测的数据量为 m，即 $i=1$，2，…，m。多元线性回归假设试验变量 y 与 x_j 有如下关系：

$$y = a_0 + a_1x_1 + a_2x_2 + \cdots + a_nx_n \tag{7-30}$$

与前述的一元线性回归分析相同，采用最小二乘法，得到由 $n+1$ 个方程组成的线性方程组，求解方程组可得回归系数 a_0，a_1，…，a_n。

多元线性回归分析的一个主要用途是处理非线性回归分析问题，例如，采用多项式曲线拟合试验数据。

$$y = a_0 + a_1x + a_2x^2 \tag{7-31}$$

因涉及 x 的平方项，这是一个一元非线性回归问题。做变量代换，令 $x_1=x$，$x_2=x^2$，上式变为：

$$y = a_0 + a_1x_1 + a_2x_2 \tag{7-32}$$

问题转化为二元线性回归分析问题。

有些函数不能转换为线性函数，例如有理分式函数和一些组合函数，这时，可以采用非线性回归分析方法。非线性回归分析的基本思路与线性回归分析大体相同，也是采用最小二乘法。首先构造误差函数，回归系数应使误差函数取极小值，以此为条件，得到一个方程组，求解这个方程组，得到回归系数。在非线性回归分析中，方程组一般为非线性方程组。对于由较复杂的初等函数构成的非线性方程组，求解往往十分困难，在结构试验的数据处理中应用不多。

在非线性回归分析中，对变量 x 和 y 进行相关性检验，可以用下列的相关指数 R 或 R^2 来表示：

$$R^2 = 1 - \frac{\sum(y_i - \hat{y}_i)^2}{\sum(y_i - \bar{y})^2} \tag{7-33}$$

式中，y_i 为试验观测值；$\hat{y}_i$ 为回归分析得到的值；$\bar{y}$为 y_i 的平均值。当 R 趋近于 1 时，说明回归方程与试验数据吻合较好。

附　　录

附录 1

结构试验指导书

试验一 电阻应变片灵敏系数的测定

一、试验目的

掌握通用电阻应变片灵敏系数 K 值的测定方法。

二、试验设备及仪表

1. 静态电阻应变仪；
2. 等应力梁；
3. 待测电阻应变片。

三、试验方法

测试装置如附图 1-1 所示。灵敏系数 K 值是电阻应变片的一个综合性能指标，不能单纯由理论计算求得，一般均需用试验方法测定。对要求较高的应变测点，灵敏系数 K 值的检测是必要的。具体方法为：

1. 在等应力梁上沿轴向准确贴好应变片；

2. 用半桥梁将应变片接入应变仪，灵敏系数调节器旋钮置于某任意选定的 $K_{仪}$ 值（如 $K_{仪}=2$）；

3. 给梁逐级加砝码，由给梁所加重量换算出已知应变 $\varepsilon_{计}$（梁的材料弹性模量已知）；

4. 由应变仪测取每级荷载下的应变值 $\varepsilon_{仪}$ 并记入表格（附表 1-1）。

对测定的应变片，均需要加卸荷载 3 次，从而得到三组灵敏系数 K 值，再取三组的平均值即为所代表的同批产品的平均灵敏系数 K 值。

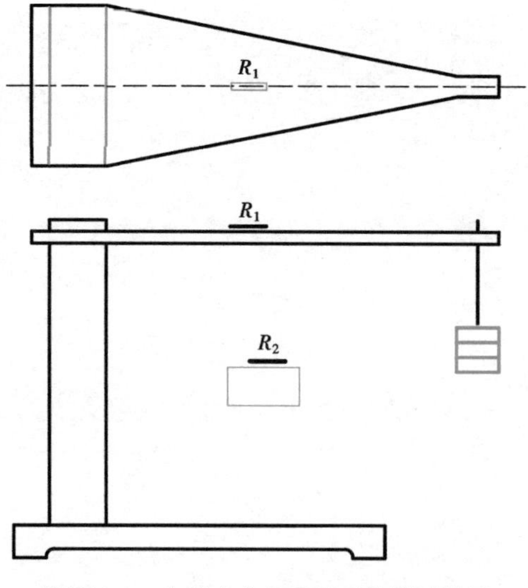

附图 1-1 电阻应变片灵敏系数测试装置

四、试验报告

1. 按试验要求算出灵敏系数 K 值

电阻应变片灵敏系数测试结果表　　附表 1-1

测定项目 \ 荷载值	0N	50N	100N
实测应变值 $\varepsilon_{仪}$ ($\mu\varepsilon$)			
计算应变值 $\varepsilon_{计}$ ($\mu\varepsilon$)			
$K=\frac{\varepsilon_{仪}}{\varepsilon_{计}}\cdot K_{仪}$			

2. 讨论试验中为准确测定 K 值应注意的事项。

试验二　预制预应力钢筋混凝土空心板鉴定试验

一、试验目的

1. 学习钢筋混凝土受弯构件生产鉴定性试验的基本原理和方法；

2. 测定预制预应力钢筋混凝土空心板的强度安全系数，抗裂度安全系数及使用荷载下的最大挠度值，定出三项检测指标；

3. 依据实际材质条件，作理论计算比较。

二、试验设备

1. 检验构件：通用冷拔低碳钢丝配筋混凝土空心板，尺寸如附图 1-2 所示。$l=2400\sim3600$mm；使用荷载 $g=2.0\sim2.5$kN/m²；混凝土设计强度等级 C30；钢筋设计强度 $f_y=650$MPa；

2. 加载设置：铸铁砝码匀布分组施加荷载；

3. 检测仪表：百分表或挠度计、刻度放大镜、钢卷尺等；

4. 万能试验机：作材料试验用。

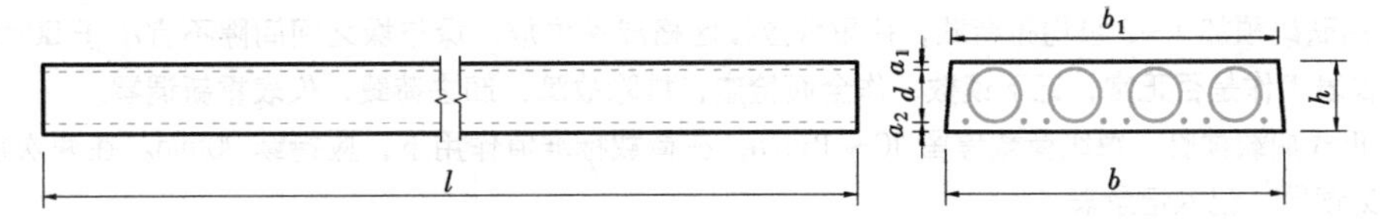

附图 1-2　钢筋混凝土空心板尺寸示意图

三、试验方法

简支梁钢筋混凝土板属基本承重构件，多采用正位试验。试验时应一端采用固定铰支座，另一端采用滚动铰支座。支承结构的设计和选用应进行强度验算。

试验板承受均布荷载，故加载应均匀。用砝码或砖块加载时，应避免构件受载弯曲而使荷重块产生起拱作用而改变板的工作状态。

试验荷载的布置应符合设计计算的规定。

在观测项目中，主要测定构件的破坏荷载、开裂荷载、各级荷载作用下的挠度和裂缝开展情况。

具体试验准备工作有：

1. 利用起重设备将预制板就位。一端采用固定支座，另一端采用滚动铰支座，以保证符合设计计算的基本规定。在板的跨中装上挠度计或百分表，如附图 1-3 所示，以便测得各级荷载下的挠曲变形状况。

2. 用钢卷尺实测板截面尺寸和长度。使用混凝土回弹仪测定混凝土强度等级。

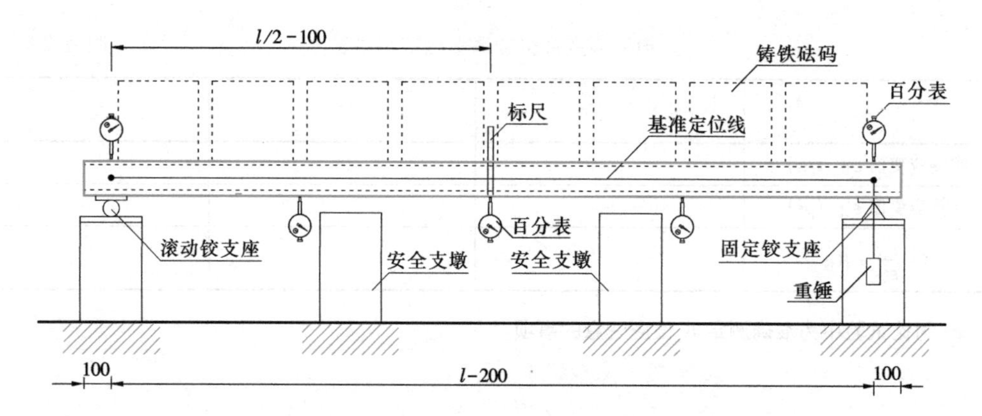

附图 1-3　钢筋混凝土空心板鉴定试验加载装置图

3. 试验荷载的计算

(1) 根据板的实际截面尺寸算出自重，以及根据上下粉刷层（上下粉刷层厚按 10mm 计）和使用荷载算出标准荷载值 P_k。

(2) 扣除自重，求出加至标准荷载 P_k 时尚应施加的外荷载量 P_s，并把应施加的荷载值进行分级。一般按 5 级分配，每级为 20% P_k。

(3) 将板面分成 4～8 个区段，根据每级荷载重量在板面划分区段内均匀加载。

(4) 为准确测得开裂荷载值，预计开裂荷载前应按 5% P_k 施加。

四、试验步骤

1. 用回弹仪测定混凝土强度，可与立方体混凝土试块作对比试验，同时作钢筋材料性能试验。

2. 试件就位，为保证支承面与构件紧密接触，在钢垫板与支墩、钢垫板与构件之间宜铺砂浆垫平，要避免支承面翘曲。

3. 在板跨中心、四分点及支座点均装上百分表或挠度计，并在跨中点挂上标尺，拉上基准定位线，以便测取破坏前的中点最大挠度，记下初读数。

4. 用砝码预加 1～2 级均布荷载，荷重块应按区格成垛堆放，垛与垛之间间隙不宜小于 50mm，注意观察仪表工作是否正常，记下读数，作全面检查，排除故障，卸去荷载，仪表重新调零。

5. 正式加载试验，每级荷载停留 10～15min，在荷载标准值作用下，应持续 30min。在两次加载的中间时刻读数，记入记录表。

6. 在加至开裂荷载前，应用 5% P_k 荷载级施加，记下开裂荷载值及各裂缝开展宽度，一般取开裂前一级荷载作为开裂荷载值 P_{cr}。

7. 当荷载加至标准荷载 P_k，拆除挠度计或百分表，仅留中点标尺读数。

8. 当裂缝超过 1.5mm 时；或末级挠度达到跨度的 1/50；或增量超过前 5 级之和；或钢筋滑移；或混凝土局部压碎；或钢筋拉断等均为破坏指标，此时可测得构件最大破坏荷载值 P_u。

9. 当无材料性能试验时，钢筋计划体制可在构件支座处打开混凝土剪取钢丝试件，用万能试验机测出极限强度值。混凝土强度等级可用回弹仪测得的强度或试块强度，从而进行理论计算。

五、试验结果的整理和分析

(一) 构件挠度

当试验荷载竖直向下作用时，对水平放置的试件，在各级荷载下的跨中挠度实测值应按下列公式计算：

$$a_t^0 = a_q^0 + a_g^0, a_q^0 = v_m^0 - \frac{1}{2}(v_l^0 + v_r^0), a_g^0 = \frac{M_g}{M_b} a_b^0$$

式中　a_t^0 ——全部荷载作用下构件跨中的挠度实测值（mm）；

a_{q}^{0} ——外加试验荷载作用下构件跨中的挠度实测值（mm）；

a_{g}^{0} ——构件自重和加荷设备重（本试验中加载设备重为零）产生的跨中挠度值（mm）；

v_{m}^{0} ——全部荷载作用下构件跨中的位移实测值（mm）；

v_{l}^{0}，v_{r}^{0} ——外加荷载作用下构件左、右支座沉陷位移的实测值（mm）；

M_{g} ——构件自重和加荷设备重量产生的跨中弯矩值（kN·m）；

M_{b} ——从外加试验荷载开始至构件出现裂缝的前一级荷载为止的外加荷载产生的跨中弯矩值(kN·m)；

a_{b}^{0} ——从外加试验荷载开始至构件出现裂缝的前一级荷载为止的外加荷载产生的跨中挠度实测值（mm）。

当采用等效集中力加载模拟均布荷载进行试验时，挠度实测值应乘以修正系数 ψ。当采用三分点加载时，ψ 可取为 0.98；当采用其他形式集中力加载时，应经计算确定。

（二）承载力检验

1. 当按现行国家标准《混凝土结构设计规范》GB 50010—2010（2015 年版）的规定进行检验时，应符合下式的要求：

$$\gamma_{u}^{0} \geqslant \gamma_{0}[\gamma_{u}]$$

式中 γ_{u}^{0} ——构件的承载力检验系数实测值，即试件的荷载实测值与荷载设计值（均包括自重）的比值；

γ_{0} ——结构重要性系数，按设计要求确定，当无专门要求时取 1.0；

$[\gamma_{u}]$ ——构件的承载力检验系数允许值，按附表 1-2 采用。

构件的承载力检验系数允许值 附表 1-2

受力情况	达到承载能力极限状态的检验标志		$[\gamma_{u}]$
轴心受拉、偏心受拉、受弯、大偏心受压	受拉主筋处的最大裂缝宽度达到 1.5mm，或挠度达到跨度的 1/50	热轧钢筋	1.20
		钢丝、钢绞线、热处理钢筋	1.35
	受压区混凝土破坏	热轧钢筋	1.30
		钢丝、钢绞线、热处理钢筋	1.45
	受拉主筋拉断		1.50
受弯构件的受剪切	腹部斜裂缝达到 1.5mm，或斜裂缝末端受压混凝土剪压破坏		1.55
	沿斜截面混凝土斜压破坏，受拉主筋在端部滑脱或其他锚固破坏		1.50
轴心受压、小偏心受压	混凝土受压破坏		

注：热轧钢筋系指 HPB300 级、HRB335 级、HRB400 级、RRB400 级和 HRB500 级钢筋。

2. 当按构件实配钢筋进行承载力检验时，应符合下式的要求：

$$\gamma_{u}^{0} \geqslant \gamma_{0}\eta[\gamma_{u}],\eta \geqslant \frac{R(\cdot)}{\gamma_{0}S}$$

式中 η ——构件承载力检验修正系数，根据现行国家标准《混凝土结构设计规范》GB 50010—2010（2015 年版）按实配钢筋的承载力计算确定；

$R(\cdot)$ ——根据实配钢筋面积确定的构件承载力设计值，按规范有关承载力计算公式等号右边的项进行计算；

S ——荷载效应组合设计值。

承载力检验的荷载设计值是指承载能力极限状态下，根据构件设计控制截面上的内力设计值与构件检验的加载方式，经换算后确定的荷载值（包括自重）。

（三）挠度检验

1. 当按现行国家标准《混凝土结构设计规范》GB 50010—2010（2015 年版）规定挠度允许值进行检验时，应符合下式的要求：

$$a_s^0 \leqslant [a_s], [a_s] = \frac{M_k}{M_q(\theta - 1) + M_k}[a_f]$$

式中 a_s^0——在荷载标准值下的构件挠度实测值；

$[a_s]$——挠度检测允许值；

$[a_f]$——受弯构件的挠度限值，按现行混凝土结构设计规范确定；

M_k——按荷载标准组合计算的弯矩值；

M_q——按荷载准永久组合计算的弯矩值；

θ——考虑荷载长期作用对挠度增大的影响系数，按现行混凝土结构设计规范确定，此处可取 $\theta = 2.0$。

2. 当按构件实配钢筋进行挠度检验或仅检测构件的挠度、抗裂或裂缝宽度时，应符合下式的要求：

$$a_s^0 \leqslant a_s^c, 且 a_s^0 \leqslant [a_s]$$

式中 a_s^c——在荷载标准值下按实配钢筋确定的构件挠度计算值，按现行混凝土结构设计规范确定。

正常使用极限状态检测的荷载标准值是指正常使用极限状态下，根据构件设计控制截面上的荷载标准组合效应与检验的加载方式，经换算后确定的荷载值。

（四）抗裂检验

预制构件的抗裂检验应符合下式的要求：

$$\gamma_{cr}^0 \geqslant [\gamma_{cr}], [\gamma_{cr}] = 0.95\frac{\sigma_{pc} + \gamma f_{tk}}{\sigma_{ck}}$$

式中 γ_{cr}^0——构件的抗裂检验系数实测值，即试件的开裂荷载实测值与荷载标准值（均包括自重）的比值；

$[\gamma_{cr}]$——构件的抗裂检测系数允许值；

σ_{pc}——由预应力产生的构件抗拉边缘混凝土法向应力值，按现行混凝土结构设计规范确定；

γ——混凝土构件截面抵抗矩塑性影响系数，按现行混凝土结构设计规范确定；

f_{tk}——混凝土抗拉强度标准值；

σ_{ck}——由荷载标准值产生的构件抗拉边缘混凝土法向应力值，按现行混凝土结构设计规范确定。

混凝土构件的截面抵抗矩塑性影响系数 γ 可按下式计算：

$$\gamma = \left(0.7 + \frac{120}{h}\right)\gamma_m$$

式中 γ_m——混凝土构件的截面抵抗矩塑性影响系数基本值，可按正截面应变保持平面的假定，并取受拉区混凝土应力图形为梯形、受拉边缘混凝土极限拉应变为 $2f_{tk}/E_c$ 确定；对常用的截面形状，γ_m 值可按附表 1-3 取用；

h——截面高度（mm）：当 $h<400$ 时取 $h=400$；当 $h>1600$ 时，取 $h=1600$；对圆形、环形截面取 $h=2r$，此处 r 为圆形截面半径或环形截面的外环半径。

（五）裂缝宽度检验

预制构件的裂缝宽度检验应符合下列公式的要求：

$$w_{s,max}^0 \leqslant [w_{max}]$$

式中　$w^0_{s,max}$ ——在荷载标准值下，受拉主筋处的最大裂缝宽度实测值（mm）；

$[w_{max}]$ ——构件检验的裂缝最大宽度允许值，按附表 1-4 取用。

截面抵抗矩塑性影响系数基本值 γ_m　　附表 1-3

项次	1	2	3		4		5
截面形状	矩形截面	翼缘位于受压区的 T 形截面	对称 I 形截面或箱形截面		翼缘位于受拉区的倒 T 形截面		圆形和环形截面
			$b_f/b \leqslant 2$ h_f/h 为任意值	$b_f/b > 2$ $h_f/h < 0.2$	$b_f/b \leqslant 2$ h_f/h 为任意值	$b_f/b > 2$ $h_f/h < 0.2$	
γ_m	1.55	1.50	1.45	1.35	1.50	1.40	$(1.6 \sim 0.24)\ r_1/r$

注：1. 对 $b'_f > b_f$ 的 I 形截面可按项次 2 与项次 3 之间的数值采用；对 $b'_f < b_f$ 的 I 形截面可按项次 3 与项次 4 之间的数值采用；
2. 对于箱形截面，b 指各肋宽度的总和；
3. r_1 为环形截面的内环半径，对圆形截面取 r_1 为零。

构件检验时最大裂缝宽度允许值（mm）　　附表 1-4

设计要求的最大裂缝宽度限值	0.2	0.3	0.4
$[w_{max}]$	0.15	0.20	0.25

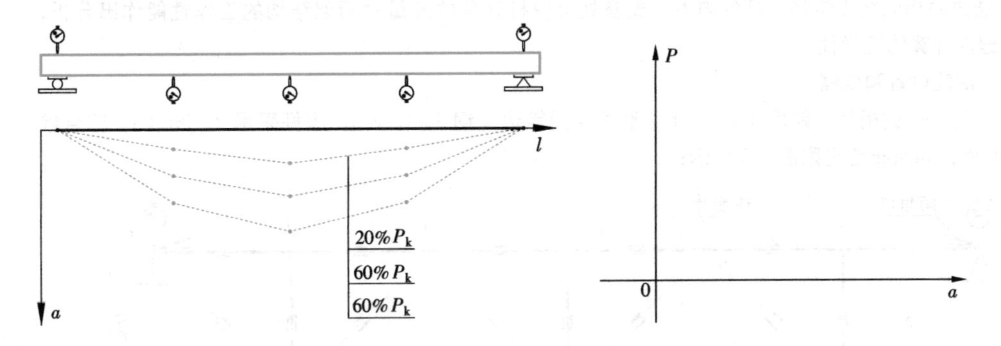

附图 1-4　各级荷载下的整体变形图　　　附图 1-5　跨中点挠度-荷载曲线图

六、试验报告

1. 根据试验记录，绘制各级荷载下的整体变形图及跨中点挠度 a_{max}-荷载 P 曲线图；
2. 根据实测值，就承载力、挠度、抗裂和裂缝宽度等方面检验试件的结构质量；
3. 填写检验记录表，见附表 1-5 和附表 1-6。

位　移　记　录　表　　附表 1-5

项目 荷载（kN）	1			2			3			4			5		
	读数	读数差	累积	读数	读数差	累积	读数	读数差	累积	读数	读数差	累积	读数	读数差	累积
附　注															

试验参数及结果汇总表　　附表 1-6

<table>
<tr><td rowspan="2">项目</td><td rowspan="2">外形尺寸
(mm)</td><td rowspan="2">保护层厚度
(mm)</td><td rowspan="2">主筋数量
及规范</td><td rowspan="2">混凝土
强度等级</td><td rowspan="2">标准荷载
(kN)</td><td colspan="4">检　验　指　标</td></tr>
<tr><td>承载力</td><td>挠度</td><td>抗裂</td><td>裂缝宽度</td></tr>
<tr><td>设计</td><td></td><td></td><td></td><td></td><td></td><td></td><td></td><td></td><td></td></tr>
<tr><td>实测</td><td></td><td></td><td></td><td></td><td></td><td></td><td></td><td></td><td></td></tr>
<tr><td colspan="6">加载简图、仪表位置及编号</td><td colspan="4">裂缝情况及特征</td></tr>
<tr><td colspan="6"></td><td colspan="4"></td></tr>
</table>

试验三　简支钢桁架非破损试验

一、试验目的

1. 进一步学习和掌握几种常用仪表的性能、安装和使用方法；

2. 通过对桁架结点位移、杆件内力、支座处上弦杆转角的测量对桁架结构的工作性能作出分析，并验证理论计算的正确性。

二、试验设备和仪器

1. 试件——钢桁架、跨度 4.2m，上下弦杆采用等边角钢 2∠30×3，腹杆采用 2∠25×3，节点板厚 $\delta=4$mm，测点布置见附图 1-6 所示；

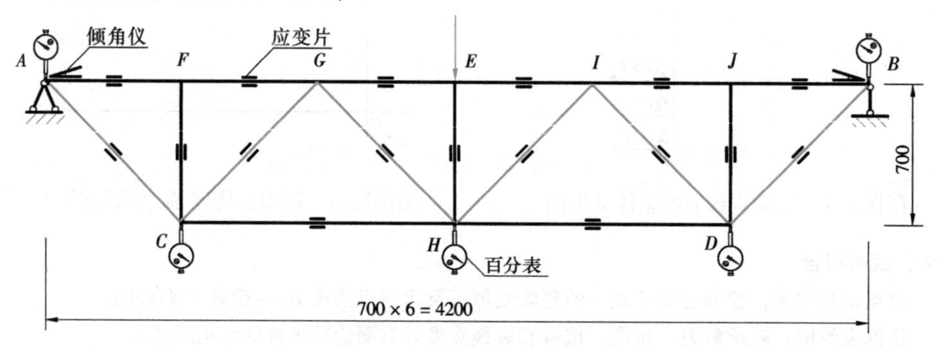

附图 1-6　钢桁架尺寸与测点布置图

2. 加载设备——螺旋千斤顶，压力传感器；

3. 静态电阻应变仪；

4. 百分表、挠度计及支架；

5. 倾角仪。

三、试验方案

桁架试验一般多采用垂直加荷方式，由于桁架平面外刚度较弱，安装时必须采用专门措施，设置侧向支撑，以保证桁架上弦的侧向稳定。侧向支撑点的位置应根据设计要求确定，支撑点的间距应不大于上弦平面外的设计计算长度。同时侧向支撑应不妨碍桁架在其平面内位移。

桁架试验支座的构造可以采用梁试验的支承方法，支承中心线的位置尽可能准确，其偏差对桁架端节点的局部受力影响较大，对钢筋混凝土桁架影响更大，故应严格控制。三角形屋架受荷后，下弦伸长较多，流动支座的水平位移往往较大，因此支座垫板应有足够的尺寸。

桁架试验加荷方法可采用实物加荷（如用屋面板等，多用于现场鉴定性试验），也可采用吊篮加荷（多用于木桁架试验），但一般多采用螺旋千斤顶或同步液压千斤顶加荷，试验时应使桁架受力稳定、对称，防止平面外失稳破坏，同时还要充分估计千斤顶的有效行程。

桁架的试验荷载与设计荷载不相符时，也可采用等效荷载代换，但应验算，使主要受力构件或部位的内力接近设计情况，还应注意荷载改变后可能引起的局部影响，防止产生局部破坏。

观测项目一般有强度、抗裂度、挠度和裂缝宽度、杆件内力等。测量挠度可采用挠度计或水准仪，测点一般布置于下弦节点。为测量支座沉陷，在桁架两支座的中心线上应安置垂直方向的位移计。另外还可在下弦两端安装两个水平方向的位移计，以测量在荷载作用下固定支座和滚动支座的水平侧向位移。杆件内力测量可用电阻应变片或接触式位移计，其安装位置由杆件受力条件和测量要求确定。

荷载分级、开裂荷载和破坏荷载的判别，参照梁的试验。

桁架试验由于荷载点高，加荷载过程中要特别注意安全，作破坏试验时，应根据预先估计的可能破坏情况设置防护支撑，以防损坏仪器设备和造成人身伤害。

本试验采用缩尺钢桁架作非破损检验，以达到熟悉的目的。杆件应变测量点设置在每一杆件的中间区段，为消除自重弯矩的影响，电阻应变片均安装在截面的重心线上，见附图 1-7。在水平杆 AF 及 BJ 的支座处装倾角仪，量测在各级荷载下的转角变化。挠度测点均布置在桁架下弦节点上，同时支座处尚应安装百分表测量沉降值（及侧移值）。为保证整体稳定，在平面外设置水平桁架。

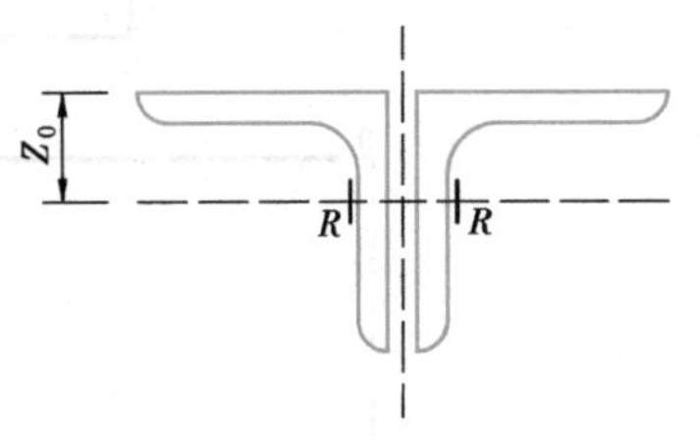

附图 1-7 应变片粘贴位置示意图

四、试验步骤

1. 检查试件与试验装置，装上仪表（电阻应变片已预先贴好，只接线测量）。
2. 加 8kN 荷载，作预载试验，测取读数，检查装置、试件和仪表工作是否正常，然后卸载。如发现问题应及时排除。
3. 仪表调零，记取初读数，作好记录和描绘试验曲线的准备。
4. 正式试验。采用 5 级加载，每级 4kN，每级停歇时间为 10min，停歇的中间时刻读数。
5. 满载为 20kN，满载后分二级卸载，并记下读数。
6. 正式试验重复两次。

五、试验结果的整理、分析和试验报告

（一）原始资料

1. 桁架各杆内力见附图 1-8。

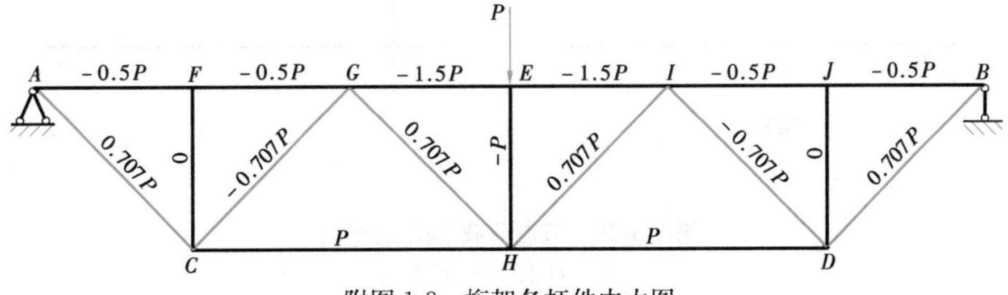

附图 1-8 桁架各杆件内力图

2. 桁架下弦 D、H、C 节点的位移及 AF 杆的转角按下式近似计算：

$$a_{H}=\frac{9618.8P}{EA}, a_{C}=\frac{4139.8P}{EA}, \theta_{AF}=\frac{5.9093P}{EA}\cdot\frac{180}{\pi}$$

式中　a_H ——桁架下弦 D 节点竖向位移（mm）；

a_C ——桁架下弦 C 节点竖向位移（mm）；

θ_{AF} ——桁架下弦 AF 杆的转角（°）；

P ——桁架上弦中点（E 节点）处所施加的竖向荷载（N）；

A ——桁架杆件截面积（mm^2）；

E ——桁架杆件材料弹性模量（N/mm^2）。

（二）桁架下弦 D、H、C 节点的荷载——挠度分析

1. 绘出各级荷载下桁架整体变形图（附图 1-9）。

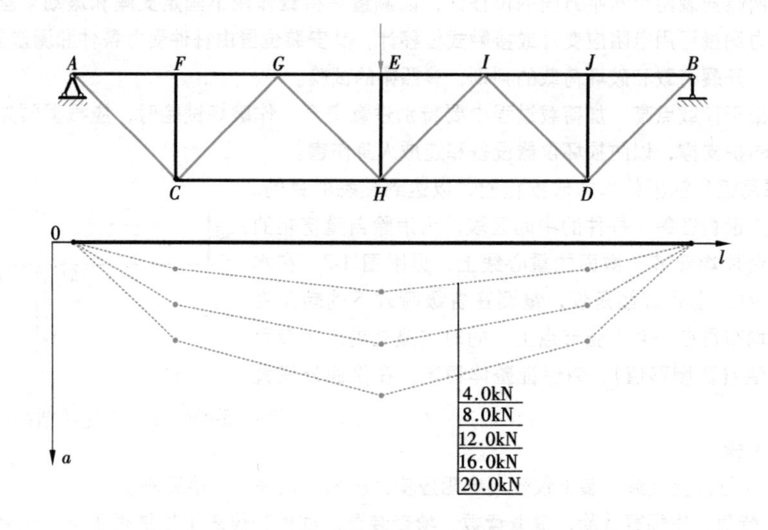

附图 1-9　各级荷载下的桁架整体变形图

2. 分别绘出各级荷载下 H、C 点的荷载-挠度曲线及理论曲线（附图 1-10）。

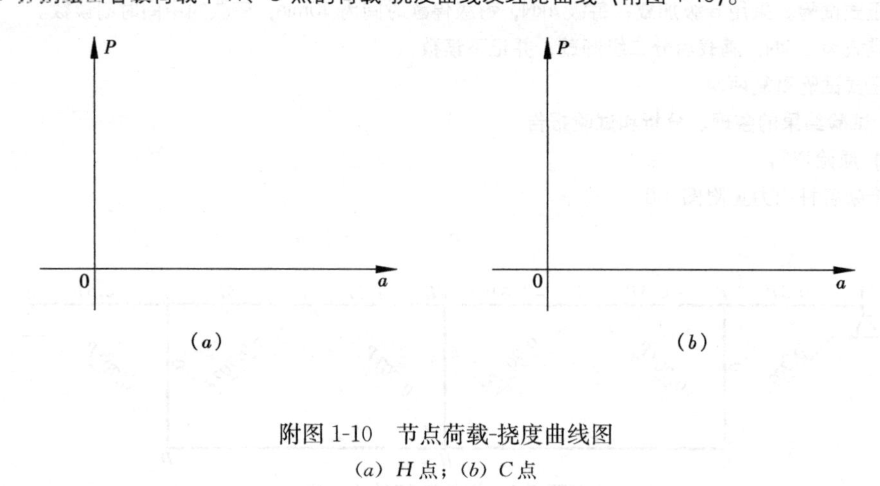

附图 1-10　节点荷载-挠度曲线图

（a）H 点；（b）C 点

3. 比较满载条件下 H、C、D 点的挠度实测值与理论值的差异（附表 1-7）并分析其原因。

桁架节点挠度实测值与理论值比较表　　附表 1-7

测　点	H	C	D
实测值			
理论值			
实测值/理论值			

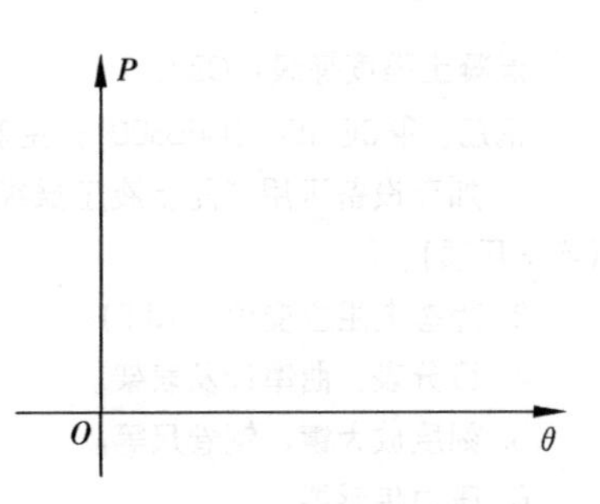

附图 1-11　上弦 AF 端杆荷载-转角曲线图

（三）桁架上弦杆 AF 端杆的转角分析

1. 绘出上弦 AF 端杆的荷载-转角曲线图（附图 1-11）。

2. 比较各级荷载下 AF 端杆转角实测值与理论值的差异（附表 1-8）并分析其原因。

桁架上弦 AF 端杆转角实测值与理论值比较表　　附表 1-8

荷载（kN）	4.0	8.0	12.0	16.0	20.0
实测值					
理论值					
实测值/理论值					

（四）桁架各杆件的内力分析

从杆件的实测应变值求出内力值，并与理论计算值比较。

（五）检验结论

根据试验结果与理论计算的比较，讨论理论计算的准确性。并根据试验结果的综合分析，对桁架的工作状态作出结论。

试验四　钢筋混凝土简支梁试验

一、试验目的

1. 通过对钢筋混凝土梁的强度、刚度及抗裂度的试验测定，进一步熟悉钢筋混凝土受弯构件试验的一般过程；

2. 进一步学习常用仪表的选择和使用操作方法；

3. 掌握量测数据的整理、分析和表达方法。

二、试验设备和仪器

1. 试验构件为一普通钢筋混凝土简支梁，截面尺寸及配筋如附图 1-12 所示。

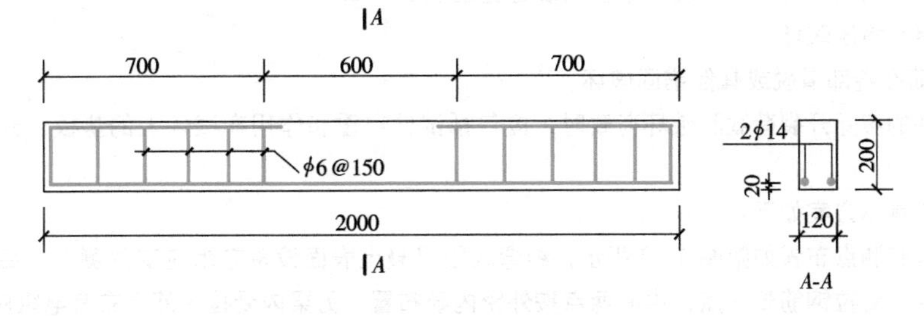

附图 1-12　钢筋混凝土梁截面配筋图

混凝土强度等级：C30；

钢筋：Φ6@150（HPB300）；主筋 2Φ14（HRB400）。

2. 加荷设备可用“同步液压操纵台”配置 JS-50 型液压缸，或采用手动油泵配置 JS-50 型液压缸（或千斤顶）。

3. 静态电阻应变仪（YJ-5）。

4. 百分表、曲率计及表架。

5. 刻度放大镜、钢卷尺等。

6. 压力传感器。

三、试验方案

为研究钢筋混凝土梁的强度和刚度，主要测定其强度安全度、抗裂度及各级荷载下的挠度和裂缝开展情况，另外就是测量控制区段的应变大小和变化，找出刚度随外荷变化的规律。梁的试验荷载一般较大，多点加载常采用同步液压加载方法。构件试验荷载的布置应符合设计的规定，当不符合设计规定时，应采用等效荷载的原则进行代换，使构件试验的内力图与设计的内力图相近似，并使两者的最大受力部位的内力值相等。

试验一般采用分级加载，在标准荷载以前分 5 级。作用在试件上的试验设备重量及试件自重等应作为第一级荷载的一部分。

用眼睛观察裂缝的发生和发展，裂缝宽度用刻度放大镜测量，在标准荷载下的最大裂缝宽度测量应包括正截面裂缝和斜截面裂缝。正截面裂缝宽度应取受拉钢筋处的最大裂缝宽度（包括底面和侧面），测量斜裂缝时，应取斜裂缝最大处测量。每级荷载下的裂缝发展情况应随试验进行在构件上绘出，并注明荷载级别和裂缝宽度值。

为准确测定发裂荷载值，试验过程中应注意观察第一条裂缝的出现。在此之前应把荷载取为 5% P_k。

当试件破坏时，注意观察试件的破坏特征并确定其破坏荷载值。

依据《预制混凝土构件质量检验评定标准》DBJ 01-1-1992 的规定：当发现下列情况之一时，即认为该构件已经达到破坏，并以此时的荷载作为试件的破坏荷载值。

1. 正截面强度破坏

（1）受压混凝土破损；

（2）纵向受拉钢筋被拉断；

（3）纵向受拉钢筋达到或超过屈服强度后致使构件挠度达到跨度的 1/50；或构件纵向受拉钢筋处的最大裂缝宽度达到 1.5mm。

2. 斜截面强度破坏

（1）受压区混凝土剪压或斜拉破坏；

（2）箍筋达到或超过屈服强度后致使斜裂缝宽度达到 1.5mm；

（3）混凝土斜压破坏。

3. 受力筋在端部滑脱或其他锚固破坏。

确定试件的实际开裂荷载和破坏荷载时，应包括试件自重和作用在试件上的垫板、分配梁等加荷设备重量。

本试验的具体方案如下：

加荷位置和测点布置如附图 1-13 所示，纯弯区段混凝土表面设置电阻应变片测点，每侧四个——压区顶面一点、受拉钢筋处一点，中间两点按外密内疏布置。另梁内受拉主筋上布有电阻应变片两点。

在电阻应变片测点对应处，设置手持式应变仪测点，每侧四组。

挠度测点五个——跨中一点、分配梁加载点对应处各一点、支座沉降测点两点。

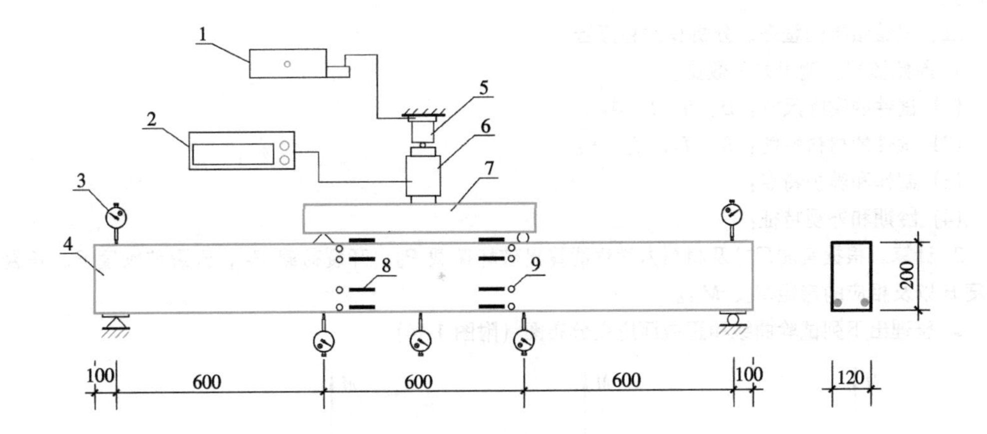

附图 1-13　钢筋混凝土梁截面配筋图

1—手动油泵；2—应变仪；3—挠度计；4—试件；5—液压缸；
6—压力传感器；7—分配梁；8—应变片；9—手持式应变仪脚标

四、试验步骤

1. 按标准荷载的20%分级算出加载值。自重和分配梁作为初级荷载计入。

2. 在发裂荷载前和接近破坏前，加载值按分级数值的1/2或1/4取用，以准确测出发裂荷载值和破坏荷载值。

3. 按"电阻应变片粘贴技术"要求贴好应变片，做好防潮处理，引出接线，同时粘贴好手持式引伸仪脚标插座和装好挠度计或百分表。

4. 进行1～3次预载，预加荷载取开裂弯矩 M_{cr} 的30%，$M_{cr}=(0.7+120/h)1.55f_{tk}W_0$，其中：$h$ 为梁截面高度，当截面高度 $h>2000$mm 或 $h<400$mm 时，分别取 $h=2000$mm 或 $h=400$mm 进行计算；f_{tk} 为混凝土抗拉强度标准值；W_0 为换算截面受拉边缘的弹性抵抗矩。测读数据，观察试件、装置和仪表工作是否正常并及时排除故障。预载值的大小必须小于构件的发裂荷载值。

5. 正式试验，自重及分配梁等应作为第一级荷载值，不足20% P_k 或40% P_k 时，则用外加荷载补足。每级停歇5min，并在前后两次加载的中间时间内读数，数据填入附表1-9。

位移和应变记录表　　附表 1-9

项目 荷载（kN）	1			2			3			4			5		
	读数	读数差	累积	读数	读数差	累积	读数	读数差	累积	读数	读数差	累积	读数	读数差	累积
附　注															

6. 随着试验进行注意仪表及加荷载装置的工作情况，细致观察裂缝的发生、发展和构件的破坏

形态。

五、试验结果的整理、分析和试验报告

1. 原始资料。测出如下数据：

(1) 试件的实际尺寸：b、h、l、A_s

(2) 试件的材料性能：f_c、f_y、E_s、E_c

(3) 制作和养护特点：

(4) 龄期和外观特征：

2. 计算。根据实测尺寸及材料力学性能算出破坏荷载 P_u、开裂荷载 P_{cr}，开裂前刚度 B、开裂后刚度 B 以及相应的弯矩 M_u、M_{cr}。

3. 整理出下列试验曲线和正截面应变分布图（附图 1-14）。

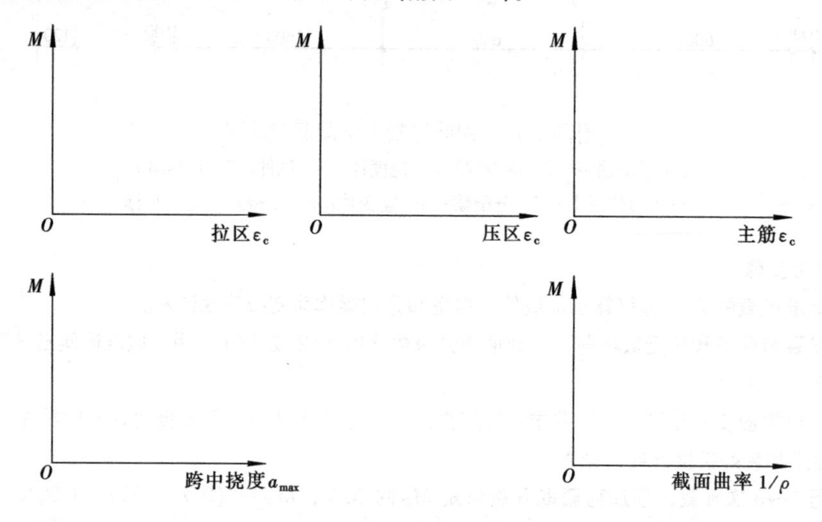

附图 1-14　试验曲线

4. 绘出标准荷载下的裂缝开展图和破坏形态图（附图 1-15）

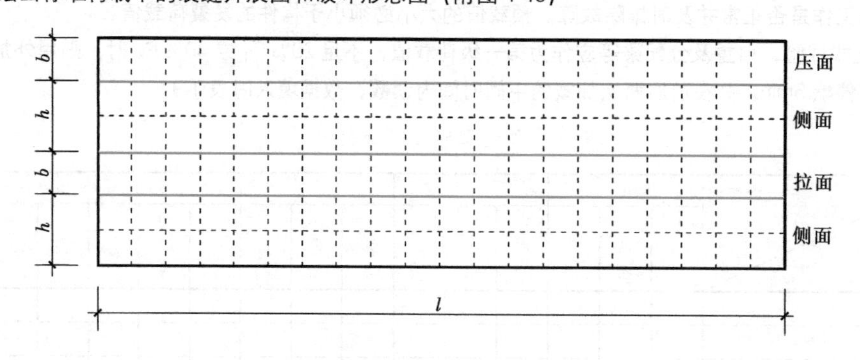

附图 1-15　裂缝图

5. 试验结构分析

(1) 将实测的 P_{cr}、P_u 与计算值进行比较，分析差异的原因；

(2) 将实测得到的 $M-1/\rho$ 与理论值进行比较，分析其差异的原因；

(3) 对梁的破坏形态和特征作出评定。

试验五 钢筋混凝土短柱破坏试验

一、试验目的

1. 通过试验初步掌握受压柱静载试验的一般程序和测试方法；
2. 观察在小偏心受压时，钢筋混凝土短柱破坏过程及其特征。

二、试验设备及仪器

1. 矩形截面钢筋混凝土短柱、混凝土强度等级 C30，HPB300 级钢筋，尺寸及配筋如附图 1-16 所示；
2. 2000kN 压力机或长柱试验机；
3. 静态电阻应变仪及挠度计、刻度放大镜、曲率仪等。

三、试验方案

柱子试验的主要目的在于研究纵向弯曲的影响与柱子破坏的规律，从而找出不同长细比条件下与极限荷载之间的关系。对于薄壁构件或钢结构柱还有局部稳定问题。

柱子试验多采用正位试验，主要在长柱机或大型承力架配合同步液压加荷设备系统进行。卧位虽然方便，但自重影响难于有效消除。

支座构造装置是柱子试验中的重要环节，铰支座多采用刀铰形式，它有单刀铰支和双刀铰支两种，比较灵活可靠，球铰加工困难，精度不易保证，摩阻力较大。其他支座条件、可视具体情况设计模拟。

柱子加载一般按估计破坏荷载的 1/15～1/10 分级施加，接近发裂荷载或破坏荷载时，加载值应减至 1/4～1/2 原分级值。观测项目主要有各级荷载下的侧向挠度、控制截面或区段的应力及其变化规律、裂缝的开展、开裂荷载值及破坏荷载值等。

其观测仪器与梁板试验基本相同。

试件安装时应将试件轴线对准作用力的中心线（附图 1-16），即几何对中。若有可能还应进行力学对中，即加载达标准荷载的 40% 左右测量其中间区段两侧或四角应变，并调整作用力轴线，使各点应变均匀。力学对中后即可进行中心受压试验。对偏心受压试验，应在力学对中后（或几何对中后），沿加力中心线量出偏心距 e_0，再把加力点移至偏心距上进行偏心受压试验。柱子试验由于高度大、荷载大、侧向变形不好控制和测量，且破坏时又有一定危险性，均应引起足够重视。

试验装置与测点布置见附图 1-17 所示。具体试验步骤如下：

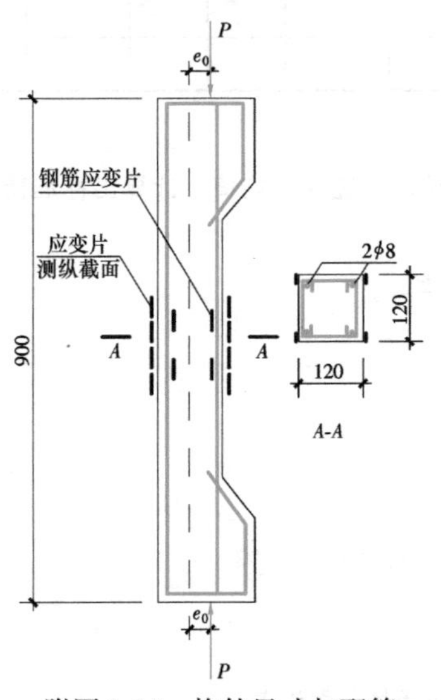

附图 1-16　构件尺寸与配筋

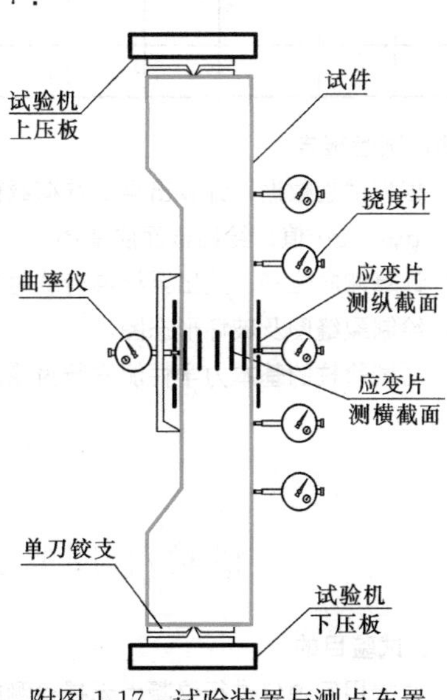

附图 1-17　试验装置与测点布置

1. 在浇筑混凝土前，预先做好贴在钢筋上电阻应变片的防水处理，并作好保护。

2. 试件试验前在中间区段混凝土拉压表面沿纵向贴应变片四枚。

3. 试件对中就位后，加载点移至偏心距处，装好挠度计（或百分表）、曲率计等（e_0 = 25mm）。

4. 根据给定条件算出试件承载力 P_u 和破坏荷载，作出荷载分级。

5. 作预载作用检查，预载值应不超过开裂荷载值，并调试仪表。

6. 加一级初载，各测点仪表调零或读取初读数（本试件，初载 10kN，荷载分级为 20kN）。以后每加一级荷载，读取一次读数，直至破坏。同时注意观测裂缝及破坏过程及特征。荷载达 P_u 时应拆除挠度计和曲率仪。数据记于附表 1-10 中。

数据记录表　　附表 1-10

荷载（kN）	应变（$\mu\varepsilon$）			挠　度（mm）			荷载（kN）	曲率（挠度）			应变（$\mu\varepsilon$）		
	读数	读数差	累计	读数	读数差	累计		读数	读数差	累计	读数	读数差	累计

四、试验报告

1. 根据试验数据，计算出至标准荷载前各级荷载下的钢筋拉、压应变平均值。计算出标准荷载下的 σ_N、σ_{Mx}、σ_{My} 值，绘出截面应变图。

2. 计算侧向位移，绘出至标准荷载时的荷载-挠度关系曲线图。

3. 绘制裂缝图及破坏形态图。

4. 对试验柱的基本力学性能进行讨论。

试验六　回弹法检测普通混凝土抗压强度

一、试验目的

1. 掌握用回弹仪进行混凝土无损检测的技术方法、原理及所用的仪器设备；

2. 熟悉回弹检测法的基本规程及其数据处理方法与规定。

二、试验设备及仪器

1. 标准回弹仪；

2. 回弹仪率定用钢砧；

3. 酚酞酒精、碳化深度测量仪等。

三、试验方案

回弹仪使用时的环境温度应为－4～40℃。

正式测量前，为保证测试精度，按《回弹法检测混凝土抗压强度技术规程》JGJ/T 23—2011要求，在钢砧上对回弹仪进行率定，回弹仪的率定值应为80±2。

在指定混凝土试件上，确定5～10个测区；每个检测面积不宜大于0.04m^2；测区为混凝土原浆面，并应清洁、平整，不应有疏松层、浮浆、油垢、涂层以及蜂窝、麻面。

测量回弹值时，回弹仪的轴线应始终垂直于混凝土检测面，并应缓慢施压、准确读数、快速复位。

每一测区应读取16个回弹值，每一测点的回弹值计数应精确到1。测点宜在测区范围内均匀分布，相邻两测点净距不宜小于20mm；测点距外露钢筋、预埋件的距离不宜小于30mm；测点不应在气孔或外露石子上，同一测点应只弹1次。

回弹值测量完毕后，应在有代表性测区上测量碳化深度值，测点数不应少于构件测区数的30%，应取其平均值作为该构件每个测区的碳化深度值。当碳化深度极差大于2.0mm时，应在每一测区分别测量碳化深度值。

碳化深度采用浓度为1%～2%的酚酞酒精溶液滴在用工具所开孔洞内壁的边缘处，当已碳化与未碳化界线清晰时，应采用碳化深度测量仪测量已碳化与未碳化混凝土交界面到混凝土上表面的垂直距离，应测量3次，每次计数应精确到0.25mm；应取3次测量的平均值作为检测结果（d_m），并应精确到0.5mm。

计算测区平均回弹值时，应从该测区16个回弹值中剔除3个最大值和3个最小值，用其余的10个回弹值计算出回弹平均值R_m。

当检测面为非水平方向侧面、混凝土浇筑表面或混凝土浇筑底面时，按《回弹法检测混凝土抗压强度技术规程》JGJ/T 23—2011要求进行修正。

根据碳化深度值（d_m）和测区回弹值（R_m），查询统一测强曲线或专用测强曲线，获取每个测区混凝土强度换算值（$f_{cu,i}^{c}$）。

被检测构件的现龄期混凝土强度推定值（$f_{cu,e}$）按下列规定计算：

（1）当构件测区数小于10个时，应按下式计算：

$$f_{cu,e} = f_{cu,min}^{c}$$

（2）当构件测区强度值中出现小于10.0MPa时，应按下式计算：

$$f_{cu,e} < 10.0\text{MPa}$$

（3）当构件测区数不小于10个时，应按下式计算：

$$f_{cu,e} = m_{f_{cu}^{c}} - 1.645 S_{f_{cu}^{c}}$$

式中，$m_{f_{cu}^{c}} = \frac{1}{n}\sum_{i=1}^{n} f_{cu,i}^{c}$，为构件测区混凝土强度换算值的平均值，精确到0.1MPa；$S_{f_{cu}^{c}} = \frac{1}{n-1}\sqrt{\sum_{i=1}^{n}(f_{cu,i}^{c})^2 - n(m_{f_{cu}^{c}})^2}$，为构件测区混凝土强度换算值的标准差，精确到0.01MPa；n为被检测构件测区的数量。

四、原始记录表与试验报告

1. 构件基本情况描述。

2. 检测布置示意图。
3. 原始记录表格（附表 1-11）。
4. 试验报告（附表 1-12）。

回弹法检测普通混凝土抗压强度原始记录表 附表 1-11

<table>
<tr><th colspan="2">编号</th><th colspan="16">回 弹 值 R_i</th><th rowspan="2">碳化深度 d_m (mm)</th></tr>
<tr><th>构件</th><th>测区</th><th>1</th><th>2</th><th>3</th><th>4</th><th>5</th><th>6</th><th>7</th><th>8</th><th>9</th><th>10</th><th>11</th><th>12</th><th>13</th><th>14</th><th>15</th><th>16</th></tr>
<tr><td rowspan="10"></td><td>1</td><td></td><td></td><td></td><td></td><td></td><td></td><td></td><td></td><td></td><td></td><td></td><td></td><td></td><td></td><td></td><td></td><td></td></tr>
<tr><td>2</td><td></td><td></td><td></td><td></td><td></td><td></td><td></td><td></td><td></td><td></td><td></td><td></td><td></td><td></td><td></td><td></td><td></td></tr>
<tr><td>3</td><td></td><td></td><td></td><td></td><td></td><td></td><td></td><td></td><td></td><td></td><td></td><td></td><td></td><td></td><td></td><td></td><td></td></tr>
<tr><td>4</td><td></td><td></td><td></td><td></td><td></td><td></td><td></td><td></td><td></td><td></td><td></td><td></td><td></td><td></td><td></td><td></td><td></td></tr>
<tr><td>5</td><td></td><td></td><td></td><td></td><td></td><td></td><td></td><td></td><td></td><td></td><td></td><td></td><td></td><td></td><td></td><td></td><td></td></tr>
<tr><td>6</td><td></td><td></td><td></td><td></td><td></td><td></td><td></td><td></td><td></td><td></td><td></td><td></td><td></td><td></td><td></td><td></td><td></td></tr>
<tr><td>7</td><td></td><td></td><td></td><td></td><td></td><td></td><td></td><td></td><td></td><td></td><td></td><td></td><td></td><td></td><td></td><td></td><td></td></tr>
<tr><td>8</td><td></td><td></td><td></td><td></td><td></td><td></td><td></td><td></td><td></td><td></td><td></td><td></td><td></td><td></td><td></td><td></td><td></td></tr>
<tr><td>9</td><td></td><td></td><td></td><td></td><td></td><td></td><td></td><td></td><td></td><td></td><td></td><td></td><td></td><td></td><td></td><td></td><td></td></tr>
<tr><td>10</td><td></td><td></td><td></td><td></td><td></td><td></td><td></td><td></td><td></td><td></td><td></td><td></td><td></td><td></td><td></td><td></td><td></td></tr>
<tr><td>测面状态</td><td colspan="8">位置：□侧面 □表面 □底面
干湿：□风干 □潮湿
表观：□光洁 □粗糙</td><td rowspan="3">回弹仪</td><td colspan="2">型号

编号</td><td colspan="3"></td><td rowspan="3">备注</td><td colspan="3" rowspan="3">混凝土类型：
□泵送混凝土
□非泵送混凝土
龄期（d）：</td></tr>
<tr><td>检测角度（°）</td><td colspan="8">□水平 □向上 □向下 □其他（ ）</td><td colspan="2" rowspan="2">率定值</td><td colspan="3" rowspan="2">测前：

测后：</td></tr>
<tr><td>检测依据</td><td colspan="8">JGJ/T 23—2011</td></tr>
</table>

回弹法检测普通混凝土抗压强度报告 附表 1-12

<table>
<tr><td>工程名称</td><td></td><td>混凝土类型</td><td></td><td>强度等级</td><td></td></tr>
<tr><td>检测依据</td><td></td><td>回弹仪型号</td><td></td><td>仪器检定证号</td><td></td></tr>
<tr><td>浇筑日期</td><td></td><td>检测日期</td><td></td><td>环境温度</td><td></td></tr>
<tr><td rowspan="2">编号</td><td rowspan="2">构件名称</td><td colspan="3">测区混凝土强度换算值（MPa）</td><td rowspan="2">推定值（MPa）</td></tr>
<tr><td>平均值</td><td>标准差</td><td>最小值</td></tr>
<tr><td></td><td></td><td></td><td></td><td></td><td></td></tr>
<tr><td></td><td></td><td></td><td></td><td></td><td></td></tr>
<tr><td></td><td></td><td></td><td></td><td></td><td></td></tr>
<tr><td></td><td></td><td></td><td></td><td></td><td></td></tr>
</table>

附录2

电阻应变片粘贴工艺、常用胶粘剂和防潮剂

应变片的粘贴工艺包括试件表面处理，应变片的选检、粘贴，引线连接，质量检查和防护层敷设等过程，也可称为应变片的安装，主要步骤如下：

1. **试件表面清理**：为了能使应变片牢固地贴在试件表面上，试件表面贴片处的清理十分重要；首先，应将试件贴片部位的漆层、油污以及锈层清除干净，试件表面的刀痕可用锉刀或砂布打磨，打磨出与应变片主轴线呈±45°的交叉网纹。在试件表面画出定位线，以便准确粘贴。画出标志线后，用黏有丙酮的棉球擦拭试件表面，更换棉球反复擦，直至棉球无黑为止。经清洗后的表面勿用手接触，保护干净，以待使用。

2. **应变片的选检**：用四位万用电桥对所给应变片逐一进行测试（测时要焊上）；按照同一电桥的应变片其阻值偏差±0.5Ω，且灵敏系数相同的原则，选出应变片；然后在每片的盖片上画出线栅的横向中心定位线。

3. **应变片的粘贴**：粘贴的方法视所选用的胶粘剂和应变片的基底材料不同而异；对纸基应变片，采用KH 502胶，贴片加压0.5～1kgf/cm^2(加压时间约1分钟)然后沿应变片主轴线水平方向将聚乙烯箔取下。依同法粘完所选各片。

4. **粘贴质量检查**：对粘贴在试件上的应变片，在进行固化前应对粘贴质量进行初步检查。观察有无气泡及边角翘起等现象，用万用表测线栅的电阻值，看有无断路现象，用兆欧表检测丝栅与试件的绝缘电阻，要求电阻大于50MΩ。

5. **连接引线的焊接**：为了方便应变片与应变仪连接，应在应变片的引线上焊接一段导线，焊后用万用表检查焊接质量，确认无误后用塑料套将焊接头封上，并用胶布将引线固定在被测构件上。

6. **应变片的保护与密封**：按照测试任务的要求，应变片可能工作在各种不同的环境条件下，如高温、高压、油、水、化学试剂以及土等不同介质。为了防止其他工作或有害介质损坏、腐蚀应变片而使其不能传递应变，所以应对应变片采取防护与密封措施。最简单的方法是在应变片表面涂一层石蜡，具体是用烙铁将石蜡熔化后滴在应变片表面与引线上，注意密封面积要比应变片大约2/3，则电阻片安装完毕。

常用电阻应变计胶粘剂和常用电阻应变计防潮剂的参数性能见附表2-1和附表2-2。

附表 2-1

常用电阻应变计胶粘剂

种类	主要成分	牌号	适合的应变片基底	固化条件	固化压力（MPa）	适应温度范围（℃）	特点
氧基丙烯酸酯	氧基丙烯酸甲酯单体	KH501	纸基、胶基、箔式基	室温 1 小时（固化完成需 3 小时以上）	贴片时指压加 0.05～0.1	－50～＋80	固化速度快，黏结力强，使用简单，蠕变、滞后小，耐温耐热性差，储存期短（24℃，6 个月）
	氧基丙烯酸甲酯单体	KH502					
环氧类	环氧树脂、素硫酸铜、胺固化剂等	914	纸基较好，胶基、箔基片稍差	室温，2.5 小时（固化完成需 24 小时）	0.05～0.1	－60～＋80	黏结力强，防水性、耐蚀性、绝缘性好，固化收缩小，使用方使，储存期24℃，12 个月，硬化后性脆、不耐冲击
	环氧树脂、固化剂等	509	纸基好，胶基可用，箔基片较难	200℃，2 小时	0.05～0.1	－60～＋80	基本同上
	E_{44}环氧树脂 100、邻苯二甲酸二丁酸 5～20、乙二胺 6～8	自配	纸基好，胶基可用，箔基片较难	室温，24～48 小时；人工干燥，2 小时	0.1～0.2	－60～＋80	黏结力强，防潮性、绝缘性、耐蚀性好，也可用于防水、防潮、保护包扎等，软硬可调
酚醛类	酚醛树脂、聚乙烯醇缩丁醛	JSF-2	胶基、箔式片	150℃，1 小时	0.1～0.2	－60～＋150	性能稳定，耐酸、耐油、耐水、耐振动，常温可存放 6 个月
	酚醛树脂、聚乙醇甲乙醛，溶剂	1720	胶基、箔式片	190℃，3 小时	指压 0.05～0.1	－60～＋100	性能稳定，蠕变小，滞后小，疲劳寿命长，黏结性大，耐老化、耐水、耐油，性脆，阴凉处可存放 1 年
	酚醛-有机硅	J-12	胶基、玻璃纤维布	200℃，3 小时		－60～＋350	耐水、防潮，耐有机溶剂性较好
	酚醛-环氧、间苯二胺、石棉粉	J06-2	胶基、玻璃纤维布	150℃，3 小时	2	－60～＋250	黏结力强，对聚酰胺基底黏结力尤强
硝化纤维素	硝化纤维素（或乙基纤维素）溶剂（如丙酮等）	可自配	纸基	室温 10 小时或 60℃，2 小时	0.05～0.1	－50～＋80	价廉，易配，使用方便，吸温性大，收缩率较大，绝缘性较差，适合室内短时量测
聚亚酰胺	聚酰亚胺	14～30 号	胶基、玻璃纤维布基	280℃，2 小时	0.1～0.3	－150～＋250	耐水、耐酸、耐辐射、耐高温
素脂	不饱和聚脂树脂、过氧化环已酮等	配	胶基、玻璃纤维布基	室温，24 小时	0.3～0.5	－50～＋150	
氯仿胶粘剂	氯仿（三氯甲烷）、有机玻璃粉（3%～5%）	配	纸基玻璃纤维布基、箔式片等	室温，3 小时	指压	室温	用于在有机玻璃上贴片

常用电阻应变计防潮剂

附表 2-2

序号	种类	配方可牌号	使用方法	固化条件	使用范围
1	凡士林	纯凡士林	加热去除水分，冷却后涂刷	室温	室内，短期小于55℃
2	凡士林 黄蜡	凡士林40%～80% 黄蜡20%～60%	加热去除水分，调匀、冷却后用	室温	室内，短期小于65℃
3	黄蜡 松香	黄蜡60%～70% 松香30%～40%	加热熔化，脱水调匀，降温到50℃左右使用	室温	小于70℃
4	石蜡 涂料	石蜡40% 凡士林20% 松香30%，机油10%	松香研末，混合加热至150℃，搅匀，降温至60℃后涂刷	室温	一般室内外试验，－50～＋70℃
5	环氧树脂类	914环氧胶粘剂A和B组分	按重量A：B＝6：1 按体积A：B＝5：1 混合调匀用即可	20℃，5小时或25℃，3小时	室内外各种试验及防水包扎，－60～＋60℃
		E44环氧树脂100、甲苯酚15～20、间苯二胺8～14	树脂加热到50℃左右，依次加入甲苯酚、间苯二胺，搅匀	室温，10小时	室内外各种试验及防水包扎，－15～＋80℃
6	酚醛缩醛类	JSF-2	每隔20～30分钟涂一层，共2～3层	70℃，1小时140℃，1～2小时	室内外各种试验，－60℃～＋80℃
7	橡胶类	氯丁橡胶（88号，G_1 G_2等）90%～99%、列克纳胶（聚乙氧酸脂）1%～10%	先预热50～60℃，胶拌匀后分层涂敷，每次涂完晾干后，再涂下一层，直至5mm左右	室温	液压下常温防潮
8	聚丁二烯类	聚丁二烯胶	用毛等蘸胶，均匀涂在应变片上，加温固化	70℃，1小时 130℃，1小时	常温防潮
9	丙烯酸类树脂	P-4	涂刷或包扎	室温5分钟内溶剂挥发，24小时完全固化或80℃/30分钟更佳	各种应力分析应变片、传感器防潮及保护，也可固定接线与绝缘，－70～＋120℃

附录 3

回弹法测强数据表（部分）

普通回弹仪（标称能量 2.207J）回弹法检测非泵送混凝土测区强度换算表 附表 3-1

平均回弹值 R_m	非泵送混凝土测区强度换算值 $f^c_{cu,i}$												
	平均碳化深度值 d_m (mm)												
	0	0.5	1.0	1.5	2.0	2.5	3.0	3.5	4.0	4.5	5.0	5.5	≥6.0
24.0	14.9	14.6	14.2	13.7	13.1	12.7	12.2	11.8	11.5	11.0	10.7	10.4	10.1
24.2	15.1	14.8	14.3	13.9	13.3	12.8	12.4	11.9	11.6	11.2	10.9	10.6	10.3
24.4	15.4	15.1	14.6	14.2	13.6	13.1	12.6	12.2	11.9	11.4	11.1	10.8	10.4
24.6	15.6	15.3	14.8	14.4	13.7	13.3	12.8	12.3	12.0	11.5	11.2	10.9	10.6
24.8	15.9	15.6	15.1	14.6	14.0	13.5	13.0	12.6	12.2	11.8	11.4	11.1	10.7
25.0	16.2	15.9	15.4	14.9	14.3	13.8	13.3	12.8	12.5	12.0	11.7	11.3	10.9
25.2	16.4	16.1	15.6	15.1	14.4	13.9	13.4	13.0	12.6	12.1	11.8	11.5	11.0
25.4	16.7	16.4	15.9	15.4	14.7	14.2	13.7	13.2	12.9	12.4	12.0	11.7	11.2
25.6	16.9	16.6	16.1	15.7	14.9	14.4	13.9	13.4	13.0	12.5	12.2	11.8	11.3
25.8	17.2	16.9	16.3	15.8	15.1	14.6	14.1	13.6	13.2	12.7	12.4	12.0	11.5
26.0	17.5	17.2	16.6	16.1	15.4	14.9	14.4	13.8	13.5	13.0	12.6	12.2	11.6
26.2	17.8	17.4	16.9	16.4	15.7	15.1	14.6	14.0	13.7	13.2	12.8	12.4	11.8
26.4	18.0	17.6	17.1	16.6	15.8	15.3	14.8	14.2	13.9	13.3	13.0	12.6	12.0
26.6	18.3	17.9	17.4	16.8	16.1	15.6	15.0	14.4	14.1	13.5	13.2	12.8	12.1
26.8	18.6	18.2	17.7	17.1	16.4	15.8	15.3	14.6	14.3	13.8	13.4	12.9	12.3
27.0	18.9	18.5	18.0	17.4	16.6	16.1	15.5	14.8	14.6	14.0	13.6	13.1	12.4
27.2	19.1	18.7	18.1	17.6	16.8	16.2	15.7	15.0	14.7	14.1	13.8	13.3	12.6
27.4	19.4	19.0	18.4	17.8	17.0	16.4	15.9	15.2	14.9	14.3	14.0	13.4	12.7
27.6	19.7	19.3	18.7	18.0	17.2	16.6	16.1	15.4	15.1	14.5	14.1	13.6	12.9
27.8	20.0	19.6	19.0	18.2	17.4	16.8	16.3	15.6	15.3	14.7	14.2	13.7	13.0
28.0	20.3	19.7	19.2	18.4	17.6	17.0	16.5	15.8	15.4	14.8	14.4	13.9	13.2
28.2	20.6	20.0	19.5	18.6	17.8	17.2	16.7	16.0	15.6	15.0	14.6	14.0	13.3
28.4	20.9	20.3	19.7	18.8	18.0	17.4	16.9	16.2	15.8	15.2	14.8	14.2	13.5
28.6	21.2	20.6	20.0	19.1	18.2	17.6	17.1	16.4	16.0	15.4	15.0	14.3	13.6
28.8	21.5	20.9	20.2	19.4	18.5	17.8	17.3	16.6	16.2	15.6	15.2	14.5	13.8
29.0	21.8	21.1	20.5	19.6	18.7	18.1	17.5	16.8	16.4	15.8	15.4	14.6	13.9

续表

平均回弹值 R_m	非泵送混凝土测区强度换算值 $f^c_{cu,i}$												
	平均碳化深度值 d_m (mm)												
	0	0.5	1.0	1.5	2.0	2.5	3.0	3.5	4.0	4.5	5.0	5.5	≥6.0
29.2	22.1	21.4	20.8	19.9	19.0	18.3	17.7	17.0	16.6	16.0	15.6	14.8	14.1
29.4	22.4	21.7	21.1	20.2	19.3	18.6	17.9	17.2	16.8	16.2	15.8	15.0	14.2
29.6	22.7	22.0	21.3	20.4	19.5	18.8	18.2	17.5	17.0	16.4	16.0	15.1	14.4
29.8	23.0	22.3	21.6	20.7	19.8	19.1	18.4	17.7	17.2	16.6	16.2	15.3	14.5
30.0	23.3	22.6	21.9	21.0	20.0	19.3	18.6	17.9	17.4	16.8	16.4	15.4	14.7
30.2	23.6	22.9	22.2	21.2	20.3	19.6	18.9	18.2	17.6	17.0	16.6	15.6	14.9
30.4	23.9	23.2	22.5	21.5	20.6	19.8	19.1	18.4	17.8	17.2	16.8	15.8	15.1
30.6	24.3	23.6	22.8	21.9	20.9	20.2	19.4	18.7	18.0	17.5	17.0	16.0	15.2
30.8	24.6	23.9	23.1	22.1	21.2	20.4	19.7	18.9	18.2	17.7	17.2	16.2	15.4
31.0	24.9	24.2	23.4	22.4	21.4	20.7	19.9	19.2	18.4	17.9	17.4	16.4	15.5
31.2	25.2	24.4	23.7	22.7	21.7	20.9	20.2	19.4	18.6	18.1	17.6	16.6	15.7
31.4	25.6	24.8	24.1	23.0	22.0	21.2	20.5	19.7	18.9	18.4	17.8	16.9	15.8
31.6	25.9	25.1	24.3	23.3	22.3	21.5	20.7	19.9	19.2	18.6	18.0	17.1	16.0
31.8	26.2	25.4	24.6	23.6	22.5	21.7	21.0	20.2	19.4	18.9	18.2	17.3	16.2
32.0	26.5	25.7	24.9	23.9	22.8	22.0	21.2	20.4	19.6	19.1	18.4	17.5	16.4
32.2	26.9	26.1	25.3	24.2	23.1	22.3	21.5	20.7	19.9	19.4	18.6	17.7	16.6
32.4	27.2	26.4	25.6	24.5	23.4	22.6	21.8	20.9	20.1	19.6	18.8.	17.9	16.8
32.6	27.6	26.8	25.9	24.8	23.7	22.9	22.1	21.3	20.4	19.9	19.0	18.1	17.0
32.8	27.9	27.1	26.2	25.1	24.0	23.2	22.3	21.5	20.6	20.1	19.2	18.3	17.2
33.0	28.2	27.4	26.5	25.4	24.3	23.4	22.6	21.7	20.9	20.3	19.4	18.5	17.4
33.2	28.6	27.7	26.8	25.7	24.6	23.7	22.9	22.0	21.2	20.5	19.6	18.7	17.6
33.4	28.9	28.0	27.1	26.0	24.9	24.0	23.1	22.3	21.4	20.7	19.8	18.9	17.8
33.6	29.3	28.4	27.4	26.4	25.2	24.2	23.3	22.6	21.7	20.9	20.0	19.1	18.0
33.8	29.6	28.7	27.7	26.6	25.4	24.4	23.5	22.8	21.9	21.1	20.2	19.3	18.2
34.0	30.0	29.1	28.0	26.8	25.6	24.6	23.7	23.0	22.1	21.3	20.4	19.5	18.3
34.2	30.3	29.4	28.3	27.0	25.8	24.8	23.9	23.2	22.3	21.5	20.6	19.7	18.4
34.4	30.7	29.8	28.6	27.2	26.0	25.0	24.1	23.4	22.5	21.7	20.8	19.8	18.6
34.6	31.1	30.2	28.9	27.4	26.2	25.2	24.3	23.6	22.7	21.9	21.0	20.0	18.8
34.8	31.4	30.5	29.2	27.6	26.4	25.4	24.5	23.8	22.9	22.1	21.2	20.2	19.0
35.0	31.8	30.8	29.6	28.0	26.7	25.8	24.8	24.0	23.2	22.3	21.4	20.4	19.2
35.2	32.1	31.1	29.9	28.2	27.0	26.0	25.0	24.2	23.4	22.5	21.6	20.6	19.4

续表

平均回弹值 R_m	非泵送混凝土测区强度换算值 $f^c_{cu,i}$												
	平均碳化深度值 d_m（mm）												
	0	0.5	1.0	1.5	2.0	2.5	3.0	3.5	4.0	4.5	5.0	5.5	≥6.0
35.4	32.5	31.5	30.2	28.6	27.3	26.3	25.4	24.4	23.7	22.8	21.8	20.8	19.6
35.6	32.9	31.9	30.6	29.0	27.6	26.6	25.7	24.7	24.0	23.0	22.0	21.0	19.8
35.8	33.3	32.3	31.0	29.3	28.0	27.0	26.0	25.0	24.3	23.3	22.2	21.2	20.0
36.0	33.6	32.6	31.2	29.6	28.2	27.2	26.2	25.2	24.5	23.5	22.4	21.4	20.2
36.2	34.0	33.0	31.6	29.9	28.6	27.5	26.5	25.5	24.8	23.8	22.6	21.6	20.4
36.4	34.4	33.4	32.0	30.3	28.9	27.9	26.8	25.8	25.1	24.1	22.8	21.8	20.6
36.6	34.8	33.8	32.4	30.6	29.2	28.2	27.1	26.1	25.4	24.4	23.0	22.0	20.9
36.8	35.2	34.1	32.7	31.0	29.6	28.5	27.5	26.4	25.7	24.6	23.2	22.2	21.1
37.0	35.5	34.4	33.0	31.2	29.8	28.8	27.7	26.6	25.9	24.8	23.4	22.4	21.3
37.2	35.9	34.8	33.4	31.6	30.2	29.1	28.0	26.9	26.2	25.1	23.7	22.6	21.5
37.4	36.3	35.2	33.8	31.9	30.5	29.4	28.3	27.2	26.5	25.4	24.0	22.9	21.8
37.6	36.7	35.6	34.1	32.3	30.8	29.7	28.6	27.5	26.8	25.7	24.2	23.1	22.0
37.8	37.1	36.0	34.5	32.6	31.2	30.0	28.9	27.8	27.1	26.0	24.5	23.4	22.3
38.0	37.5	36.4	34.9	33.0	31.5	30.3	29.2	28.1	27.4	26.2	24.8	23.6	22.5
38.2	37.9	36.8	35.2	33.4	31.8	30.6	29.5	28.4	27.7	26.5	25.0	23.9	22.7
38.4	38.3	37.2	35.6	33.7	32.1	30.9	29.8	28.7	28.0	26.8	25.3	24.1	23.0
38.6	38.7	37.5	36.0	34.1	32.4	31.2	30.1	29.0	28.3	27.0	25.5	24.4	23.2
38.8	39.1	37.9	36.4	34.4	32.7	31.5	30.4	29.3	28.5	27.2	25.8	24.6	23.5
39.0	39.5	38.2	36.7	34.7	33.0	31.8	30.6	29.6	28.8	27.4	26.0	24.8	23.7
39.2	39.9	38.5	37.0	35.0	33.3	32.1	30.8	29.8	29.0	27.6	26.2	25.0	24.0
39.4	40.3	38.8	37.3	35.3	33.6	32.4	31.0	30.0	29.2	27.8	26.4	25.2	24.2
39.6	40.7	39.1	37.6	35.6	33.9	32.7	31.2	30.2	29.4	28.0	26.6	25.4	24.4
39.8	41.2	39.6	38.0	35.9	34.2	33.0	31.4	30.5	29.7	28.2	26.8	25.6	24.7
40.0	41.6	39.9	38.3	36.2	34.5	33.3	31.7	30.8	30.0	28.4	27.0	25.8	25.0
40.2	42.0	40.3	38.6	36.5	34.8	33.6	32.0	31.1	30.2	28.6	27.3	26.0	25.2
40.4	42.4	40.7	39.0	36.9	35.1	33.9	32.3	31.4	30.5	28.8	27.6	26.2	25.4
40.6	42.8	41.1	39.4	37.2	35.4	34.2	32.6	31.7	30.8	29.1	27.8	26.5	25.7
40.8	43.3	41.6	39.8	37.7	35.7	34.5	32.9	32.0	31.2	29.4	28.1	26.8	26.0
41.0	43.7	42.0	40.2	38.0	36.0	34.8	33.2	32.3	31.5	29.7	28.4	27.1	26.2
41.2	44.1	42.3	40.6	38.4	36.3	35.1	33.5	32.6	31.8	30.0	28.7	27.3	26.5
41.4	44.5	42.7	40.9	38.7	36.6	35.4	33.8	32.9	32.0	30.3	28.9	27.6	26.7

续表

平均回弹值 R_m	非泵送混凝土测区强度换算值 $f^c_{cu,i}$												
	平均碳化深度值 d_m（mm）												
	0	0.5	1.0	1.5	2.0	2.5	3.0	3.5	4.0	4.5	5.0	5.5	≥6.0
41.6	45.0	43.2	41.4	39.2	36.9	35.7	34.2	33.3	32.4	30.6	29.2	27.9	27.0
41.8	45.4	43.6	41.8	39.5	37.2	36.0	34.5	33.6	32.7	30.9	29.5	28.1	27.2
42.0	45.9	44.1	42.2	39.9	37.6	36.3	34.9	34.0	33.0	31.2	29.8	28.5	27.5
42.2	46.3	44.4	42.6	40.3	38.0	36.6	35.2	34.3	33.3	31.5	30.1	28.7	27.8
42.4	46.7	44.8	43.0	40.6	38.3	36.9	35.5	34.6	33.6	31.8	30.4	29.0	28.0
42.6	47.2	45.3	43.4	41.1	38.7	37.3	35.9	34.9	34.0	32.1	30.7	29.3	28.3
42.8	47.6	45.7	43.8	41.4	39.0	37.6	36.2	35.2	34.3	32.4	30.9	29.5	28.6
43.0	48.1	46.2	44.2	41.8	39.4	38.0	36.6	35.6	34.6	32.7	31.3	29.8	28.9
43.2	48.5	46.6	44.6	42.2	39.8	38.3	36.9	35.9	34.9	33.0	31.5	30.1	29.1
43.4	49.0	47.0	45.1	42.6	40.2	38.7	37.2	36.3	35.3	33.3	31.8	30.4	29.4
43.6	49.4	47.4	45.4	43.0	40.5	39.0	37.5	36.6	35.6	33.6	32.1	30.6	29.6
43.8	49.9	47.9	45.9	43.4	40.9	39.4	37.9	36.9	35.9	33.9	32.4	30.9	29.9
44.0	50.4	48.4	46.4	43.8	41.3	39.8	38.3	37.3	36.3	34.3	32.8	31.2	30.2
44.2	50.8	48.8	46.7	44.2	41.7	40.1	38.6	37.6	36.6	34.5	33.0	31.5	30.5
44.4	51.3	49.2	47.2	44.6	42.1	40.5	39.0	38.0	36.9	34.9	33.3	31.8	30.8
44.6	51.7	49.6	47.6	45.0	42.4	40.8	39.3	38.3	37.2	35.2	33.6	32.1	31.0
44.8	52.2	50.1	48.0	45.4	42.8	41.2	39.7	38.6	37.6	35.5	33.9	32.4	31.3
45.0	52.7	50.6	48.5	45.8	43.2	41.6	40.1	39.0	37.9	35.8	34.3	32.7	31.6
45.2	53.2	51.1	48.9	46.3	43.6	42.0	40.4	39.4	38.3	36.2	34.6	33.0	31.9
45.4	53.6	51.5	49.4	46.6	44.0	42.3	40.7	39.7	38.6	36.4	34.8	33.2	32.2
45.6	54.1	51.9	49.8	47.1	44.4	42.7	41.1	40.0	39.0	36.8	35.2	33.5	32.5
45.8	54.6	52.4	50.2	47.5	44.8	43.1	41.5	40.4	39.3	37.1	35.5	33.9	32.8
46.0	55.0	52.8	50.6	47.9	45.2	43.5	41.9	40.8	39.7	37.5	35.8	34.2	33.1
46.2	55.5	53.3	51.1	48.3	45.5	43.8	42.2	41.1	40.0	37.7	36.1	34.4	33.3
46.4	56.0	53.8	51.5	48.7	45.9	44.2	42.6	41.4	40.3	38.1	36.4	34.7	33.6
46.6	56.5	54.2	52.0	49.2	46.3	44.6	42.9	41.8	40.7	38.4	36.7	35.0	33.9
46.8	57.0	54.7	52.4	49.6	46.7	45.0	43.3	42.2	41.0	38.8	37.0	35.3	34.2
47.0	57.5	55.2	52.9	50.0	47.2	45.2	43.7	42.6	41.4	39.1	37.4	35.6	34.5
47.2	58.0	55.7	53.4	50.5	47.6	45.8	44.1	42.9	41.8	39.4	37.7	36.0	34.8
47.4	58.5	56.2	53.8	50.9	48.0	46.2	44.5	43.3	42.1	39.8	38.0	36.3	35.1
47.6	59.0	56.6	54.3	51.3	48.4	46.6	44.8	43.7	42.5	40.1	38.4	36.6	35.4
47.8	59.5	57.1	54.7	51.8	48.8	47.0	45.2	44.0	42.8	40.5	38.7	36.9	35.7
48.0	60.0	57.6	55.2	52.2	49.2	47.4	45.6	44.4	43.2	40.8	39.0	37.2	36.0

注：表中系按全国统一曲线制定，摘自《回弹法检测混凝土抗压强度技术规程》JGJ/T 23—2011。

普通回弹仪（标称能量 2.207J）回弹法检测泵送混凝土测区强度换算值　附表 3-2

平均回弹值 R_m	泵送混凝土测区混凝土强度换算值 $f_{cu,i}^c$												
	平均碳化深度值 d_m (mm)												
	0.0	0.5	1.0	1.5	2.0	2.5	3.0	3.5	4.0	4.5	5.0	5.5	≥6.0
18.6~52.8	按曲线方程 $f = 0.034488R_m^{1.9400}\ 10^{(-0.0173d_m)}$ 计算												

普通回弹仪（标称能量 2.207J）回弹法检测非水平状态检测时的回弹值修正值

附表 3-3

平均回弹值 R_m	检测角度							
	向上				向下			
	90°	60°	45°	30°	-90°	-60°	-45°	-30°
20	-6.0	-5.0	-4.0	-3.0	+2.5	+3.0	+3.5	+4.0
21	-5.9	-4.9	-4.0	-3.0	+2.5	+3.0	+3.5	+4.0
22	-5.8	-4.8	-3.9	-2.9	+2.4	+2.9	+3.4	+3.9
23	-5.7	-4.7	-3.9	-2.9	+2.4	+2.9	+3.4	+3.9
24	-5.6	-4.6	-3.8	-2.8	+2.3	+2.8	+3.3	+3.8
25	-5.5	-4.5	-3.8	-2.8	+2.3	+2.8	+3.3	+3.8
26	-5.4	-4.4	-3.7	-2.7	+2.2	+2.7	+3.2	+3.7
27	-5.3	-4.3	-3.7	-2.7	+2.2	+2.7	+3.2	+3.7
28	-5.2	-4.2	-3.6	-2.6	+2.1	+2.6	+3.1	+3.6
29	-5.1	-4.1	-3.6	-2.6	+2.1	+2.6	+3.1	+3.6
30	-5.0	-4.0	-3.5	-2.5	+2.0	+2.5	+3.0	+3.5
31	-4.9	-4.0	-3.5	-2.5	+2.0	+2.5	+3.0	+3.5
32	-4.8	-3.9	-3.4	-2.4	+1.9	+2.4	+2.9	+3.4
33	-4.7	-3.9	-3.4	-2.4	+1.9	+2.4	+2.9	+3.4
34	-4.6	-3.8	-3.3	-2.3	+1.8	+2.3	+2.8	+3.3
35	-4.5	-3.8	-3.3	-2.3	+1.8	+2.3	+2.8	+3.3
36	-4.4	-3.7	-3.2	-2.2	+1.7	+2.2	+2.7	+3.2
37	-4.3	-3.7	-3.2	-2.2	+1.7	+2.2	+2.7	+3.2
38	-4.2	-3.6	-3.1	-2.1	+1.6	+2.1	+2.6	+3.1
39	-4.1	-3.6	-3.1	-2.1	+1.6	+2.1	+2.6	+3.1
40	-4.0	-3.5	-3.0	-2.0	+1.5	+2.0	+2.5	+3.0
41	-4.0	-3.5	-3.0	-2.0	+1.5	+2.0	+2.5	+3.0
42	-3.9	-3.4	-2.9	-1.9	+1.4	+1.9	+2.4	+2.9
43	-3.9	-3.4	-2.9	-1.9	+1.4	+1.9	+2.4	+2.9

续表

平均回弹值 R_m	检测角度							
	向上				向下			
	90°	60°	45°	30°	-90°	-60°	-45°	-30°
44	-3.8	-3.3	-2.8	-1.8	+1.3	+1.8	+2.3	+2.8
45	-3.8	-3.3	-2.8	-1.8	+1.3	+1.8	+2.3	+2.8
46	-3.7	-3.2	-2.7	-1.7	+1.2	+1.7	+2.2	+2.7
47	-3.7	-3.2	-2.7	-1.7	+1.2	+1.7	+2.2	+2.7
48	-3.6	-3.1	-2.6	-1.6	+1.1	+1.6	+2.1	+2.6
49	-3.6	-3.1	-2.6	-1.6	+1.1	+1.6	+2.1	+2.6
50	-3.5	-3.0	-2.5	-1.5	+1.0	+1.5	+2.0	+2.5

注：1. R_{ma}小于20或大于50时，均分别按20或50查表；

2. 表中未列入的相应于R_{ma}的修正值可用内插法求得，精确至0.1MPa。

普通回弹仪（标称能量2.207J）回弹法检测不同浇筑面的回弹值修正值　附表3-4

R_m^t 或 R_m^b	表面修正值 (R_a^t)	底面修正值 (R_a^b)	R_m^t 或 R_m^b	表面修正值 (R_a^t)	底面修正值 (R_a^b)
20	+2.5	-3.0	36	+0.9	-1.4
21	+2.4	-2.9	37	+0.8	-1.3
22	+2.3	-2.8	38	+0.7	-1.2
23	+2.2	-2.7	39	+0.6	-1.1
24	+2.1	-2.6	40	+0.5	-1.0
25	+2.0	-2.5	41	+0.4	-0.9
26	+1.9	-2.4	42	+0.3	-0.8
27	+1.8	-2.3	43	+0.2	-0.7
28	+1.7	-2.2	44	+0.1	-0.6
29	+1.6	-2.1	45	0	-0.5
30	+1.5	-2.0	46	0	-0.4
31	+1.4	-1.9	47	0	-0.3
32	+1.3	-1.8	48	0	-0.2
33	+1.2	-1.7	49	0	-0.1
34	+1.1	-1.6	50	0	0
35	+1.0	-1.5	—	—	—

注：1. R_m^t 或 R_m^b 小于20或大于50时，均分别按20或50查表；

2. 表中有关混凝土浇筑表面的修正系数，是指一般原浆抹面的修正值；

3. 表中有关混凝土浇筑底面的修正系数，是指构件底面和侧面采用同一类模板在正常浇筑情况下的修正值；

4. 表中未列入的相应于R_{ma}的修正值可用内插法求得，精确至0.1MPa。

高强回弹仪（标称能量 4.5J）回弹法检测混凝土测区强度换算值　　附表 3-5

测区回弹代表值 R	测区混凝土强度换算值 $f^{c}_{cu,i}$
28.0～83.0	按曲线方程 $f^{c}_{cu,i}=-7.83+0.75R+0.0079R^2$ 计算

高强回弹仪（标称能量 5.5J）回弹法检测混凝土测区强度换算值　　附表 3-6

测区回弹代表值 R	测区混凝土强度换算值 $f^{c}_{cu,i}$
35.6～49.0	按曲线方程 $f^{c}_{cu,i}=2.51246R^{0.889}$ 计算

参 考 文 献

[1] 湖南大学 易伟建，张望喜 编著. 建筑结构试验(第四版)[M]. 北京：中国建筑工业出版社，2016.
[2] 姚谦峰，陈平 编. 土木工程结构试验[M]. 北京：中国建筑工业出版社，2003.
[3] 周明华 主编. 土木工程结构试验与检测[M]. 南京：东南大学出版社，2002.
[4] 朱伯龙 主编. 结构抗震试验[M]. 北京：地震出版社，1989.
[5] 袁海军，姜红 主编. 建筑结构检测鉴定与加固手册[M]. 北京：中国建筑工业出版社，2003.
[6] 杨学山 编. 工程振动测量仪器和测试技术[M]. 北京：中国计量出版社，2001.
[7] 林圣华 编. 结构试验[M]. 南京：南京工学院出版社，1987.
[8] 宋彧，李丽娟 等编. 建筑结构试验[M]. 重庆：重庆大学出版社，2001.
[9] 王伯雄 主编. 测试技术基础[M]. 北京：清华大学出版社，2003.
[10] 易成，谢和平 等编. 钢纤维混凝土疲劳断裂性能与工程应用[M]. 北京：科学出版社，2003.
[11] 傅志方，华宏星 编. 模态分析理论与应用[M]. 上海：上海交通大学出版社，2000.
[12] 易伟建. 钢筋混凝土简支方板强度与变形研究[D]. 长沙：湖南大学，1984.
[13] 杨晓. 贺龙体育场大型现代空间结构设计与研究[D]. 长沙：湖南大学，2002.
[14] 孔德仁，朱蕴璞 等编. 工程测试技术[M]. 北京：科学出版社，2004.
[15] 王济川 编. 建筑结构试验指导[M]. 长沙：湖南大学出版社，1992.
[16] 余红发 编. 混凝土非破损测强技术研究[M]. 北京：中国建材工业出版社，1999.
[17] [美]H. G. 哈里斯 编，朱世杰 译. 混凝土结构动力模型[M]. 北京：地震出版社，1987.
[18] 李忠献 编. 工程结构试验理论与技术[M]. 天津：天津大学出版社，2004.
[19] 吴慧敏 编. 结构混凝土现场检测技术[M]. 长沙：湖南大学出版社，1988.
[20] 曹树谦，张文德 等编. 振动结构模态分析[M]. 天津：天津大学出版社，2002.
[21] [英]J. H. 邦奇 著，王怀彬 译. 结构混凝土试验[M]. 北京：中国建筑工业出版社，1987.
[22] 王娴明 编. 建筑结构试验[M]. 北京：清华大学出版社，1988.
[23] [日]臼井支朗 编. 信号分析[M]. 北京：科学出版社，2001.
[24] 王天稳 主编. 土木工程结构试验[M]. 武汉：武汉理工大学出版社，2003.
[25] 邱法维，钱稼茹 等编. 结构抗震实验方法[M]. 北京：科学出版社，2000.
[26] 姚振纲，刘祖华 编. 建筑结构试验[M]. 上海：同济大学出版社，1998.
[27] 中华人民共和国行业标准. 建筑抗震试验规程 JGJ/T 101—2015[S]. 北京：中国建筑工业出版社，2015.
[28] 中华人民共和国行业标准. 钢结构检测评定及加固技术规程 YB 9257—96[S]. 北京：冶金工业出版社，1996.
[29] 中华人民共和国国家标准. 砌体工程现场检测技术标准 GB/T 50315—2011[S]. 北京：中国建筑工业出版社，2011.
[30] 中华人民共和国国家标准. 混凝土结构试验方法标准 GB/T 50152—2012[S]. 北京：中国建筑工业出版社，2012.
[31] 中华人民共和国行业标准. 回弹法检测混凝土抗压强度技术规程 JGJ/T 23—2011[S]. 北京：中国建筑工业出版社，2011.
[32] 李德寅，王邦楣 等编. 结构模型试验[M]. 北京：科学出版社，1996.

[33] 刘学春，张爱林，黄欢 等. 模块化装配式支撑节点钢框架试验研究[J]. 北京工业大学学报，2015，41(6)：880-889.

[34] 马良. 带楼板的钢框架中钢梁拼接节点耗能试验及理论研究[D]. 苏州：苏州科技学院，2010.

[35] 金龙. 利用悬臂梁段拼接耗能的钢框架试验研究[D]. 苏州：苏州科技学院，2014.

[36] 中华人民共和国国家标准. 混凝土结构现场检测技术标准 GB/T 50784—2013[S]. 北京：中国建筑工业出版社，2013.

[37] 中华人民共和国国家标准. 钢结构现场检测技术标准 GB/T 50621—2010[S]. 北京：中国建筑工业出版社，2010.

[38] 中华人民共和国国家标准. 民用建筑可靠性鉴定标准 GB 50292—2015[S]. 北京：中国建筑工业出版社，2015.

[39] 中华人民共和国国家标准. 工业建筑可靠性鉴定标准 GB 50144—2008[S]. 北京：中国建筑工业出版社，2008.

[40] 中华人民共和国国家标准. 钢结构工程施工质量验收标准 GB 50205—2020[S]. 北京：中国建筑工业出版社，2020.

[41] 中华人民共和国国家标准. 砌体结构工程施工质量验收规范 GB 50203—2011[S]. 北京：中国建筑工业出版社，2011.

[42] 中华人民共和国国家标准. 混凝土结构工程施工质量验收规范 GB 50204—2015[S]. 北京：中国建筑工业出版社，2015.

[43] Curt F Kollbrunner，Martin Meister Knicken，Biegedrillknicken，Kippen. Theorie und Berechnung von Knickstäben Knickvorschriften[M]. Springer-Verlag，Berlin Göttingen Heidelberg，1961.

[44] 中华人民共和国国家标准．混凝土结构现场检测技术标准 GB/T 50784—2013[S]. 北京：中国建筑工业出版社，2013.

[45] 中华人民共和国行业标准．高强混凝土强度检测技术规程 JGJ/T 294—2013[S]. 北京：中国建筑工业出版社，2013.

[46] Wei-Wen Yu，Roger A LaBoube. Cold-Formed Steel Design (Fourth Edition)[M]. New Jersey：John Wiley & Sons Inc，2010.

[47] 聂建国，黄远，樊健生．考虑楼板组合作用的方钢管混凝土组合框架受力性能试验研究[J]. 建筑结构学报，2011，32(3)：99-108.

[48] 侯超．中空夹层钢管混凝土-钢管 K 形连接节点工作机理研究[D]. 北京：清华大学，2014.

[49] Jie Li，Decheng Feng，Xiangling Gao and Yeshu Zhang. Stochastic Nonlinear Behavior of Reinforced Concrete Frames I：Experimental Investigation[J]. Journal of Structural Engineering，ASCE，2016，142(3)：04015162.

[50] H Aoyama. Design of Modern Highrise Reinforced Concrete Structures[M]. London：Imperial College Press，2001.

[51] 彭飞．FRP 筋混凝土梁、柱构件承载力计算理论[D]. 上海：同济大学，2019.

[52] Rui Vaz Rodrigues. Influence of yielding of flexural reinforcement on shear transfer through cracks[J]. Magazine of Concrete Research，2012，64(9)：751-765.

[53] Hitoshi Shiohara and Fumio Kusuhara. Comprehensive Series of Test on Seismic Performance of Reinforced Concrete Beam-Column Joints[J]. 3rd International Conference on Advances in Experimental Structural Engineering，October 15-16，2009，San Francisco.

[54] Gregor Schachtm，Steffen Marx，Guido Bolle. Shear load testing of damaged hollow-core slabs[J]. Structural Concrete，2017，18：607-617.

[55] 詹婧洁．无粘结预应力混凝土无梁楼盖现场荷载试验研究[J]. 广东土木与建筑，2019，26(8)：102-104.

[56] Bazant Z P，Yavari A. Is the cause of size effect on structural strength fractal or energetic-statistical[J]. Engineering Fracture Mechanics，2005，72(1)：1-31.

高等学校土木工程专业指导委员会规划推荐教材（经典精品系列教材）

征订号	书名	定价	作者	备注
V28007	土木工程施工（第三版）（赠送课件）	78.00	重庆大学 同济大学 哈尔滨工业大学	教育部普通高等教育精品教材
V28456	岩土工程测试与监测技术（第二版）	36.00	宰金珉 王旭东 等	
V25576	建筑结构抗震设计（第四版）（赠送课件）	34.00	李国强 等	
V30817	土木工程制图（第五版）（含教学资源光盘）	58.00	卢传贤 等	
V30818	土木工程制图习题集（第五版）	20.00	卢传贤 等	
V27251	岩石力学（第三版）（赠送课件）	32.00	张永兴 许明	
V32626	钢结构基本原理（第三版）（赠送课件）	49.00	沈祖炎 等	
V35922	房屋钢结构设计（第二版）（赠送课件）	78.00	沈祖炎 陈以一 等	教育部普通高等教育精品教材
V24535	路基工程（第二版）	38.00	刘建坤 曾巧玲 等	
V31992	建筑工程事故分析与处理（第四版）（增送课件）	60.00	王元清 江见鲸 等	教育部普通高等教育精品教材
V35377	特种基础工程（第二版）（赠送课件）	38.00	谢新宇 俞建霖	
V28723	工程结构荷载与可靠度设计原理（第四版）（赠送课件）	37.00	李国强 等	
V28556	地下建筑结构（第三版）（赠送课件）	55.00	朱合华 等	教育部普通高等教育精品教材
V28269	房屋建筑学（第五版）（含光盘）	59.00	同济大学 西安建筑科技大学 东南大学 重庆大学	教育部普通高等教育精品教材
V28115	流体力学（第三版）	39.00	刘鹤年	
V30846	桥梁施工（第二版）（赠送课件）	37.00	卢文良 季文玉 许克宾	
V31115	工程结构抗震设计（第三版）（赠送课件）	36.00	李爱群 等	
V35925	建筑结构试验（第五版）（赠送课件）	49.00	易伟建 张望喜	
V29558	地基处理（第二版）（赠送课件）	30.00	龚晓南 陶燕丽	
V29713	轨道工程（第二版）（赠送课件）	53.00	陈秀方 娄平	
V28200	爆破工程（第二版）（赠送课件）	36.00	东兆星 等	
V28197	岩土工程勘察（第二版）	38.00	王奎华	
V20764	钢-混凝土组合结构	33.00	聂建国 等	
V29415	土力学（第四版）（赠送课件）	42.00	东南大学 浙江大学 湖南大学 苏州大学	

续表

征订号	书　名	定价	作　者	备　注
V33980	基础工程（第四版）（赠送课件）	58.00	华南理工大学　等	
V34853	混凝土结构（上册）——混凝土结构设计原理（第七版）（赠送课件）	58.00	东南大学　天津大学　同济大学	教育部普通高等教育精品教材
V34854	混凝土结构（中册）——混凝土结构与砌体结构设计（第七版）（赠送课件）	68.00	东南大学　同济大学　天津大学	教育部普通高等教育精品教材
V34855	混凝土结构（下册）——混凝土桥梁设计（第七版）（赠送课件）	68.00	东南大学　同济大学　天津大学	教育部普通高等教育精品教材
V25453	混凝土结构（上册）（第二版）（含光盘）	58.00	叶列平	
V23080	混凝土结构（下册）	48.00	叶列平	
V11404	混凝土结构及砌体结构（上）	42.00	滕智明　等	
V11439	混凝土结构及砌体结构（下）	39.00	罗福午　等	
V32846	钢结构（上册）——钢结构基础（第四版）（赠送课件）	52.00	陈绍蕃　顾强	
V32847	钢结构（下册）——房屋建筑钢结构设计（第四版）（赠送课件）	32.00	陈绍蕃　郭成喜	
V22020	混凝土结构基本原理（第二版）	48.00	张　誉　等	
V25093	混凝土及砌体结构（上册）（第二版）	45.00	哈尔滨工业大学　大连理工大学等	
V26027	混凝土及砌体结构（下册）（第二版）	29.00	哈尔滨工业大学　大连理工大学等	
V20495	土木工程材料（第二版）	38.00	湖南大学　天津大学　同济大学　东南大学	
V29372	土木工程概论（第二版）	28.00	沈祖炎	
V19590	土木工程概论（第二版）（赠送课件）	42.00	丁大钧　等	教育部普通高等教育精品教材
V30759	工程地质学（第三版）（赠送课件）	45.00	石振明　黄　雨	
V20916	水文学	25.00	雒文生	
V31530	高层建筑结构设计（第三版）（赠送课件）	54.00	钱稼茹　赵作周　纪晓东　叶列平	
V32969	桥梁工程（第三版）（赠送课件）	49.00	房贞政　陈宝春　上官萍	
V32032	砌体结构（第四版）（赠送课件）	32.00	东南大学　同济大学　郑州大学	教育部普通高等教育精品教材
V34812	土木工程信息化（赠送课件）	48.00	李晓军	

注：本套教材均被评为《“十二五”普通高等教育本科国家级规划教材》和《住房城乡建设部土建类学科专业“十三五”规划教材》。